北京大学化学专业课教材

中级物理化学

（第 2 版）

赵新生　蒋鸿　编著

北京大学出版社
PEKING UNIVERSITY PRESS

图书在版编目（CIP）数据

中级物理化学 / 赵新生，蒋鸿编著．— 2 版．—北京：北京大学出版社，2019. 3
（北京大学化学专业课教材）
ISBN 978-7-301-30279-8

Ⅰ. ①中… Ⅱ. ①赵… ②蒋… Ⅲ. ①物理化学－高等学校－教材 Ⅳ. ① O64

中国版本图书馆 CIP 数据核字（2019）第 034575 号

书　　名 中级物理化学（第 2 版）
ZHONGJI WULI HUAXUE（DI-ER BAN）
著作责任者 赵新生　蒋　鸿　编著
责 任 编 辑 郑月娥
标 准 书 号 ISBN 978-7-301-30279-8
出 版 发 行 北京大学出版社
地　　址 北京市海淀区成府路 205 号　100871
网　　址 http://www.pup.cn　新浪微博：@ 北京大学出版社
电 子 信 箱 zye@pup.cn
电　　话 邮购部 62752015　发行部 62750672　编辑部 62767347
印 刷 者 北京市科星印刷有限责任公司
经 销 者 新华书店
787 毫米 ×1092 毫米　16 开本　16.25 印张　390 千字
2010 年 1 月第 1 版
2019 年 3 月第 2 版　2020 年 6 月第 2 次印刷
定　　价 49.00 元

内 容 简 介

为了适应社会发展和科技进步的新形势,进入21世纪后,北京大学对本科化学专业的教学进行改革,开设了基础和中级两个层次的专业课程。本书即是这次教学改革实践的成果。全书以精练、通畅的语言介绍量子力学基础、分子光谱基础和统计热力学基础的内容,注重理论本源及应用,而不追究数学细节。书中不乏编著者独到的心得,让艰深的中级物理化学知识更易于学习掌握。以本书为教材在北大讲授,受到学生的高度评价。

本书第1版于2012年被评为北京高等教育精品教材,第2版大大扩充了第1版的内容,并新增分子光谱基础的介绍。本书可作为高等学校化学等相关专业的高年级本科生、研究生的教材,对高等学校教师也有较高的参考价值。

第 2 版序言

感谢北京大学出版社的郑月娥编辑不断地敦促我们，建议对《中级物理化学》第 1 版进行修订，使我们有机会纠正第 1 版中的错误，并大大扩充原来的内容。2015 年春，蒋鸿接任了北京大学化学与分子工程学院“中级物理化学”课程的讲授；2016 年春，赵新生为北京大学元培学院创办的整合科学实验班开设“量子力学与分子光谱基础”课程。第 2 版反映了这两门课程教材建设的最新成果。它延续了第 1 版注重理论本源而不追究数学细节的风格，以便让读者以较少的投入获得较系统的量子力学、分子光谱和统计热力学的基本知识。历年使用本书和讲义的同学为本书的完善做出了不可或缺的贡献，在此真诚致谢。

编写本书第 2 版时使用的主要参考书，除第 1 版序言中已列出的，还有如下书籍：

R. A. Alberty & R. J. Silbey. Physical Chemistry. 2nd Ed. New York: John Wiley, 1997.

R. G. Mortimer. Physical Chemistry. 2nd Ed. Harcourt Academic Press, 2000.

D. J. Griffiths. Introduction to Quantum Mechanics. 2nd Ed. Pearson Education, 2005.

徐光宪，黎乐民，王德民. 量子化学——基本原理和从头计算法. 上册，第二版. 北京：科学出版社，2007.

王国文. 原子与分子光谱导论. 北京：北京大学出版社，1985.

J. I. 斯坦菲尔德. 分子和辐射. 北京：科学出版社，1983.

C. H. Townes & A. L. Schawlow. Microwave Spectroscopy. New York: Dover, 1975.

G. Herzberg, translated by J. W. T. Spinks. Atomic Spectra and Atomic Structure. New York: Dover, 1944.

G. Herzberg. Molecular Spectra and Molecular Structure, Vol. Ⅰ, Spectra of Diatomic Molecules. 2nd Ed. New York: VNR, 1950.

G. Herzberg. Molecular Spectra and Molecular Structure, Vol. Ⅱ, Infrared and Raman Spectra of Polyatomic Molecules. New York: VNR, 1945.

G. Herzberg. Molecular Spectra and Molecular Structure, Vol. Ⅲ, Electronic Spectra and Electronic Structure of Polyatomic Molecules. New York: VNR, 1966.

翁羽翔，陈海龙，等. 超快激光光谱原理与技术. 北京：化学工业出版社，2013.

我们还阅读过大量互联网上的资料和其他书籍，并引用了其中的部分内容。恕不一一列出，在此一并致谢。

赵新生　蒋鸿

2018 年秋

第 1 版序言

北京大学本科化学及相关专业的"物理化学"(含"结构化学")的教学一直有所改革。前些年,主要趋势是压缩学时,精减教学内容。到 2002 级,"物理化学"的授课顺序和学时为:

大二下　"物理化学"的热力学与统计热力学:45 学时;

大三上　"物理化学"的化学动力学、电化学、胶体与界面化学:45 学时;

　　　　"结构化学":60 学时。

而课程的整体面貌并没有发生根本性的改变。如今,大学本科教育已经向两个方向分化:一方面,它越来越从精英教育向普及和素质教育转化,因此专业教学的基本要求应该有所降低;另一方面,现代科学和技术的发展及知识的积累,要求未来接受高层次科研训练的学生得到与现代科学相适应的更扎实、更深厚的专业培养。我们在教学中感到,这样的任务是过去那种整齐划一的教学模式所无法完成的。同时我们也感到,上述教学顺序的安排不太符合物理化学知识结构内在的依存关系,有必要修订。基于这些考虑,从 2003 级开始,我们对"物理化学"的教学作了较大的调整,将整个教学过程分为"基础物理化学"和"中级物理化学"两部分。

"基础物理化学"是本科化学和相关专业的必修课:

大二下　原"结构化学"的主要内容:45 学时;

大三上　原"物理化学"的热力学、化学动力学、电化学、胶体与界面化学的大部分内容:60 学时;

"中级物理化学"是将成为研究生的本科化学和相关专业的选修课:

大三下　量子力学基础、统计热力学基础:45 学时。

本书是为"中级物理化学"课程编写的讲义,2006 年春季第一次对 2003 级本科生使用。在量子力学基础部分,我们强调现代语言的运用,尽量避免与"基础物理化学"内容重复。最典型的例子是没有涉及中心力场问题,因为"结构化学"已经对它作了比较详尽的讨论。本书也没有包含与量子散射有关的内容,这些在作者的另一部著作(赵新生,化学反应理论导论,北京大学出版社,2003)中作了介绍。事实上,作为"基础",还有许多重要的议题没有涉及。

按照目前北京大学化学及相关专业的教学安排,学生是在本课程中第一次较系统地接触统计热力学。本书基本继承了原"物理化学"课程中相关内容的选材范围和处理方式,它离"现代"还有一定距离。需要现代物理化学相关知识的同学有必要继续学习合适的课程和著作。

每一部教材都因使用对象和目的不同而有所侧重。按照本人的看法,"中级物理化学"应该由三部分构成:量子力学基础、统计热力学基础、分子反应动力学基础。但是,由于课时的限制,我们开设的"中级物理化学"主要包含量子力学基础和统计热力学基础两部分,而分子反应动力学基础只收入原"物理化学"课程中的过渡态理论。对于分子反应动力学基础，北京大学化学学院的后续课程中还有选修课，读者也可以阅读《化学反应理论导论》。本书侧重于基本物理原理的介绍，希望学生通过学习本课程，将具备独自对化学体系作更深入、更广泛认识的能力。这恰恰是设置本课程的目的所在。

编写本书时使用的主要参考书为：

J. J. Sakurai. Modern Quantum Mechanics. Menlo Park: Benjamin/Cummings, 1985.

韩德刚，高执棣，高盘良. 物理化学. 北京：高等教育出版社，2001.

曾谨言. 量子力学. 北京：科学出版社，1982.

周公度，段连运. 结构化学基础. 北京：北京大学出版社，2002.

D. A. McQuarrie. Statistical Mechanics. New York: Harper & Row, 1976.

赵新生. 化学反应理论导论. 北京：北京大学出版社，2003.

北京大学化学及相关专业2003—2006级同学在使用本讲义的过程中，提出了许多有益的意见和建议，借此机会表示衷心感谢。那些教学相长的经历，一生不忘。

赵新生

2009年秋

目　　录

第一章　数学准备

数学是物理学的基本语言，对量子力学来说，最重要的数学工具是线性代数。线性代数对于量子力学有两方面的意义：(1) 线性代数提供了一套抽象的形式语言来表述量子力学的基本原理；(2) 线性代数是将量子力学应用于实际问题的必要工具。因此有必要复习一下线性代数的有关基本内容。由于本书强调量子力学基本概念的理解和掌握，而不是其对具体体系的应用，因此本章将主要强调线性代数作为抽象形式语言的方面，其具体应用所涉及的矩阵运算的有关知识放在附录 A。

§1.1　线性空间

我们所生活的现实空间是一个三维的矢量空间，又称欧几里得空间(欧氏空间)。对于这个空间，可以建立一套正交坐标系，该坐标系由原点 O 和通过原点的互相正交的三个轴 x,y,z 组成。对于空间中的任何一个点 A 可以定义一个矢量 $\boldsymbol{r}$，由从坐标原点指向 A 点的线段 OA 表示。相应地，可以选择分别平行于三个坐标轴的单位矢量 $\boldsymbol{e}_1,\boldsymbol{e}_2,\boldsymbol{e}_3$ 作为基矢，空间中的任何一个矢量 $\boldsymbol{r}$ 都可以被表示为

$$\boldsymbol{r}=x\boldsymbol{e}_1+y\boldsymbol{e}_2+z\boldsymbol{e}_3 \tag{1.1.1}$$

将 (x,y,z) 称为矢量 $\boldsymbol{r}$ 在相应基矢上的坐标，它们均为实数，构成矢量 $\boldsymbol{r}$ 的坐标表示。欧氏空间是一个实数三维空间。以上定义了三维欧氏空间的笛卡儿坐标系表示。

在欧氏空间中存在零矢量：

$$\boldsymbol{r}+\boldsymbol{0}=\boldsymbol{r} \tag{1.1.2}$$

该空间中任意两个矢量 $\boldsymbol{r}_1$ 和 $\boldsymbol{r}_2$ 的如下组合仍然是一个矢量：

$$\boldsymbol{r}_3=a\boldsymbol{r}_1+b\boldsymbol{r}_2=b\boldsymbol{r}_2+a\boldsymbol{r}_1 \tag{1.1.3}$$

其中 a,b 为任意实数。

对于任意两个矢量 $\boldsymbol{r}_1$ 和 $\boldsymbol{r}_2$，可定义矢量的标积：

$$\boldsymbol{r}_1\cdot\boldsymbol{r}_2=\boldsymbol{r}_2\cdot\boldsymbol{r}_1=x_1x_2+y_1y_2+z_1z_2 \tag{1.1.4}$$

两个矢量的标积是一个实数，也称为标量。从上面的定义可以看出，两个矢量的标积是可交换的。矢量 $\boldsymbol{r}$ 的长度定义为

$$r=(\boldsymbol{r}\cdot\boldsymbol{r})^{\frac{1}{2}}=\sqrt{x^2+y^2+z^2}\geqslant 0 \tag{1.1.5}$$

当且仅当 $\boldsymbol{r}$ 为零矢量时，其长度才为零。两个非零矢量 $\boldsymbol{r}_1$ 和 $\boldsymbol{r}_2$ 正交的充分必要条件是

$$\boldsymbol{r}_1\cdot\boldsymbol{r}_2=0 \tag{1.1.6}$$

具有上述性质的矢量空间是一种线性空间。我们所生活的现实空间是一个实的三维线性空间，常称作三维几何空间。

现在，将现实的三维几何空间所具有的性质拓展推广，定义更一般的复数线性空间。利用代数中集合的概念，线性空间包含一类满足一定条件的元素的集合，集合中的这类元素称为矢量。踏着狄拉克的足迹，这些矢量用 $|a\rangle,|b\rangle,|c\rangle,\cdots$ 表示，称之为右矢(英

语为 ket)。称所有这些矢量的集合$\{|a\rangle\}$和所有复数的集合$\{\alpha\}$构成空间 $\boldsymbol{L}$。如果 $\boldsymbol{L}$ 的矢量集合和复数集合满足如下的运算关系,则称该空间为复数线性空间:

1) 可以定义矢量加和的操作,用数学的"+"表示,如果$|a\rangle$和$|b\rangle$是 $\boldsymbol{L}$ 中的矢量,则 $\boldsymbol{L}$ 中存在矢量$|c\rangle$,使得

$$|c\rangle=|a\rangle+|b\rangle=|b\rangle+|a\rangle \tag{1.1.7}$$

上式同时表明,矢量的加和是可交换的。

2) 可以定义 $\boldsymbol{L}$ 中的一个矢量$|a\rangle$和复数 α 的乘积,所得仍是 $\boldsymbol{L}$ 中的一个矢量

$$|a'\rangle=\alpha|a\rangle \tag{1.1.8}$$

并且说$|a'\rangle$与$|a\rangle$方向相同。另外,矢量和复数的乘积是可交换的,即 $\alpha|a\rangle$和$|a\rangle\alpha$ 代表同一个矢量。

3) $\boldsymbol{L}$ 中存在零矢量$|0\rangle$,或直接写为 $\mathbf{0}$,对于任意的一个矢量$|a\rangle$都有

$$|a\rangle+\mathbf{0}=|a\rangle \tag{1.1.9}$$

4) $\boldsymbol{L}$ 中复数与矢量加和的乘积满足如下的线性运算:

$$\alpha(|a\rangle+|b\rangle)=\alpha|a\rangle+\alpha|b\rangle \tag{1.1.10}$$

在以后的讨论中,为了表述简洁起见,我们将复数线性空间 $\boldsymbol{L}$ 简称为空间 $\boldsymbol{L}$。

子空间的概念:$\boldsymbol{L}$ 的一个子空间 $\boldsymbol{L}_1$,是 $\boldsymbol{L}$ 的一个非空子集,其含有所有必需的元素,使得线性空间的运算关系 1)~4)在 $\boldsymbol{L}_1$ 中成立。

下面我们举两个复数线性空间的实例。

【例 1.1.1】 $S_{1/2}$空间:考虑由所有矩阵元为复数的二维列矩阵作为矢量所构成的空间,$|a\rangle\equiv\begin{bmatrix}a_1\\a_2\end{bmatrix}$,其中 a_1 和 a_2 为任意复数。很容易证明,这个空间是一个复数线性空间,其中两个矢量相加定义为

$$|a\rangle+|b\rangle\equiv\begin{bmatrix}a_1\\a_2\end{bmatrix}+\begin{bmatrix}b_1\\b_2\end{bmatrix}=\begin{bmatrix}a_1+b_1\\a_2+b_2\end{bmatrix} \tag{1.1.11}$$

一个复数和矢量的乘积定义为

$$\alpha|a\rangle\equiv\alpha\begin{bmatrix}a_1\\a_2\end{bmatrix}=\begin{bmatrix}\alpha a_1\\\alpha a_2\end{bmatrix} \tag{1.1.12}$$

零矢量即为

$$|0\rangle\equiv\begin{bmatrix}0\\0\end{bmatrix} \tag{1.1.13}$$

为了后面讨论方便,我们将这个线性空间记为 $S_{1/2}$空间。

【例 1.1.2】 $\boldsymbol{L}_2[0,a]$空间:作为另外一个实例,我们考虑由定义在区间$[0,a]$上并以满足如下条件的所有函数 $f(x)$作为矢量的集合:1) 在区间内$(0,a)$一阶导数连续;2) $f(0)=0,f(a)=0$。容易证明这个空间是一个复数线性空间,为了后面讨论方便,将这个线性空间记为$\boldsymbol{L}_2[0,a]$。

§1.2 线性无关与空间的维数

在空间 $\boldsymbol{L}$ 中,如果 n 个矢量$|u_1\rangle,|u_2\rangle,\cdots,|u_n\rangle$,当且仅当 $\alpha_1=\alpha_2=\cdots=\alpha_n=0$ 时,

方程

$$\alpha_1|u_1\rangle+\alpha_2|u_2\rangle+\cdots+\alpha_n|u_n\rangle=0 \tag{1.2.1}$$

才成立，则称它们为线性无关的矢量，否则为线性相关的。如果一个空间 $\boldsymbol{L}$ 存在 n 个线性无关的矢量，而任何一组 $n+1$ 个矢量都是线性相关的，称该空间 $\boldsymbol{L}$ 是 n 维的。一个空间的维数可以是有限的，可以是无限可数的，甚至是不可数的。在本章下面的讨论中，设 $\boldsymbol{L}$ 是有限维的，但是其结论在作适当推广之后对于任何维数的空间同样成立。

【练习】证明 $S_{1/2}$ 是个二维的复数线性空间。

在 n 维空间中，n 个线性无关的矢量 $|u_1\rangle, |u_2\rangle, \cdots, |u_n\rangle$ 被说成是该空间的一组基矢，因为对于该空间的任何一个矢量 $|a\rangle$，都会有一组复数 $\{\alpha_i\}$，使得 $|a\rangle$ 被 $\{|u_i\rangle\}$ 线性展开：

$$|a\rangle=\sum_{i=1}^{n}\alpha_i|u_i\rangle \tag{1.2.2}$$

现在引入空间 $\boldsymbol{L}$ 的共轭空间 $\widetilde{\boldsymbol{L}}$。$\boldsymbol{L}$ 中的右矢 $|a\rangle$ 在 $\widetilde{\boldsymbol{L}}$ 中的共轭矢量用 $\langle a|$ 表示，称为左矢（英语为 bra）。$|a\rangle$ 和 $\langle a|$ 是一一对应的，其共轭的法则是：

1）如果 $|u_1\rangle, |u_2\rangle, \cdots, |u_n\rangle$ 是 $\boldsymbol{L}$ 的基组，则 $\langle u_1|, \langle u_2|, \cdots, \langle u_n|$ 是 $\widetilde{\boldsymbol{L}}$ 的基组；

2）$\alpha|a\rangle+\beta|b\rangle$ 的共轭矢量为 $\alpha^*\langle a|+\beta^*\langle b|$。

利用相互共轭的左、右矢，定义两个右矢 $|a\rangle, |b\rangle$ 的内积（又称标积）为

$$\langle a|b\rangle=(\langle a|)\cdot(|b\rangle) \tag{1.2.3}$$

它一般是一个复数。要求内积具备如下的性质

$$\langle a|b\rangle=\langle b|a\rangle^* \tag{1.2.4}$$

$$\langle a|(\beta|b\rangle+\gamma|c\rangle)=\beta\langle a|b\rangle+\gamma\langle a|c\rangle \tag{1.2.5}$$

$$\langle a|a\rangle>0\,,\qquad \text{除非}\ |a\rangle=0 \tag{1.2.6}$$

(1.2.4)和(1.2.6)式表明，一个非零的右矢和它自己的内积是个正的实数。

当两个非零矢量 $|a\rangle, |b\rangle$ 的内积满足如下关系时

$$\langle a|b\rangle=0 \tag{1.2.7}$$

称它们是正交的。如果

$$\langle\tilde{a}|\tilde{a}\rangle=1 \tag{1.2.8}$$

称 $|\tilde{a}\rangle$ 是归一化的。对于一个非零矢量 $|a\rangle$，总可以得到相应的归一化矢量

$$|\tilde{a}\rangle=\frac{1}{\sqrt{\langle a|a\rangle}}|a\rangle \tag{1.2.9}$$

$\sqrt{\langle a|a\rangle}$ 称为 $|a\rangle$ 的模。

下面以前面所举的两个线性空间为例，讨论本节中的概念。

【例 1.2.1】 $S_{1/2}$ 空间：容易证明 $S_{1/2}$ 空间是一个二维线性空间，其基组选取的一种方式是

$$|\boldsymbol{e}_1\rangle\equiv\begin{bmatrix}1\\0\end{bmatrix},\qquad |\boldsymbol{e}_2\rangle\equiv\begin{bmatrix}0\\1\end{bmatrix} \tag{1.2.10}$$

于是,任意矢量 $|a\rangle$ 可以用这两个基矢作线性展开,

$$|a\rangle \equiv \begin{bmatrix} a_1 \\ a_2 \end{bmatrix} = a_1 |\boldsymbol{e}_1\rangle + a_2 |\boldsymbol{e}_2\rangle \tag{1.2.11}$$

两个矢量的内积定义为

$$\langle a|b\rangle \equiv \begin{bmatrix} a_1^* & a_2^* \end{bmatrix} \begin{bmatrix} b_1 \\ b_2 \end{bmatrix} = a_1^* b_1 + a_2^* b_2 \tag{1.2.12}$$

按照该内积定义,容易证明前面所给的两个基矢构成了一组正交归一基矢。

【例 1.2.2】 $\boldsymbol{L}_2[0,a]$ 空间:可以证明这是个无限可数空间,另外,两个矢量的内积定义为

$$\langle f_1|f_2\rangle \equiv \int_0^a f_1^*(x) f_2(x)\,\mathrm{d}x \tag{1.2.13}$$

该空间中基矢的一种选取方式是

$$\psi_n(x) = \sqrt{\frac{2}{a}} \sin\left(\frac{n\pi}{a}x\right), \qquad n = 1,2,3,\cdots \tag{1.2.14}$$

后面会看到,$\boldsymbol{L}_2[0,a]$ 空间是常被提及的量子力学体系——无限深方势阱——所对应的线性空间。量子力学中所涉及的很多线性空间,其中的矢量都是满足一定边界条件的空间坐标的函数,其内积的定义也都类似于(1.2.13)。

【练习】 证明(1.2.14)给出的基矢是正交归一的。

§1.3 正交归一基组

原则上,任何一组线性无关的 n 个矢量都可作为 n 维线性空间的基矢。但是,为了简单和方便起见,我们总是尽可能选择正交归一的矢量作为基矢。在三维几何空间中,单位矢量 $\boldsymbol{e}_1, \boldsymbol{e}_2, \boldsymbol{e}_3$ 就是这样一组正交归一基矢。从互相不正交的三个线性无关的几何矢量出发,我们很容易构建出一组正交归一基矢。

下面我们考虑在一般 n 维线性空间中,如何构建正交归一基组。如果 $|u_1\rangle$, $|u_2\rangle, \cdots, |u_n\rangle$ 是空间 $\boldsymbol{L}$ 的任意一组基矢,则可以按如下方式构造一组正交归一的基矢:首先可以将第一个矢量归一化

$$|\varphi_1\rangle = \frac{|u_1\rangle}{\langle u_1|u_1\rangle^{\frac{1}{2}}}, \qquad \langle \varphi_1|\varphi_1\rangle = 1 \tag{1.3.1}$$

然后,令 $|\varphi_2\rangle = \alpha_2|u_2\rangle + \beta|\varphi_1\rangle$,由正交化条件 $\langle\varphi_1|\varphi_2\rangle = 0$ 可以得到

$$\langle\varphi_1|\varphi_2\rangle = \alpha_2\langle\varphi_1|u_2\rangle + \beta = 0$$

$$\beta = -\alpha_2\langle\varphi_1|u_2\rangle$$

于是

$$|\varphi_2\rangle = \alpha_2(|u_2\rangle - |\varphi_1\rangle\langle\varphi_1|u_2\rangle) \tag{1.3.2}$$

再由归一化条件 $\langle\varphi_2|\varphi_2\rangle = 1$ 求出 α_2。如此反复下去:

$$\begin{cases} |\varphi_3\rangle = \alpha_3(|u_3\rangle - |\varphi_1\rangle\langle\varphi_1|u_3\rangle - |\varphi_2\rangle\langle\varphi_2|u_3\rangle), & \langle\varphi_3|\varphi_3\rangle = 1 \\ \cdots\cdots \\ |\varphi_n\rangle = \alpha_n\left(|u_n\rangle - \sum_{i=1}^{n-1}|\varphi_i\rangle\langle\varphi_i|u_n\rangle\right), & \langle\varphi_n|\varphi_n\rangle = 1 \end{cases} \tag{1.3.3}$$

这样的构造过程称作格莱姆-施密特(Gram-Schmidt)正交归一化过程，由此形成的$|\varphi_1\rangle, |\varphi_2\rangle, \cdots, |\varphi_n\rangle$有如下性质：

$$\langle\varphi_i|\varphi_j\rangle = \delta_{ij}, \qquad \text{其中 } \delta_{ij} = \begin{cases} 1, & \text{如果 } i = j \\ 0, & \text{如果 } i \neq j \end{cases} \tag{1.3.4}$$

这里引入了非常重要的克罗内克(Kronecker)δ 符号，有时也被称为克罗内克 δ 函数，它显然是一个二元离散函数。后面我们会将其推广到连续函数的形式，也就是著名的狄拉克(Dirac)δ 函数。

对于 $\boldsymbol{L}$ 空间中的任一矢量$|w\rangle$，若设

$$|w\rangle = \sum_{i=1}^{n} w_i |\varphi_i\rangle \tag{1.3.5}$$

则对上式两边取其与任一基矢$|\varphi_j\rangle$的内积，可得

$$\langle\varphi_j|w\rangle = \sum_{i=1}^{n} w_i \langle\varphi_j|\varphi_i\rangle = \sum_{i=1}^{n} w_i \delta_{ji} = w_j \tag{1.3.6}$$

于是

$$|w\rangle = \sum_{i=1}^{n} (\langle\varphi_i|w\rangle)|\varphi_i\rangle = \sum_{i=1}^{n} |\varphi_i\rangle\langle\varphi_i|w\rangle \tag{1.3.7}$$

即$|w\rangle$总可以用上述正交归一的基组展开，并且对应于基矢$|\varphi_i\rangle$的展开系数即是该基矢与$|w\rangle$的内积。在用正交归一基组展开后，矢量

$$|v\rangle = \sum_{i=1}^{n} |\varphi_i\rangle\langle\varphi_i|v\rangle = \sum_{i=1}^{n} v_i |\varphi_i\rangle$$

与

$$|w\rangle = \sum_{i=1}^{n} |\varphi_i\rangle\langle\varphi_i|w\rangle = \sum_{i=1}^{n} w_i |\varphi_i\rangle$$

的内积为

$$\begin{aligned} \langle v|w\rangle &= \sum_{i,j=1}^{n} v_i^* \langle\varphi_i|\varphi_j\rangle w_j = \sum_{i,j=1}^{n} \delta_{ij} v_i^* w_j \\ &= \sum_{i=1}^{n} v_i^* w_i = \sum_{i=1}^{n} \langle v|\varphi_i\rangle\langle\varphi_i|w\rangle \end{aligned} \tag{1.3.8}$$

通过引入正交归一基组，我们实际上把抽象的矢量用列矩阵来表示。这一点我们会在后面作具体讨论。

【练习】推导出(1.3.2)中 α_2 的具体表达式。

§1.4 线性算符

1. 线性算符的定义

对于 $\boldsymbol{L}$ 空间的一个矢量 $|u\rangle$,如果有一个操作或运算,使之变换或映射成为同一个空间的另一个矢量 $|v\rangle$,则称这种操作或运算为一个算符 $\hat{A}$,记为

$$|v\rangle = \hat{A}|u\rangle \tag{1.4.1}$$

在三维几何空间中,算符的一个具体例子就是三维几何矢量的旋转。选定某个取向为 $\boldsymbol{n}$ 的旋转轴,我们可以对矢量进行一定角度 θ 的旋转操作,一般记作 $\hat{R}_{\boldsymbol{n}}(\theta)$。关于旋转操作,后面会有更详细的讨论。

如果两个算符 $\hat{A}$ 和 $\hat{B}$ 对于任意一个矢量 $|u\rangle$ 都有

$$\hat{A}|u\rangle = \hat{B}|u\rangle \tag{1.4.2a}$$

它们被定义为相等,并记为

$$\hat{A} = \hat{B} \tag{1.4.2b}$$

如果一个算符 $\hat{A}$ 对于任意一个矢量 $|u\rangle$ 都有

$$\hat{A}|u\rangle = 0 \tag{1.4.3}$$

则被称作零算符。

算符之间可以定义加和的操作,并且算符的加和满足结合律

$$\hat{A} + \hat{B} + \hat{C} = \hat{A} + (\hat{B} + \hat{C}) = (\hat{A} + \hat{B}) + \hat{C} \tag{1.4.4}$$

和交换律

$$\hat{A} + \hat{B} = \hat{B} + \hat{A} \tag{1.4.5}$$

满足如下关系的算符 $\hat{A}$ 被称作线性算符:对于任意的矢量 $|u\rangle$ 和 $|v\rangle$

$$\hat{A}(\alpha|u\rangle + \beta|v\rangle) = \alpha\hat{A}|u\rangle + \beta\hat{A}|v\rangle \tag{1.4.6}$$

其中 α 和 β 为任意复数。后面会看到,在量子力学中,任何对物理体系的操作都用算符来表示。同时,任何物理可观测量都可以和一定的物理观测过程相联系,而观测过程本身一定是对物理体系的一种操作,因此物理可观测量也都用算符来表示。量子力学中所涉及的绝大部分算符都是线性算符。在下面除非有特殊说明,凡说到算符时,都是指线性算符。

2. 算符的乘积与对易关系

两个算符 $\hat{A}$ 和 $\hat{B}$ 的乘积表示依次做两次操作,显然仍是一个算符,

$$\hat{A}\hat{B}|u\rangle = \hat{A}(\hat{B}|u\rangle) \tag{1.4.7}$$

算符的乘积满足结合律:

$$\hat{A}(\hat{B}\hat{C})=(\hat{A}\hat{B})\hat{C}=\hat{A}\hat{B}\hat{C} \tag{1.4.8}$$

但是，一般地说，算符的乘积不满足交换律，

$$\hat{A}\hat{B}\neq\hat{B}\hat{A} \tag{1.4.9a}$$

为了表示算符乘积的不可交换性，引入对易符号，写成

$$[\hat{A},\hat{B}]\equiv\hat{A}\hat{B}-\hat{B}\hat{A}\neq 0 \tag{1.4.9b}$$

此时说算符 $\hat{A}$ 和 $\hat{B}$ 是不对易的。但是，一些算符之间的乘积可交换，即

$$[\hat{A},\hat{B}]=0 \tag{1.4.10}$$

此时说算符 $\hat{A}$ 和 $\hat{B}$ 是对易的。以后还会用到反对易符号 $\{\hat{A},\hat{B}\}$，其含义为

$$\{\hat{A},\hat{B}\}\equiv\hat{A}\hat{B}+\hat{B}\hat{A} \tag{1.4.11}$$

在很多文献中，算符的对易和反对易符号也记作 $[\hat{A},\hat{B}]_{\mp}\equiv\hat{A}\hat{B}\mp\hat{B}\hat{A}$。

【例 1.4.1】 最常见的不对易操作是关于不同旋转轴的旋转操作。

3. 算符的逆

如果对于任意的矢量 $|u\rangle$ 和 $|w\rangle=\hat{A}|u\rangle$，可以找到一个算符 $\hat{A}^{-1}$ 使得

$$|u\rangle=\hat{A}^{-1}|w\rangle$$

则称 $\hat{A}^{-1}$ 为 $\hat{A}$ 的逆算符。显然

$$\hat{A}\hat{A}^{-1}=\hat{A}^{-1}\hat{A}=\hat{I} \tag{1.4.12}$$

这里 $\hat{I}$ 为单位算符，即：对任意的 $|u\rangle$ 都有 $\hat{I}|u\rangle=|u\rangle$。需要指出，不是所有的算符都存在对应的逆算符。不存在逆算符的算符是奇异的（singular），存在逆算符的算符是非奇异的（nonsingular）。

如果 $\hat{A}=\hat{B}\hat{C}$ 有逆算符，则由

$$\hat{A}^{-1}\hat{A}=(\hat{B}\hat{C})^{-1}\hat{B}\hat{C}=\hat{I}$$

可以得出

$$\hat{A}^{-1}=\hat{C}^{-1}\hat{B}^{-1} \tag{1.4.13}$$

4. 厄米共轭与厄米算符

对于任意的矢量 $|u\rangle$ 和 $|v\rangle=\hat{A}|u\rangle$，由于左、右矢的共轭关系，必定存在一个算符 $\hat{A}^{\dagger}$，使得

$$\langle v|=\langle u|\hat{A}^{\dagger} \tag{1.4.14}$$

称 $\hat{A}^{\dagger}$ 为 $\hat{A}$ 的厄米共轭算符。利用 $\langle w|v\rangle=\langle v|w\rangle^{*}$，取 $|v\rangle=\hat{A}|u\rangle$，

$$\langle w|v\rangle=\langle w|\cdot\hat{A}|u\rangle=\langle w|\hat{A}|u\rangle$$

$$\langle w|v\rangle=\langle v|w\rangle^{*}=[(\langle u|\hat{A}^{\dagger})\cdot|w\rangle]^{*}=\langle u|\hat{A}^{\dagger}|w\rangle^{*}$$

因此有

$$\langle w|\hat{A}|u\rangle=\langle u|\hat{A}^{\dagger}|w\rangle^{*} \tag{1.4.15}$$

在上面的推导中,我们使用了乘法结合律公设①,即

$$\langle w|\cdot(\hat{A}|u\rangle)=(\langle w|\hat{A})\cdot|u\rangle\equiv\langle w|\hat{A}|u\rangle$$

量子力学中所涉及的绝大部分算符都满足这样的关系。唯一的例外是表示时间反演操作的算符(见第八章),在那种情况下,在定义算符关于两个矢量的矩阵元时,必须明确标明算符是作用在右矢上还是左矢上。由于(1.4.15)所反映出来的性质,厄米共轭有时也被称为共轭转置。由于 $\hat{A}\hat{B}|u\rangle=\hat{A}(\hat{B}|u\rangle)$ 与 $(\langle u|\hat{B}^{\dagger})\hat{A}^{\dagger}=\langle u|\hat{B}^{\dagger}\hat{A}^{\dagger}$ 共轭,所以

$$(\hat{A}\hat{B})^{\dagger}=\hat{B}^{\dagger}\hat{A}^{\dagger} \tag{1.4.16}$$

【练习】证明 $(\hat{A}^{\dagger})^{\dagger}=\hat{A}$。

如果一个算符 $\hat{A}$ 和它的厄米共轭算符 $\hat{A}^{\dagger}$ 相等:

$$\hat{A}=\hat{A}^{\dagger} \tag{1.4.17}$$

则称 $\hat{A}$ 为厄米算符。物理上的可观测量,如位置、动量、能量、角动量等,在量子力学中都对应于厄米算符,因此厄米算符是最重要的一类算符。对于厄米算符,由(1.4.15)和(1.4.17)知

$$\langle w|\hat{A}|u\rangle=\langle u|\hat{A}|w\rangle^{*} \tag{1.4.18}$$

显然,$\langle u|\hat{A}|u\rangle=\langle u|\hat{A}|u\rangle^{*}$,因此是个实数。

---

① 线性代数的乘法结合律公设:

前面的讨论中定义了几种不同的乘法操作,包括复数(即标量)与矢量的乘积、左矢与右矢的乘积(即矢量之间的内积)、算符之间的乘积、算符与左矢或右矢的乘积(即算符作用在左矢或右矢上),以及本节最后引入的右矢和左矢之间的外积。在数学上,当某种操作关系被称为"乘法"操作时,即意味着这种操作应该满足结合律;同样的,任何被称为"加法"的操作都应该满足交换律。因此,当公式中出现以上各种不同类型乘积的组合时,仍应满足结合律,但前提是,结合律的使用不会导致不合理或未定义的结果。这可以看作是对定义"乘法"操作时保持内在一致性的一种限制,因此有时被称为乘法结合律公设(associative axiom of multiplication)。

下面结合具体的例子来讨论什么情况下结合律公设的应用是允许的,什么时候是不允许的。考虑一个外积 $|w\rangle\langle u|$ 作用在一个右矢 $|v\rangle$ 上,应用结合律公设,

$$(|w\rangle\langle u|)\cdot|v\rangle=|w\rangle(\langle u|\cdot|v\rangle)\equiv|w\rangle\langle u|v\rangle$$

这结果是合理的。另一方面,上式等号右侧是一个右矢和一个内积的相乘,由于内积是一个数,根据定义,数与矢量的相乘是可交换的,因此等号右侧可以写成 $(\langle u|v\rangle)\cdot|w\rangle$,这时如果使用结合律,就会得到 $\langle u|\cdot(|v\rangle|w\rangle)$,但是两个右矢的乘积 $|v\rangle|w\rangle$ 的意义没有定义,因此,这时乘法结合律的应用导致了不合理的结果。在后面课程中,我们的确会引入两个右矢(或左矢)的直积,一般用符号⊗表示,但直积并不对应于如 $|v\rangle|w\rangle$ 这样的同一线性空间中两个右矢的乘积。如果两个右矢 $|a\rangle$ 和 $|b\rangle$ 分别属于两个彼此独立(有时也用"正交"来表示,但这里"正交"的含义不同于同一个线性空间中两个矢量之间的"正交")的线性空间 A 和 B 中的矢量,那么,$|a\rangle\otimes|b\rangle$ 构成一个复合线性空间(记作 $A\otimes B$)中的矢量,此时可简写成 $|\mathrm{a}\rangle|\mathrm{b}\rangle$,而它不表示线性代数意义上的乘法关系。

5. 矢量的外积与投影算符

对于右矢 $|w\rangle$ 和左矢 $\langle u|$，定义它们的外积为 $|w\rangle\langle u|$。$|w\rangle\langle u|$ 事实上是一个算符。一个外积 $|w\rangle\langle u|$ 作用到一个矢量 $|v\rangle$ 上，结果为

$$|w\rangle\langle u|v\rangle=(|w\rangle\langle u|)|v\rangle=|w\rangle(\langle u|v\rangle) \tag{1.4.19}$$

上式的表述再次使用了乘法的结合律公设。作为外积的特例，一个矢量 $|w\rangle$ 与其自己的共轭矢量的外积 $|w\rangle\langle w|$ 一般称为投影算符，其物理意义可以通过类比三维几何空间中的投影操作而得到理解。

【例 1.4.2】 对于由空间坐标的函数所构成的线性空间，比如前面所举的 $\boldsymbol{L}_2[0,a]$ 空间，相应的算符一般也表示为坐标的函数 $V(x)$，或者包含对坐标的微分。对于一维空间函数构成的线性空间，$\hat{d}_x\equiv\dfrac{\mathrm{d}}{\mathrm{d}x}$ 构成了一个线性算符。容易证明，对于 $\boldsymbol{L}_2[0,a]$ 空间而言，$\hat{d}_x$ 不是一个厄米算符，但是 $\hat{p}_x\equiv-\mathrm{i}\dfrac{\mathrm{d}}{\mathrm{d}x}$ 是一个厄米算符。

【练习】 在 $\boldsymbol{L}_2[0,a]$ 空间中证明 $\hat{p}_x$ 是一个厄米算符。

§1.5　本征方程

一般地，如果 $|v\rangle=\hat{A}|u\rangle$，$|v\rangle$ 不一定与 $|u\rangle$ 方向相同。假如有一系列的矢量 $\{|i\rangle\}$，具有

$$\hat{A}|i\rangle=a_i|i\rangle \tag{1.5.1a}$$

这里 $\{a_i\}$ 为常数，则称 $\{|i\rangle\}$ 为 $\hat{A}$ 的本征矢，称 $\{a_i\}$ 为 $\hat{A}$ 的本征值，称(1.5.1a)为 $\hat{A}$ 的本征方程。为强调 $|i\rangle$ 是 $\hat{A}$ 的以 a_i 为本征值的本征矢，特别将其记为 $|a_i\rangle$，即

$$\hat{A}|a_i\rangle=a_i|a_i\rangle \tag{1.5.1b}$$

定理　厄米算符的本征值必为实数，厄米算符对应于不同本征值的本征矢之间是正交的。

证明　取 $|a_j\rangle$ 与(1.5.1b)的内积[以后将使用“$\langle a_j|$ 左乘(1.5.1b)”这样的语言]，得

$$\langle a_j|\hat{A}|a_i\rangle=a_i\langle a_j|a_i\rangle$$

另一方面

$$\langle a_j|\hat{A}|a_i\rangle=\langle a_i|\hat{A}|a_j\rangle^*=a_j^*\langle a_i|a_j\rangle^*=a_j^*\langle a_j|a_i\rangle$$

故

$$(a_i-a_j^*)\langle a_j|a_i\rangle=0$$

当 $i=j$ 时，因 $\langle a_i|a_i\rangle\neq0$，只能有 $a_i=a_i^*$，所以 a_i 为一实数。

当 $a_i\neq a_j$ 时，则只能有 $\langle a_j|a_i\rangle=0$。证毕。

当一组线性无关的本征矢$\{|a_i\rangle\}$具有相同的本征值($a_i=a_j$)时,$\langle a_j|a_i\rangle$不必须为零,此时称这组本征矢是简并的。很容易证明,一组简并本征矢的任意线性叠加仍然是算符的本征矢,因此,可以用前面介绍的格莱姆-施密特过程构造正交的本征矢。最终,一个厄米算符的所有本征矢可以选为一组正交归一矢。

以上定理表明,与(1.5.1b)对应的共轭方程为

$$\langle a_i|\hat{A}=a_i\langle a_i| \tag{1.5.2}$$

一般而言,一个厄米算符的本征值谱可以是离散的(也称量子化的),也可以是连续的,或者离散和连续本征值同时存在。以上的证明只适用于离散本征谱的情形,对于具有连续谱的厄米算符,不同本征值的本征函数之间的关系在数学上要更为复杂一些。这一点将在下一章作具体讨论。

§1.6　以厄米算符的本征矢为基组

设$\{|a_i\rangle\}$是厄米算符$\hat{A}$的所有正交归一化的本征矢:

$$\langle a_j|a_i\rangle=\delta_{ji} \tag{1.6.1}$$

则$\{|a_i\rangle\}$是对应于$\hat{A}$有定义的空间$\boldsymbol{L}$的基组,即该空间任意一矢量$|w\rangle$都可用$\{|a_i\rangle\}$展开,

$$|w\rangle=\sum_i w_i|a_i\rangle \tag{1.6.2}$$

$\langle a_j|$左乘(1.6.2)便得到展开系数$\{w_i\}$

$$\langle a_j|w\rangle=\sum_i \delta_{ij}w_i=w_j$$

于是

$$|w\rangle=\sum_i|a_i\rangle\langle a_i|w\rangle \tag{1.6.3}$$

(1.6.3)对于任意的$|w\rangle$成立,因此

$$\hat{I}=\sum_i|a_i\rangle\langle a_i| \tag{1.6.4}$$

是一个单位算符。(1.6.4)称为厄米算符本征矢的完备性,是一个会经常用到的重要表达式。在式中单位算符是所有投影算符

$$\hat{P}_i=|a_i\rangle\langle a_i| \tag{1.6.5}$$

的加和。$\hat{P}_i$作为投影算符的意义很明显:

$$\hat{P}_i|w\rangle=|a_i\rangle\langle a_i|w\rangle \tag{1.6.6}$$

给出$|w\rangle$在基矢$|a_i\rangle$上的分量。

§1.7　矩阵表示

一旦选定了$\hat{A}$的所有正交归一化的本征矢$\{|a_i\rangle\}$为一组基矢,任一矢量$|w\rangle=$

$\sum_i |a_i\rangle\langle a_i|w\rangle$ 就可以用一个列矩阵

$$\boldsymbol{w}=\begin{pmatrix}\langle a_1|w\rangle\\ \langle a_2|w\rangle\\ \vdots\end{pmatrix} \tag{1.7.1}$$

表示。对应地，$\langle w|=\sum_i\langle w|a_i\rangle\langle a_i|$ 可以用一个行矩阵

$$\boldsymbol{w}^{\dagger}=(\langle w|a_1\rangle,\langle w|a_2\rangle,\cdots) \tag{1.7.2}$$

表示。请注意在矩阵表示中，左矢和右矢的表示互为共轭转置的关系。而一个内积就成为矩阵的乘法：

$$\langle w|u\rangle=\boldsymbol{w}^{\dagger}\boldsymbol{u}=(\langle w|a_1\rangle,\langle w|a_2\rangle,\cdots)\begin{pmatrix}\langle a_1|u\rangle\\ \langle a_2|u\rangle\\ \vdots\end{pmatrix}=\sum_i\langle w|a_i\rangle\langle a_i|u\rangle \tag{1.7.3}$$

(1.7.3)的最后表达，可以看成是直接将单位算符[公式(1.6.4)]内插在$\langle w|u\rangle$之间得到，以后我们将经常使用这样的技巧。矩阵表示保留矢量的所有性质，例如

$$\langle w|w\rangle=\boldsymbol{w}^{\dagger}\boldsymbol{w}=\sum_i\langle w|a_i\rangle\langle a_i|w\rangle=\sum_i|\langle w|a_i\rangle|^2\geqslant 0 \tag{1.7.4}$$

下面，找到算符 $\hat{O}$ 在基组$\{|a_i\rangle\}$上的表示。若$|u\rangle=\hat{O}|w\rangle$，则

$$|u\rangle=\sum_j\hat{O}|a_j\rangle\langle a_j|w\rangle$$

如果两边左乘$\langle a_i|$，可以得到

$$\langle a_i|u\rangle=\sum_j\langle a_i|\hat{O}|a_j\rangle\langle a_j|w\rangle$$

于是，定义

$$\boldsymbol{O}=\begin{pmatrix}\langle a_1|\hat{O}|a_1\rangle & \langle a_1|\hat{O}|a_2\rangle & \cdots\\ \langle a_2|\hat{O}|a_1\rangle & \langle a_2|\hat{O}|a_2\rangle & \cdots\\ \vdots & \vdots & \ddots\end{pmatrix} \tag{1.7.5}$$

作为算符 $\hat{O}$ 的矩阵表示，则$|u\rangle=\hat{O}|w\rangle$的相应矩阵表示为

$$\boldsymbol{u}=\boldsymbol{O}\boldsymbol{w} \tag{1.7.6}$$

可以验证，$\hat{O}$ 的厄米共轭算符 $\hat{O}^{\dagger}$ 的矩阵表示为 $\boldsymbol{O}$ 的共轭转置。于是算符厄米性的矩阵表示就是

$$\boldsymbol{O}^{\dagger}=\boldsymbol{O} \tag{1.7.7}$$

有了以上的对应，矢量和算符的运算关系在矩阵运算的关系中得到满足。

【例 1.7.1】 二维旋转操作的矩阵表示

考虑(x,y)平面内的旋转操作 $\hat{R}(\theta)$，如图 1.7.1 所示。可以得到

$$\langle\boldsymbol{e}_1|\hat{R}(\theta)|\boldsymbol{e}_1\rangle=\cos\theta$$

$$\langle\boldsymbol{e}_2|\hat{R}(\theta)|\boldsymbol{e}_1\rangle=\sin\theta$$

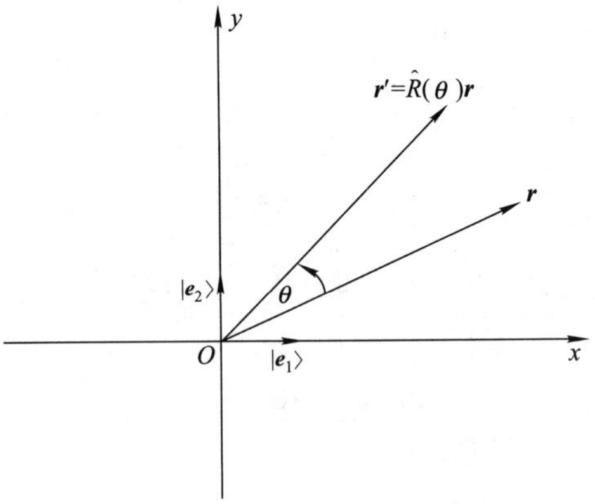

图 1.7.1 对 xy 平面内的矢量 $\boldsymbol{r}$ 作关于 z 轴旋转的示意图

$$\langle \boldsymbol{e}_1 | \hat{R}(\theta) | \boldsymbol{e}_2 \rangle = -\sin\theta$$

$$\langle \boldsymbol{e}_2 | \hat{R}(\theta) | \boldsymbol{e}_2 \rangle = \cos\theta$$

因此有

$$\boldsymbol{R}(\theta) = \begin{bmatrix} \cos\theta & -\sin\theta \\ \sin\theta & \cos\theta \end{bmatrix} \tag{1.7.8}$$

于是,旋转后 $\boldsymbol{r}'$ 的坐标为

$$\begin{pmatrix} x' \\ y' \end{pmatrix} = \begin{bmatrix} \cos\theta & -\sin\theta \\ \sin\theta & \cos\theta \end{bmatrix} \begin{pmatrix} x \\ y \end{pmatrix} \tag{1.7.9}$$

不难验证,$\hat{A}$ 在自己的本征矢$\{|a_i\rangle\}$上的表示是对角化的,并且非零元素是实数:

$$\boldsymbol{A} = \begin{pmatrix} a_1 & 0 & \cdots \\ 0 & a_2 & \cdots \\ \vdots & \vdots & \ddots \end{pmatrix} \tag{1.7.10}$$

这一点在量子力学中极为重要。它的逆命题也是成立的,即:如果一个厄米算符在一组正交归一的完备基矢上的表示是一个对角化的矩阵,则该组基矢均为该算符的本征矢,对角元即为相应的本征值。

【练习】

1) 证明(1.7.7)式。

2) 证明如果一个厄米算符在一组正交归一的完备基矢上的表示是一个对角化的矩阵,则该基组中每个矢量也是该算符的本征矢,对角元即为相应的本征值。

§1.8 幺正变换

1. 基矢之间的变换:幺正算符

设空间 $\boldsymbol{L}$ 中有两组完备的正交归一化基矢$\{|a_i\rangle\}$,$\{|b_i\rangle\}$,分别是两个厄米算符 $\hat{A}$

和 $\hat{B}$ 的本征基矢。$\boldsymbol{L}$ 中的矢量可以分别用这两组基矢展开：

$$|w\rangle = \sum_i |a_i\rangle\langle a_i|w\rangle = \sum_i |b_i\rangle\langle b_i|w\rangle \tag{1.8.1}$$

如果知道 $|w\rangle$ 在“旧”基组 $\{|a_i\rangle\}$ 上的表示 $\boldsymbol{w}_a$，如何求得它在“新”基组 $\{|b_i\rangle\}$ 上的表示 $\boldsymbol{w}_b$？对于算符的表示同样有如何在两组基矢之间变换的问题。定义变换算符

$$\hat{U} = \sum_i |b_i\rangle\langle a_i| \tag{1.8.2}$$

将 $\hat{U}$ 作用于“旧”基矢 $|a_i\rangle$ 上得

$$\hat{U}|a_i\rangle = \sum_j |b_j\rangle\langle a_j|a_i\rangle = |b_i\rangle \tag{1.8.3}$$

因此 $\hat{U}$ 的作用恰好是将“旧”基矢变为“新”基矢。而

$$\hat{U}^\dagger|b_i\rangle = \sum_j |a_j\rangle\langle b_j|b_i\rangle = |a_i\rangle \tag{1.8.4}$$

$\hat{U}^\dagger$ 的作用恰好是将“新”基矢变为“旧”基矢。因为

$$\hat{U}\hat{U}^\dagger = \Big(\sum_i |b_i\rangle\langle a_i|\Big)\Big(\sum_j |a_j\rangle\langle b_j|\Big) = \sum_{i,j} |b_i\rangle\langle a_i|a_j\rangle\langle b_j| = \sum_i |b_i\rangle\langle b_i| = \hat{I}$$

$$\hat{U}^\dagger\hat{U} = \Big(\sum_i |a_i\rangle\langle b_i|\Big)\Big(\sum_j |b_j\rangle\langle a_j|\Big) = \sum_{i,j} |a_i\rangle\langle b_i|b_j\rangle\langle a_j| = \sum_i |a_i\rangle\langle a_i| = \hat{I}$$

所以

$$\hat{U}^\dagger = \hat{U}^{-1} \tag{1.8.5}$$

(1.8.5)成立的算符称为幺正算符，对应的矩阵为幺正矩阵。我们看到，同一空间的两套正交归一的基组之间是由幺正算符联系的。

【练习】 证明幺正算符对应的矩阵为幺正矩阵。

2. 幺正变换及矩阵表示

首先我们来看幺正算符 $\hat{U}$ 的矩阵表示。容易证明它在新、旧基组上的表示是一样的：

$$\boldsymbol{U} = \begin{pmatrix} \langle a_1|b_1\rangle & \langle a_1|b_2\rangle & \cdots \\ \langle a_2|b_1\rangle & \langle a_2|b_2\rangle & \cdots \\ \vdots & \vdots & \ddots \end{pmatrix} \tag{1.8.6}$$

显然，$\boldsymbol{U}$ 中的每一列就是新基组的一个基矢 $|b_i\rangle$ 在旧基组 $\{|a_j\rangle\}$ 中的表示 $\boldsymbol{b}_i$。考虑任意矢量 $|w\rangle$，由其在“旧”基矢的表示

$$|w\rangle = \sum_i |a_i\rangle\langle a_i|w\rangle$$

左乘 $\langle b_j|$ 得

$$\langle b_j|w\rangle = \sum_i \langle b_j|a_i\rangle\langle a_i|w\rangle = \sum_i \langle a_j|\hat{U}^\dagger|a_i\rangle\langle a_i|w\rangle$$

因此 $|w\rangle$ 新、旧基矢的矩阵表示之间存在如下关系：

$$\boldsymbol{w}_b = \boldsymbol{U}^{\dagger} \boldsymbol{w}_a \tag{1.8.7}$$

算符的表示

$$\begin{aligned}\langle b_i | \hat{O} | b_j \rangle &= \sum_{k,l} \langle b_i | a_k \rangle \langle a_k | \hat{O} | a_l \rangle \langle a_l | b_j \rangle \\ &= \sum_{k,l} \langle a_i | \hat{U}^{\dagger} | a_k \rangle \langle a_k | \hat{O} | a_l \rangle \langle a_l | \hat{U} | a_j \rangle\end{aligned}$$

因此

$$\boldsymbol{O}_b = \boldsymbol{U}^{-1} \boldsymbol{O}_a \boldsymbol{U} \tag{1.8.8a}$$

一般地,由(1.8.8a)表示的矩阵变换称为相似变换,当 $\boldsymbol{U}$ 是幺正矩阵时称为幺正变换。

可以保持基组不动,对矢量和算符作相似变换:

$$|\widetilde{w}\rangle = \hat{U}|w\rangle, \qquad \widetilde{\hat{O}} = \hat{U}\hat{O}\hat{U}^{-1} \tag{1.8.8b}$$

当 $\hat{U}$ 是幺正算符时称作幺正变换。此时,称 $\widetilde{\hat{O}}$ 和 $\hat{O}$ 是幺正等价算符(unitary equivalent operators)。很容易证明,$\widetilde{\hat{O}}$ 具有和 $\hat{O}$ 相同的一套本征值谱,而相应的本征矢量是 $\hat{O}$ 的本征矢量的幺正变换:①

$$\begin{aligned}&\hat{O}|a_i\rangle = a_i|a_i\rangle \\ &\hat{U}\hat{O}\hat{U}^{-1}\hat{U}|a_i\rangle = a_i\hat{U}|a_i\rangle \\ &\widetilde{\hat{O}}|\tilde{a}_i\rangle = a_i|\tilde{a}_i\rangle\end{aligned}$$

【例 1.8.1】 二维坐标系的旋转

如图 1.8.1 所示,对应于坐标系旋转的幺正变换矩阵为

$$\boldsymbol{U}_{\hat{R}(\theta)} = \begin{bmatrix}\cos\theta & -\sin\theta \\ \sin\theta & \cos\theta\end{bmatrix}$$

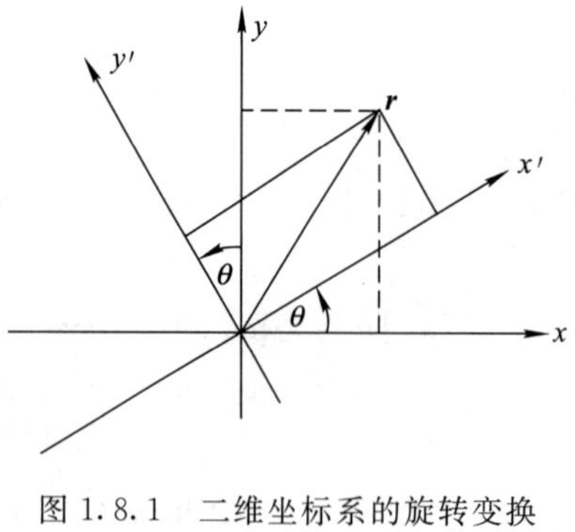

图 1.8.1 二维坐标系的旋转变换

因此同一矢量 $\boldsymbol{r}$ 在新、旧坐标系下的关系为

① 从物理意义上看,基组的幺正变换为被动操作,保持基组不变而对矢量和算符进行幺正变换为主动操作。若想达到相同的效果,二者互为逆操作的关系。在第四章中将以三维几何空间中的旋转为例作详细讨论。

$$\begin{pmatrix} x' \\ y' \end{pmatrix} = \begin{bmatrix} \cos\theta & \sin\theta \\ -\sin\theta & \cos\theta \end{bmatrix} \begin{pmatrix} x \\ y \end{pmatrix}$$

【思考】与前面对矢量作二维旋转操作时矢量的坐标变化(1.7.9)相比,有何差别?为什么?

3. 矩阵和算符的迹

一个矩阵 $\boldsymbol{A}$ 的对角元之和称为矩阵 $\boldsymbol{A}$ 的迹(trace),记为 $\mathrm{Tr}(\boldsymbol{A}) = \sum_i A_{ii}$。可以验证

$$\mathrm{Tr}(\boldsymbol{XY}) = \mathrm{Tr}(\boldsymbol{YX}) \tag{1.8.9}$$

由此不难证明,相似变换下迹不变:

$$\mathrm{Tr}(\boldsymbol{U}^{-1}\boldsymbol{OU}) = \mathrm{Tr}(\boldsymbol{O}) \tag{1.8.10}$$

幺正变换是相似变换的特例,因此幺正变换下矩阵的迹显然也是不变的。正因为如此,对于选定的空间我们可以定义算符的迹:算符在一个空间中的迹定义为其在该空间中任意正交归一基矢的表示矩阵的迹

$$\mathrm{Tr}(\hat{X}) = \sum_i \langle a_i | \hat{X} | a_i \rangle = \mathrm{Tr}(\boldsymbol{X}_a) \tag{1.8.11}$$

4. 矩阵的对角化

设 $\hat{B}$ 在 $\hat{A}$ 的正交归一的本征矢 $\{|a_i\rangle\}$ 上的表示 $\boldsymbol{B}$ 不是对角化的。找到 $\hat{B}$ 的本征值和本征矢等价于找到一个幺正矩阵 $\boldsymbol{U}$,使幺正变换后的矩阵 $\boldsymbol{U}^\dagger \boldsymbol{BU}$ 是对角化的。这可以由如下步骤找出:

为求解

$$\hat{B}|b_i\rangle = b_i |b_i\rangle \tag{1.8.12}$$

左乘 $\langle a_j|$,并在 $\hat{B}$ 后插入单位算符,得到

$$\sum_k \langle a_j | \hat{B} | a_k \rangle \langle a_k | b_i \rangle = b_i \langle a_j | b_i \rangle, \qquad i,j = 1,2,\cdots$$

令 $C_k^i = \langle a_k | b_i \rangle$(幺正变换的矩阵元),上式写成矩阵形式就是

$$\begin{pmatrix} B_{11} & B_{12} & \cdots \\ B_{21} & B_{22} & \cdots \\ \vdots & \vdots & \ddots \end{pmatrix} \begin{pmatrix} C_1^i \\ C_2^i \\ \vdots \end{pmatrix} = b_i \begin{pmatrix} C_1^i \\ C_2^i \\ \vdots \end{pmatrix}, \qquad i = 1,2,\cdots \tag{1.8.13}$$

(1.8.13)中 C_k^i 不全为零的条件为久期方程

$$|\boldsymbol{B} - \lambda \boldsymbol{I}| = 0 \tag{1.8.14}$$

关于 λ 有解,其中 $\boldsymbol{I}$ 为单位矩阵。(1.8.14)的所有根 $\lambda_1, \lambda_2, \cdots$ 就是所要求的 $\hat{B}$ 的本征值 $b_1, b_2, \cdots$。将每一 λ_i 代回到(1.8.13),就可以求出相应的一套 $\{C_k^i, k = 1,2,\cdots\}$,于是得到 b_i 对应的本征矢 $|b_i\rangle$

$$|b_i\rangle = \sum_k |a_k\rangle\langle a_k|b_i\rangle = \sum_k C_k^i |a_k\rangle \tag{1.8.15}$$

【练习】

1) 从$|b_i\rangle=\hat{U}|a_i\rangle$推导出(1.8.2)。

2) 已知二维空间中的一组正交归一基矢$|1\rangle$,$|2\rangle$,以此为基组写出另外一组正交归一的基矢。

3) 求 Tr ($|a_i\rangle\langle a_j|$)和 Tr ($|a_i\rangle\langle b_j|$),这里$\{|a_i\rangle\}$和$\{|b_i\rangle\}$分别是同一空间的两组完备的正交归一基矢。

§1.9 两个厄米算符的共同本征矢

如果两个厄米算符 $\hat{A}$ 和 $\hat{B}$ 是对易的,即

$$[\hat{A},\hat{B}]=0 \tag{1.9.1}$$

称它们是相容的。

定理 相容的厄米算符 $\hat{A}$ 和 $\hat{B}$ 可以有共同的正交归一的完备基组,使得它们的表示都是对角化的。

证明 选择 $\hat{A}$ 的正交归一的本征矢$\{|a_i\rangle\}$为由它们所张开的空间的基组。先假设 $\hat{A}$ 的本征值是非简并的,即每一个本征值只对应着一个本征矢。

取(1.9.1)的矩阵元,得

$$\langle a_i|[\hat{A},\hat{B}]|a_j\rangle=\langle a_i|\hat{A}\hat{B}-\hat{B}\hat{A}|a_j\rangle=(a_i-a_j)\langle a_i|\hat{B}|a_j\rangle=0 \tag{1.9.2}$$

因此,$a_i\neq a_j$ 时,$\langle a_i|\hat{B}|a_j\rangle=0$。也就是说,$\hat{B}$ 在$\{|a_i\rangle\}$上也是对角化的,

$$\langle a_i|\hat{B}|a_j\rangle=\langle a_i|\hat{B}|a_i\rangle\delta_{ij}\equiv b_i\delta_{ij}$$

由此可得

$$\hat{B}|a_i\rangle=\sum_j|a_j\rangle\langle a_j|\hat{B}|a_i\rangle=\sum_j|a_j\rangle\delta_{ij}\langle a_i|\hat{B}|a_i\rangle=b_i|a_i\rangle$$

因此$|a_i\rangle$同时也是 $\hat{B}$ 的本征矢,相应的本征值是 $b_i\equiv\langle a_i|\hat{B}|a_i\rangle$。

当 $\hat{A}$ 的本征矢简并时,设对应于一个本征值 a 存在若干个正交归一的本征矢,

$$\hat{A}|a_s\rangle=a|a_s\rangle,\qquad s=1,2,\cdots,g$$

显然$\{|a_s\rangle\}$的任意线性组合也是 $\hat{A}$ 的对应于本征值 a 的本征矢,以$\{|a_s\rangle\}$作为基矢,可以定义一个完备的子空间,记为 $\boldsymbol{S}_a$。利用算符 $\hat{A}$ 和 $\hat{B}$ 的对易性,可得

$$\hat{A}\hat{B}|a_s\rangle=\hat{B}\hat{A}|a_s\rangle=a\hat{B}|a_s\rangle$$

即:$\hat{B}|a_s\rangle$也是 $\hat{A}$ 的对应于本征值 a 的本征矢,因此

$$\hat{B}|a_s\rangle=\sum_{s'=1}^{g}C_{s's}|a_{s'}\rangle$$

于是，总是可以找到一个由$\{|a_s\rangle\}$到$\{|b_s\rangle\}$的幺正变换，使得$\hat{B}|b_s\rangle=b_s|b_s\rangle$，证毕。

算符$\hat{A}$和$\hat{B}$的共同本征矢一般标记为$|a_i,b_i\rangle$。

若两个算符之间(1.9.1)不成立，则称它们不相容，不相容的算符没有共同的完备本征矢。

定理 如果两个厄米算符$\hat{A}$和$\hat{B}$不对易，则必定存在一个厄米算符$\hat{C}$，满足

$$[\hat{A},\hat{B}]=\mathrm{i}\hat{C} \tag{1.9.3}$$

证明 取(1.9.3)的厄米共轭

左边：$[\hat{A},\hat{B}]^\dagger=(\hat{A}\hat{B}-\hat{B}\hat{A})^\dagger=(\hat{B}\hat{A}-\hat{A}\hat{B})=-(\hat{A}\hat{B}-\hat{B}\hat{A})=-\mathrm{i}\hat{C}$

右边：$(\mathrm{i}\hat{C})^\dagger=-\mathrm{i}\hat{C}^\dagger$

因此有$\hat{C}^\dagger=\hat{C}$，证毕。

以上的讨论可以推广到n个厄米算符。如果这一组中任意两个厄米算符之间都是对易的，则可以找到它们共同的正交归一的完备本征矢，使得它们的表示都是对角化的。

在线性代数中，一个算符的函数由级数展开来定义，假定函数$f(x)$可以用级数展开

$$f(x)=\sum_n c_n x^n$$

其中c_n为级数展开系数。相应地可以定义算符的函数

$$f(\hat{A})=\sum_n c_n\hat{A}^n \tag{1.9.4}$$

例如$\mathrm{e}^{\hat{A}}$的定义为

$$\mathrm{e}^{\hat{A}}=\sum_n\frac{1}{n!}\hat{A}^n \tag{1.9.5}$$

同样的方式可以用来定义矩阵的函数。

在由多个算符组成的函数中，不对易的算符之间相乘的次序需格外小心。例如，可以证明(见习题1.5)如下公式

$$\mathrm{e}^{\hat{A}}\hat{B}\mathrm{e}^{-\hat{A}}=\hat{B}+[\hat{A},\hat{B}]+\frac{1}{2!}[\hat{A},[\hat{A},\hat{B}]]+\cdots \tag{1.9.6}$$

这是量子力学中的一个重要公式，被称为贝克-豪斯多夫(Baker-Hausdorff)公式。

§1.10 两个重要的不等式

1. 施瓦茨不等式

对任意两个非零矢量$|u\rangle$和$|v\rangle$

$$\langle u|u\rangle\langle v|v\rangle\geqslant|\langle u|v\rangle|^2 \tag{1.10.1}$$

等式只有当$|u\rangle=c|v\rangle$时才成立。

证明 先看一下上面的不等式在三维几何空间中表达什么含义。考虑两个三维几何空间矢量 $\boldsymbol{a}$ 和 $\boldsymbol{b}$，上式左边对应于 $(\boldsymbol{a}\cdot\boldsymbol{a})(\boldsymbol{b}\cdot\boldsymbol{b})=a^2b^2$，而上式右边对应于 $|\boldsymbol{a}\cdot\boldsymbol{b}|^2=a^2b^2\cos^2\theta$，其中 θ 为两者夹角。因此不等式(1.10.1)等价于 $\cos^2\theta\leqslant 1$，当 $\theta=0$ 即 $\boldsymbol{a}$ 和 $\boldsymbol{b}$ 平行时，等号成立。以上不等式对于三维几何空间显然成立。下面我们给出一般性证明。取 $|w\rangle=|u\rangle+\lambda|v\rangle$，其中 λ 为任意复数，显然有

$$\langle w|w\rangle=\langle u|u\rangle+\lambda\langle u|v\rangle+\lambda^*\langle v|u\rangle+\lambda\lambda^*\langle v|v\rangle\geqslant 0 \tag{1.10.2}$$

并且只有当 $|w\rangle=0$ 时等式才成立。(1.10.2)对任意的 λ 都成立，不妨取 $\lambda=-\dfrac{\langle v|u\rangle}{\langle v|v\rangle}$，代入(1.10.2)得

$$\langle w|w\rangle=\langle u|u\rangle-\frac{\langle v|u\rangle}{\langle v|v\rangle}\langle u|v\rangle-\frac{\langle u|v\rangle}{\langle v|v\rangle}\langle v|u\rangle+\frac{\langle v|u\rangle}{\langle v|v\rangle}\frac{\langle u|v\rangle}{\langle v|v\rangle}\langle v|v\rangle\geqslant 0$$

$$\Rightarrow\langle u|u\rangle\langle v|v\rangle\geqslant|\langle u|v\rangle|^2$$

即(1.10.1)成立。证毕。

2. 不确定性关系

算符 $\hat{A}$ 关于矢量 $|u\rangle$ 的期望值定义为

$$\langle\hat{A}\rangle=\langle u|\hat{A}|u\rangle \tag{1.10.3}$$

前面已证明，厄米算符的期望值总是实数。由于以后会看到的原因，两个厄米算符 $\hat{A}$ 和 $\hat{B}$ 的如下不等式关系称为不确定性关系：

$$\langle(\Delta\hat{A})^2\rangle\langle(\Delta\hat{B})^2\rangle\geqslant\frac{1}{4}|\langle[\hat{A},\hat{B}]\rangle|^2 \tag{1.10.4}$$

其中

$$\Delta\hat{A}=\hat{A}-\langle\hat{A}\rangle,\qquad \Delta\hat{B}=\hat{B}-\langle\hat{B}\rangle \tag{1.10.5}$$

证明 令 $|a\rangle=\Delta\hat{A}|u\rangle$，$|b\rangle=\Delta\hat{B}|u\rangle$，由施瓦茨不等式

$$\langle a|a\rangle\langle b|b\rangle\geqslant|\langle a|b\rangle|^2$$

得

$$\langle u|\Delta\hat{A}^2|u\rangle\langle u|\Delta\hat{B}^2|u\rangle\geqslant|\langle u|\Delta\hat{A}\Delta\hat{B}|u\rangle|^2$$

或

$$\langle(\Delta\hat{A})^2\rangle\langle(\Delta\hat{B})^2\rangle\geqslant|\langle\Delta\hat{A}\Delta\hat{B}\rangle|^2 \tag{1.10.6}$$

而

$$\Delta\hat{A}\Delta\hat{B}=\frac{1}{2}[\Delta\hat{A},\Delta\hat{B}]+\frac{1}{2}\{\Delta\hat{A},\Delta\hat{B}\}$$

其中 $[\Delta\hat{A},\Delta\hat{B}]=[\hat{A},\hat{B}]$ 的期望值由(1.9.3)知为纯虚数；$\{\Delta\hat{A},\Delta\hat{B}\}$ 为厄米的，故期望值为实数。因此(1.10.6)可写成

$$\langle(\Delta\hat{A})^2\rangle\langle(\Delta\hat{B})^2\rangle\geqslant\frac{1}{4}|\langle[\hat{A},\hat{B}]\rangle|^2+\frac{1}{4}|\langle\{\Delta\hat{A},\Delta\hat{B}\}\rangle|^2$$

去掉含{ }的项后只能使不等式的条件更强烈,因此证明了(1.10.4)。证毕。

【练习】证明$[\Delta\hat{A},\Delta\hat{B}]=[\hat{A},\hat{B}]$。

习　题

1.1 证明:

1) $\langle \alpha a|b\rangle=\alpha^*\langle a|b\rangle$;

2) $\langle a|a\rangle$为实数。

1.2 对物体旋转用数学的语言描述就是一个算符。以旋转为例理解算符的定义,并举出两个旋转操作不对易的例子(具体说明如何不对易)。

1.3 如果一个算符 $\hat{A}$ 满足 $\hat{A}^\dagger=-\hat{A}$,称之为反厄米的。证明反厄米算符最多只有一个实的本征值。

1.4 证明 $\hat{A}\hat{B}-\hat{B}\hat{A}=\hat{I}$ 不可能在有限维的矩阵表示上成立,其中 $\hat{I}$ 为单位算符。

1.5 证明(1.9.6)。

1.6 考虑一个由正交归一矢$|1\rangle$,$|2\rangle$展开的二维矢量空间,算符为

$$\hat{H}=a(|1\rangle\langle 1|-|2\rangle\langle 2|+|1\rangle\langle 2|+|2\rangle\langle 1|)$$

其中 a 为一实常数。求出 $\hat{H}$ 的本征值和本征矢。

1.7 说明在什么情况下(1.10.4)中的等号成立。

1.8 设矩阵 $\mathbf{A}$ 为

$$\mathbf{A}=\begin{bmatrix} a & b \\ b & a \end{bmatrix}$$

证明,对应于函数 $f(x)$有[假定 $f(x)$在 $x=0$ 处的泰勒展开收敛]

$$f(\mathbf{A})=\begin{pmatrix} \frac{1}{2}[f(a+b)+f(a-b)] & \frac{1}{2}[f(a+b)-f(a-b)] \\ \frac{1}{2}[f(a+b)-f(a-b)] & \frac{1}{2}[f(a+b)+f(a-b)] \end{pmatrix}$$

1.9 证明如下两种关于幺正算符的定义是等价的:

1) 对于任意矢量$|u\rangle$,满足$\langle u|\hat{U}^\dagger\hat{U}|u\rangle=\langle u|u\rangle$的线性算符 $\hat{U}$ 为幺正算符;

2) 对于任意矢量$|u\rangle$和$|v\rangle$,满足$\langle u|\hat{U}^\dagger\hat{U}|v\rangle=\langle u|v\rangle$的线性算符 $\hat{U}$ 为幺正算符。

第二章 量子力学基本概念与假设

现在用比较抽象的语言表述量子力学，熟练掌握之后会发现它非常方便、简洁。

§2.1 关于电子自旋的施特恩-格拉赫实验

根据电动力学，电荷作圆周运动产生磁偶极矩。如果电子的电荷在有限空间中有一定的分布，并且电子绕自己内部的一个轴作自旋运动，具有自旋角动量 $\boldsymbol{S}$，同时会表现出磁偶极矩 $\boldsymbol{\mu}$①。磁偶极矩 $\boldsymbol{\mu}$ 正比于环电流的强度，因此正比于电子自旋运动的角动量 $\boldsymbol{S}$。当把电子置于强度为 $\boldsymbol{B}$ 的外磁场中时，电子自旋磁矩 $\boldsymbol{\mu}$ 与磁场之间的相互作用能为

$$E=-\boldsymbol{\mu}\cdot\boldsymbol{B},\qquad \boldsymbol{\mu}=\frac{g_e e}{2m_e}\boldsymbol{S},\qquad (e<0,\quad g_e=2.002322)\tag{2.1.1}$$

由此，在非均匀磁场中，电子的自旋磁矩会受到作用力②

$$\boldsymbol{F}=-\nabla E=\nabla(\boldsymbol{\mu}\cdot\boldsymbol{B})\tag{2.1.2}$$

式中 $\nabla=\boldsymbol{e}_1\dfrac{\partial}{\partial x}+\boldsymbol{e}_2\dfrac{\partial}{\partial y}+\boldsymbol{e}_3\dfrac{\partial}{\partial z}$。若电子具有自旋，从而具有相应的磁矩，它在穿过一个不均匀的磁场时就会发生偏转。不同自旋的电子的偏转角度也不同。这样，可以通过实验发现电子的自旋取值。

1922 年施特恩(O. Stern)和格拉赫(W. Gerlach)做了这样的实验。实验确凿地证明了电子自旋的存在③，但出乎意料的是，上述经典图像无法解释电子自旋这个现象。在实验中，经过准直的 Ag 原子束从加热的炉子产生，穿过在垂直于原子束的一个方向(记为 z)上产生磁场梯度的一对磁极(图 2.1.1，以下用 SGz 表示这样的装置和实验)。

Ag 原子中能够产生磁矩的仅仅为最外层的未成对 5s 电子。电子通过磁场时 z 方向上受到的力为(假定磁场强度在 x 和 y 方向的分量可以忽略)

---

① 这是关于电子自旋的经典图像。自旋实际上是电子的内秉性质，并不能归结为电子所带电荷在三维几何空间的旋转。这是因为电子在空间上非常小，几乎可以看作一个几何上的点；根据从实验估算出来的电子半径，如果要产生出实验上所确定的电子磁矩，其表面电荷的速度将超过光速，从而与相对论相悖。另外，如果是电荷在空间的旋转导致的自旋，其磁矩和自旋角动量之间的关系应该是 $\boldsymbol{\mu}=e\boldsymbol{S}/2m_e$，与(2.1.1)相差一个 2 的因子。电子自旋实际上是一种相对论效应。

② 自由电子在磁场中所感受到的主要作用力是洛仑兹力，$\boldsymbol{F}=-e\boldsymbol{v}\times\boldsymbol{B}$，一般情况下，电子所感受到的洛仑兹力要远大于(2.1.2)所代表的作用力，因此必须用含不成对电子的中性原子而不是自由电子束来进行施特恩-格拉赫实验。此外，磁偶极子在磁场中还感受到力矩 $\boldsymbol{\mu}\times\boldsymbol{B}$，造成磁偶极子在磁场中的进动，但这不影响后面的分析。

③ 施特恩-格拉赫实验现在被认为是导致电子自旋发现的一个重要实验，但在科学史上，在这个实验刚完成的几年内都没有人把它和电子自旋联系起来。实际上，这个实验的初衷是为了验证玻尔-索墨菲原子模型(即所谓的旧量子论)关于空间量子化的预言。根据玻尔-索墨菲理论，电子绕核运动，除了满足能量量子化的条件之外，其角动量在某个方向的分量也是量子化的，这被称为空间量子化。施特恩和格拉赫是为验证空间量子化的预言而设计了这个实验。在他们的设想中，是电子绕原子核运动的角动量(也就是第四章要讨论的电子的轨道角动量)导致了银原子的磁矩。但实际上，占据银原子最外层 5s 轨道的电子的轨道角动量为零，因此真正的磁矩来自电子的自旋角动量。

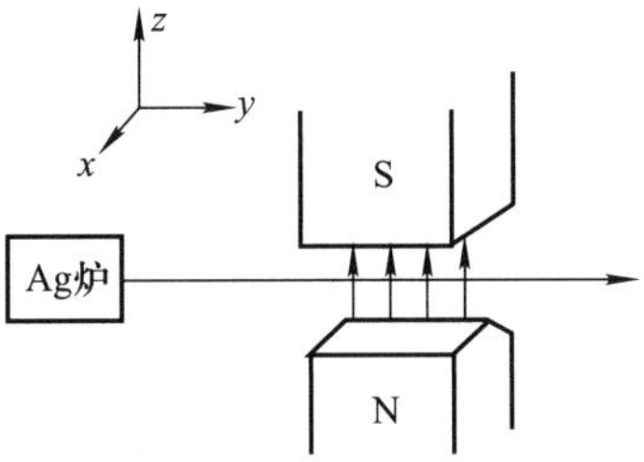

图 2.1.1 SGz 实验示意图

$$F_z = \frac{\partial}{\partial z}(\boldsymbol{\mu} \cdot \boldsymbol{B}) = \mu_z \frac{\partial B_z}{\partial z} \tag{2.1.3}$$

Ag 原子很重，它的运动可以按经典粒子处理。对应于图 2.1.1 的情形，$\partial B_z/\partial z<0$，因此当电子磁矩在 z 轴上的投影 $\mu_z>0(s_z<0)$时，Ag 原子向 N 极方向偏转；反之，向 S 极方向偏转。加热炉产生的 Ag 原子的磁偶极子的取向应该是各向同性的。如果电子自旋磁矩为 μ，则 μ_z 的取值就会是$-\mu$ 和 μ 之间的任何数值，经典力学预言其强度分布为沿磁场方向一个散开的峰。实验却观察到两个偏转角对称的分立的峰，转换为电子自旋取值为

$$s_z = \pm\frac{\hbar}{2}, \qquad \hbar = 1.0546 \times 10^{-34}\,\mathrm{J \cdot s} \tag{2.1.4}$$

电子的自旋在一个方向上的投影为两个分立的状态，这是在旧的经典力学的框架内无法想象的，这个现象也被称作空间量子化。实验结果是否是由于 Ag 原子在通过磁场之前就已经按一半取 $s_z=\frac{\hbar}{2}$(称之为自旋向上)，另一半取 $s_z=-\frac{\hbar}{2}$(称之为自旋向下)来分布呢？不是。进一步实验表明，这种分布是穿过磁场时发生的，并且不同方向之间可以互相转化。为了说明这一点，设想进行如图 2.1.2 所示的串行 SG 实验。例如，在经过 SGz 后，选取 $s_z=\frac{\hbar}{2}$的原子束，让它再经过 SGz(图 2.1.2a)，则原子束仍然是 $s_z=\frac{\hbar}{2}$，这是容易理解的。但是，如果让经过 SGz 后选取的 $s_z=\frac{\hbar}{2}$原子束经过 SGx(图 2.1.2b)，观察到的将是分裂成两条强度相同、分别对应于 $s_x=\pm\frac{\hbar}{2}$的原子束。如果取其中的一条，例如 $s_x=\frac{\hbar}{2}$，使其再通过 SGz(图 2.1.2c)，人们将再次观察到两条强度相同的对应于 $s_z=\pm\frac{\hbar}{2}$的原子束。它表明，电子的自旋状态并不是预先确定的和一成不变的。它还表明，我们无法如经典力学所公认的那样同时确定电子自旋在 x 方向和 z 方向的分量。

如果将电子自旋看成是二维空间中的矢量，将按某一方向(如 z)分裂出的两种自旋状态作为一组基矢，将施特恩-格拉赫实验装置中的沿某个方向的非均匀磁场作为选择自旋状态的算符，则所有的实验结果都可以用线性代数的运算进行预言或解释。例如：对

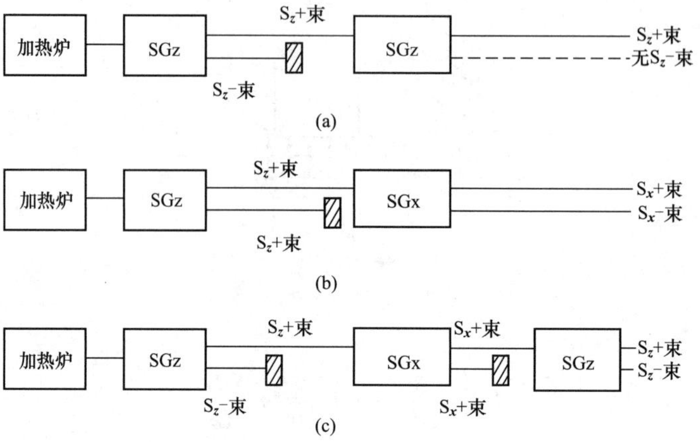

图 2.1.2 连续 SG 实验

应于 $s_z=+\frac{\hbar}{2}$ 的状态表示为 $|s_z+\rangle$,对应于 $s_z=-\frac{\hbar}{2}$ 的状态表示为 $|s_z-\rangle$,选择 z 方向自旋的磁场的 SGz 实验为 $\hat{S}_z$,等等。电子自旋是最典型的量子体系之一,希望读者时常以它为例加深对量子力学基本原理的认识。

§ 2.2 态叠加原理

物理学的先贤们认识到,只要将物理元素与数学元素作合适的对应,微观世界的物理规律即可以用线性代数的运算法则来描述。现在以公理化的形式引入建立这种对应的量子力学的基本概念和假设①。

首先解释一下体系这一概念。为了更好地理解量子力学的基本假设,对于比如“我们的体系是一个电子”这样的话,更合适的理解是“我们的体系是一个由无数与被研究的客体的初始或边界条件完全相同的电子所构成的集合”。借用统计力学中的概念,这样的集合也被称为“系综”。

基本假设Ⅰ 客观体系可以与适当的线性矢量空间作如下对应:体系的一个确定的状态对应于线性矢量空间中一束确定的具有相同方向的矢量,称这样的矢量为体系相应状态的态矢。

根据这一基本假设,$\alpha|u\rangle$ 与 $|u\rangle$ 对应于完全相同的物理状态。为了方便,不妨约定所有的态矢都是归一化的:

$$\langle u|u\rangle=1 \tag{2.2.1}$$

尽管如此,态矢在进行归一化时存在一个相位角的不确定性,因为 $e^{i\delta}|u\rangle$ 都满足(2.2.1),

① 以公理化的形式阐述量子力学的基本原理是很多量子力学教材的做法。但值得指出的是,量子力学是一个物理理论体系,而不是纯粹数学的逻辑体系。因此,严格来说,并不能像欧几里德几何学那样从几条简单的公理和若干定义出发,严格地通过数学演绎构建出整个量子力学理论体系。另外,不同量子力学教科书对量子力学基本假设的选取也不完全一致。

其中 δ 为一个实数。当考虑单个态矢所代表的状态的物理可观测性质时，态矢的相位没有物理意义，但是当涉及多个态矢相互作用（“叠加”）时，不同态矢的相位差有可观测的物理后果，这也是由微观粒子运动的波动性特征所决定的。

根据基本假设，如果 $|u\rangle$ 和 $|v\rangle$ 对应体系的两个不同状态，则

$$|w\rangle = |u\rangle + |v\rangle \tag{2.2.2}$$

也对应着体系的一个物理状态。因此，基本假设Ⅰ常被称作态叠加原理。以后为了简便，如果 $|u\rangle$ 是对应于体系的一个状态的态矢，则说体系的状态为 $|u\rangle$。

【例 2.2.1】 电子自旋空间。电子自旋体系对应于一个二维矢量空间。用 $|s_z\pm\rangle$ 表示自旋在 z 方向上投影为 $s_z=\pm\frac{\hbar}{2}$ 的状态，并且假设态矢是归一化的。电子的任何一个自旋状态 $|\chi\rangle$ 都可以被表示为

$$|\chi\rangle = \alpha|s_z+\rangle + \beta|s_z-\rangle \tag{2.2.3}$$

因归一化条件 $\langle\chi|\chi\rangle=1$，$\alpha$ 与 β 之间有如下关系：

$$|\alpha|^2 + |\beta|^2 = 1 \tag{2.2.4}$$

例如，用 $|s_x\pm\rangle$ 表示自旋在 x 方向上投影为 $s_x=\pm\frac{\hbar}{2}$ 的状态，它们可以写为

$$|s_x\pm\rangle = \frac{1}{\sqrt{2}}|s_z+\rangle \pm \frac{1}{\sqrt{2}}|s_z-\rangle \tag{2.2.5}$$

用 $|s_y\pm\rangle$ 表示自旋在 y 方向上投影为 $s_y=\pm\frac{\hbar}{2}$ 的状态，它们可以写为

$$|s_y\pm\rangle = \frac{1}{\sqrt{2}}|s_z+\rangle \pm \mathrm{i}\frac{1}{\sqrt{2}}|s_z-\rangle \tag{2.2.6}$$

(2.2.5)和(2.2.6)中展开系数的确定是由实验观测到的状态出现的概率和选取右手坐标系决定的。

【练习】 以 $|s_x+\rangle$ 和 $|s_x-\rangle$ 为基矢来表示 $|s_z\pm\rangle$ 和 $|s_y\pm\rangle$。

【思考】 SG 实验中，从银炉中溅射出来的银原子的自旋状态能用一个确定态矢描述吗？

§2.3　物理可观测量对应于厄米算符

基本假设Ⅱ　物理可观测量对应于一定的厄米算符，该算符的本征矢构成相应线性空间的完备基组。

物理上的可观测量，如位置、动量、角动量，都以实数存在，对体系的物理测量是一种对态矢的操作，因此以厄米算符对应物理可观测量是可以理解的。

【例 2.3.1】 电子自旋算符。测量电子在 z 方向上投影的物理手段是 SGz 实验，与它对应的量子力学算符是 $\hat{S}_z$，$|s_z\pm\rangle$ 就是 $\hat{S}_z$ 的本征值为 $s_z=\pm\frac{\hbar}{2}$ 的本征态，它们构成

电子自旋这一二维空间的一组完备基组。对于 SGx,SGy 实验有类似的结果。

基本假设Ⅲ 对体系的一个物理状态$|u\rangle$进行由算符 $\hat{A}$ 表达的测量,得到 $\hat{A}$ 的某一个本征值a_i,并使原来的状态$|u\rangle$投影为$|a_i\rangle$①,并且这个事件发生的概率为

$$P_i = |\langle a_i | u\rangle|^2 \tag{2.3.1}$$

推论 若体系处于 $\hat{A}$ 的本征态$|a_i\rangle$,每次测量均得到其本征值 a_i,测量后体系的状态亦不改变。

若体系处于 $\hat{A}$ 的非本征态,则可以将其按 $\hat{A}$ 的本征态展开

$$|u\rangle = \sum_i |a_i\rangle\langle a_i | u\rangle \tag{2.3.2}$$

于是,关于 $\hat{A}$ 的测量每次按$|\langle a_i | u\rangle|^2$ 的概率获得 a_i 的数值,并相应地将体系投影为$|a_i\rangle$的状态。

【例 2.3.2】 测量电子自旋。用 SGx 选出的$|s_x +\rangle$态再经过 SGz,因$|s_x +\rangle$是按(2.2.5)展开的,故测得 $s_z = \pm\frac{\hbar}{2}$的概率分别为 1/2,于是等概率地得到两束同强度的粒子流,分别对应于$|s_z \pm\rangle$状态。而经 SGz 选择后的$|s_z +\rangle$态再经过 SGz 磁场仍为$|s_z +\rangle$,测得的 s_z 仍为$+\frac{\hbar}{2}$。以公式表示就是

$$\hat{S}_z |s_z +\rangle = \frac{\hbar}{2} |s_z +\rangle \tag{2.3.3}$$

基于基本假设Ⅲ,物理观测量 A 的平均值就是算符 $\hat{A}$ 的期望值,由下式计算:

$$\begin{aligned}\langle u | \hat{A} | u\rangle &= \sum_{i,j} \langle u | a_i\rangle\langle a_i | \hat{A} | a_j\rangle\langle a_j | u\rangle \\ &= \sum_i a_i \langle u | a_i\rangle\langle a_i | u\rangle \\ &= \sum_i a_i |\langle u | a_i\rangle|^2\end{aligned} \tag{2.3.4}$$

后面我们会看到,由基本假设Ⅲ可以自然地引出人们熟知的波函数的概率解释。

§2.4 位置、动量算符,基本对易关系

1. 连续本征谱和狄拉克 δ 函数

在这一节中,我们将讨论位置算符和动量算符。和之前讨论的算符不同,位置和动量算符的本征值是连续变化的,相应的线性空间是无穷维且不可数的。对于由连续本征

① 通俗地讲,量子力学中测量的过程对应于体系的状态投影("塌缩")到相应物理量算符的某个本征态,测量结果只能按照一定的概率来确定。这或许是量子力学中最令人困惑的一点,也是正统量子力学(即以玻尔为代表的物理学家对量子力学的诠释,被称为哥本哈根诠释)的批评者(包括爱因斯坦、德布罗意、薛定谔等对量子力学的建立作出了卓越贡献的科学家)质疑最多的一点。如何理解量子力学中的"测量",至今仍然存在着巨大的争议。

谱所定义的线性空间中基矢的正交归一性，以及空间的完备性有不同的定义方式。

考虑一维几何空间中粒子的位置 x 确定的状态，$|x\rangle$。根据基本假设Ⅱ，存在一个位置算符 $\hat{x}$，使得

$$\hat{x}|x\rangle = x|x\rangle \tag{2.4.1}$$

由于 x 的取值为$(-\infty,\infty)$，$\hat{x}$ 的本征值的线性矢量空间$\{|x\rangle\}$是一个连续不可数的无穷维空间。这样的空间与分立可数的空间不尽相同。然而，第一章的绝大多数结论是可用的，有些需要扩展。例如，本征矢的完备性

$$\hat{I} = \sum_i |a_i\rangle\langle a_i| \tag{2.4.2}$$

在同时包含连续和分立谱的情况下应推广为

$$\hat{I} = \sum_i |a_i\rangle\langle a_i| + \int |a\rangle \mathrm{d}a \langle a| \tag{2.4.3}$$

位置不包含分立谱，因此在位置基矢上

$$\hat{I} = \int |x\rangle \mathrm{d}x \langle x| \tag{2.4.4}$$

为了方便地处理连续谱的体系，引入一个特殊的函数，称为(狄拉克)δ 函数，它具有如下性质：

$$\int_{-\infty}^{\infty} \delta(x)\mathrm{d}x = 1$$

$$\delta(x) = 0, \qquad 如果\ x \neq 0 \tag{2.4.5}$$

δ 函数可以看成是某些正常函数的极限行为，其具体形态并不重要，例如

$$\delta(x) = \lim_{\sigma\to 0} \frac{1}{\sqrt{2\pi\sigma}} \mathrm{e}^{-\frac{x^2}{2\sigma}} \tag{2.4.6}$$

我们注意到 $\delta(0)$为∞。另一个常用的 δ 函数表达形式是

$$\delta(x) = \frac{1}{2\pi}\int_{-\infty}^{\infty} \mathrm{e}^{ikx}\mathrm{d}k \tag{2.4.7}$$

又例如阶梯函数

$$h(x) = \begin{cases} 0, & x < 0 \\ 1, & x > 0 \end{cases} \tag{2.4.8}$$

的微商也可以看作是 δ 函数：

$$\delta(x) = \frac{\mathrm{d}}{\mathrm{d}x} h(x) \tag{2.4.9}$$

δ 函数是奇异函数，但是不少正常函数的运算规则仍可应用。δ 函数最重要的性质为：对于任意在原点处连续的函数 $f(x)$，存在

$$\int_{-\infty}^{\infty} f(x)\delta(x)\mathrm{d}x = f(0) \tag{2.4.10}$$

它的一个变换形式为

$$\int_{-\infty}^{\infty} f(x)\delta(x-a)\mathrm{d}x = f(a) \tag{2.4.11}$$

2. 位置算符本征矢与波函数

引入 δ 函数的基本目的是将分立谱的正交归一条件 $\langle a_i|a_j\rangle=\delta_{ij}$ 推广到连续谱的情形。对于一维位置空间，正交归一条件表示为

$$\langle x'|x\rangle=\delta(x'-x) \tag{2.4.12}$$

运用位置基矢的完备性(2.4.4)，一个态矢 $|u\rangle$ 在 $\{|x\rangle\}$ 上的展开式为

$$|u\rangle=\int_{-\infty}^{\infty}|x\rangle\mathrm{d}x\langle x|u\rangle \tag{2.4.13}$$

其中 $\langle x|u\rangle$ 就是态矢 $|u\rangle$ 在位置表象中的表示，也就是我们所熟知的波函数，习惯地记成 $\psi(x)$：

$$\psi(x)=\langle x|u\rangle \tag{2.4.14}$$

相应地，基本假设Ⅲ的概率性质被解释为：体系被发现在 x 附近 $\mathrm{d}x$ 区域内的概率为

$$P(x)\mathrm{d}x=\psi^*(x)\psi(x)\mathrm{d}x \tag{2.4.15}$$

这就是著名的波函数的概率解释。基于和波动学的关系，波函数在很多情况下被称为概率振幅，其本身不是概率，而是模平方表示概率密度。由态矢的归一化条件

$$\langle u|u\rangle=1=\int_{-\infty}^{\infty}\langle u|x\rangle\mathrm{d}x\langle x|u\rangle=\int_{-\infty}^{\infty}\psi^*(x)\psi(x)\mathrm{d}x \tag{2.4.16}$$

看到，波函数的概率解释自动满足概率的归一化条件。

【思考】波函数的量纲是什么?

3. 动量算符与动量本征态

与位置空间的讨论平行，如果考虑单粒子在一维运动中动量 p 确定的状态 $|p\rangle$，应该存在一个动量算符 $\hat{p}$，使得

$$\hat{p}|p\rangle=p|p\rangle \tag{2.4.17}$$

在动量基矢上

$$\hat{I}=\int|p\rangle\mathrm{d}p\langle p| \tag{2.4.18}$$

$$\langle p'|p\rangle=\delta(p'-p) \tag{2.4.19}$$

$$|u\rangle=\int_{-\infty}^{\infty}|p\rangle\mathrm{d}p\langle p|u\rangle \tag{2.4.20}$$

记

$$\varphi(p)=\langle p|u\rangle \tag{2.4.21}$$

为态矢 $|u\rangle$ 在动量空间的波函数。同样地，体系被发现在 p 附近 $\mathrm{d}p$ 区域内的概率为

$$P(p)\mathrm{d}p=\langle u|p\rangle\mathrm{d}p\langle p|u\rangle=\varphi^*(p)\varphi(p)\mathrm{d}p \tag{2.4.22}$$

4. 基本对易关系

基本假设Ⅳ　位置算符与动量算符之间的基本对易关系是

$$[\hat{x},\hat{p}]=\mathrm{i}\hbar \tag{2.4.23}$$

根据这一基本假设，一个体系的位置和与这一位置相对应的动量是不可能同时精确测量的。利用不等式(1.10.4)，它们之间的误差相关性为

$$\langle(\Delta x)^2\rangle\langle(\Delta p)^2\rangle\geqslant\frac{1}{4}\hbar^2 \tag{2.4.24a}$$

或写为更加熟悉的形式

$$\Delta x\cdot\Delta p\geqslant\frac{1}{2}\hbar \tag{2.4.24b}$$

它是表达位置与动量测量误差之间相关性的不确定性关系。

以上关于一维几何空间的讨论可以自然地推广到三维几何空间，即

$$\hat{\boldsymbol{x}}|\boldsymbol{x}\rangle=\boldsymbol{x}|\boldsymbol{x}\rangle,\qquad\hat{\boldsymbol{p}}|\boldsymbol{x}\rangle=\boldsymbol{p}|\boldsymbol{p}\rangle \tag{2.4.25}$$

$$[\hat{x}_i,\hat{x}_j]=0,\qquad[\hat{p}_i,\hat{p}_j]=0,\qquad[\hat{x}_i,\hat{p}_j]=\mathrm{i}\hbar\delta_{ij} \tag{2.4.26}$$

$$\begin{cases}\langle\boldsymbol{x}'|\boldsymbol{x}\rangle=\delta^3(\boldsymbol{x}'-\boldsymbol{x})=\delta(x'-x)\delta(y'-y)\delta(z'-z)\\\langle\boldsymbol{p}'|\boldsymbol{p}\rangle=\delta^3(\boldsymbol{p}'-\boldsymbol{p})=\delta(p_x'-p_x)\delta(p_y'-p_y)\delta(p_z'-p_z)\end{cases} \tag{2.4.27}$$

$$\hat{I}=\int|\boldsymbol{x}\rangle\mathrm{d}^3x\langle\boldsymbol{x}|=\int|\boldsymbol{p}\rangle\mathrm{d}^3p\langle\boldsymbol{p}| \tag{2.4.28}$$

$$|u\rangle=\int|\boldsymbol{x}\rangle\mathrm{d}^3x\langle\boldsymbol{x}|u\rangle=\int|\boldsymbol{p}\rangle\mathrm{d}^3p\langle\boldsymbol{p}|u\rangle \tag{2.4.29}$$

在以上式子中，$\mathrm{d}^3x=\mathrm{d}x\mathrm{d}y\mathrm{d}z$，$\mathrm{d}^3p=\mathrm{d}p_x\mathrm{d}p_y\mathrm{d}p_z$。

§2.5　位置表象中动量算符的表示

1. 平移算符及其与动量的关系

一个物理体系，如果可以用位置空间描述，也就可以用动量空间描述。因此，根据第一章的讨论，位置表象与动量表象之间是幺正变换的关系。为了找到这两个表象之间的联系，让我们先讨论位置平移的问题。将一个位置本征态矢$|\boldsymbol{x}\rangle$平移任意一段无穷小的距离 $\mathrm{d}\boldsymbol{s}$ 变为另一个态矢$|\boldsymbol{x}+\mathrm{d}\boldsymbol{s}\rangle$是一种操作，因此存在一个平移算符 $\hat{D}(\mathrm{d}\boldsymbol{s})$，使得

$$|\boldsymbol{x}\rangle\rightarrow|\boldsymbol{x}+\mathrm{d}\boldsymbol{s}\rangle=\hat{D}(\mathrm{d}\boldsymbol{s})|\boldsymbol{x}\rangle \tag{2.5.1}$$

考察

$$\hat{\boldsymbol{x}}\hat{D}(\mathrm{d}\boldsymbol{s})|\boldsymbol{x}\rangle=\hat{\boldsymbol{x}}|\boldsymbol{x}+\mathrm{d}\boldsymbol{s}\rangle=(\boldsymbol{x}+\mathrm{d}\boldsymbol{s})|\boldsymbol{x}+\mathrm{d}\boldsymbol{s}\rangle$$

$$\hat{D}(\mathrm{d}\boldsymbol{s})\hat{\boldsymbol{x}}|\boldsymbol{x}\rangle=\boldsymbol{x}\hat{D}(\mathrm{d}\boldsymbol{s})|\boldsymbol{x}\rangle=\boldsymbol{x}|\boldsymbol{x}+\mathrm{d}\boldsymbol{s}\rangle$$

因此

$$[\hat{\boldsymbol{x}},\hat{D}(\mathrm{d}\boldsymbol{s})]|\boldsymbol{x}\rangle=\mathrm{d}\boldsymbol{s}|\boldsymbol{x}+\mathrm{d}\boldsymbol{s}\rangle\cong\mathrm{d}\boldsymbol{s}|\boldsymbol{x}\rangle \tag{2.5.2}$$

上式应用了 $\mathrm{d}\boldsymbol{s}$ 无穷小平移的条件,因此可以只保留 $\mathrm{d}\boldsymbol{s}$ 的一阶项。由于 $|\boldsymbol{x}\rangle$ 是任意的,$\{|\boldsymbol{x}\rangle\}$ 是完备的,故有

$$[\hat{\boldsymbol{x}},\hat{D}(\mathrm{d}\boldsymbol{s})]=\mathrm{d}\boldsymbol{s} \tag{2.5.3}$$

同时,由平移的物理意义,我们要求平移算符具有如下的性质:

1) $\hat{D}(\mathrm{d}\boldsymbol{s})$ 不改变矢量的归一性,$\langle u|u\rangle=\langle u|\hat{D}^{\dagger}\hat{D}|u\rangle=1$,也就是说平移算符是个幺正算符

$$\hat{D}^{\dagger}\hat{D}=\hat{I}\equiv 1 \tag{2.5.4}$$

2) 连续两次平移操作 $\hat{D}(\mathrm{d}\boldsymbol{s}')$,$\hat{D}(\mathrm{d}\boldsymbol{s}'')$ 等效于一次平移操作 $\hat{D}(\mathrm{d}\boldsymbol{s}'+\mathrm{d}\boldsymbol{s}'')$

$$\hat{D}(\mathrm{d}\boldsymbol{s}'')\hat{D}(\mathrm{d}\boldsymbol{s}')=\hat{D}(\mathrm{d}\boldsymbol{s}'+\mathrm{d}\boldsymbol{s}'') \tag{2.5.5}$$

3) 反方向的平移操作相当于平移的逆操作

$$\hat{D}^{-1}(\mathrm{d}\boldsymbol{s})=\hat{D}(-\mathrm{d}\boldsymbol{s}) \tag{2.5.6}$$

4) 当 $\mathrm{d}\boldsymbol{s}\to 0$ 时,平移变为不动

$$\lim_{\mathrm{d}\boldsymbol{s}\to 0}\hat{D}(\mathrm{d}\boldsymbol{s})=1 \tag{2.5.7}$$

容易验证,如果将平移算符取为

$$\hat{D}(\mathrm{d}\boldsymbol{s})=1-\mathrm{i}\hat{\boldsymbol{K}}\cdot\mathrm{d}\boldsymbol{s} \tag{2.5.8}$$

式中 $\hat{\boldsymbol{K}}$ 为一个厄米算符,则以上四条物理限制均可满足。例如,对于1)

$$\begin{aligned}\hat{D}(\mathrm{d}\boldsymbol{s})^{\dagger}\hat{D}(\mathrm{d}\boldsymbol{s})&=(1+\mathrm{i}\hat{\boldsymbol{K}}^{\dagger}\cdot\mathrm{d}\boldsymbol{s})(1-\mathrm{i}\hat{\boldsymbol{K}}\cdot\mathrm{d}\boldsymbol{s})\\&=1-\mathrm{i}(\hat{\boldsymbol{K}}-\hat{\boldsymbol{K}}^{\dagger})\cdot\mathrm{d}\boldsymbol{s}+O(\mathrm{d}\boldsymbol{s}^2)\\&=1\end{aligned}$$

这里,高阶无穷小项的贡献被忽略掉了。

【练习】 证明 $\hat{D}^{-1}(\mathrm{d}\boldsymbol{s})\hat{\boldsymbol{x}}\hat{D}(\mathrm{d}\boldsymbol{s})=\hat{\boldsymbol{x}}+\mathrm{d}\boldsymbol{s}$。

将(2.5.8)代入(2.5.3)得到

$$\hat{\boldsymbol{x}}(\hat{\boldsymbol{K}}\cdot\mathrm{d}\boldsymbol{s})-(\hat{\boldsymbol{K}}\cdot\mathrm{d}\boldsymbol{s})\hat{\boldsymbol{x}}=\mathrm{i}\mathrm{d}\boldsymbol{s} \tag{2.5.9}$$

由于 $\mathrm{d}\boldsymbol{s}$ 是任意的,所以假定取 $\mathrm{d}\boldsymbol{s}$ 与某一坐标 j 重合,表示为 $\mathrm{d}\boldsymbol{s}=\mathrm{d}s\boldsymbol{e}_j$,相应地有 $\hat{\boldsymbol{x}}=\sum_{i=1}^{3}\hat{x}_i\boldsymbol{e}_i$。这时,$\hat{\boldsymbol{K}}\cdot\mathrm{d}\boldsymbol{s}=\hat{K}_j\mathrm{d}s$,因此(2.5.9)可写为

$$\sum_{i=1}^{3}(\hat{x}_i\hat{K}_j-\hat{K}_j\hat{x}_i)\mathrm{d}s\boldsymbol{e}_i=\mathrm{i}\mathrm{d}s\boldsymbol{e}_j$$

从而得到如下对易关系

$$[\hat{x}_i,\hat{K}_j]=\mathrm{i}\delta_{ij} \tag{2.5.10}$$

与基本对易关系(2.4.23)比较发现

$$\hat{K}_j=\frac{\hat{p}_j}{\hbar} \tag{2.5.11}$$

因此，平移算符为

$$\hat{D}(\mathrm{d}\boldsymbol{s}) = 1 - \frac{\mathrm{i}}{\hbar}\hat{\boldsymbol{p}} \cdot \mathrm{d}\boldsymbol{s} \tag{2.5.12}$$

(2.5.12)可以被解释为：动量算符是无穷小位置平移的产生算符，这与经典力学的正则变换的情形一样。

前面讨论的是无穷小平移算符，如果平移是有限的 $\boldsymbol{s}$，可以通过无限多次的无穷小平移实现：

$$\hat{D}(\boldsymbol{s}) = \lim_{N\to\infty}\left(1 - \frac{\mathrm{i}}{\hbar}\hat{\boldsymbol{p}} \cdot \frac{\boldsymbol{s}}{N}\right)^N = \mathrm{e}^{-\frac{\mathrm{i}}{\hbar}\hat{\boldsymbol{p}}\cdot\boldsymbol{s}} \tag{2.5.13}$$

2. 动量算符在位置空间中的表示

下面推导动量算符在位置表象中的表示。首先考虑平移算符作用于任意态矢的效果。将无穷小平移算符作用于任意一个矢量 $|u\rangle$，利用(2.5.12)可以得到

$$\hat{D}(\mathrm{d}\boldsymbol{s})|u\rangle = \left(1 - \frac{\mathrm{i}}{\hbar}\hat{\boldsymbol{p}} \cdot \mathrm{d}\boldsymbol{s}\right)|u\rangle \tag{2.5.14}$$

左乘 $\langle \boldsymbol{x}|$，得

$$\langle \boldsymbol{x}|\hat{D}(\mathrm{d}\boldsymbol{s})|u\rangle = \langle \boldsymbol{x}|u\rangle - \frac{\mathrm{i}}{\hbar}\langle \boldsymbol{x}|\hat{\boldsymbol{p}}|u\rangle \cdot \mathrm{d}\boldsymbol{s}$$

$$\Rightarrow \quad \langle \boldsymbol{x} - \mathrm{d}\boldsymbol{s}|u\rangle = \langle \boldsymbol{x}|u\rangle - \frac{\mathrm{i}}{\hbar}\langle \boldsymbol{x}|\hat{\boldsymbol{p}}|u\rangle \cdot \mathrm{d}\boldsymbol{s} \tag{2.5.15}$$

【练习】 证明 $\langle \boldsymbol{x}|\hat{D}(\mathrm{d}\boldsymbol{s})|u\rangle = \langle \boldsymbol{x} - \mathrm{d}\boldsymbol{s}|u\rangle$。

对(2.5.15)左边作泰勒展开，保留到一阶项，即得

$$\nabla\langle \boldsymbol{x}|u\rangle \cdot \mathrm{d}\boldsymbol{s} = \frac{\mathrm{i}}{\hbar}\langle \boldsymbol{x}|\hat{\boldsymbol{p}}|u\rangle \cdot \mathrm{d}\boldsymbol{s} \tag{2.5.16}$$

由于 $\mathrm{d}\boldsymbol{s}$ 是任意的无穷小平移向量，所以

$$\langle \boldsymbol{x}|\hat{\boldsymbol{p}}|u\rangle = -\mathrm{i}\hbar\,\nabla\langle \boldsymbol{x}|u\rangle \tag{2.5.17}$$

(2.5.17)对于任意的 $|u\rangle$ 成立，特别当取 $|\boldsymbol{x}'\rangle$ 时就是

$$\langle \boldsymbol{x}|\hat{\boldsymbol{p}}|\boldsymbol{x}'\rangle = -\mathrm{i}\hbar\,\nabla\delta^3(\boldsymbol{x} - \boldsymbol{x}') \tag{2.5.18}$$

(2.5.18)就是动量算符在位置表象中的矩阵元，它是一个非常奇异的函数，涉及 δ 函数的微商。此外，由(2.5.17)得知，将动量算符作用到一个状态的位置表示等同于将 $-\mathrm{i}\hbar\,\nabla$ 作用在该状态的位置表示上，即在位置表象中，动量算符可以表示成

$$\hat{\boldsymbol{p}} = -\mathrm{i}\hbar\,\nabla \tag{2.5.19}$$

需要提醒，(2.5.19)只是动量算符在位置空间的一种表示，并且只有用直角坐标时才是对的。

【练习】 在位置表象中证明，位置算符和动量算符满足基本对易关系 $[\hat{x}, \hat{p}] = \mathrm{i}\hbar$。

3. 位置空间和动量空间表示之间的转换

有了动量算符在位置空间中的表示,便可以寻找两组基矢之间的内积,也就是它们之间的变换矩阵$\langle \boldsymbol{x}|\boldsymbol{p}\rangle$了。由

$$\hat{\boldsymbol{p}}|\boldsymbol{p}\rangle=\boldsymbol{p}|\boldsymbol{p}\rangle \tag{2.5.20}$$

得

$$\langle \boldsymbol{x}|\hat{\boldsymbol{p}}|\boldsymbol{p}\rangle=\boldsymbol{p}\langle \boldsymbol{x}|\boldsymbol{p}\rangle$$

即

$$-\mathrm{i}\hbar\,\nabla\langle \boldsymbol{x}|\boldsymbol{p}\rangle=\boldsymbol{p}\langle \boldsymbol{x}|\boldsymbol{p}\rangle \tag{2.5.21}$$

这是一个简单的一阶微分方程,它的一般解可以写为

$$\langle \boldsymbol{x}|\boldsymbol{p}\rangle=A\,\mathrm{e}^{\frac{\mathrm{i}}{\hbar}\boldsymbol{p}\cdot\boldsymbol{x}} \tag{2.5.22}$$

利用归一化条件,并利用(2.4.7)的三维形式,我们可以得到

$$\delta^3(\boldsymbol{p}'-\boldsymbol{p})=\langle \boldsymbol{p}'|\boldsymbol{p}\rangle=\int\langle \boldsymbol{p}'|\boldsymbol{x}\rangle\mathrm{d}^3x\langle \boldsymbol{x}|\boldsymbol{p}\rangle=\int\mathrm{d}^3xA^*\,\mathrm{e}^{-\frac{\mathrm{i}}{\hbar}\boldsymbol{p}'\cdot\boldsymbol{x}}A\,\mathrm{e}^{\frac{\mathrm{i}}{\hbar}\boldsymbol{p}\cdot\boldsymbol{x}}$$

$$=|A|^2\int\mathrm{d}^3x\,\mathrm{e}^{\frac{\mathrm{i}}{\hbar}(\boldsymbol{p}-\boldsymbol{p}')\cdot\boldsymbol{x}}=(2\pi\hbar)^3|A|^2\delta^3(\boldsymbol{p}'-\boldsymbol{p})$$

由此得到$|A|^2=(2\pi\hbar)^{-3}$,约定A为实数,就有

$$\langle \boldsymbol{x}|\boldsymbol{p}\rangle=(2\pi\hbar)^{-\frac{3}{2}}\mathrm{e}^{\frac{\mathrm{i}}{\hbar}\boldsymbol{p}\cdot\boldsymbol{x}} \tag{2.5.23}$$

现在,可以写出常见的位置空间中动量算符的波函数积分的形式了:

$$\begin{aligned}\langle\beta|\hat{\boldsymbol{p}}|\alpha\rangle&=\int\langle\beta|\boldsymbol{x}\rangle\mathrm{d}^3x\langle \boldsymbol{x}|\hat{\boldsymbol{p}}|\alpha\rangle\\&=\int\mathrm{d}^3x\langle\beta|\boldsymbol{x}\rangle(-\mathrm{i}\hbar\,\nabla)\langle \boldsymbol{x}|\alpha\rangle\\&=\int\mathrm{d}^3x\psi_\beta^*(\boldsymbol{x})(-\mathrm{i}\hbar\,\nabla)\psi_\alpha(\boldsymbol{x})\end{aligned} \tag{2.5.24}$$

而

$$\begin{cases}\psi(\boldsymbol{x})=\langle \boldsymbol{x}|u\rangle=\int\langle \boldsymbol{x}|\boldsymbol{p}\rangle\mathrm{d}^3p\langle \boldsymbol{p}|u\rangle=(2\pi\hbar)^{-\frac{3}{2}}\int\mathrm{d}^3p\,\mathrm{e}^{\frac{\mathrm{i}}{\hbar}\boldsymbol{p}\cdot\boldsymbol{x}}\varphi(\boldsymbol{p})\\ \varphi(\boldsymbol{p})=\langle \boldsymbol{p}|u\rangle=\int\langle \boldsymbol{p}|\boldsymbol{x}\rangle\mathrm{d}^3x\langle \boldsymbol{x}|u\rangle=(2\pi\hbar)^{-\frac{3}{2}}\int\mathrm{d}^3x\,\mathrm{e}^{-\frac{\mathrm{i}}{\hbar}\boldsymbol{p}\cdot\boldsymbol{x}}\psi(\boldsymbol{x})\end{cases} \tag{2.5.25}$$

它表明:位置空间与动量空间的波函数之间的关系为傅里叶变换的关系。量子力学居然预先“感知”到傅里叶变换,使之成为态矢在最重要的两套基组之间变换的函数关系,这真是很美妙的结果。

由(2.5.23)还知道,动量本征态的波函数是一个平面波,其相应的波矢和波长分别为

$$\boldsymbol{k}=\frac{\boldsymbol{p}}{\hbar},\qquad \lambda=\frac{2\pi\hbar}{p} \tag{2.5.26}$$

此即著名的德布罗意关系。

§ 2.6　其他物理可观测量的量子力学算符

量子力学的基本假设只要求与物理可观测量对应的算符是厄米的，并没有提供获得这些算符的方法。从本质上说，量子力学的算符是试探出来的。它是否被接受的最终判据是：一种选择导致的理论预言是否与实验事实一致。在人们的感觉中，经典力学的物理量如能量、角动量都是确定的，不存在所谓寻找或试探的问题。这是因为在经典力学中，物理量是由一个又一个定义引入的，人们习惯了这些定义，它们成了“天经地义”的。假如量子力学产生于经典力学之先，假如没有经典力学这个“参考系”，完全可以通过定义的方式引入量子力学的算符，也就不会有寻找和试探的感觉了。

在化学所面对的世界中，常用的量子力学算符已经有了公认的形式，一般不必为了寻找正确的算符形式而伤脑筋。在物理学的一些新领域，这的确是一个需要技巧和运气的问题。量子力学的数学基础是变换理论，它的具体表现就是线性矢量空间不同基组表示的等效性。经典力学是量子力学的极限行为，因此量子力学算符与经典力学的函数之间应该存在某种对应关系，并且在经典极限下过渡到经典表示。通过经典力学寻找量子力学算符是重要方法之一。下面是选取量子力学算符的一些有用的规则：

1）如果一个可观测量有经典表达式，将经典表达式写成正则变量 $\boldsymbol{x}$，$\boldsymbol{p}$ 的函数形式，再将 $\boldsymbol{x}$，$\boldsymbol{p}$ 换成量子力学算符，便可能得到正确的结果。例如：

物理量	经典力学函数	量子力学算符	
能量	$H=\dfrac{\boldsymbol{p}^2}{2m}+V(\boldsymbol{x})$	$\hat{H}=\dfrac{\hat{\boldsymbol{p}}^2}{2m}+V(\hat{\boldsymbol{x}})$	(2.6.1)
轨道角动量	$\boldsymbol{L}=\boldsymbol{x}\times\boldsymbol{p}$	$\hat{\boldsymbol{L}}=\hat{\boldsymbol{x}}\times\hat{\boldsymbol{p}}$	(2.6.2)

2）经典力学的泊松括号

$$[A,B]\equiv\sum_i\left\{\frac{\partial A}{\partial x_i}\frac{\partial B}{\partial p_i}-\frac{\partial A}{\partial p_i}\frac{\partial B}{\partial x_i}\right\}\tag{2.6.3a}$$

与量子力学的算符对易关系

$$[\hat{A},\hat{B}]=\hat{A}\hat{B}-\hat{B}\hat{A}\tag{2.6.3b}$$

具有相同的数学结构，例如

$$[A,A]=0\tag{2.6.4}$$

$$[A,B]=-[B,A]\tag{2.6.5}$$

$$[A,c]=0,\quad c\text{ 为一个常数}\tag{2.6.6}$$

$$[A_1+A_2,B]=[A_1,B]+[A_2,B]\tag{2.6.7}$$

$$[A_1A_2,B]=[A_1,B]A_2+A_1[A_2,B]\tag{2.6.8}$$

$$[A,[B,C]]+[B,[C,A]]+[C,[A,B]]=0\tag{2.6.9}$$

这表明，经典泊松括号是量子力学对易关系的极限形式，因此应存在对应关系。对比基本对易关系

$$[\hat{x}_i,\hat{p}_j]=\mathrm{i}\hbar\delta_{ij}\tag{2.6.10}$$

与经典泊松括号

$$[x_i, p_j] = \delta_{ij} \tag{2.6.11}$$

确认其对应关系为

$$[\,,\,]_{经典} \Leftrightarrow \frac{1}{\mathrm{i}\hbar}[\,,\,]_{量子} \tag{2.6.12}$$

例如,经典力学中角动量 $\boldsymbol{L}$ 的分量之间的泊松括号为

$$[L_i, L_j] = \sum_k \varepsilon_{ijk} L_k \tag{2.6.13}$$

式中 ε_{ijk} 的取值为:若 ijk 由 123 的偶置换变成,则 $\varepsilon_{ijk}=1$;若 ijk 由 123 的奇置换变成,则 $\varepsilon_{ijk}=-1$;若 ijk 中任意一对相等,则 $\varepsilon_{ijk}=0$。因而,在量子力学中以

$$[\hat{L}_i, \hat{L}_j] = \mathrm{i}\hbar \sum_k \varepsilon_{ijk} \hat{L}_k \tag{2.6.14}$$

作为角动量算符的定义。

【练习】证明(2.6.14)式。

3) 量子力学中可观测量算符的物理含义与经典力学中相应物理量的含义类似。例如,在经典力学中,动量、能量、角动量分别为无穷小位置、时间、角度变化的产生函数;在量子力学中,动量算符、能量算符、角动量算符则分别为无穷小位置、时间、角度变化的产生算符。

以上这三条规则,都以经典力学为"参照系",被称作"对应性原理"。

4) 某些算符是量子力学对经典力学概念的推广。例如,经典力学中只有轨道角动量[(2.6.2)和(2.6.13)]。在量子力学中除了与之相应的轨道角动量算符外,还有自旋。后者不存在经典对应。但是,在量子力学中,只要一个算符 $\hat{\boldsymbol{J}}=\hat{J}_x\boldsymbol{e}_1+\hat{J}_y\boldsymbol{e}_2+\hat{J}_z\boldsymbol{e}_3$ 满足和(2.6.14)一样的对易关系,

$$[\hat{J}_i, \hat{J}_j] = \mathrm{i}\hbar \sum_k \varepsilon_{ijk} \hat{J}_k \tag{2.6.15}$$

它就是角动量算符。这一定义是经典概念的推广,它既包括了有经典对应的轨道角动量,也包括了没有经典对应的自旋。

5) 有些量子力学可观测量不存在经典力学的对应,其算符完全由量子力学的定义建立。基本粒子的颜色就是一例。

6) 量子力学算符必须满足一定的对称性原理,这些原理在寻找量子力学的算符形式及检验其是否正确时有很大的指导意义。例如,一个由两个全同粒子构成的体系的哈密顿算符一定关于交换这两个粒子对称。如果选用的哈密顿算符不具备这一性质,则一定是错误的。

在所有物理可观测量的算符中,能量算符,即哈密顿算符是最重要的。这主要是由于:① 能量是隔离体系的守恒量,② 哈密顿算符是体系随时间演化的产生算符。

在许多场合,包含 n 个粒子的体系,其经典力学的哈密顿函数可以表示为

$$H = T + V = \sum_i \frac{\boldsymbol{p}_i^2}{2m_i} + V(\boldsymbol{x}_1, \boldsymbol{x}_2, \cdots, \boldsymbol{x}_n) \tag{2.6.16}$$

相应地，在位置表象中量子力学的哈密顿算符为

$$\hat{H}=\hat{T}+\hat{V}=\sum_i\left(-\frac{\hbar^2}{2m_i}\boldsymbol{\nabla}_i^2\right)+V(\boldsymbol{x}_1,\boldsymbol{x}_2,\cdots,\boldsymbol{x}_n) \tag{2.6.17}$$

式中$\boldsymbol{\nabla}^2=\boldsymbol{\nabla}\cdot\boldsymbol{\nabla}=\frac{\partial^2}{\partial x^2}+\frac{\partial^2}{\partial y^2}+\frac{\partial^2}{\partial z^2}$。

习　　题

2.1　态叠加原理反映怎样的物理思想？你如何将其与粒子实体的概念统一起来？

2.2　请说明基本假设Ⅱ和Ⅲ并不与一般的观念矛盾，特别是如何理解测量 $\hat{A}$ 得到某一个本征值 a_i 的同时将原来的状态投影为 $|a_i\rangle$。

2.3　你能否从物理上理解 $\hat{\boldsymbol{p}}=-\mathrm{i}\hbar\boldsymbol{\nabla}$？一个算符 $f(\hat{x})$ 如果满足

$$\langle x'|f(\hat{x})|x\rangle=f(x)\delta(x'-x)$$

被称为在 $|x\rangle$ 上是对角化的。说明动量算符不具备这一性质，因此不与基本对易关系矛盾。

2.4　证明 δ 函数可以被写成(2.4.7)的形式，并证明下列性质：

1) $\delta(ax)=\frac{1}{|a|}\delta(x)$，其中 a 为一非零实常数；

2) $\delta(x)=\delta(-x)$，即 δ 函数是偶函数。

2.5　求出波函数 $\psi(x)=A\mathrm{e}^{-\frac{1}{2}\left(\frac{x}{\sigma}\right)^2}$ 的归一化因子，然后求出动量空间的波函数形式。你发现什么特征？

2.6　利用位置与动量之间的不确定性关系，估计一支以无限尖笔尖点地的铅笔可以站多久不倒。

2.7　对处于量子态 $|s_x+\rangle$ 的自旋 1/2 体系，其自旋在 z 方向分量的期望值(平均值)是多少？

2.8　令 $|a\rangle=|s_z+\rangle$，$|b\rangle=|s_x+\rangle$，

1) 写出算符 $|a\rangle\langle b|$ 以 $\hat{S}_z$ 的本征态为基矢的矩阵表示；

2) 计算态矢 $|u\rangle=\alpha[|a\rangle+|b\rangle]$中的归一化因子 α；

3) 对状态 $|u\rangle$测量得到 $s_z=\frac{1}{2}\hbar$ 和 $s_z=-\frac{1}{2}\hbar$ 的概率分别是多少？

第三章　一维能量本征态

这一章以一维能量本征态为例，练习量子力学基本原理的应用。

§3.1　一 维 问 题

现在以一维几何空间中的运动为对象讨论哈密顿算符 $\hat{H}$ 的本征态问题，它又称作定态问题。本征方程

$$\hat{H}|E\rangle = E|E\rangle \tag{3.1.1}$$

的本征值 E 就是体系处于本征态时的能量。(3.1.1)称作定态薛定谔方程。在这一章，我们关心的哈密顿算符为

$$\hat{H} = \frac{\hat{p}^2}{2m} + \hat{V} \tag{3.1.2}$$

它在位置表象中的表示为

$$\hat{H} = -\frac{\hbar^2}{2m}\frac{\mathrm{d}^2}{\mathrm{d}x^2} + V(x) \tag{3.1.3}$$

事实上，我们已经接触过一种一维运动的能量本征态：自由粒子的动量本征态 $|p\rangle$。在位置表象中，它的波函数为

$$\langle x|p\rangle = (2\pi\hbar)^{-\frac{1}{2}}\mathrm{e}^{\frac{\mathrm{i}}{\hbar}px} \tag{3.1.4}$$

由于自由粒子的哈密顿算符为

$$\hat{H} = \frac{\hat{p}^2}{2m} \tag{3.1.5}$$

所以，(3.1.4)也是能量的本征态。请注意：(1) 自由粒子的本征能量形成连续谱，也就是说，一维自由粒子的矢量空间是连续不可数的；(2) 自由粒子的运动是能量简并的，因为(3.1.4)中的 $\pm p$ 对应同一个能量。诸如自由粒子这样的体系，当 $|x|$ 趋近于无穷时，波函数 $\psi(x)$ 不趋近于零，它的态矢不可归一成

$$\langle\psi(x)|\psi(x)\rangle = 1 \tag{3.1.6}$$

称之为非束缚态。反之，有一些体系，当 $|x|$ 趋近于无穷时，$\psi(x)$ 趋近于零，它可以按照(3.1.6)归一化。此时，能量谱将是量子化的，即本征能量只取分立的值，称为束缚态。我们还会看到第三种情况，它介于以上两者之间。

下面先证明一维束缚态的三个性质：

1. 规则势场中的一维束缚态是非简并的。

证明　首先证明，若两个波函数 ψ_1，ψ_2 是同一能量 E 的解，则

$$\psi_1\psi_2' - \psi_2\psi_1' = 常数 \tag{3.1.7}$$

因为

$$\left\{-\frac{\hbar^2}{2m}\frac{\mathrm{d}^2}{\mathrm{d}x^2}+V(x)\right\}\psi(x)=E\psi(x) \tag{3.1.8}$$

所以

$$\psi''(x)=\frac{2m}{\hbar^2}[V(x)-E]\psi(x)$$

于是

$$\psi_1(x)\psi_2''(x)-\psi_2(x)\psi_1''(x)=0$$
$$\Rightarrow [\psi_1(x)\psi_2'(x)-\psi_2(x)\psi_1'(x)]'=0$$

积分便得(3.1.7)。对于束缚态，$|x|\to\infty$时，$\psi_1(x)$，$\psi_2(x)$均$\to 0$，因此只能是

$$\psi_1(x)\psi_2'(x)-\psi_2(x)\psi_1'(x)=0$$

在不含 $\psi_1(x)$，$\psi_2(x)$节点的区域中对上式除以 $\psi_1(x)\psi_2(x)$

$$\frac{\psi_1'(x)}{\psi_1(x)}=\frac{\psi_2'(x)}{\psi_2(x)}$$

积分后得

$$\ln\psi_1(x)=\ln\psi_2(x)+\text{常数}$$

即

$$\psi_1(x)=\text{常数}\times\psi_2(x) \tag{3.1.9}$$

根据基本假设，ψ_1，ψ_2 代表同一个态。证毕。

需要注意的是：上式的证明过程只适用于规则势场。规则势场指 $V(x)$有限的区域之间不存在宽度大于 0，且 $V(x)\to\infty$区域的势场。

【思考】为什么以上证明过程只适合于规则势场？

2. 一维束缚能量本征态必可取成实波函数。

证明　若 $\psi(x)$是方程(3.1.8)的解，因为 $V(x)$为实函数，$\psi^*(x)$也必然是(3.1.8)的解，显然 $\psi(x)+\psi^*(x)$也是方程的解，并且由于(3.1.9)，$\psi(x)+\psi^*(x)$和 $\psi(x)$代表同一个态，并且它是实波函数。证毕。

3. 对于规则势场，若势函数为偶函数，即 $V(x)=V(-x)$，则 $\hat{H}$ 的束缚态本征波函数必满足如下的宇称对称性：

$$\psi(x)=\begin{cases}+\psi(-x) & \text{偶，或}\\ -\psi(-x) & \text{奇}\end{cases} \tag{3.1.10}$$

证明　设 $\hat{H}\psi_1(x)=E\psi_1(x)$。令 $\psi_2(x)=\psi_1(-x)$，因为 $\hat{H}(x)=\hat{H}(-x)$，有

$$\hat{H}\psi_2(x)=\hat{H}(x)\psi_1(-x)=\hat{H}(-x)\psi_1(-x)$$
$$=E\psi_1(-x)=E\psi_2(x)$$

所以,ψ_2 也是 $\hat{H}$ 的本征值为 E 的本征态。由于一维束缚态不简并,因此

$$\psi_2(x)=a\psi_1(x)=a\psi_2(-x)$$

或者

$$\psi_2(-x)=a\psi_2(x)=a^2\psi_2(-x)$$

于是有 $a^2=1, a=\pm 1$,这就证明了(3.1.10)。证毕。

由于位置表象中的薛定谔方程涉及对坐标的二次求导,为了使方程的解存在,一般要求波函数是连续可导的,最多在有限的点不可导。在求解一维束缚态问题时,一般对波函数施加如下限制条件:

1) 当 $|x|\to\infty$ 时,$\psi(x)\to 0$。

2) $\psi(x)$ 在空间每一个点连续。

3) 如果 $V(x)$ 在 x 点连续,则 $\psi'(x)$ 在 x 点连续;如果 $V(x)$ 在 x 点不连续,只要可能 $\psi'(x)$ 在 x 点连续。

4) $\int \mathrm{d}x\,|\psi(x)|^2=1$。

运用以上限制条件就会自然得到束缚态的分立的能量本征值和本征态。

本章的例子都是简单而又重要的体系。它们不仅表现量子力学许多典型的基本特征,而且是许多实际问题的最简单的模型,读者应该给予足够的重视。

§3.2 无限深方势阱

求解势能为

$$V(x)=\begin{cases}0, & 0<x<a \\ \infty, & x\leqslant 0,\ x\geqslant a\end{cases} \tag{3.2.1}$$

的能量本征方程

$$\left\{-\frac{\hbar^2}{2m}\frac{\mathrm{d}^2}{\mathrm{d}x^2}+V(x)\right\}\psi(x)=E\psi(x) \tag{3.2.2}$$

在区间 $x\leqslant 0, x\geqslant a$,$V(x)=\infty$,(3.2.2)唯一可能的解是 $\psi(x)=0$。在区间 $0<x<a$,(3.2.2)可以写成

$$\frac{\mathrm{d}^2}{\mathrm{d}x^2}\psi+k^2\psi=0 \tag{3.2.3}$$

其中

$$k^2=\frac{2m}{\hbar^2}E \tag{3.2.4}$$

(3.2.3)的通解为

$$\psi(x)=A\sin(kx+\delta) \tag{3.2.5}$$

利用 $\psi(x)$ 在 $x=0$ 和 $x=a$ 处连续的条件得到

$$\delta=0,\qquad \sin ka=0 \tag{3.2.6}$$

于是

$$ka=n\pi,\qquad n=1,2,\cdots$$

或

$$E_n = \frac{\hbar^2 k^2}{2m} = \frac{\hbar^2 \pi^2 n^2}{2ma^2}, \qquad n = 1, 2, \cdots \tag{3.2.7}$$

对应地，

$$\psi_n(x) = A_n \sin\left(\frac{n\pi}{a}x\right) \tag{3.2.8}$$

利用归一化条件，得 $|A_n|^2 = \frac{2}{a}$，取 A_n 为实数得

$$\psi_n(x) = \sqrt{\frac{2}{a}} \sin\left(\frac{n\pi}{a}x\right) \tag{3.2.9}$$

很容易验证，对应于不同 n 的本征波函数是正交的，

$$\int_0^a \psi_m^*(x)\psi_n(x)\mathrm{d}x = \delta_{mn}$$

【练习】 证明上面的正交关系。

无限深方势阱体系又称作箱中粒子模型。本体系有如下特点：

1）$E=0$ 状态不存在，这与不确定性关系一致。因此，即使处于基态，其能量也不为零，被称为零点能。

2）基态波函数没有节点。能量越高，节点越多，节点数 $= n - 1$。

3）当 $n \to \infty$ 时，$\Delta E_n / E_n \approx \frac{2}{n} \to 0$。

4）对应的矢量空间为无限维可数空间，(3.2.9)给出的本征波函数构成了一组该空间的完备基。

§3.3　势垒台阶

这一节考虑一个非束缚态的例子。非束缚态问题也称散射问题。与束缚态问题不同，散射问题描述的是动力学过程。下面我们以势垒台阶为例讨论散射问题中的一些基本概念。

考虑具有如下势能函数的体系（如图 3.3.1 所示）

$$V(x) = \begin{cases} -V_0 < 0, & x < 0 \\ 0, & x \geqslant 0 \end{cases} \tag{3.3.1}$$

相应的能量本征方程为

$$\psi''(x) + \frac{2m}{\hbar^2}(E - V)\psi(x) = 0 \tag{3.3.2}$$

区别 $E>0$ 和 $-V_0<E<0$ 两种情况考虑，并记 $x>0$ 和 $x<0$ 时的波函数分别为 $\psi_+(x)$ 和 $\psi_-(x)$。

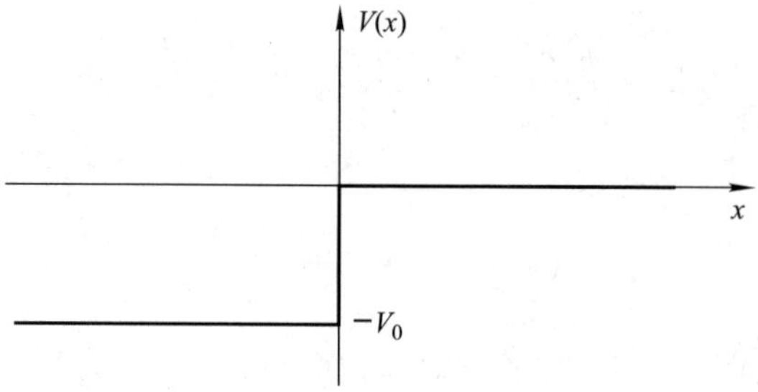

图 3.3.1 势垒台阶示意图

1. $E>0$ 的情况

如果 $E>0$,记$\frac{2m}{\hbar^2}(E+V_0)=k_1^2$,$\frac{2m}{\hbar^2}E=k_2^2$,则(3.3.2)成为

$$\begin{cases}\psi''_-(x)+k_1^2\psi_-(x)=0, & x<0\\ \psi''_+(x)+k_2^2\psi_+(x)=0, & x>0\end{cases}\tag{3.3.3}$$

(3.3.3)的一般解为

$$\psi_-(x)=A\mathrm{e}^{\mathrm{i}k_1x}+B\mathrm{e}^{-\mathrm{i}k_1x}\tag{3.3.4}$$

$$\psi_+(x)=C\mathrm{e}^{\mathrm{i}k_2x}+D\mathrm{e}^{-\mathrm{i}k_2x}\tag{3.3.5}$$

$\mathrm{e}^{\mathrm{i}kx}$ 的物理意义为沿 x 正向运动的单色波[注:含时间变量的单色波应该写为 $\mathrm{e}^{\mathrm{i}(kx-\omega t)}$],$\mathrm{e}^{-\mathrm{i}kx}$ 为沿 x 逆向运动的单色波。为了简化问题,我们可以根据所考察的物理问题来对(3.3.4)和(3.3.5)中的系数引入不同的限制条件。现在选择初始条件为波最初是 $\mathrm{e}^{\mathrm{i}kx}$ 由 $x\to-\infty$ 沿 x 正方向运动(此时,我们没有选择狄拉克 δ 函数的归一化)。这样,当在 $x=0$ 处遇到势垒后,一部分被反射,一部分继续向 $x>0$ 区域运动,在 $x>0$ 区域不存在 x 逆方向的波,即

$$\psi_-(x)=\mathrm{e}^{\mathrm{i}k_1x}+B\mathrm{e}^{-\mathrm{i}k_1x}\tag{3.3.6}$$

$$\psi_+(x)=C\mathrm{e}^{\mathrm{i}k_2x}\tag{3.3.7}$$

相应的有

$$\psi'_-(x)=\mathrm{i}k_1[\mathrm{e}^{\mathrm{i}k_1x}-B\mathrm{e}^{-\mathrm{i}k_1x}],\qquad \psi'_+(x)=\mathrm{i}k_2C\mathrm{e}^{\mathrm{i}k_2x}$$

利用 $\psi(x)$,$\psi'(x)$在 $x=0$ 点连续的条件,

$$\psi_-(0)=\psi_+(0)\Rightarrow 1+B=C$$

$$\psi'_-(0)=\psi'_+(0)\Rightarrow \mathrm{i}k_1(1-B)=\mathrm{i}k_2C$$

求得系数

$$C=\frac{2k_1}{k_1+k_2},\qquad B=\frac{k_1-k_2}{k_1+k_2}$$

从而

$$\begin{cases}\psi_-(x)=\mathrm{e}^{\mathrm{i}k_1x}+\dfrac{k_1-k_2}{k_1+k_2}\mathrm{e}^{-\mathrm{i}k_1x}, & x<0\\ \psi_+(x)=\dfrac{2k_1}{k_1+k_2}\mathrm{e}^{\mathrm{i}k_2x}, & x>0\end{cases}\tag{3.3.8}$$

第五章将给出粒子流通量的表达式：

$$\boldsymbol{j}=\frac{\mathrm{i}\hbar}{2m}(\psi\nabla\psi^*-\psi^*\nabla\psi) \tag{3.3.9}$$

根据这个公式，最初入射的粒子流通量（由 ψ_- 的第一项贡献）为

$$j_{\text{in}}=\frac{\mathrm{i}\hbar}{2m}\left(\mathrm{e}^{\mathrm{i}k_1x}\frac{\mathrm{d}}{\mathrm{d}x}\mathrm{e}^{-\mathrm{i}k_1x}-\mathrm{e}^{-\mathrm{i}k_1x}\frac{\mathrm{d}}{\mathrm{d}x}\mathrm{e}^{\mathrm{i}k_1x}\right)=\frac{\hbar k_1}{m} \tag{3.3.10}$$

$x>0$ 区域的粒子流通量（由 ψ_+ 贡献）为

$$j_{\text{out}}=\frac{4k_1^2}{(k_1+k_2)^2}\frac{\hbar k_2}{m} \tag{3.3.11}$$

透过率定义为

$$T=\frac{j_{\text{out}}}{j_{\text{in}}}=\frac{4k_1k_2}{(k_1+k_2)^2} \tag{3.3.12}$$

$x<0$ 区间的粒子反射流通量（由 ψ_- 的第二项贡献）为

$$j_{\text{ref}}=-\left(\frac{k_1-k_2}{k_1+k_2}\right)^2\frac{\hbar k_1}{m} \tag{3.3.13}$$

反射率为

$$R=\left|\frac{j_{\text{ref}}}{j_{\text{in}}}\right|=\left(\frac{k_1-k_2}{k_1+k_2}\right)^2 \tag{3.3.14}$$

请注意

$$T+R=1 \tag{3.3.15}$$

即入射流通量与透射流和反射流通量的和相等，这是物质守恒定律的体现。

2. $-V_0<E<0$ 的情况

现在考虑 $-V_0<E<0$ 的情形。此时记 $k_2^2=-\frac{2m}{\hbar^2}E>0$，有

$$\begin{cases}\psi''_-(x)+k_1^2\psi_-(x)=0, & x<0\\ \psi''_+(x)-k_2^2\psi_+(x)=0, & x>0\end{cases} \tag{3.3.16}$$

同样取 $\mathrm{e}^{\mathrm{i}kx}$ 的初始条件，结合空间上每一个点的波函数取值必须是有限的要求，得

$$\psi_-(x)=\mathrm{e}^{\mathrm{i}k_1x}+B\mathrm{e}^{-\mathrm{i}k_1x} \tag{3.3.17}$$

$$\psi_+(x)=C\mathrm{e}^{-k_2x} \tag{3.3.18}$$

利用 $\psi(x)$，$\psi'(x)$ 在 $x=0$ 点连续的条件得到

$$C=\frac{2k_1}{k_1+\mathrm{i}k_2},\qquad B=\frac{k_1-\mathrm{i}k_2}{k_1+\mathrm{i}k_2} \tag{3.3.19}$$

从而

$$\begin{cases}\psi_-(x)=\dfrac{2k_1}{k_1+\mathrm{i}k_2}\cos k_1x-\dfrac{2k_2}{k_1+\mathrm{i}k_2}\sin k_1x, & x<0\\ \psi_+(x)=\dfrac{2k_1}{k_1+\mathrm{i}k_2}\mathrm{e}^{-k_2x}, & x>0\end{cases} \tag{3.3.20}$$

这一例子又一次表明非束缚态的能量谱是连续的。$E>0$ 的情况是最简单的化学反

应的例子;$-V_0<E<0$ 的情况具有普遍意义:在经典力学禁阻的区域(这里是 $E<0$ 时 $x>0$ 的区域),概率振幅(即波函数)一般随距离呈指数衰减的趋势。

§3.4 简谐振子

这一节讨论简谐振子,这是量子力学中除无限深方势阱之外又一个能解析求解的简单而重要的模型,它在分子光谱、固体物理、原子核结构、量子场论、量子统计等很多领域都有广泛的应用。

简谐振子体系的哈密顿算符为

$$\hat{H}=\frac{\hat{p}^2}{2m}+\frac{m\omega^2\hat{x}^2}{2} \tag{3.4.1}$$

现在,我们用一种比较特殊的方法求解这一问题。定义如下两个非厄米的算符:

$$\hat{a}=\sqrt{\frac{m\omega}{2\hbar}}\left(\hat{x}+\frac{\mathrm{i}\hat{p}}{m\omega}\right),\qquad \hat{a}^\dagger=\sqrt{\frac{m\omega}{2\hbar}}\left(\hat{x}-\frac{\mathrm{i}\hat{p}}{m\omega}\right) \tag{3.4.2}$$

称之为湮没(annihilation)算符和产生(creation)算符。利用基本对易关系,可以求得

$$[\hat{a},\hat{a}^\dagger]=\frac{1}{2\hbar}(-\mathrm{i}[\hat{x},\hat{p}]+\mathrm{i}[\hat{p},\hat{x}])=1 \tag{3.4.3}$$

定义数目算符(或占据数算符)

$$\hat{N}=\hat{a}^\dagger\hat{a} \tag{3.4.4}$$

它是厄米的,并且

$$\hat{a}^\dagger\hat{a}=\left(\frac{m\omega}{2\hbar}\right)\left(\hat{x}^2+\frac{\hat{p}^2}{m^2\omega^2}\right)+\frac{\mathrm{i}}{2\hbar}[\hat{x},\hat{p}]=\frac{\hat{H}}{\hbar\omega}-\frac{1}{2}$$

或

$$\hat{H}=\hbar\omega\left(\hat{N}+\frac{1}{2}\right) \tag{3.4.5}$$

因此 $\hat{H}$,$\hat{N}$ 可以同时被对角化。记使之对角化的基矢为 $|n\rangle$:

$$\hat{N}|n\rangle=n|n\rangle \tag{3.4.6}$$

从而

$$\hat{H}|n\rangle=\left(n+\frac{1}{2}\right)\hbar\omega|n\rangle \tag{3.4.7}$$

下面证明 n 必须为非负的整数。首先注意

$$[\hat{N},\hat{a}]=[\hat{a}^\dagger\hat{a},\hat{a}]=\hat{a}^\dagger[\hat{a},\hat{a}]+[\hat{a}^\dagger,\hat{a}]\hat{a}=-\hat{a} \tag{3.4.8}$$

类似地

$$[\hat{N},\hat{a}^\dagger]=\hat{a}^\dagger \tag{3.4.9}$$

这样

$$\hat{N}\hat{a}^\dagger|n\rangle=([\hat{N},\hat{a}^\dagger]+\hat{a}^\dagger\hat{N})|n\rangle=(n+1)\hat{a}^\dagger|n\rangle \tag{3.4.10}$$

$$\hat{N}\hat{a}|n\rangle=([\hat{N},\hat{a}]+\hat{a}\hat{N})|n\rangle=(n-1)\hat{a}|n\rangle \tag{3.4.11}$$

这表明，$\hat{a}^\dagger|n\rangle\propto|n+1\rangle$，$\hat{a}|n\rangle\propto|n-1\rangle$，同样是 $\hat{H}$，$\hat{N}$ 的本征态，产生和湮没算符即由此得名。记

$$\hat{a}|n\rangle=c|n-1\rangle$$

于是

$$|c|^2=\langle n|\hat{a}^\dagger\hat{a}|n\rangle=n\geqslant 0 \tag{3.4.12}$$

因此 n 不能为负数。取 c 为实数，便有

$$\hat{a}|n\rangle=\sqrt{n}|n-1\rangle \tag{3.4.13}$$

类似地

$$\hat{a}^\dagger|n\rangle=\sqrt{n+1}|n+1\rangle \tag{3.4.14}$$

如果相继将 $\hat{a}$ 作用于(3.4.13)，会有

$$\begin{cases}\hat{a}^2|n\rangle=\sqrt{n(n-1)}|n-2\rangle\\ \hat{a}^3|n\rangle=\sqrt{n(n-1)(n-2)}|n-3\rangle\\ \cdots\cdots\end{cases} \tag{3.4.15}$$

为了使(3.4.12)和(3.4.15)同时满足，n 必须为非负的整数。

【练习】证明(3.4.14)式。

由于最小的可能取值为 $n=0$，故基态的能量为

$$E_0=\frac{\hbar\omega}{2} \tag{3.4.16}$$

从 $|0\rangle$ 开始，相继作用 $\hat{a}^\dagger$ 就得到

$$\begin{cases}|1\rangle=\hat{a}^\dagger|0\rangle\\ |2\rangle=\dfrac{\hat{a}^\dagger}{\sqrt{2}}|1\rangle=\dfrac{(\hat{a}^\dagger)^2}{\sqrt{2!}}|0\rangle\\ |3\rangle=\dfrac{\hat{a}^\dagger}{\sqrt{3}}|2\rangle=\dfrac{(\hat{a}^\dagger)^3}{\sqrt{3!}}|0\rangle\\ \cdots\cdots\\ |n\rangle=\dfrac{(\hat{a}^\dagger)^n}{\sqrt{n!}}|0\rangle\end{cases} \tag{3.4.17}$$

相应的能量本征值为

$$E_n=\left(n+\frac{1}{2}\right)\hbar\omega,\qquad n=0,1,\cdots \tag{3.4.18}$$

这里使用的表象称为数目(或占据数)表象，也称二次量子化表象。数目表象及产生和湮没算符在量子场论和相对论量子力学中是非常重要的工具。

下面我们看一些常见算符在数目表象中的表示：由(3.4.13)，(3.4.14)得

$$\langle n'|\hat{a}|n\rangle=\sqrt{n}\delta_{n',n-1},\qquad \langle n'|\hat{a}^\dagger|n\rangle=\sqrt{n+1}\delta_{n',n+1} \tag{3.4.19}$$

而

$$\hat{x}=\sqrt{\frac{\hbar}{2m\omega}}(\hat{a}+\hat{a}^{\dagger}), \qquad \hat{p}=\mathrm{i}\sqrt{\frac{m\hbar\omega}{2}}(-\hat{a}+\hat{a}^{\dagger}) \tag{3.4.20}$$

于是

$$\langle n'|\hat{x}|n\rangle=\sqrt{\frac{\hbar}{2m\omega}}(\sqrt{n}\delta_{n',n-1}+\sqrt{n+1}\delta_{n',n+1}) \tag{3.4.21}$$

$$\langle n'|\hat{p}|n\rangle=\mathrm{i}\sqrt{\frac{m\hbar\omega}{2}}(-\sqrt{n}\delta_{n',n-1}+\sqrt{n+1}\delta_{n',n+1}) \tag{3.4.22}$$

【练习】 计算矩阵元$\langle n|\hat{x}^2|n\rangle$。

现在求$|n\rangle$在位置表象中的表示。对

$$\hat{a}|0\rangle=0 \tag{3.4.23}$$

左乘$\langle x|$得

$$\langle x|\hat{a}|0\rangle=\sqrt{\frac{m\omega}{2\hbar}}\langle x|\left(\hat{x}+\frac{\mathrm{i}\hat{p}}{m\omega}\right)|0\rangle=0$$

即

$$\left(x+x_0^2\frac{\mathrm{d}}{\mathrm{d}x}\right)\langle x|0\rangle=0, \qquad x_0\equiv\sqrt{\frac{\hbar}{m\omega}} \tag{3.4.24}$$

(3.4.24)的归一化的解为

$$\langle x|0\rangle=\frac{1}{\pi^{\frac{1}{4}}\sqrt{x_0}}\mathrm{e}^{-\frac{1}{2}\left(\frac{x}{x_0}\right)^2} \tag{3.4.25}$$

由此得出

$$\langle x|1\rangle=\langle x|\hat{a}^{\dagger}|0\rangle=\frac{1}{\sqrt{2}x_0}\left(x-x_0^2\frac{\mathrm{d}}{\mathrm{d}x}\right)\langle x|0\rangle$$

$$\langle x|2\rangle=\frac{1}{\sqrt{2}}\langle x|(\hat{a}^{\dagger})^2|0\rangle=\frac{1}{\sqrt{2}}\left(\frac{1}{\sqrt{2}x_0}\right)^2\left(x-x_0^2\frac{\mathrm{d}}{\mathrm{d}x}\right)^2\langle x|0\rangle$$

……

一般地

$$\langle x|n\rangle=\left(\frac{1}{\pi^{\frac{1}{4}}\sqrt{2^n n!}}\right)\left(\frac{1}{x_0^{n+\frac{1}{2}}}\right)\left(x-x_0^2\frac{\mathrm{d}}{\mathrm{d}x}\right)^n\mathrm{e}^{-\frac{1}{2}\left(\frac{x}{x_0}\right)^2} \tag{3.4.26}$$

§ 3.5 矩形势垒的钻穿

这一节讨论量子隧道效应的一个简单例子。

现在求解

$$V=\begin{cases}0, & |x|\geqslant\dfrac{a}{2}\\ V_0>0, & |x|<\dfrac{a}{2}\end{cases} \tag{3.5.1}$$

的体系(如图 3.5.1 所示)在 $0<E<V_0$ 情形下的问题。在 $x\leqslant -a/2$(Ⅰ)和 $x\geqslant a/2$(Ⅲ)的区域

$$\psi''+k_1^2\psi=0,\qquad k_1^2=\frac{2m}{\hbar^2}E \tag{3.5.2}$$

在 $|x|<a/2$(Ⅱ)的区域

$$\psi''-k_2^2\psi=0,\qquad k_2^2=\frac{2m}{\hbar^2}(V_0-E) \tag{3.5.3}$$

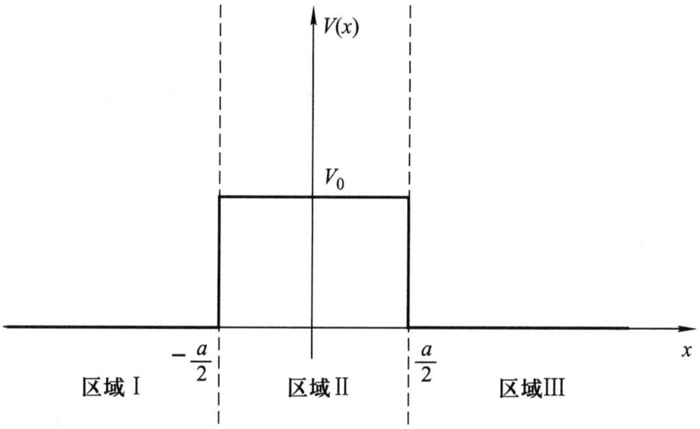

图 3.5.1　矩形势垒示意图

仍设初始条件为 e^{ik_1x} 的波由左边入射。与该初始条件吻合的解为

$$\begin{cases}\text{Ⅰ}: & \psi_{\text{Ⅰ}}=e^{ik_1x}+Be^{-ik_1x}\\ \text{Ⅱ}: & \psi_{\text{Ⅱ}}=Ce^{k_2x}+De^{-k_2x}\\ \text{Ⅲ}: & \psi_{\text{Ⅲ}}=Se^{ik_1x}\end{cases} \tag{3.5.4}$$

式中的系数由连接处的边界条件决定：

$$\begin{cases}\psi_{\text{Ⅰ}}\left(-\dfrac{a}{2}\right)=\psi_{\text{Ⅱ}}\left(-\dfrac{a}{2}\right) & \text{(a)}\\ \psi'_{\text{Ⅰ}}\left(-\dfrac{a}{2}\right)=\psi'_{\text{Ⅱ}}\left(-\dfrac{a}{2}\right) & \text{(b)}\\ \psi_{\text{Ⅱ}}\left(\dfrac{a}{2}\right)=\psi_{\text{Ⅲ}}\left(\dfrac{a}{2}\right) & \text{(c)}\\ \psi'_{\text{Ⅱ}}\left(\dfrac{a}{2}\right)=\psi'_{\text{Ⅲ}}\left(\dfrac{a}{2}\right) & \text{(d)}\end{cases} \tag{3.5.5}$$

经过简单的推导,可以得到

$$S=\frac{4ik_1k_2e^{-ik_1a}}{e^{-k_2a}(k_2+ik_1)^2-e^{k_2a}(k_2-ik_1)^2} \tag{3.5.6}$$

考虑如下极限情况：

1）当势垒高度固定,$a\to 0$ 时,$S\to 1$,即当矩形势垒的宽度很小时,粒子穿过势垒的概率接近 1。

2) 当 $k_2a \gg 1$ 时

$$S \approx -\frac{4\mathrm{i}k_1k_2}{(k_2-\mathrm{i}k_1)^2}\mathrm{e}^{-\mathrm{i}k_1a}\mathrm{e}^{-k_2a} \tag{3.5.7}$$

透射系数为

$$T=|S|^2 \approx \frac{16k_1^2k_2^2}{(k_1^2+k_2^2)^2}\mathrm{e}^{-2k_2a} \tag{3.5.8}$$

即当势垒很高或宽度很大时，粒子穿过势垒的概率随着势垒宽度的增加以指数形式衰减。

3) 在 $aV_0 \equiv \gamma$ 保持恒定的条件下令 $a \to 0$，这种极限下得到的势垒相当于 δ 势垒。

下面直接求解 δ 势垒的穿透问题，即求解如下形式的势垒的透射系数，

$$V(x)=\gamma\delta(x), \qquad \gamma>0 \tag{3.5.9}$$

体系的能量本征方程为

$$\left[-\frac{\hbar^2}{2m}\frac{\mathrm{d}^2}{\mathrm{d}x^2}+\gamma\delta(x)\right]\psi(x)=E\psi(x) \tag{3.5.10}$$

即

$$\frac{\mathrm{d}^2}{\mathrm{d}x^2}\psi(x)=\frac{2m}{\hbar^2}[\gamma\delta(x)-E]\psi(x) \tag{3.5.11}$$

在 $x=0$ 处势函数发散，因此 $\psi'(x)$ 在 $x=0$ 处不连续，对上式两边积分 $\lim\limits_{\varepsilon\to0^+}\int_{-\varepsilon}^{\varepsilon}\mathrm{d}x$，其中 ε 为一无穷小的正数，得到 $x=0$ 处 $\psi'(x)$ 的跃变条件，

$$\psi'(0^+)-\psi'(0^-)=\frac{2m\gamma}{\hbar^2}\psi(0) \tag{3.5.12}$$

考虑 $E>0$ 且粒子从左边入射的情况，在 $x\neq0$ 处，有

$$\psi(x)=\begin{cases}\mathrm{e}^{\mathrm{i}kx}+R\mathrm{e}^{-\mathrm{i}kx}, & x<0\\ S\mathrm{e}^{\mathrm{i}kx}, & x>0\end{cases} \tag{3.5.13}$$

其中 $k=\dfrac{\sqrt{2mE}}{\hbar}$。根据 $x=0$ 处 $\psi(x)$ 连续及 $\psi'(x)$ 跃变的条件，得方程组

$$\begin{cases}1+R=S\\ 1-R=\left(1-\dfrac{2m\gamma}{\mathrm{i}k\hbar^2}\right)S\end{cases} \tag{3.5.14}$$

解得

$$S=\frac{1}{1-\dfrac{m\gamma}{\mathrm{i}k\hbar^2}}=\frac{\mathrm{i}k\hbar^2}{\mathrm{i}k\hbar^2-m\gamma} \tag{3.5.15}$$

由于入射波的波幅为 1，所以

$$\text{透射系数}=|S|^2=\left|\frac{1}{1-\dfrac{m\gamma}{\mathrm{i}k\hbar^2}}\right|^2=\frac{1}{1+\dfrac{m^2\gamma^2}{k^2\hbar^4}}=\frac{1}{1+\dfrac{m\gamma^2}{2E\hbar^2}} \tag{3.5.16}$$

【练习】证明:从(3.5.6)式出发,在保持 $aV_0\equiv\gamma$ 的条件下求 $a\to 0$ 的极限,可以得到(3.5.15)。

§3.6　对称双势阱

现在考察如下的双势阱体系(如图 3.6.1 所示),对于 $0<a_1<a_2$

$$V=\begin{cases}\infty, & |x|\geqslant\dfrac{a_2}{2}\\ 0, & \dfrac{a_1}{2}<|x|<\dfrac{a_2}{2}\\ V_0>0, & |x|\leqslant\dfrac{a_1}{2}\end{cases}\tag{3.6.1}$$

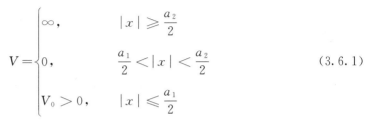

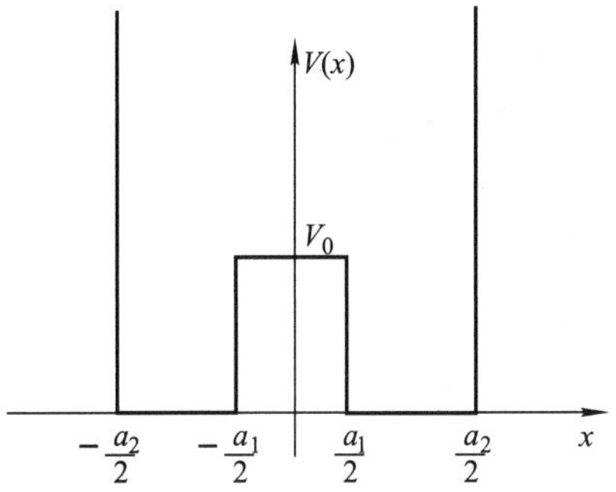

图 3.6.1　对称双势阱示意图

下面先看 $V_0\to\infty$ 的情形。此时两个势阱相互没有影响,可以作为两个独立的无限深势阱分别求解。对于一个允许的能量,体系有两个线性无关的解,即为简并的。由于势函数不规则,前面 3.1 节关于宇称的限制不满足。例如,对于处于基态的粒子,它可以在左边的势阱中($\psi_{左}$),也可以在右边的势阱中($\psi_{右}$)。这两个状态是简并的,并且没有宇称对称性[图 3.6.2(a)]。它们的任意线性组合

$$\psi=a\psi_{左}+b\psi_{右},\qquad |a|^2+|b|^2=1\tag{3.6.2}$$

仍然是同一 E 的本征态。特别地

$$\psi_{\pm}=\frac{1}{\sqrt{2}}(\psi_{左}\pm\psi_{右})\tag{3.6.3}$$

是能量简并的宇称相反的两个态。

当 V_0 成为有限后,由于隧道效应,两个势阱的波函数会发生交叠。原来的一组能量简并且线性无关的两个状态 ψ_1,ψ_2 将随着 V_0 的降低,越来越明显地裂分成分别具有不同宇称和不同能量的两个状态[图 3.6.2(b)]。这种所谓的由于双势阱耦合造成的能级简并的去除,在原子、分子的结构与光谱中相当普遍和重要。典型的例子如,NH_3 的伞形振动中由于 N 关于 3H 平面的翻转带来的光谱裂分的精细结构。

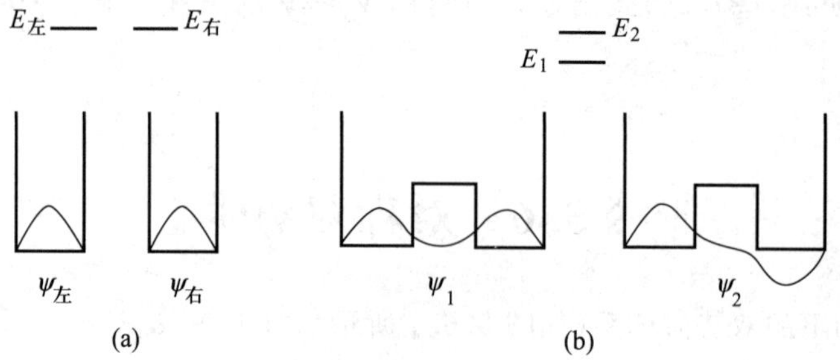

图 3.6.2 (a) 独立的双势阱有两个简并的基态;(b) 有耦合后裂分为两个宇称相反的状态

§3.7 周期势场的能带结构

1. 布洛赫(Bloch)定理

现在考察一维周期性势场,其势能函数具有性质

$$V(x)=V(x+na),\qquad n=0,\pm1,\pm2,\cdots \tag{3.7.1}$$

其中 a 为实的常数。电子在晶体点阵的势场中的运动就是一个实例。对于周期性势场,与周期性平移 na 相对应的平移算符 $\hat{D}(na)$与哈密顿算符对易

$$[\hat{H},\hat{D}(na)]=0 \tag{3.7.2}$$

因此可以找到 $\hat{D}(na)$与能量算符的共同本征态 $\psi(x)$。为此,我们首先规定平移算符 $\hat{D}(na)$作用在 $\psi(x)$上的结果①为

$$\hat{D}(na)\psi(x)=\psi(x+na) \tag{3.7.3}$$

对于周期性势场中的波函数,存在如下重要定理。

【布洛赫定理】 $\hat{D}(na)$与哈密顿算符的共同本征态可以表示为一个与势场具有相同周期性的周期函数和一个平面波相因子的乘积,

$$\psi(x)=e^{ikx}\varphi_k(x),\qquad 其中\ \varphi_k(x+na)=\varphi_k(x) \tag{3.7.4}$$

证明 若 $\psi(x)$是 $\hat{D}(na)$与能量算符的共同本征态,

$$\hat{H}\psi(x)=E\psi(x)$$

$$\hat{D}(na)\psi(x)=\lambda_{na}\psi(x)$$

由§2.5 节知道 $\hat{D}$ 是幺正的,因此有$|\lambda_{na}|=1$。并且由于 $\hat{D}$ 满足

$$\hat{D}(ma)\hat{D}(na)=\hat{D}((m+n)a)$$

因此有 $\lambda_{na}\lambda_{ma}=\lambda_{(n+m)a}$,由此可以证明 λ_{na} 可以表达为

$$\lambda_{na}=e^{ikna}$$

① 这里我们沿用很多教科书的惯例,对体系作主动平移操作。

其中 k 为实数。因此有

$$\hat{D}(na)\psi(x)=\mathrm{e}^{\mathrm{i}kna}\psi(x)\Rightarrow\psi(x+na)=\mathrm{e}^{\mathrm{i}kna}\psi(x) \tag{3.7.5}$$

再定义

$$\varphi_k(x)=\mathrm{e}^{-\mathrm{i}kx}\psi(x) \tag{3.7.6}$$

则

$$\begin{aligned}\varphi_k(x+na)&=\mathrm{e}^{-\mathrm{i}k(x+na)}\psi(x+na)=\mathrm{e}^{-\mathrm{i}kx}\mathrm{e}^{-\mathrm{i}kna}\hat{D}(na)\psi(x)=\mathrm{e}^{-\mathrm{i}kx}\mathrm{e}^{-\mathrm{i}kna}\mathrm{e}^{\mathrm{i}kna}\psi(x)\\&=\mathrm{e}^{-\mathrm{i}kx}\psi(x)=\varphi_k(x)\end{aligned}$$

所以(3.7.4)成立,称满足布洛赫定理的波函数为布洛赫波。证毕。

2. 能带结构的形成

显然,周期性体系的能量本征态是非束缚态,因此能量可以是简并的。现在,若 $u_1(x)$,$u_2(x)$是同一能量 E 的两个线性无关解,令

$$\psi(x)=Au_1(x)+Bu_2(x),\qquad 0\leqslant x\leqslant a \tag{3.7.7}$$

则对于 $a\leqslant x\leqslant 2a$

$$\psi(x)=\hat{D}(a)\psi(x-a)=\mathrm{e}^{\mathrm{i}ka}\psi(x-a)=\mathrm{e}^{\mathrm{i}ka}[Au_1(x-a)+Bu_2(x-a)] \tag{3.7.8}$$

在 $x=a$ 处 $\psi(x)$及 $\psi'(x)$连续,即

$$\begin{cases}Au_1(a)+Bu_2(a)=\mathrm{e}^{\mathrm{i}ka}[Au_1(0)+Bu_2(0)]\\Au_1'(a)+Bu_2'(a)=\mathrm{e}^{\mathrm{i}ka}[Au_1'(0)+Bu_2'(0)]\end{cases} \tag{3.7.9}$$

将上式重组为关于 A 和 B 的线性方程

$$[u_1(a)-\mathrm{e}^{\mathrm{i}ka}u_1(0)]A+[u_2(a)-\mathrm{e}^{\mathrm{i}ka}u_2(0)]B=0$$
$$[u_1'(a)-\mathrm{e}^{\mathrm{i}ka}u_1'(0)]A+[u_2'(a)-\mathrm{e}^{\mathrm{i}ka}u_2'(0)]B=0$$

这一组齐次方程中 A,B 有非零解的条件为

$$\begin{vmatrix}u_1(a)-\mathrm{e}^{\mathrm{i}ka}u_1(0) & u_2(a)-\mathrm{e}^{\mathrm{i}ka}u_2(0)\\u_1'(a)-\mathrm{e}^{\mathrm{i}ka}u_1'(0) & u_2'(a)-\mathrm{e}^{\mathrm{i}ka}u_2'(0)\end{vmatrix}=0 \tag{3.7.10}$$

由此可得

$$\begin{aligned}&[u_1(a)-\mathrm{e}^{\mathrm{i}ka}u_1(0)][u_2'(a)-\mathrm{e}^{\mathrm{i}ka}u_2'(0)]\\&\quad-[u_1'(a)-\mathrm{e}^{\mathrm{i}ka}u_1'(0)][u_2(a)-\mathrm{e}^{\mathrm{i}ka}u_2(0)]=0\\&\Rightarrow[u_1(a)u_2'(a)-\mathrm{e}^{\mathrm{i}ka}u_1(0)u_2'(a)-\mathrm{e}^{\mathrm{i}ka}u_1(a)u_2'(0)+\mathrm{e}^{2\mathrm{i}ka}u_1(0)u_2'(0)]\\&\quad-[u_1'(a)u_2(a)-\mathrm{e}^{\mathrm{i}ka}u_1'(0)u_2(a)-\mathrm{e}^{\mathrm{i}ka}u_1'(a)u_2(0)+\mathrm{e}^{2\mathrm{i}ka}u_1'(0)u_2(0)]=0\\&\Rightarrow[u_1(a)u_2'(a)-u_1'(a)u_2(a)]+\mathrm{e}^{2\mathrm{i}ka}[a_1(0)u_2'(0)-u_1'(0)u_2(0)]\\&\quad-\mathrm{e}^{\mathrm{i}ka}[u_1(0)u_2'(a)+u_1(a)u_2'(0)-u_1'(0)u_2(a)-u_1'(a)u_2(0)]=0\end{aligned}$$

利用(3.1.7)

$$u_1u_2'-u_2u_1'=C \tag{3.7.11}$$

其中 C 为一非零常数。可以求出(3.7.10)为

$$\frac{[u_1(0)u_2'(a)+u_1(a)u_2'(0)]-[u_2(0)u_1'(a)+u_2(a)u_1'(0)]}{2C}=\cos ka \tag{3.7.12}$$

因为$|\cos ka|\leqslant 1$,(3.7.12)就限制了 k 和波函数的形式,从而限制了能量本征值的可取值范围。一些能量区域允许体系的本征状态存在,称为允带;而另一些能量区域不允许体系的本征状态存在,称为禁带,也称带隙。这种允带和禁带交替出现的情形就构成了能带结构。

这一节的结论也可以看成上一节的双势阱拓展为周期排列的有限深势阱,其数目趋于无穷的结果。

【例 3.7.1】狄拉克(Dirac)梳体系的能带结构

下面举一个具体的能带结构形成的例子。考虑如下形式的由等间距排列的狄拉克 δ 势垒所构成的周期势函数

$$V(x)=\gamma\sum_{n=-\infty}^{\infty}\delta(x-na) \tag{3.7.13}$$

其中 $\gamma>0$,这被形象地称为狄拉克梳。考虑 $x\in(0,\ a)$区间时有

$$\frac{\mathrm{d}^2}{\mathrm{d}x^2}\psi(x)=-\frac{2mE}{\hbar^2}\psi(x) \tag{3.7.14}$$

令 $q=\sqrt{2mE}/\hbar$,则其通解可以写为

$$\psi(x)\equiv\psi_+(x)=A\sin qx+B\cos qx \tag{3.7.15}$$

现在考虑 $x\in(-a,\ 0)$区间,根据布洛赫定理,

$$\psi(x)\equiv\psi_-(x)=\mathrm{e}^{-ika}\psi(x+a) \tag{3.7.16}$$

由于 $x+a\in(0,\ a)$,因此有

$$\psi_-(x)=\mathrm{e}^{-ika}[A\sin q(x+a)+B\cos q(x+a)] \tag{3.7.17}$$

由 $x=0$ 处波函数连续性条件,可得

$$\mathrm{e}^{-ika}(A\sin qa+B\cos qa)=B \tag{3.7.18}$$

根据之前给出的 δ 势垒处的不连续性条件(3.5.12),由

$$\psi'_+(x)=q(A\cos qx-B\sin qx)$$
$$\psi'_-(x)=q\mathrm{e}^{-ika}[A\cos q(x+a)-B\sin q(x+a)]$$

可得

$$qA-q\mathrm{e}^{-ika}(A\cos qa-B\sin qa)=\frac{2m\gamma}{\hbar^2}B \tag{3.7.19}$$

由(3.7.18)和(3.7.19),经过适当变换,消去系数 A 和 B,可以得到

$$\cos(ka)=\cos(qa)+\frac{m\gamma}{q\hbar^2}\sin(qa) \tag{3.7.20}$$

令 $z=qa$,$\beta=m\gamma a/\hbar^2$,上式简化为

$$\cos(ka)=\cos z+\beta\frac{\sin z}{z} \tag{3.7.21}$$

上式等号左边取值局限于[−1,1],但等号右侧的取值可以在[−1,1]范围之外,意味着对应于一定的能量范围,上式无解,由此形成允带和禁带依次出现的能带结构。

习　题

3.1 $\hat{H}(\lambda)|\psi(\lambda)\rangle=E(\lambda)|\psi(\lambda)\rangle$,其中 λ 为一连续变化的参数,设恒有$\langle\psi|\psi\rangle=1$,证明

$$\frac{\partial E}{\partial \lambda}=\langle \psi \mid \frac{\partial \hat{H}}{\partial \lambda} \mid \psi \rangle$$

此结果称为费曼-海尔曼定理，在量子化学计算中有重要应用。

3.2 可以用如下的势能体系作为化学键的最简单的模型：

$$V(x)=\begin{cases}\infty, & x<a_1 \\ -V_0, & a_1<x<a_2 \\ 0, & a_2 \leqslant x\end{cases}$$

其中，$V_0>0$。请分别在 $E>0$ 和 $E<0$ 的情形下求解该体系，并联系化学键的性质讨论体系能够有束缚态的条件是什么。

3.3 求解如下 δ 势阱的本征态，

$$V(x)=-\gamma\delta(x), \qquad \gamma>0$$

3.4 推导§3.5节矩形势垒体系中，$E>V_0$ 时反射和透射系数。

3.5 计算谐振子体系中算符 $\hat{x}$，$\hat{p}$，$\hat{x}^2$，$\hat{p}^2$ 在基态的期望值，并验证位置和动量之间的不确定性关系。

第四章 角 动 量

角动量对于原子、分子体系至关重要，也是磁学和磁性材料研究的基础。角动量是展现量子力学魅力的典范，而本章只局限在很初步的范围内。

§4.1 角动量的本征态与本征值

现在采用和之前处理谐振子体系类似的方法来求解一般角动量算符的本征态和本征值。

我们在第二章中指出，若一个三维几何空间中的矢量算符 $\hat{\boldsymbol{J}}=\hat{J}_x\boldsymbol{e}_1+\hat{J}_y\boldsymbol{e}_2+\hat{J}_z\boldsymbol{e}_3$ 的三个分量满足如下对易关系，就是角动量算符，

$$[\hat{J}_x,\hat{J}_y]=\mathrm{i}\hbar\hat{J}_z,\qquad[\hat{J}_y,\hat{J}_z]=\mathrm{i}\hbar\hat{J}_x,\qquad[\hat{J}_z,\hat{J}_x]=\mathrm{i}\hbar\hat{J}_y \tag{4.1.1}$$

或者写为

$$[\hat{J}_i,\hat{J}_j]=\mathrm{i}\hbar\sum_k\varepsilon_{ijk}\hat{J}_k$$

其中

$$\varepsilon_{ijk}=\begin{cases}1, & ijk\ \text{是}(xyz)\ \text{的偶置换}\\-1, & ijk\ \text{是}(xyz)\ \text{的奇置换}\\0, & ijk\ \text{中有任意两个相同}\end{cases}$$

由上述对易关系可以得到什么结果呢？定义角动量平方算符，$\hat{J}^2$：

$$\hat{J}^2=\hat{J}_x^2+\hat{J}_y^2+\hat{J}_z^2 \tag{4.1.2}$$

利用(4.1.1)不难验证 $\hat{J}^2$ 与任意分量都对易

$$[\hat{J}^2,\hat{J}_x]=[\hat{J}^2,\hat{J}_y]=[\hat{J}^2,\hat{J}_z]=0 \tag{4.1.3}$$

因此，可以选择 $\hat{J}^2$ 与角动量算符的一个分量(如 $\hat{J}_z$)的共同本征矢作为描述相应空间的基矢。将 $\hat{J}^2$ 和 $\hat{J}_z$ 的共同本征矢记为 $|ab\rangle$，使得

$$\hat{J}^2|ab\rangle=a|ab\rangle,\qquad\hat{J}_z|ab\rangle=b|ab\rangle \tag{4.1.4}$$

显然 a 一定是个非负的实数。另外，由于

$$(\hat{J}_x^2+\hat{J}_y^2)|ab\rangle=(\hat{J}^2-\hat{J}_z^2)|ab\rangle=(a-b^2)|ab\rangle \tag{4.1.5}$$

故 $\hat{J}_x^2+\hat{J}_y^2=\hat{J}^2-\hat{J}_z^2$ 在 $|ab\rangle$ 上也是对角化的。由于 $\hat{J}_x^2+\hat{J}_y^2$ 的本征值必须非负，因此有

$$a\geqslant b^2 \tag{4.1.6}$$

于是，对于一定的 a，必存在 $b_{\min}$ 和 $b_{\max}$。

现在定义上升算符 $\hat{J}_+$ 和下降算符 $\hat{J}_-$，

$$\hat{J}_+=\hat{J}_x+\mathrm{i}\hat{J}_y,\qquad\hat{J}_-=\hat{J}_x-\mathrm{i}\hat{J}_y \tag{4.1.7}$$

可以验证，上升、下降算符满足如下的对易关系

$$[\hat{J}^2, \hat{J}_\pm] = 0 \tag{4.1.8a}$$

$$[\hat{J}_+, \hat{J}_-] = 2\hbar \hat{J}_z \tag{4.1.8b}$$

$$[\hat{J}_z, \hat{J}_\pm] = \pm\hbar \hat{J}_\pm \tag{4.1.8c}$$

【练习】证明以上对易关系。

利用上升、下降算符与 $\hat{J}^2$ 的对易关系(4.1.8a)得

$$\hat{J}^2 \hat{J}_\pm |ab\rangle = \hat{J}_\pm \hat{J}^2 |ab\rangle = a\hat{J}_\pm |ab\rangle \tag{4.1.9}$$

即 $\hat{J}_\pm |ab\rangle$ 仍是 $\hat{J}^2$ 的本征值为 a 的本征态。利用上升、下降算符与 $\hat{J}_z$ 对易关系(4.1.8c)可得

$$\begin{aligned}\hat{J}_z \hat{J}_\pm |ab\rangle &= ([\hat{J}_z, \hat{J}_\pm] + \hat{J}_\pm \hat{J}_z)|ab\rangle \\ &= (\pm\hbar \hat{J}_\pm + \hat{J}_\pm \hat{J}_z)|ab\rangle = (b \pm \hbar)\hat{J}_\pm |ab\rangle\end{aligned} \tag{4.1.10}$$

它表明，$\hat{J}_\pm |ab\rangle$ 仍是 $\hat{J}_z$ 的本征态，但本征值较 $|ab\rangle$ 的 b 分别上升或下降一个 $\hbar$，

$$\hat{J}_\pm |ab\rangle = c_\pm |a, b \pm \hbar\rangle \tag{4.1.11}$$

其中 $c_\pm$ 为待定常数，此便是 $\hat{J}_\pm$ 被称为上升和下降算符的原因。由于 b 有上、下界 $b_{\max}$ 和 $b_{\min}$，因此有

$$\hat{J}_+ |ab_{\max}\rangle = 0, \qquad \hat{J}_- |ab_{\min}\rangle = 0 \tag{4.1.12}$$

进而

$$\hat{J}_- \hat{J}_+ |ab_{\max}\rangle = 0, \qquad \hat{J}_+ \hat{J}_- |ab_{\min}\rangle = 0 \tag{4.1.13}$$

注意到

$$\begin{aligned}\hat{J}_+ \hat{J}_- &= (\hat{J}_x + \mathrm{i}\hat{J}_y)(\hat{J}_x - \mathrm{i}\hat{J}_y) \\ &= \hat{J}_x^2 + \hat{J}_y^2 - \mathrm{i}(\hat{J}_x \hat{J}_y - \hat{J}_y \hat{J}_x) \\ &= \hat{J}_x^2 + \hat{J}_y^2 + \hat{J}_z^2 - \hat{J}_z^2 + \hbar \hat{J}_z \\ &= \hat{J}^2 - \hat{J}_z(\hat{J}_z - \hbar)\end{aligned}$$

类似地，

$$\hat{J}_- \hat{J}_+ = \hat{J}^2 - \hat{J}_z(\hat{J}_z + \hbar)$$

代入(4.1.13)，可以得到

$$a - b_{\max}(b_{\max} + \hbar) = 0, \qquad a - b_{\min}(b_{\min} - \hbar) = 0 \tag{4.1.14}$$

两式联立消去 a 得

$$b_{\max}(b_{\max} + \hbar) = b_{\min}(b_{\min} - \hbar) \Rightarrow (b_{\max} + b_{\min})(b_{\max} - b_{\min} + \hbar) = 0$$

上式要求 $b_{\max} + b_{\min} = 0$ 或 $b_{\max} - b_{\min} + \hbar = 0$，但由于 $b_{\max} \geqslant b_{\min}$，因此第二种可能性被排除，唯一的满足要求的解是

$$b_{\max}=-b_{\min} \tag{4.1.15}$$

进一步考虑到,由于相继的 $\hat{J}_{\pm}$ 作用使 b 相差整数倍的 $\hbar$,$b_{\max}-b_{\min}$必为 $\hbar$ 的整数倍。令

$$b_{\max}-b_{\min}=2j\hbar, \qquad j \text{ 为整数或半整数} \tag{4.1.16}$$

利用(4.1.15)得到

$$b_{\max}=j\hbar, \qquad b_{\min}=-j\hbar \tag{4.1.17}$$

代入(4.1.14),得到

$$a=j(j+1)\hbar^2 \tag{4.1.18}$$

为了方便,令 $b=m\hbar$,$|ab\rangle$改写成$|jm\rangle$,显然 m 的可能取值为 $m=-j,-j+1,\cdots,j-1,j$。现在可以确定(4.1.11)中的系数:

$$\begin{aligned}|c_{\pm}|^2&=\langle jm|\hat{J}_{\mp}\hat{J}_{\pm}|jm\rangle\\&=\langle jm|[\hat{J}^2-\hat{J}_z(\hat{J}_z\pm\hbar)]|jm\rangle\\&=j(j+1)\hbar^2-m\hbar(m\hbar\pm\hbar)\\&=[j(j+1)-m(m\pm1)]\hbar^2\end{aligned}$$

约定 $c_{\pm}$ 为一实数,则有

$$c_{\pm}=\sqrt{j(j+1)-m(m\pm1)}\,\hbar$$

总结上面的推导,我们有如下的重要结果:

$$\begin{cases}\hat{J}^2|jm\rangle=j(j+1)\hbar^2|jm\rangle\\\hat{J}_z|jm\rangle=m\hbar|jm\rangle\\\hat{J}_{\pm}|jm\rangle=\sqrt{j(j+1)-m(m\pm1)}\,\hbar|j,m\pm1\rangle\end{cases} \tag{4.1.19}$$

其中 j 为整数或半整数,$m=-j,\cdots,j$。

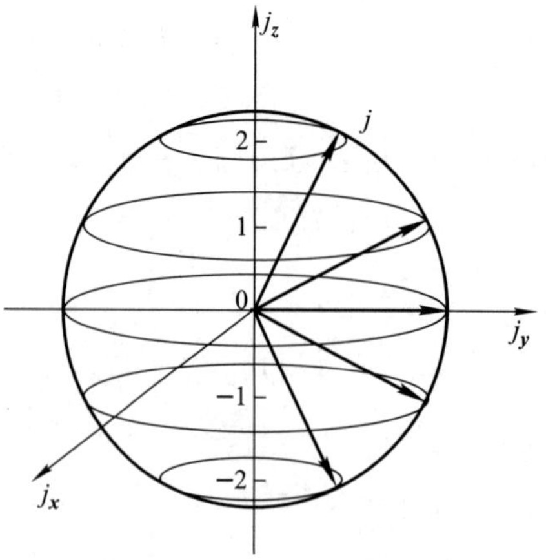

图 4.1.1 角动量本征态$|jm\rangle$的矢量模型(对应于 $j=2$)

对于(4.1.19)的意义,有以下几点值得强调:

1) 以上结果完全由角动量算符的对易关系(4.1.1)决定,并不依赖于角动量算符的具体形式。

2) 这些结果表明，角动量任何方向上的分量的可能取值是不连续的，即角动量的空间取向是量子化的，这被称为“空间量子化”。

3) (4.1.19)表明，角动量平方算符的本征值为 $j(j+1)\hbar^2$。对于 $j>0$，如果将角动量本征态 $|jm\rangle$ 理解为一个三维几何空间的锥形矢量(如图 4.1.1 所示)，这个“矢量”长度为 $\sqrt{j(j+1)}\,\hbar$，但这个矢量在 z 轴方向的分量最大取值为 $j\hbar$，小于角动量的长度。这意味着，该“矢量”永远不可能平行于 z 轴。这一点是和对易关系(4.1.1)一致的。如果角动量矢量平行于 z 轴，那么它在 x 轴和 y 轴上的分量也就确定了，这便违背了不确定性关系。由于角动量在不同方向的分量算符不对易，从而不能同时取确定的值，因此将角动量表示成具有确定取向的几何矢量显然是有问题的。图 4.1.1 所示的矢量模型虽然有助于直观理解，但也存在着很大的局限性，对其过度解读有可能导致错误的结论。

§4.2 轨道角动量

角动量具体到三维几何空间称为轨道角动量，其方便的表象是位置表象。角动量算符在位置表象中的表示可以由(2.6.2)推导出来。结果是

$$\begin{cases}\hat{L}_x=-\mathrm{i}\hbar\left(y\dfrac{\partial}{\partial z}-z\dfrac{\partial}{\partial y}\right)\\ \hat{L}_y=-\mathrm{i}\hbar\left(z\dfrac{\partial}{\partial x}-x\dfrac{\partial}{\partial z}\right)\\ \hat{L}_z=-\mathrm{i}\hbar\left(x\dfrac{\partial}{\partial y}-y\dfrac{\partial}{\partial x}\right)\end{cases}\tag{4.2.1}$$

采用极坐标(r,θ,φ)

$$\begin{cases}x=r\sin\theta\cos\varphi\\ y=r\sin\theta\sin\varphi\\ z=r\cos\theta\end{cases}\tag{4.2.2}$$

表示则是

$$\begin{cases}\hat{L}_x=\mathrm{i}\hbar\left(\sin\varphi\dfrac{\partial}{\partial\theta}+\cot\theta\cos\varphi\dfrac{\partial}{\partial\varphi}\right)\\ \hat{L}_y=\mathrm{i}\hbar\left(-\cos\varphi\dfrac{\partial}{\partial\theta}+\cot\theta\sin\varphi\dfrac{\partial}{\partial\varphi}\right)\\ \hat{L}_z=-\mathrm{i}\hbar\dfrac{\partial}{\partial\varphi}\end{cases}\tag{4.2.3a}$$

从而可以得到

$$\begin{cases}\hat{L}^2=-\hbar^2\left[\dfrac{1}{\sin\theta}\dfrac{\partial}{\partial\theta}\left(\sin\theta\dfrac{\partial}{\partial\theta}\right)+\dfrac{1}{\sin^2\theta}\dfrac{\partial^2}{\partial\varphi^2}\right]\\ \hat{L}_\pm=\mathrm{e}^{\pm\mathrm{i}\varphi}\hbar\left(\pm\dfrac{\partial}{\partial\theta}+\mathrm{i}\cot\theta\dfrac{\partial}{\partial\varphi}\right)\end{cases}\tag{4.2.3b}$$

张开轨道角动量空间的坐标可选为极坐标中的角度部分，记作 $|\hat{\boldsymbol{r}}\rangle$ 或 $|\theta,\varphi\rangle$。$\hat{L}^2$ 和 $\hat{L}_z$ 的共同本征矢在位置空间的表示 $\langle\hat{\boldsymbol{r}}|lm\rangle=Y_l^m(\theta,\varphi)$ 只是角度的函数，称之为球谐函

数。$\hat{L}^2$ 和 $\hat{L}_z$ 中关于 θ 和 φ 的微分是可分离的,因此可以采用分离变量法,令 $Y_l^m(\theta,\varphi)=\Theta(\theta)\Phi(\varphi)$ 代入本征方程。由

$$-\mathrm{i}\hbar\frac{\partial}{\partial\varphi}Y_l^m(\theta,\varphi)=m\hbar Y_l^m(\theta,\varphi) \tag{4.2.4}$$

很容易发现

$$\Phi_m(\varphi)=\frac{1}{\sqrt{2\pi}}\mathrm{e}^{\mathrm{i}m\varphi} \tag{4.2.5}$$

因为周期条件,$\Phi_m(2\pi)$ 必须与 $\Phi_m(0)$ 相同,给出限制条件 m 必须为整数。将(4.2.5)代入

$$-\hbar^2\left[\frac{1}{\sin\theta}\frac{\partial}{\partial\theta}\left(\sin\theta\frac{\partial}{\partial\theta}\right)+\frac{1}{\sin^2\theta}\frac{\partial^2}{\partial\varphi^2}\right]Y_l^m(\theta,\varphi)=l(l+1)\hbar^2Y_l^m(\theta,\varphi) \tag{4.2.6}$$

得 $\Theta(\theta)$ 的方程

$$\frac{1}{\sin\theta}\frac{\partial}{\partial\theta}\left(\sin\theta\frac{\partial}{\partial\theta}\right)\Theta(\theta)=-\left[l(l+1)-\frac{m^2}{\sin^2\theta}\right]\Theta(\theta) \tag{4.2.7}$$

此式称作连带勒让德方程。该方程只有在 $l=0,1,2,\cdots,m=-l,-l+1,\cdots,l-1,l$ 时,才能给出有意义的解,相应的解为

$$\begin{cases}\Theta_l^m(\theta)=(-1)^m\left[\dfrac{2l+1}{2}\dfrac{(l-m)!}{(l+m)!}\right]^{\frac{1}{2}}P_l^m(\cos\theta), & m\geqslant 0\\ \Theta_l^m(\theta)=(-1)^m\Theta_l^{|m|}(\theta), & m<0\end{cases} \tag{4.2.8}$$

其中,$P_l^m(\cos\theta)$ 是连带勒让德函数,需要时可以从手册中查找。表 4.2.1 列出前几个 $\Theta_l^m(\theta)$ 的形式。

表 4.2.1 $l=0, 1, 2$ 的 $\Theta_l^m(\theta)$

l	m	$\Theta_l^m(\theta)$
0	0	$\frac{1}{\sqrt{2}}$
1	0	$\frac{\sqrt{6}}{2}\cos\theta$
	±1	$\frac{\sqrt{3}}{2}\sin\theta$
2	0	$\frac{\sqrt{10}}{4}(3\cos^2\theta-1)$
	±1	$\frac{\sqrt{15}}{2}\sin\theta\cos\theta$
	±2	$\frac{\sqrt{15}}{4}\sin^2\theta$

将 $\Theta_l^m(\theta)$,$\Phi_m(\varphi)$ 结合到一起,得

$$\begin{cases} Y_l^m(\theta,\varphi) = \langle \hat{\boldsymbol{r}} | lm \rangle = (-1)^m \left[\dfrac{2l+1}{4\pi} \dfrac{(l-m)!}{(l+m)!} \right]^{\frac{1}{2}} P_l^m(\cos\theta) e^{im\varphi}, & m \geqslant 0 \\ Y_l^m(\theta,\varphi) = (-1)^m Y_l^{|m|}(\theta,\varphi)^*, & m < 0 \end{cases} \tag{4.2.9}$$

其归一化积分的微元为 $\sin\theta d\theta d\varphi$。当然，球谐函数满足一般的角动量本征方程

$$\begin{cases} \hat{L}^2 Y_l^m(\theta,\varphi) = l(l+1)\hbar^2 Y_l^m(\theta,\varphi), & l = 0,1,\cdots \\ \hat{L}_z Y_l^m(\theta,\varphi) = m\hbar Y_l^m(\theta,\varphi), & m = -l,\cdots,l \end{cases} \tag{4.2.10}$$

球谐函数在原子和分子的结构与光谱中有极其重要的应用。在那里为了方便，当 $m \neq 0$ 时，常将 $\Phi_{\pm m}(\varphi)$ 线性组合成实函数，其归一化的表达式为

$$\begin{cases} \Phi_{m,x}(\varphi) = A[\Phi_m(\varphi) + \Phi_{-m}(\varphi)] = \dfrac{1}{\sqrt{\pi}} \cos m\varphi \\ \Phi_{m,y}(\varphi) = B[\Phi_m(\varphi) - \Phi_{-m}(\varphi)] = \dfrac{1}{\sqrt{\pi}} \sin m\varphi \end{cases} \tag{4.2.11}$$

当然，此实函数的形式不再是 $\hat{L}_z$ 的本征函数。

§4.3 自旋 1/2 体系

在经典力学中，刚体运动的总角动量可以分解为轨道角动量和自旋角动量。轨道角动量对应于刚体整体关于空间某个旋转轴的转动，可以表示为刚体质心关于旋转轴的角动量。而刚体的自旋角动量则是刚体本身关于通过质心的某个旋转轴的角动量。典型的例子是地球的公转和自转。在经典力学中，轨道角动量和自旋角动量的区分某种意义上是人为的，因为自旋角动量也可以看作是构成刚体的质点关于自旋轴的轨道角动量的加和。但在量子力学中，微观粒子的轨道角动量和自旋角动量存在根本的差别。自旋是微观粒子的内禀性质。与轨道角动量的量子数只能是整数不同，自旋角动量的量子数可以是整数，也可以是半整数。另外，粒子的轨道角动量对应的量子数 l 的取值可以包括所有 0,1,2 等非负整数，但是对于每一种基本粒子，其自旋角动量对应的量子数只有一个可能的取值。这是轨道角动量和自旋角动量一个非常重要的差别。事实上，自旋角动量对应的量子数是对微观粒子进行分类的一个重要指标：关于两个全同粒子的交换，整数自旋粒子（玻色子）的态矢是对称的，半整数自旋粒子（费米子）的态矢是反对称的，由此导致不同的统计行为。我们以自旋 1/2 体系为例，加深对自旋乃至一般角动量的认识，并熟悉量子力学的矩阵形式。

对于自旋体系，常用 $\hat{\boldsymbol{S}}$ 表示自旋算符，用 $|sm_s\rangle$ 表示本征态。自旋 1/2 体系（如，电子自旋）是一个二维矢量空间。$\hat{S}^2$ 和 $\hat{S}_z$ 的两个共同本征矢为 $\left|\dfrac{1}{2},\dfrac{1}{2}\right\rangle$（即 $|s_z+\rangle$）和 $\left|\dfrac{1}{2},-\dfrac{1}{2}\right\rangle$（即 $|s_z-\rangle$）。不妨将这对矢量在该二维空间中的本征态分别表示为：

$$|\alpha\rangle \Leftrightarrow \left|\frac{1}{2},\frac{1}{2}\right\rangle, \quad \text{并习惯地称之为自旋向上} \tag{4.3.1a}$$

$$|\beta\rangle \Leftrightarrow \left|\frac{1}{2},-\frac{1}{2}\right\rangle, \qquad \text{并习惯地称之为自旋向下} \tag{4.3.1b}$$

显然任意的

$$|\gamma\rangle = a|\alpha\rangle + b|\beta\rangle, \qquad |a|^2+|b|^2=1 \tag{4.3.2}$$

也是该空间的一个矢量。现在用$|\alpha\rangle$和$|\beta\rangle$作为基组展开自旋1/2空间,特别地它们自己的表示是

$$\boldsymbol{\alpha}=\begin{pmatrix}1\\0\end{pmatrix}, \qquad \boldsymbol{\beta}=\begin{pmatrix}0\\1\end{pmatrix} \tag{4.3.3}$$

按照第一章的方法,角动量算符的表示可以在(4.1.19)的基础上一一给出。例如

$$\left\langle\frac{1}{2},m_s\,|\hat{S}^2|\,\frac{1}{2},m_s'\right\rangle=\frac{1}{2}\left(\frac{1}{2}+1\right)\hbar^2\delta_{m_s m_s'}$$

$\hat{S}^2$ 在该基组上的表示为

$$\boldsymbol{S}^2=\frac{3}{4}\hbar^2\begin{pmatrix}1 & 0\\0 & 1\end{pmatrix} \tag{4.3.4}$$

类似地得到

$$\boldsymbol{S}_x=\frac{1}{2}\hbar\begin{pmatrix}0 & 1\\1 & 0\end{pmatrix}, \qquad \boldsymbol{S}_y=\frac{1}{2}\hbar\begin{pmatrix}0 & -\mathrm{i}\\\mathrm{i} & 0\end{pmatrix}, \qquad \boldsymbol{S}_z=\frac{1}{2}\hbar\begin{pmatrix}1 & 0\\0 & -1\end{pmatrix} \tag{4.3.5}$$

$$\boldsymbol{S}_+=\hbar\begin{pmatrix}0 & 1\\0 & 0\end{pmatrix}, \qquad \boldsymbol{S}_-=\hbar\begin{pmatrix}0 & 0\\1 & 0\end{pmatrix} \tag{4.3.6}$$

【练习】推导(4.3.5)和(4.3.6)。

在2×2的矩阵表示上,所有自旋的性质都应该能够被表达,例如:

$$\hat{S}^2\left|\frac{1}{2},\frac{1}{2}\right\rangle=\frac{3}{4}\hbar^2\left|\frac{1}{2},\frac{1}{2}\right\rangle$$

的矩阵表示为

$$\boldsymbol{S}^2\boldsymbol{\alpha}=\frac{3}{4}\hbar^2\begin{pmatrix}1 & 0\\0 & 1\end{pmatrix}\begin{pmatrix}1\\0\end{pmatrix}=\frac{3}{4}\hbar^2\begin{pmatrix}1\\0\end{pmatrix}=\frac{3}{4}\hbar^2\boldsymbol{\alpha}$$

请读者利用矩阵运算验证§4.1节中的各种关系,以便加深对矩阵表示理论的理解和印象。

2×2的矩阵有四个矩阵元。因此,任意一个2×2矩阵都可以由四个线性无关的2×2矩阵的线性叠加表示。例如可以将这四个矩阵取为

$$\boldsymbol{I}=\begin{pmatrix}1 & 0\\0 & 1\end{pmatrix}, \qquad \boldsymbol{\sigma}_x=\begin{pmatrix}0 & 1\\1 & 0\end{pmatrix}, \qquad \boldsymbol{\sigma}_y=\begin{pmatrix}0 & -\mathrm{i}\\\mathrm{i} & 0\end{pmatrix}, \qquad \boldsymbol{\sigma}_z=\begin{pmatrix}1 & 0\\0 & -1\end{pmatrix} \tag{4.3.7}$$

其中的$\boldsymbol{\sigma}_x$,$\boldsymbol{\sigma}_y$,$\boldsymbol{\sigma}_z$被称作泡利矩阵,在量子理论的表述中有重要意义。泡利矩阵可以看作三维几何空间中的一个矩阵矢量,即在每个方向上的分量都是一个2×2矩阵的三维几何矢量。泡利矩阵具有一些很有用的性质,包括:

1）对易关系：

$$[\boldsymbol{\sigma}_i,\boldsymbol{\sigma}_j]=2\mathrm{i}\sum_k \varepsilon_{ijk}\boldsymbol{\sigma}_k \tag{4.3.8}$$

2）反对易关系：

$$\{\boldsymbol{\sigma}_i,\boldsymbol{\sigma}_j\}=2\delta_{ij} \tag{4.3.9}$$

更具体来说，这意味着 $\boldsymbol{\sigma}_i^2=1,\boldsymbol{\sigma}_i\boldsymbol{\sigma}_j+\boldsymbol{\sigma}_j\boldsymbol{\sigma}_i=0(i\neq j)$。

3）对于任意三维几何空间中的矢量 $\boldsymbol{a}$ 和 $\boldsymbol{b}$，满足如下恒等式，

$$(\boldsymbol{\sigma}\cdot\boldsymbol{a})(\boldsymbol{\sigma}\cdot\boldsymbol{b})=\boldsymbol{a}\cdot\boldsymbol{b}+\mathrm{i}\boldsymbol{\sigma}\cdot(\boldsymbol{a}\times\boldsymbol{b}) \tag{4.3.10}$$

【练习】 证明(4.3.10)。

§4.4　角动量的耦合

在经典力学中，两个角动量的矢量加和仍然是一个角动量；如果体系包含多个粒子，则体系的总角动量是所有粒子角动量的矢量加和。对于一个同时具有轨道角动量和自旋角动量的刚体，其总角动量等于两者的矢量加和。可以验证，在量子力学中，两个互相正交（或独立）的角动量空间（如自旋和轨道角动量，以及对应于两个粒子的角动量）的角动量算符 $\hat{\boldsymbol{J}}_1,\hat{\boldsymbol{J}}_2$ 之和

$$\hat{\boldsymbol{J}}=\hat{\boldsymbol{J}}_1+\hat{\boldsymbol{J}}_2 \tag{4.4.1}$$

也符合角动量算符的定义，因此也仍然是一个角动量算符。

显然，$\hat{J}_1^2$，$\hat{J}_{1z}$，$\hat{J}_2^2$ 和 $\hat{J}_{2z}$ 是彼此对易的，因此它们的共同本征态 $\{|j_1j_2m_1m_2\rangle\equiv|j_1m_1\rangle\otimes|j_2m_2\rangle\}$ 可以作为由 $\hat{\boldsymbol{J}}_1$ 和 $\hat{\boldsymbol{J}}_2$ 张开的空间的一组基。另一方面，由 $\hat{\boldsymbol{J}}_1$ 和 $\hat{\boldsymbol{J}}_2$ 耦合成的总角动量算符 $\hat{J}^2$ 和 $\hat{J}_z$ 作用在同样的空间上。很容易验证，$\hat{J}^2$，$\hat{J}_z$，$\hat{J}_1^2$ 和 $\hat{J}_2^2$ 也是彼此对易的，因此它们的共同本征态 $\{|jmj_1j_2\rangle\}$ 同样可以作为该空间的一组基。

这两组基具有如下性质：

$$|j_1j_2m_1m_2\rangle \qquad\qquad |jmj_1j_2\rangle$$

$$\begin{cases}\hat{J}_1^2|j_1j_2m_1m_2\rangle=j_1(j_1+1)\hbar^2|j_1j_2m_1m_2\rangle\\ \hat{J}_2^2|j_1j_2m_1m_2\rangle=j_2(j_2+1)\hbar^2|j_1j_2m_1m_2\rangle\\ \hat{J}_{1z}|j_1j_2m_1m_2\rangle=m_1\hbar|j_1j_2m_1m_2\rangle\\ \hat{J}_{2z}|j_1j_2m_1m_2\rangle=m_2\hbar|j_1j_2m_1m_2\rangle\end{cases}\qquad \begin{cases}\hat{J}^2|jmj_1j_2\rangle=j(j+1)\hbar^2|jmj_1j_2\rangle\\ \hat{J}_z|jmj_1j_2\rangle=m\hbar|jmj_1j_2\rangle\\ \hat{J}_1^2|jmj_1j_2\rangle=j_1(j_1+1)\hbar^2|jmj_1j_2\rangle\\ \hat{J}_2^2|jmj_1j_2\rangle=j_2(j_2+1)\hbar^2|jmj_1j_2\rangle\end{cases} \tag{4.4.2}$$

$\{|j_1j_2m_1m_2\rangle\}$ 基组没有直接考虑角动量之间的耦合，称之为未耦合的表象。它是两个正交子空间的直积，故为 $(2j_1+1)(2j_2+1)$ 维的。$\{|jmj_1j_2\rangle\}$ 基组称为耦合的表象，与单个角动量类似，对每一个 j 而言维数是 $(2j+1)$，而总的维数仍应是 $(2j_1+1)(2j_2+1)$。

由于$\{|j_1j_2m_1m_2\rangle\}$和$\{|jmj_1j_2\rangle\}$是同一空间的两组基,它们之间由幺正变换联系:

$$\begin{cases}|jmj_1j_2\rangle=\sum\limits_{m_1,m_2}|j_1j_2m_1m_2\rangle\langle j_1j_2m_1m_2|jmj_1j_2\rangle \\ |j_1j_2m_1m_2\rangle=\sum\limits_{j,m}|jmj_1j_2\rangle\langle jmj_1j_2|j_1j_2m_1m_2\rangle\end{cases} \tag{4.4.3}$$

变换矩阵$\boldsymbol{C}$的矩阵元$\langle j_1j_2m_1m_2|jmj_1j_2\rangle$称为 Clebsch-Gordan(CG)矢量耦合系数。由$\boldsymbol{C}$的幺正性,立刻可以得到

$$\begin{cases}\sum\limits_{m_1,m_2}\langle jmj_1j_2|j_1j_2m_1m_2\rangle\langle j_1j_2m_1m_2|j'm'j_1j_2\rangle=\delta_{jj'}\delta_{mm'} \\ \sum\limits_{j,m}\langle j_1j_2m_1m_2|jmj_1j_2\rangle\langle jmj_1j_2|j_1j_2m_1'm_2'\rangle=\delta_{m_1m_1'}\delta_{m_2m_2'}\end{cases} \tag{4.4.4}$$

根据惯例,CG 系数取为实数,因此变换矩阵$\boldsymbol{C}$是个正交矩阵。

现在证明,只有当

$$m=m_1+m_2 \tag{4.4.5a}$$

$$j_1+j_2\geqslant j\geqslant|j_1-j_2| \tag{4.4.5b}$$

$\boldsymbol{C}$的矩阵元(即 CG 系数)才不为 0。

证明 注意到

$$(\hat{J}_z-\hat{J}_{1z}-\hat{J}_{2z})|jmj_1j_2\rangle=0 \tag{4.4.6}$$

左乘$\langle j_1j_2m_1m_2|$得

$$0=\langle j_1j_2m_1m_2|(\hat{J}_z-\hat{J}_{1z}-\hat{J}_{2z})|jmj_1j_2\rangle=(m-m_1-m_2)\langle j_1j_2m_1m_2|jmj_1j_2\rangle$$

故矩阵元不为零的条件是$m=m_1+m_2$。(4.4.5a)得证。

(4.4.5b)也被称为角动量耦合的三角形规则,其严格的数学证明要繁琐一些,感兴趣的读者可以在相关专著中找到。这里仅通过角动量的矢量模型给予说明。根据矢量加和的规则和(4.4.5a)的限制,按照矢量模型,$\boldsymbol{J}=\boldsymbol{J}_1+\boldsymbol{J}_2$中$j$的取值可以由与$|jj\rangle$对应的矢量在$z$轴最大投影值得到。当$\boldsymbol{J}_1$,$\boldsymbol{J}_2$在同一方向时,$\boldsymbol{J}=\boldsymbol{J}_1+\boldsymbol{J}_2$在$z$轴的最大投影是$(j_1+j_2)\hbar$,由此得到$j_{\max}=j_1+j_2$。当$\boldsymbol{J}_1$,$\boldsymbol{J}_2$为反方向时,$\boldsymbol{J}=\boldsymbol{J}_1+\boldsymbol{J}_2$在$z$方向的最大投影值是$(j_1-j_2)\hbar$(假定$j_1\geqslant j_2$),因此得到$j_{\min}=|j_1-j_2|$。于是$\boldsymbol{J}$的所有可能取值为$j=j_{\max},j_{\max}-1,\cdots,j_{\min}$,即(4.4.5b)。我们可以利用空间维数验证结果是合理的。在(4.4.5b)的约束下,$\{|jmj_1j_2\rangle\}$所张成的空间的维数为

$$N=\sum_{j=j_1-j_2}^{j_1+j_2}(2j+1)=(2j_1+1)(2j_2+1)$$

与直接从$\{|j_1j_2m_1m_2\rangle\}$计算得到的结果相符。

CG 矢量耦合系数很有用,应用(4.1.19)可以逐一地将它们计算出来,不过过程比较繁琐。在许多有关著作和手册中都有结果列表供使用。CG 矢量耦合系数也有许多重要的对称性质,为了更直接地表达这些对称性,维格纳(E. Wigner)引入了 3j 符号:

$$\begin{pmatrix}j_1 & j_2 & j_3 \\ m_1 & m_2 & m_3\end{pmatrix}=(-1)^{j_1-j_2-m_3}(2j_3+1)^{-1/2}\langle j_1,j_2;m_1,m_2|j_3,-m_3;j_1,j_2\rangle \tag{4.4.7}$$

但是,基组变换的幺正性在 3j 符号上的表达不如 CG 矢量耦合系数直接。

【例 4.4.1】自旋-轨道耦合

在研究原子光谱和分子磁性时，经常要考虑电子自旋与轨道角动量之间的耦合，体系的哈密顿量中，包含具有如下形式的旋轨耦合项：

$$\hat{H}_{\mathrm{so}} = \zeta \hat{\boldsymbol{L}} \cdot \hat{\boldsymbol{S}} \tag{4.4.8a}$$

如果不考虑旋轨耦合作用，体系的本征态是未耦合表象中的基函数。考虑了旋轨耦合之后，很容易看出，旋轨耦合的哈密顿算符可以写为

$$\hat{H}_{\mathrm{so}} = \frac{\zeta}{2}(\hat{\boldsymbol{J}}^2 - \hat{\boldsymbol{S}}^2 - \hat{\boldsymbol{L}}^2) \tag{4.4.8b}$$

因此，体系的本征态成为耦合表象中的基矢。作为一个实例，我们考虑对应于 $l=1$ 的轨道角动量空间与电子自旋空间之间的耦合，对应于 $j_1=l=1$，$j_2=s=\frac{1}{2}$，因此总角动量平方对应于量子数 $j=\frac{3}{2}$ 或 $j=\frac{1}{2}$。为了简化起见，下面将未耦合表象的基矢记为 $|m_1 m_2\rangle$，耦合表象的基矢记为 $|jm\rangle$。首先考虑 $j=\frac{3}{2}$ 的情形，根据 $m=m_1+m_2$ 的条件，可以直接得到

$$\left|j=\frac{3}{2},m=\frac{3}{2}\right\rangle = \left|m_1=1,m_2=\frac{1}{2}\right\rangle \tag{4.4.9}$$

$$\left|j=\frac{3}{2},m=-\frac{3}{2}\right\rangle = \left|m_1=-1,m_2=-\frac{1}{2}\right\rangle \tag{4.4.10}$$

为了得到 $\left|j=\frac{3}{2},m=\frac{1}{2}\right\rangle$，将总下降算符 $\hat{J}_-$ 作用在(4.4.9)等号两边，得到

$$\begin{aligned}
左 &= \hat{J}_-\left|j=\frac{3}{2},m=\frac{3}{2}\right\rangle = \sqrt{\frac{3}{2}\left(\frac{3}{2}+1\right)-\frac{3}{2}\left(\frac{3}{2}-1\right)}\,\hbar\left|j=\frac{3}{2},m=\frac{1}{2}\right\rangle \\
&= \sqrt{3}\,\hbar\left|j=\frac{3}{2},m=\frac{1}{2}\right\rangle \\
右 &= \hat{J}_-\left|m_1=1,m_2=\frac{1}{2}\right\rangle = (\hat{J}_{1-}+\hat{J}_{2-})\left|m_1=1,m_2=\frac{1}{2}\right\rangle \\
&= \hat{J}_{1-}\left|m_1=1,m_2=\frac{1}{2}\right\rangle + \hat{J}_{2-}\left|m_1=1,m_2=\frac{1}{2}\right\rangle \\
&= \sqrt{1(1+1)-1(1-1)}\,\hbar\left|m_1=0,m_2=\frac{1}{2}\right\rangle \\
&\quad + \sqrt{\frac{1}{2}\left(\frac{1}{2}+1\right)-\frac{1}{2}\left(\frac{1}{2}-1\right)}\,\hbar\left|m_1=1,m_2=-\frac{1}{2}\right\rangle
\end{aligned}$$

$$=\sqrt{2}\hbar\left|m_1=0,m_2=\frac{1}{2}\right\rangle+\hbar\left|m_1=1,m_2=-\frac{1}{2}\right\rangle$$

因此有

$$\left|j=\frac{3}{2},m=\frac{1}{2}\right\rangle=\sqrt{\frac{2}{3}}\left|m_1=0,m_2=\frac{1}{2}\right\rangle+\sqrt{\frac{1}{3}}\left|m_1=1,m_2=-\frac{1}{2}\right\rangle \tag{4.4.11}$$

类似地,将总上升算符 $\hat{J}_+$ 作用在(4.4.10)式等号两边,得到

$$\left|j=\frac{3}{2},m=-\frac{1}{2}\right\rangle=\sqrt{\frac{2}{3}}\left|m_1=0,m_2=-\frac{1}{2}\right\rangle+\sqrt{\frac{1}{3}}\left|m_1=-1,m_2=\frac{1}{2}\right\rangle \tag{4.4.12}$$

下面来看对应于 $j=\frac{1}{2}$ 的两个态矢,根据 $m=m_1+m_2$ 的条件可知

$$\left|j=\frac{1}{2},m=\frac{1}{2}\right\rangle=c_1\left|m_1=0,m_2=\frac{1}{2}\right\rangle+c_2\left|m_1=1,m_2=-\frac{1}{2}\right\rangle$$

其中的系数可以由归一化条件,以及 $\left|j=\frac{1}{2},m=\frac{1}{2}\right\rangle$ 与 $\left|j=\frac{3}{2},m=\frac{1}{2}\right\rangle$ 正交的条件确定,从而得到

$$\left|j=\frac{1}{2},m=\frac{1}{2}\right\rangle=\sqrt{\frac{1}{3}}\left|m_1=0,m_2=\frac{1}{2}\right\rangle-\sqrt{\frac{2}{3}}\left|m_1=1,m_2=-\frac{1}{2}\right\rangle \tag{4.4.13}$$

类似地可得

$$\left|j=\frac{1}{2},m=-\frac{1}{2}\right\rangle=\sqrt{\frac{1}{3}}\left|m_1=0,m_2=-\frac{1}{2}\right\rangle-\sqrt{\frac{2}{3}}\left|m_1=-1,m_2=\frac{1}{2}\right\rangle \tag{4.4.14}$$

至此,我们得到了 $j_1=1,j_2=\frac{1}{2}$ 耦合体系的所有 CG 系数。

§4.5 角动量算符是旋转的产生算符

这一节和下一节,我们将讨论角动量算符和旋转之间的关系。

1. 三维几何空间中的旋转操作和旋转矩阵

我们首先讨论将旋转作用到物理体系上的操作。旋转操作由旋转轴的方向和旋转角度来表征,绕 $\boldsymbol{n}$ 轴旋转角度 α 的旋转操作用 $\hat{R}_n(\alpha)$ 表示。一般而言,旋转操作彼此是不对易的,例如,如图 4.5.1 所示,

$$\hat{R}_x\left(\frac{\pi}{2}\right)\hat{R}_z\left(\frac{\pi}{2}\right)\neq\hat{R}_z\left(\frac{\pi}{2}\right)\hat{R}_x\left(\frac{\pi}{2}\right) \tag{4.5.1}$$

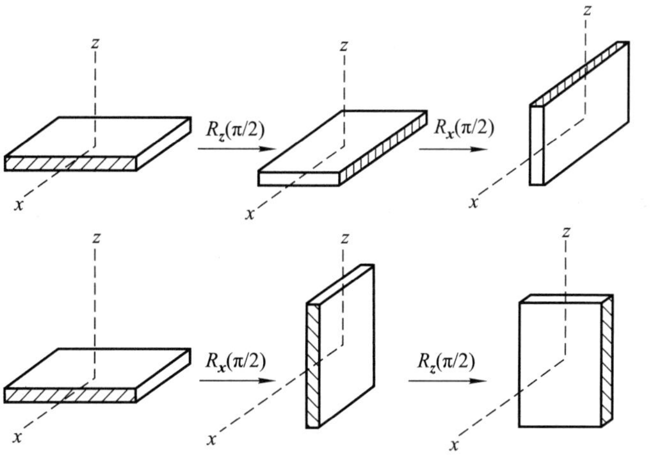

图 4.5.1　旋转操作的不可交换性的示意图

对一个三维几何空间的矢量 $\boldsymbol{V}=(V_x,V_y,V_z)^{\mathrm{T}}$ 作旋转操作，可以得到一个新的几何矢量 $\boldsymbol{V}'=(V'_x,V'_y,V'_z)^{\mathrm{T}}$，两者之间可以通过一个正交矩阵相联系，

$$\begin{pmatrix}V'_x\\V'_y\\V'_z\end{pmatrix}=\boldsymbol{R}\begin{pmatrix}V_x\\V_y\\V_z\end{pmatrix} \tag{4.5.2}$$

矩阵 $\boldsymbol{R}$ 称为三维几何空间中的旋转矩阵。特别地，对应于绕 x，y 和 z 轴的旋转角度 α 操作的矩阵分别为

$$\boldsymbol{R}_x(\alpha)=\begin{bmatrix}1&0&0\\0&\cos\alpha&-\sin\alpha\\0&\sin\alpha&\cos\alpha\end{bmatrix} \tag{4.5.3a}$$

$$\boldsymbol{R}_y(\alpha)=\begin{bmatrix}\cos\alpha&0&\sin\alpha\\0&1&0\\-\sin\alpha&0&\cos\alpha\end{bmatrix} \tag{4.5.3b}$$

$$\boldsymbol{R}_z(\alpha)=\begin{bmatrix}\cos\alpha&-\sin\alpha&0\\\sin\alpha&\cos\alpha&0\\0&0&1\end{bmatrix} \tag{4.5.3c}$$

下面我们来考虑绕 x 和 y 轴的无穷小旋转($\alpha=\varepsilon$)操作的对易关系。准确到 ε 的二阶小量，可以得到

$$\boldsymbol{R}_x(\varepsilon)=\begin{pmatrix}1&0&0\\0&1-\frac{\varepsilon^2}{2}&-\varepsilon\\0&\varepsilon&1-\frac{\varepsilon^2}{2}\end{pmatrix},\quad \boldsymbol{R}_y(\varepsilon)=\begin{pmatrix}1-\frac{\varepsilon^2}{2}&0&\varepsilon\\0&1&0\\-\varepsilon&0&1-\frac{\varepsilon^2}{2}\end{pmatrix},$$

$$\boldsymbol{R}_z(\varepsilon)=\begin{pmatrix}1-\dfrac{\varepsilon^2}{2} & -\varepsilon & 0\\ \varepsilon & 1-\dfrac{\varepsilon^2}{2} & 0\\ 0 & 0 & 1\end{pmatrix}$$

容易证明

$$\boldsymbol{R}_x(\varepsilon)\boldsymbol{R}_y(\varepsilon)-\boldsymbol{R}_y(\varepsilon)\boldsymbol{R}_x(\varepsilon)=\begin{pmatrix}0 & -\varepsilon^2 & 0\\ \varepsilon^2 & 0 & 0\\ 0 & 0 & 0\end{pmatrix}=\boldsymbol{R}_z(\varepsilon^2)-1 \tag{4.5.4}$$

从上式可以看出,如果只考虑到 ε 的一阶项,绕 x 和 y 轴的旋转是对易的,不可对易性只在考虑二阶项时才出现。

2. 旋转算符及其与角动量算符之间的关系

设体系原来处在由态矢 $|u\rangle$ 所描述的状态,对体系在三维几何空间中进行旋转操作 $\hat{R}_n(\alpha)$之后的状态记为 $|u\rangle_R$,它与原状态通过旋转算符 $\hat{R}_n(\alpha)$相联系,$|u\rangle_R=\hat{R}_n(\alpha)|u\rangle$。

与§2.5节中关于平移操作的讨论类似,可以从空间的基本对称性质出发,要求旋转算符具有一定的性质。与旋转操作对应的是三维几何空间的旋转不变性,或各向同性。因此,旋转算符必须具有幺正性。此外,三维几何空间中的旋转操作具有连续性,因此,旋转算符在旋转角度趋于零时必须趋于单位算符,并且 $\hat{R}_n(\alpha_1)\hat{R}_n(\alpha_2)=\hat{R}_n(\alpha_1+\alpha_2)$。故对应于关于 $\boldsymbol{n}$ 轴的旋转无穷小角度 $\mathrm{d}\alpha$ 的旋转算符必然有形式:

$$\hat{R}_n(\mathrm{d}\alpha)=1-\mathrm{i}\,\hat{G}_n\mathrm{d}\alpha \tag{4.5.5}$$

式中 $\hat{G}_n$ 为一个厄米算符。一个旋转有限角 α 的旋转操作可以通过绕同一旋转轴作无限多次的无穷小旋转实现:

$$\hat{R}_n(\alpha)=\lim_{N\to\infty}\left(1-\mathrm{i}\hat{G}_n\frac{\alpha}{N}\right)^N=\mathrm{e}^{-\mathrm{i}\hat{G}_n\alpha} \tag{4.5.6}$$

当 $\boldsymbol{n}$ 分别与 x, y, z 轴重合时,对于很小的旋转角度 ε,准确到二阶小量

$$\begin{aligned}&\hat{R}_x(\varepsilon)\hat{R}_y(\varepsilon)-\hat{R}_y(\varepsilon)\hat{R}_x(\varepsilon)\\ &\approx\left[1-\mathrm{i}\hat{G}_x\varepsilon-\frac{(\hat{G}_x\varepsilon)^2}{2}\right]\left[1-\mathrm{i}\hat{G}_y\varepsilon-\frac{(\hat{G}_y\varepsilon)^2}{2}\right]\\ &\quad-\left[1-\mathrm{i}\hat{G}_y\varepsilon-\frac{(\hat{G}_y\varepsilon)^2}{2}\right]\left[1-\mathrm{i}\hat{G}_x\varepsilon-\frac{(\hat{G}_x\varepsilon)^2}{2}\right]\\ &\approx\left[1-\mathrm{i}\hat{G}_x\varepsilon-\frac{(\hat{G}_x\varepsilon)^2}{2}-\mathrm{i}\hat{G}_y\varepsilon-\hat{G}_x\hat{G}_y\varepsilon^2-\frac{(\hat{G}_y\varepsilon)^2}{2}\right]\\ &\quad-\left[1-\mathrm{i}\hat{G}_y\varepsilon-\frac{(\hat{G}_y\varepsilon)^2}{2}-\mathrm{i}\hat{G}_x\varepsilon-\hat{G}_y\hat{G}_x\varepsilon^2-\frac{(\hat{G}_x\varepsilon)^2}{2}\right]\\ &=-[\hat{G}_x,\hat{G}_y]\varepsilon^2\end{aligned} \tag{4.5.7}$$

旋转算符 $\hat{R}$ 和对应的几何空间旋转矩阵 $\boldsymbol{R}$ 应满足相同的关系，因此由(4.5.4)可以得到

$$\hat{R}_x(\varepsilon)\hat{R}_y(\varepsilon)-\hat{R}_y(\varepsilon)\hat{R}_x(\varepsilon)=\hat{R}_z(\varepsilon^2)-1=(1-\mathrm{i}\,\hat{G}_z\varepsilon^2)-1=-\mathrm{i}\,\hat{G}_z\varepsilon^2$$

将其与(4.5.7)比较，得

$$[\hat{G}_x,\hat{G}_y]=\mathrm{i}\hat{G}_z \tag{4.5.8}$$

(4.5.8)表明，除了需要系数的修正外，$\hat{G}_n$ 不是别的，就是角动量算符。因此

$$\hat{R}_n(\alpha)=\mathrm{e}^{-\mathrm{i}\frac{\hat{\boldsymbol{J}}\cdot\boldsymbol{n}}{\hbar}\alpha}=\mathrm{e}^{-\frac{\mathrm{i}}{\hbar}\hat{J}_n\alpha} \tag{4.5.9}$$

表征三维几何空间中的旋转轴取向的单位方向矢量 $\boldsymbol{n}$ 可以用两个角度 θ 和 ϕ 来表示，其中 θ 对应于 $\boldsymbol{n}$ 与 z 轴的夹角，ϕ 对应于 $\boldsymbol{n}$ 在 xy 平面上投影与 x 轴的夹角，因此

$$\boldsymbol{n}=\sin\theta\cos\phi\boldsymbol{e}_1+\sin\theta\sin\phi\boldsymbol{e}_2+\cos\theta\boldsymbol{e}_3 \tag{4.5.10}$$

因此，旋转算符可以表示为

$$\hat{R}_n(\alpha)=\mathrm{e}^{-\frac{\mathrm{i}}{\hbar}[\hat{J}_x(\sin\theta\cos\phi)+\hat{J}_y(\sin\theta\sin\phi)+\hat{J}_z(\cos\theta)]\alpha} \tag{4.5.11}$$

由于不同方向角动量分量算符的不对易性，采用以上方式表示的旋转算符使用起来很不方便。

3. 主动旋转与被动旋转

现在，让我们厘清旋转物理体系(所谓主动旋转)与旋转坐标系(所谓被动旋转)之间的关系。在三维几何空间中建立一个坐标系 $Oxyz$，它在 x，y，z 三个方向上的单位矢量分别为 $\boldsymbol{e}_1$，$\boldsymbol{e}_2$，$\boldsymbol{e}_3$。考虑该空间中的一个矢量 $\mathbf{V}$，它在 $Oxyz$ 坐标系中的坐标为(V_x，V_y，V_z)。

主动旋转为坐标系不动，对矢量 $\mathbf{V}$ 作绕 $\boldsymbol{n}$ 轴逆时针旋转 α 的旋转操作 $\hat{R}_n(\alpha)$，使其变为另一个矢量 $\mathbf{V}'=\hat{R}_n(\alpha)\mathbf{V}$，$\mathbf{V}'$ 在 $Oxyz$ 坐标系中的坐标为(V'_x，V'_y，V'_z)。记旋转操作 $\hat{R}_n(\alpha)$ 在 $Oxyz$ 坐标系中的表示为旋转矩阵 $\boldsymbol{R}_n(\alpha)$，则旋转之后 $\mathbf{V}'$ 的坐标与旋转之前 $\mathbf{V}$ 的坐标之间的关系为

$$\begin{pmatrix}V'_x\\V'_y\\V'_z\end{pmatrix}=\boldsymbol{R}_n(\alpha)\begin{pmatrix}V_x\\V_y\\V_z\end{pmatrix} \tag{4.5.12}$$

其中

$$\boldsymbol{R}_n(\alpha)=\begin{pmatrix}\langle\boldsymbol{e}_1|\hat{R}_n(\alpha)|\boldsymbol{e}_1\rangle & \langle\boldsymbol{e}_1|\hat{R}_n(\alpha)|\boldsymbol{e}_2\rangle & \langle\boldsymbol{e}_1|\hat{R}_n(\alpha)|\boldsymbol{e}_3\rangle\\ \langle\boldsymbol{e}_2|\hat{R}_n(\alpha)|\boldsymbol{e}_1\rangle & \langle\boldsymbol{e}_2|\hat{R}_n(\alpha)|\boldsymbol{e}_2\rangle & \langle\boldsymbol{e}_2|\hat{R}_n(\alpha)|\boldsymbol{e}_3\rangle\\ \langle\boldsymbol{e}_3|\hat{R}_n(\alpha)|\boldsymbol{e}_1\rangle & \langle\boldsymbol{e}_3|\hat{R}_n(\alpha)|\boldsymbol{e}_2\rangle & \langle\boldsymbol{e}_3|\hat{R}_n(\alpha)|\boldsymbol{e}_3\rangle\end{pmatrix} \tag{4.5.13}$$

很显然，$\hat{R}_n(\alpha)$ 的逆操作 $\hat{R}_n(\alpha)^{-1}=\hat{R}_n(-\alpha)$；相应地，矩阵表示的关系为 $\boldsymbol{R}_n(\alpha)^{-1}=\boldsymbol{R}_n(-\alpha)$。若定义 $\boldsymbol{e}'_j=\hat{R}_n(\alpha)\boldsymbol{e}_j$，则可写成

$$\boldsymbol{R}_n(\alpha)=\begin{pmatrix}\langle\boldsymbol{e}_1|\boldsymbol{e}'_1\rangle & \langle\boldsymbol{e}_1|\boldsymbol{e}'_2\rangle & \langle\boldsymbol{e}_1|\boldsymbol{e}'_3\rangle\\ \langle\boldsymbol{e}_2|\boldsymbol{e}'_1\rangle & \langle\boldsymbol{e}_2|\boldsymbol{e}'_2\rangle & \langle\boldsymbol{e}_2|\boldsymbol{e}'_3\rangle\\ \langle\boldsymbol{e}_3|\boldsymbol{e}'_1\rangle & \langle\boldsymbol{e}_3|\boldsymbol{e}'_2\rangle & \langle\boldsymbol{e}_3|\boldsymbol{e}'_3\rangle\end{pmatrix}$$

可见,(4.5.13)中的第 j 列是将与 $\boldsymbol{e}_j$ 重合的单位矢量旋转成单位矢量 $\boldsymbol{e}_j'$ 后,$\boldsymbol{e}_j'$ 的坐标。

被动旋转为矢量 $\boldsymbol{V}$ 不动,让 $Oxyz$ 坐标系作绕 $\boldsymbol{n}$ 轴逆时针旋转 α 的坐标变换 $\hat{U}_n(\alpha)$,得到另一个 $Ox'y'z'$ 坐标系,其在 x',y',z' 三个方向上的单位矢量分别为 $\boldsymbol{e}_1'$,$\boldsymbol{e}_2'$,$\boldsymbol{e}_3'$:$\boldsymbol{e}_j'=\hat{U}_n(\alpha)\boldsymbol{e}_j$。按照§1.8 节,这是一个幺正变换 $\hat{U}_n(\alpha)$,其在新、旧基组上的矩阵表示相同,为

$$U_n(\alpha)=\begin{pmatrix}\langle \boldsymbol{e}_1|\boldsymbol{e}_1'\rangle & \langle \boldsymbol{e}_1|\boldsymbol{e}_2'\rangle & \langle \boldsymbol{e}_1|\boldsymbol{e}_3'\rangle \\ \langle \boldsymbol{e}_2|\boldsymbol{e}_1'\rangle & \langle \boldsymbol{e}_2|\boldsymbol{e}_2'\rangle & \langle \boldsymbol{e}_2|\boldsymbol{e}_3'\rangle \\ \langle \boldsymbol{e}_3|\boldsymbol{e}_1'\rangle & \langle \boldsymbol{e}_3|\boldsymbol{e}_2'\rangle & \langle \boldsymbol{e}_3|\boldsymbol{e}_3'\rangle\end{pmatrix} \tag{4.5.14}$$

(4.5.14)中的第 j 列是 $Ox'y'z'$ 坐标系的新基矢 $\boldsymbol{e}_j'$ 在旧的 $Oxyz$ 坐标系中的坐标。对应地,固定不动的矢量 $\boldsymbol{V}$ 在新的 $Ox'y'z'$ 坐标系中的坐标(V_x',V_y',V_z')与旧的 $Oxyz$ 坐标系中的坐标(V_x,V_y,V_z)之间的关系为

$$\begin{pmatrix}V'_x\\ V'_y\\ V'_z\end{pmatrix}=\boldsymbol{U}_n(\alpha)^{\dagger}\begin{pmatrix}V_x\\ V_y\\ V_z\end{pmatrix} \tag{4.5.15}$$

这里,$\boldsymbol{U}_n(\alpha)^{\dagger}=\boldsymbol{U}_n(\alpha)^{-1}=\boldsymbol{U}_n(-\alpha)$。稍加考察就会发现,主动旋转中的 $\boldsymbol{e}_j'=\hat{R}_n(\alpha)\boldsymbol{e}_j$ 等同于被动旋转中的 $\boldsymbol{e}_j'=\hat{U}_n(\alpha)\boldsymbol{e}_j$。相应地,主动旋转 $\hat{R}_n(\alpha)$ 的矩阵表示(4.5.13)与被动旋转 $\hat{U}_n(\alpha)$ 的矩阵表示(4.5.14)完全相同。

对于各向同性的空间,坐标系不动、将矢量 $\boldsymbol{V}$ 做绕 $\boldsymbol{n}$ 轴逆时针旋转 α 的主动旋转 $\hat{R}_n(\alpha)$ 到 $\boldsymbol{V}'$ 与矢量 $\boldsymbol{V}$ 不动、让 $Oxyz$ 坐标系做绕 $\boldsymbol{n}$ 轴顺时针旋转 α 的被动旋转 $\hat{U}_n(-\alpha)$ 到 $Ox'y'z'$ 坐标系的效果是等价的。其表现就是,主动旋转 $\hat{R}_n(\alpha)$ 后,$\boldsymbol{V}'$ 的坐标为(4.5.12);而被动旋转 $\hat{U}_n(-\alpha)$ 后,$\boldsymbol{V}$ 在新坐标系中的坐标为

$$\begin{pmatrix}V'_x\\ V'_y\\ V'_z\end{pmatrix}=\boldsymbol{U}_n(-\alpha)^{\dagger}\begin{pmatrix}V_x\\ V_y\\ V_z\end{pmatrix}=\boldsymbol{U}_n(\alpha)\begin{pmatrix}V_x\\ V_y\\ V_z\end{pmatrix}$$

因为 $\boldsymbol{U}_n(\alpha)=\boldsymbol{R}_n(\alpha)$,矢量在两种方式旋转之后的坐标的确彼此相同。

4. 旋转的欧拉角表示

有了前面的准备,现在介绍用欧拉角表示旋转的方法,这是欧拉在研究刚体转动时引入的。首先,让我们看被动旋转。在三维空间中对 $Oxyz$ 坐标系做绕 $\boldsymbol{n}$ 轴逆时针旋转 α 的旋转变换到 $Ox'y'z'$ 坐标系可以等效地用如下以欧拉角(ϕ,θ,χ)为参数的三步旋转实现(图 4.5.2):①

1) 首先绕 z 轴逆时针旋转 ϕ 角,$\hat{U}_z(\phi)$,从 $Oxyz$ 坐标系变换到 $Ox''y''z''$ 坐标系,相应地基矢变为 $\boldsymbol{e}_1''$,$\boldsymbol{e}_2''$,$\boldsymbol{e}_3''=\boldsymbol{e}_3$;

① 读者在阅读文献时需注意,在用欧拉角表征旋转时,不同领域选取旋转轴的习惯稍有不同,导致具体的矩阵表示也不相同。这里采用的是量子力学教材常用的定义方式。

2）再绕 y'' 轴逆时针旋转 θ 角，$\hat{U}_{y''}(\theta)$，从 $Ox''y''z''$ 坐标系变换到 $Ox'''y'''z'''$ 坐标系，相应地基矢变为 $\boldsymbol{e}'''_1,\boldsymbol{e}'''_2=\boldsymbol{e}''_2,\boldsymbol{e}'''_3$；

3）最后，绕 z''' 轴逆时针旋转 χ 角，$\hat{U}_{z'''}(\chi)$，从 $Ox'''y'''z'''$ 坐标系变换到 $Ox'y'z'$ 坐标系，相应地基矢变为 $\boldsymbol{e}'_1,\boldsymbol{e}'_2,\boldsymbol{e}'_3=\boldsymbol{e}'''_3$。

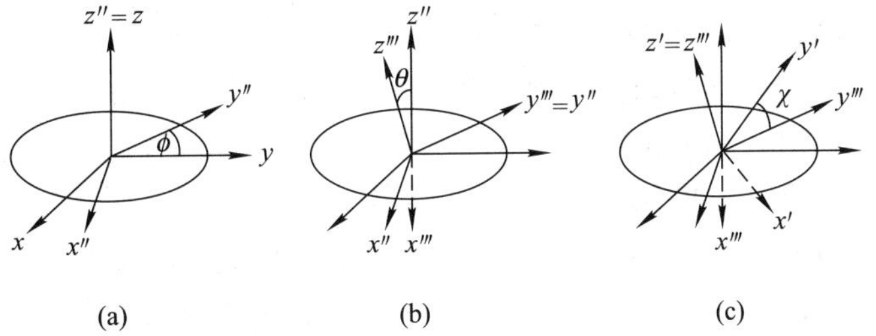

图 4.5.2 用三个欧拉角作为参数完成一个旋转操作

以 a 表示 $Oxyz$ 坐标系，b 表示 $Ox''y''z''$ 坐标系，c 表示 $Ox'''y'''z'''$ 坐标系，d 表示 $Ox'y'z'$ 坐标系。根据 § 1.8 节所介绍的幺正变换公式，基组和矢量表示（坐标）的变换关系分别为

$$\begin{cases} |\boldsymbol{e}_i\rangle_b=\hat{U}_{ba}\,|\boldsymbol{e}_i\rangle_a, & \boldsymbol{V}_b=\boldsymbol{U}^{\dagger}_{ba}\boldsymbol{V}_a \\ |\boldsymbol{e}_i\rangle_c=\hat{U}_{cb}\,|\boldsymbol{e}_i\rangle_b, & \boldsymbol{V}_c=\boldsymbol{U}^{\dagger}_{cb}\boldsymbol{V}_b \\ |\boldsymbol{e}_i\rangle_d=\hat{U}_{dc}\,|\boldsymbol{e}_i\rangle_c, & \boldsymbol{V}_d=\boldsymbol{U}^{\dagger}_{dc}\boldsymbol{V}_c \end{cases} \tag{4.5.16}$$

于是

$$\begin{cases} |\boldsymbol{e}_i\rangle_d=\hat{U}_{dc}\hat{U}_{cb}\hat{U}_{ba}\,|\boldsymbol{e}_i\rangle_a=\hat{U}_{da}\,|\boldsymbol{e}_i\rangle_a \\ \boldsymbol{V}_d=\boldsymbol{U}^{\dagger}_{dc}\boldsymbol{U}^{\dagger}_{cb}\boldsymbol{U}^{\dagger}_{ba}\boldsymbol{V}_a=\boldsymbol{U}^{\dagger}_{da}\boldsymbol{V}_a \end{cases} \tag{4.5.17}$$

其中

$$\boldsymbol{U}_{ba}=\begin{pmatrix}\cos\phi & -\sin\phi & 0\\ \sin\phi & \cos\phi & 0\\ 0 & 0 & 1\end{pmatrix},\quad \boldsymbol{U}_{cb}=\begin{pmatrix}\cos\theta & 0 & \sin\theta\\ 0 & 1 & 0\\ -\sin\theta & 0 & \cos\theta\end{pmatrix},$$

$$\boldsymbol{U}_{dc}=\begin{pmatrix}\cos\chi & -\sin\chi & 0\\ \sin\chi & \cos\chi & 0\\ 0 & 0 & 1\end{pmatrix} \tag{4.5.18}$$

因此

$$\boldsymbol{U}^{\dagger}_{da}=\begin{pmatrix}\cos\chi & \sin\chi & 0\\ -\sin\chi & \cos\chi & 0\\ 0 & 0 & 1\end{pmatrix}\begin{pmatrix}\cos\theta & 0 & -\sin\theta\\ 0 & 1 & 0\\ \sin\theta & 0 & \cos\theta\end{pmatrix}\begin{pmatrix}\cos\phi & \sin\phi & 0\\ -\sin\phi & \cos\phi & 0\\ 0 & 0 & 1\end{pmatrix}$$

$$=\begin{pmatrix}\cos\phi\cos\theta\cos\chi-\sin\phi\sin\chi & \sin\phi\cos\theta\cos\chi+\cos\phi\sin\chi & -\sin\theta\cos\chi\\ -\cos\phi\cos\theta\sin\chi-\sin\phi\cos\chi & -\sin\phi\cos\theta\sin\chi+\cos\phi\cos\chi & \sin\theta\sin\chi\\ \cos\phi\sin\theta & \sin\phi\sin\theta & \cos\theta\end{pmatrix}$$

(4.5.19)

(4.5.19)是在旋转直角坐标系的幺正变换操作下,将一个在空间中固定不动的矢量 $\boldsymbol{V}$ 从 $Oxyz$ 坐标系中的表示 $(V_x, V_y, V_z)^{\mathrm{T}}$ 变换成在 $Ox'y'z'$ 坐标系中的表示 $(V'_x, V'_y, V'_z)^{\mathrm{T}}$ 的变换矩阵,它是正交的(称矩阵元为实数的幺正矩阵为正交的)。由(4.5.19)很容易得到 $Ox'y'z'$ 坐标系与 $Oxyz$ 坐标系之间进行幺正变换的算符 $\hat{U}_{da}$ 的表示矩阵 $\boldsymbol{U}_{da}$:①

$$\boldsymbol{U}_{da}(\phi,\theta,\chi) = (\boldsymbol{U}^{\dagger}_{da}(\phi,\theta,\chi))^{\dagger} = \boldsymbol{U}_{ba}(\phi)\boldsymbol{U}_{cb}(\theta)\boldsymbol{U}_{dc}(\chi) \tag{4.5.20}$$

现在讨论用欧拉角表征主动旋转,即:在固定的 $Oxyz$ 坐标系中旋转物理体系。我们同样可以如讨论被动旋转那样,详细探讨每一步欧拉角所刻画的旋转,然后得到总的旋转算符及其表示。但是,根据旋转物理体系的主动旋转和旋转坐标的被动旋转为互逆操作的事实,容易得到如下的结论:如果依然用欧拉角刻划旋转,固定坐标系旋转物理体系的角度参数的顺序应恰好与固定物理体系旋转坐标系的角度参数的顺序相反,即主动旋转的旋转顺序将如下:1)首先绕 z 轴逆时针转 χ 角,$\hat{R}_z(\chi)$;2)再以 y 为轴逆时针转 θ 角,$\hat{R}_y(\theta)$;3)最后以 z 为轴逆时针转 ϕ 角,$\hat{R}_z(\phi)$。于是,将一个态矢 $|a\rangle$ 按上述操作旋转到 $|a'\rangle = \hat{R}(\phi,\theta,\chi)|a\rangle = \hat{R}_z(\phi)\hat{R}_y(\theta)\hat{R}_z(\chi)|a\rangle$ 的旋转算符在基组 $\boldsymbol{e}_1, \boldsymbol{e}_2, \boldsymbol{e}_3$ 上的矩阵表示为

$$\begin{aligned}
\boldsymbol{R}(\phi,\theta,\chi) &= \boldsymbol{R}_z(\phi)\boldsymbol{R}_y(\theta)\boldsymbol{R}_z(\chi) \\
&= \begin{pmatrix} \cos\phi & -\sin\phi & 0 \\ \sin\phi & \cos\phi & 0 \\ 0 & 0 & 1 \end{pmatrix} \begin{pmatrix} \cos\theta & 0 & \sin\theta \\ 0 & 1 & 0 \\ -\sin\theta & 0 & \cos\theta \end{pmatrix} \begin{pmatrix} \cos\chi & -\sin\chi & 0 \\ \sin\chi & \cos\chi & 0 \\ 0 & 0 & 1 \end{pmatrix} \\
&= \begin{pmatrix} \cos\phi\cos\theta\cos\chi - \sin\phi\sin\chi & -\cos\phi\cos\theta\sin\chi - \sin\phi\cos\chi & \cos\phi\sin\theta \\ \sin\phi\cos\theta\cos\chi + \cos\phi\sin\chi & -\sin\phi\cos\theta\sin\chi + \cos\phi\cos\chi & \sin\phi\sin\theta \\ -\sin\theta\cos\chi & \sin\theta\sin\chi & \cos\theta \end{pmatrix}
\end{aligned} \tag{4.5.21}$$

我们看到,正如上节所说,(4.5.20)的 $\boldsymbol{U}(\phi,\theta,\chi)$ 与(4.5.21)的 $\boldsymbol{R}(\phi,\theta,\chi)$ 是相同的。(4.5.21)也是正交的矩阵。用以后将要介绍的群论语言,具有诸如(4.5.19)或(4.5.21)形式的 3×3 矩阵关于矩阵的乘法构成一个群,它有三个参变量 (ϕ,θ,χ),称为旋转操作的 SO(3)群(special orthogonal group)表示。

利用旋转算符与角动量算符之间的关系,用欧拉角所定义的旋转算符可以写为

$$\begin{aligned}
\hat{R}(\phi,\theta,\chi) &= \hat{R}_z(\phi)\hat{R}_y(\theta)\hat{R}_z(\chi) \\
&= \mathrm{e}^{-\frac{\mathrm{i}}{\hbar}\hat{J}_z\phi}\mathrm{e}^{-\frac{\mathrm{i}}{\hbar}\hat{J}_y\theta}\mathrm{e}^{-\frac{\mathrm{i}}{\hbar}\hat{J}_z\chi}
\end{aligned} \tag{4.5.22}$$

---

① 在

$$|\boldsymbol{e}_i\rangle_d = \hat{U}_{da}|\boldsymbol{e}_i\rangle_a = \hat{U}_{dc}\hat{U}_{cb}\hat{U}_{ba}|\boldsymbol{e}_i\rangle_a$$

中,不能对应地以为表示矩阵有关系 $\boldsymbol{U}_{da} = \boldsymbol{U}_{dc}\boldsymbol{U}_{cb}\boldsymbol{U}_{ba}$。理由如下:总的幺正变换矩阵 $\boldsymbol{U}_{da}$ 的矩阵元为(例如用 $\{|\boldsymbol{e}_i\rangle_d\}$ 为基组)

$$\begin{aligned}
(U_{da})_{il} &= {}_d\langle\boldsymbol{e}_i|\hat{U}_{da}|\boldsymbol{e}_l\rangle_d = {}_d\langle\boldsymbol{e}_i|\hat{U}_{dc}\hat{U}_{cb}\hat{U}_{ba}|\boldsymbol{e}_l\rangle_d = \sum_{j,k}{}_d\langle\boldsymbol{e}_i|\hat{U}_{dc}|\boldsymbol{e}_j\rangle_d\,{}_d\langle\boldsymbol{e}_j|\hat{U}_{cb}|\boldsymbol{e}_k\rangle_d\,{}_d\langle\boldsymbol{e}_k|\hat{U}_{ba}|\boldsymbol{e}_l\rangle_d \\
&\neq \sum_{j,k}{}_d\langle\boldsymbol{e}_i|\hat{U}_{dc}|\boldsymbol{e}_j\rangle_d\,{}_{c或b}\langle\boldsymbol{e}_j|\hat{U}_{cb}|\boldsymbol{e}_k\rangle_{c或b}\,{}_{b或a}\langle\boldsymbol{e}_k|\hat{U}_{ba}|\boldsymbol{e}_l\rangle_{b或a} = \sum_{j,k}(U_{dc})_{ij}(U_{cb})_{jk}(U_{ba})_{kl}
\end{aligned}$$

其中,不等式左边的分步幺正变换算符在 $\{|\boldsymbol{e}_i\rangle_d\}$ 上表示的矩阵元难以直接计算,而不等式右边为 $\boldsymbol{U}_{dc}\boldsymbol{U}_{cb}\boldsymbol{U}_{ba}$(分别在各自基组上)的矩阵元形式。上式表明 $\boldsymbol{U}_{da} \neq \boldsymbol{U}_{dc}\boldsymbol{U}_{cb}\boldsymbol{U}_{ba}$。由于 $\boldsymbol{U}^{\dagger}_{da}$ 更容易获得,所以采取了现在的方法,先得到 $\boldsymbol{U}^{\dagger}_{da}$,再得到 $\boldsymbol{U}_{da}$。

当将旋转算符在角动量的本征态上表示时，(4.5.22)的表达方式是方便的。

§4.6 旋转算符在角动量本征态上的表示

显然，旋转算符 $\hat{R}_n(\alpha)$或者 $\hat{R}(\phi,\theta,\chi)$与 $\hat{J}^2$ 对易，所以它作用在 $\hat{J}^2$ 和 $\hat{J}_z$ 的共同本征态$|jm\rangle$上后得到的状态的 j 保持不变：

$$|jm\rangle_R=\hat{R}(\phi,\theta,\chi)|jm\rangle=\sum_{m'}|jm'\rangle\langle jm'|\hat{R}(\phi,\theta,\chi)|jm\rangle$$

$$=\sum_{m'}D^j_{m'm}(\phi,\theta,\chi)|jm'\rangle \tag{4.6.1}$$

即旋转后的态是具有相同 j 量子数的态的叠加。其中 $D^j_{m'm}(\phi,\theta,\chi)$为旋转算符在基组$\{|jm\rangle\}$上的表示，称作旋转矩阵，也称 **D**－矩阵。它是有$(2j+1)(2j+1)$个元素的幺正矩阵。利用旋转算符的欧拉角表示(4.5.22)，可以得到

$$D^j_{m'm}(\phi,\theta,\chi)=\langle jm'|e^{-\frac{i}{\hbar}\hat{J}_z\phi}e^{-\frac{i}{\hbar}\hat{J}_y\theta}e^{-\frac{i}{\hbar}\hat{J}_z\chi}|jm\rangle=e^{-im'\phi}d^j_{m'm}(\theta)e^{-im\chi} \tag{4.6.2}$$

其中

$$d^j_{m'm}(\theta)=\langle jm'|e^{-\frac{i}{\hbar}\hat{J}_y\theta}|jm\rangle \tag{4.6.3}$$

可见，求解 **D** 矩阵的中心问题是计算 $d^j_{m'm}(\theta)$。例如，对于自旋 1/2 体系，$j=s=1/2$，

$$\boldsymbol{S}_y=\frac{\hbar}{2}\begin{pmatrix}0&-i\\i&0\end{pmatrix} \tag{4.6.4}$$

$$-\frac{i}{\hbar}\boldsymbol{S}_y\theta=-\frac{i}{\hbar}\frac{\hbar}{2}\begin{pmatrix}0&-i\\i&0\end{pmatrix}\theta=\frac{\theta}{2}\begin{pmatrix}0&-1\\1&0\end{pmatrix}$$

于是

$$e^{-\frac{i}{\hbar}\boldsymbol{S}_y\theta}=1+\frac{\theta}{2}\begin{pmatrix}0&-1\\1&0\end{pmatrix}+\frac{1}{2!}\left(\frac{\theta}{2}\right)^2\begin{pmatrix}0&-1\\1&0\end{pmatrix}^2+\cdots \tag{4.6.5}$$

注意到

$$\begin{pmatrix}0&-1\\1&0\end{pmatrix}^2=-\begin{pmatrix}1&0\\0&1\end{pmatrix}$$

因此有

$$\begin{cases}\begin{pmatrix}0&-1\\1&0\end{pmatrix}^{2n}=(-1)^n\begin{pmatrix}1&0\\0&1\end{pmatrix}\\[2ex]\begin{pmatrix}0&-1\\1&0\end{pmatrix}^{2n+1}=(-1)^n\begin{pmatrix}0&-1\\1&0\end{pmatrix}\end{cases} \tag{4.6.6}$$

利用 $\cos x$ 和 $\sin x$ 的级数展开

$$\sin x=x-\frac{x^3}{3!}+\frac{x^5}{5!}-\cdots+(-1)^n\frac{x^{2n+1}}{(2n+1)!}+\cdots$$

$$\cos x=1-\frac{x^2}{2!}+\frac{x^4}{4!}-\cdots+(-1)^n\frac{x^{2n}}{(2n)!}+\cdots$$

可以得到

$$
\begin{aligned}
e^{-\frac{i}{\hbar}S_y\theta} &= \sum_{n=0} \frac{1}{n!}\left(\frac{\theta}{2}\right)^n \begin{pmatrix} 0 & -1 \\ 1 & 0 \end{pmatrix}^n \\
&= \sum_{n=0} \frac{1}{2n!}\left(\frac{\theta}{2}\right)^{2n}(-1)^n \begin{pmatrix} 1 & 0 \\ 0 & 1 \end{pmatrix} \\
&\quad + \sum_{n=0} \frac{1}{(2n+1)!}\left(\frac{\theta}{2}\right)^{2n+1}(-1)^n \begin{pmatrix} 0 & -1 \\ 1 & 0 \end{pmatrix} \\
&= \cos\frac{\theta}{2}\begin{pmatrix} 1 & 0 \\ 0 & 1 \end{pmatrix} + \sin\frac{\theta}{2}\begin{pmatrix} 0 & -1 \\ 1 & 0 \end{pmatrix} \\
&= \begin{pmatrix} \cos\frac{\theta}{2} & -\sin\frac{\theta}{2} \\ \sin\frac{\theta}{2} & \cos\frac{\theta}{2} \end{pmatrix}
\end{aligned} \tag{4.6.7}
$$

【练习】是否有其他方式来推导(4.6.7)的结论?

最后得到

$$
\begin{aligned}
\boldsymbol{D}^{1/2}(\phi,\theta,\chi) &= \begin{pmatrix} e^{-i\frac{\phi}{2}} & 0 \\ 0 & e^{i\frac{\phi}{2}} \end{pmatrix} \begin{pmatrix} \cos\frac{\theta}{2} & -\sin\frac{\theta}{2} \\ \sin\frac{\theta}{2} & \cos\frac{\theta}{2} \end{pmatrix} \begin{pmatrix} e^{-i\frac{\chi}{2}} & 0 \\ 0 & e^{i\frac{\chi}{2}} \end{pmatrix} \\
&= \begin{pmatrix} e^{-i\frac{\phi+\chi}{2}}\cos\frac{\theta}{2} & -e^{-i\frac{\phi-\chi}{2}}\sin\frac{\theta}{2} \\ e^{i\frac{\phi-\chi}{2}}\sin\frac{\theta}{2} & e^{i\frac{\phi+\chi}{2}}\cos\frac{\theta}{2} \end{pmatrix}
\end{aligned} \tag{4.6.8}
$$

为了更好地理解旋转的物理意义,考虑对自旋1/2体系进行关于z轴的有限旋转。假设体系处在状态$|u\rangle$,将体系关于z轴旋转ϕ。根据之前的讨论,旋转之后体系的状态为

$$|u\rangle_R = \hat{R}_z(\phi)|u\rangle = e^{-\frac{i}{\hbar}\hat{S}_z\phi}|u\rangle \tag{4.6.9}$$

首先考虑旋转对于$\hat{S}_x$,$\hat{S}_y$和$\hat{S}_z$的期望值的影响。

$$\langle \hat{S}_x\rangle_R = {}_R\langle u|\hat{S}_x|u\rangle_R = \langle u|\hat{R}_z^\dagger(\phi)\hat{S}_x\hat{R}_z(\phi)|u\rangle = \langle u|e^{\frac{i}{\hbar}\hat{S}_z\phi}\hat{S}_x e^{-\frac{i}{\hbar}\hat{S}_z\phi}|u\rangle \tag{4.6.10}$$

为了计算$e^{\frac{i}{\hbar}\hat{S}_z\phi}\hat{S}_x e^{-\frac{i}{\hbar}\hat{S}_z\phi}$,可以采用§1.9节所给的贝克-豪斯多夫公式(1.9.6),但更直接的做法是利用$\hat{S}_x$的以$\hat{S}_z$本征态$|\pm\rangle$的外积表达的形式,$\hat{S}_x = \frac{\hbar}{2}[(|+\rangle\langle-|) + (|-\rangle\langle+|)]$,

$$
\begin{aligned}
e^{\frac{i}{\hbar}\hat{S}_z\phi}\hat{S}_x e^{-\frac{i}{\hbar}\hat{S}_z\phi} &= \frac{\hbar}{2}e^{\frac{i}{\hbar}\hat{S}_z\phi}[(|+\rangle\langle-|) + (|-\rangle\langle+|)]e^{-\frac{i}{\hbar}\hat{S}_z\phi} \\
&= \frac{\hbar}{2}[e^{\frac{i}{\hbar}(\frac{\hbar}{2})\phi}|+\rangle\langle-|e^{-\frac{i}{\hbar}(-\frac{\hbar}{2})\phi} + e^{\frac{i}{\hbar}(-\frac{\hbar}{2})\phi}|-\rangle\langle+|e^{-\frac{i}{\hbar}(\frac{\hbar}{2})\phi}]
\end{aligned}
$$

$$=\frac{\hbar}{2}[e^{i\phi}(|+\rangle\langle-|)+e^{-i\phi}(|-\rangle\langle+|)]$$

$$=\frac{\hbar}{2}[(\cos\phi+i\sin\phi)(|+\rangle\langle-|)+(\cos\phi-i\sin\phi)(|-\rangle\langle+|)]$$

$$=\frac{\hbar}{2}\cos\phi[(|+\rangle\langle-|)+(|-\rangle\langle+|)]$$

$$-\frac{i\hbar}{2}\sin\phi[-(|+\rangle\langle-|)+(|-\rangle\langle+|)]$$

$$=\hat{S}_x\cos\phi-\hat{S}_y\sin\phi$$

因此有

$$\langle\hat{S}_x\rangle_R=\langle\hat{S}_x\rangle\cos\phi-\langle\hat{S}_y\rangle\sin\phi$$

类似可得

$$\langle\hat{S}_y\rangle_R=\langle\hat{S}_x\rangle\sin\phi+\langle\hat{S}_y\rangle\cos\phi$$

另外，很容易得到$\langle\hat{S}_z\rangle_R=\langle\hat{S}_z\rangle$。写成矩阵形式为

$$\begin{pmatrix}\langle\hat{S}_x\rangle_R\\ \langle\hat{S}_y\rangle_R\\ \langle\hat{S}_z\rangle_R\end{pmatrix}=\begin{pmatrix}\cos\phi & -\sin\phi & 0\\ \sin\phi & \cos\phi & 0\\ 0 & 0 & 1\end{pmatrix}\begin{pmatrix}\langle\hat{S}_x\rangle\\ \langle\hat{S}_y\rangle\\ \langle\hat{S}_z\rangle\end{pmatrix}=\boldsymbol{R}_z(\phi)\begin{pmatrix}\langle\hat{S}_x\rangle\\ \langle\hat{S}_y\rangle\\ \langle\hat{S}_z\rangle\end{pmatrix}\tag{4.6.11}$$

因此，当我们对处在一定状态中的自旋 1/2 体系作三维几何空间的旋转之后，自旋在各个方向上的分量($\hat{S}_x$，$\hat{S}_y$ 和 $\hat{S}_z$)的期望值的确是按照一般三维几何矢量的变换方式发生了旋转变换。

下面再看状态本身在旋转操作下如何变化，

$$|u\rangle_R=e^{-\frac{i}{\hbar}\hat{S}_z\phi}|u\rangle=e^{-\frac{i}{\hbar}\hat{S}_z\phi}[(|+\rangle\langle+|)+(|-\rangle\langle-|)]|u\rangle$$

$$=e^{-i\frac{\phi}{2}}|+\rangle\langle+|u\rangle+e^{i\frac{\phi}{2}}|-\rangle\langle-|u\rangle\tag{4.6.12}$$

从上式可以看出，当 $\phi=2\pi$ 时，

$$|u\rangle_R=-[(|+\rangle\langle+|)+(|-\rangle\langle-|)]|u\rangle=-|u\rangle$$

也就是说，对自旋 1/2 体系旋转 360°，并不会恢复到原来的状态，而是引入相因子(−1)。只有旋转 720°之后，体系才会恢复到原来状态。对于单个态矢而言，这个相因子不会引入任何可观测的物理效果。但是，当考虑两个态矢的线性叠加时，对其中一个态矢旋转 360°所引入的这个相因子具有实际的物理效果。这一点已经在中子干涉实验中得到了证实。

所有具有(4.6.8)形式的 2×2 矩阵构成旋转的一个表示，它们具有形式

$$\boldsymbol{U}^{1/2}(a,b)=\begin{pmatrix}a & b\\ -b^* & a^*\end{pmatrix},\qquad |a|^2+|b|^2=1\tag{4.6.13}$$

被称为 SU(2)群(special unitary group)表示。和 SO(3)一样，SU(2)也有三个独立的参变量。当两个群的元素之间是一一对应时，称它们是同构(isomorphic)的，当元素之间是一个与多个的对应时，称它们是同态(homomorphic)的。SU(2)和 SO(3)都是旋转的表

示,但是它们之间不是同构的关系(即,不是一一对应的)。事实上,$\boldsymbol{U}^{1/2}(a,b)$和$\boldsymbol{U}^{1/2}(-a,-b)$都对应于SO(3)中的一个矩阵$\boldsymbol{R}$,所以SU(2)和SO(3)是同态的。特别地,在SO(3)中,旋转2π后体系复原,$\boldsymbol{R}(2\pi)=\boldsymbol{I}$;而在SU(2)中,旋转$4\pi$后体系才复原,$\boldsymbol{U}^{1/2}(2\pi)=-\boldsymbol{I}$,$\boldsymbol{U}^{1/2}(4\pi)=\boldsymbol{I}$。它明确表明自旋空间和轨道空间有本质的区别。

旋转操作在其他任意$\{|jm\rangle\}$基组上的表示都可以类似地获得。用群论的语言,不同j的表示构成旋转算符的不同的不可约表示。

习　题

4.1 在位置空间表象中,$\hat{L}^2$,$\hat{L}_z$的本征函数是球谐函数。在动量空间表象中,$\hat{L}^2$,$\hat{L}_z$的本征函数是什么?

4.2 两个电子自旋耦合相互作用的哈密顿算符为

$$\hat{H}=A\hat{\boldsymbol{S}}_1\cdot\hat{\boldsymbol{S}}_2$$

式中A为常数。求出$\hat{H}=A\hat{\boldsymbol{S}}_1\cdot\hat{\boldsymbol{S}}_2$,$\hat{\boldsymbol{S}}^2=(\hat{\boldsymbol{S}}_1+\hat{\boldsymbol{S}}_2)^2$,$\hat{S}_z=\hat{S}_{1,z}+\hat{S}_{2,z}$用未耦合表象基组表示的共同本征矢和相应的本征值。每一个能级简并度是多少?它们关于两个电子交换的对称性如何?

4.3 计算旋转算符在$j=1$的角动量本征态上的表示矩阵,并与(4.5.21)比较,找到联系二者的幺正变换矩阵。

4.4 对于轨道角动量算符$\hat{\boldsymbol{L}}$,证明

$$\hat{\boldsymbol{L}}^2=\hat{\boldsymbol{x}}^2\hat{\boldsymbol{p}}^2-(\hat{\boldsymbol{x}}\cdot\hat{\boldsymbol{p}})^2+\mathrm{i}\hbar\hat{\boldsymbol{x}}\cdot\hat{\boldsymbol{p}}$$

4.5 考虑对应于$l=2$(d轨道)的轨道角动量本征态与电子自旋本征态之间的耦合,写出用未耦合表象的基矢

$$|lsmm_s\rangle\equiv|lm\rangle\otimes|sm_s\rangle,\qquad\left[l=2,m=(2,1,0,-1,-2);s=\frac{1}{2},m_s=\pm\frac{1}{2}\right]$$

所表示的耦合表象本征态表达式。

第五章 运动方程

一个体系的运动或者说在时间中的演化是一个基本问题。本章找到量子体系运动规律的数学表达，即运动方程(Equation of Motion)。

§5.1 时间演化算符

在量子力学中，时间不是一个物理可观测量，而是一个参量，因此不对应于一个厄米算符。设 t_0 时刻体系处于 $|u(t_0)\rangle$ 态，在 t 时刻体系演化到 $|u(t)\rangle$ 态。两个状态之间一定可以用一个算符联系

$$|u(t)\rangle=\hat{U}(t,t_0)|u(t_0)\rangle \tag{5.1.1}$$

式中的 $\hat{U}(t,t_0)$ 被称作时间演化算符。用与第二章中关于位置平移的讨论类似的策略，从 $\hat{U}(t,t_0)$ 的物理意义，我们要求：

1) $\hat{U}(t,t_0)$ 不改变态矢的归一性，即 $\langle u(t)|u(t)\rangle=\langle u(t_0)|u(t_0)\rangle=1$，因此 $\hat{U}(t,t_0)$ 是个幺正算符

$$\hat{U}(t,t_0)^{\dagger}\hat{U}(t,t_0)=1 \tag{5.1.2}$$

2) 相继两段时间的演化等效于一段总时间的演化

$$\hat{U}(t_2,t_0)=\hat{U}(t_2,t_1)\hat{U}(t_1,t_0) \tag{5.1.3}$$

3) 当 $t\to t_0$ 时，$\hat{U}(t,t_0)$ 趋近于单位算符，

$$\lim_{t\to t_0}\hat{U}(t,t_0)=1 \tag{5.1.4}$$

可以验证，对于 $\mathrm{d}t\to 0$

$$\hat{U}(t_0+\mathrm{d}t,t_0)=1-\frac{\mathrm{i}}{\hbar}\hat{H}\mathrm{d}t \tag{5.1.5}$$

满足以上三点要求，可以取作时间演化算符。在经典力学中，哈密顿函数是体系时间演化的产生函数。按照对应性原理，哈密顿算符应是体系无穷小时间演化的产生算符。(5.1.5)中第二项的系数的确定就利用了这一对应。以后会看到，只有采纳(5.1.5)的形式，才可以过渡到经典力学的极限形式

$$\frac{\mathrm{d}\boldsymbol{x}}{\mathrm{d}t}=\frac{\boldsymbol{p}}{m} \tag{5.1.6}$$

上去。

一段有限时间的演化，可以用相继的一系列无穷小时间演化实现

$$\hat{U}(t,t_0)=\lim_{N\to\infty}\left(1-\frac{\mathrm{i}}{\hbar}\hat{H}\,\frac{t-t_0}{N}\right)^{N} \tag{5.1.7}$$

上式在哈密顿算符不显含时间的情况下具有简单形式：

$$\hat{U}(t,t_0)=\mathrm{e}^{-\frac{\mathrm{i}}{\hbar}\hat{H}(t-t_0)} \tag{5.1.8}$$

如果 $\hat{H}$ 显含时间,即 $\hat{H}=\hat{H}(t)$,但不同时刻的哈密顿算符对易

$$[\hat{H}(t'),\hat{H}(t'')]=0 \tag{5.1.9}$$

(5.1.7)可以写成

$$\hat{U}(t,t_0)=\mathrm{e}^{-\frac{\mathrm{i}}{\hbar}\int_{t_0}^{t}\hat{H}(t')\mathrm{d}t'} \tag{5.1.10}$$

§5.2 薛定谔方程

利用(5.1.5)得

$$|u(t+\mathrm{d}t)\rangle=\left(1-\frac{\mathrm{i}}{\hbar}\hat{H}\mathrm{d}t\right)|u(t)\rangle$$

或者

$$\frac{|u(t+\mathrm{d}t)\rangle-|u(t)\rangle}{\mathrm{d}t}=-\frac{\mathrm{i}}{\hbar}\hat{H}|u(t)\rangle$$

即

$$\mathrm{i}\hbar\frac{\partial}{\partial t}|u(t)\rangle=\hat{H}|u(t)\rangle \tag{5.2.1}$$

这就是著名的含时薛定谔方程①,它是体系态矢的运动方程,是量子力学最重要的方程之一。物质守恒的思想在经典力学中表现为质点的质量在运动中不变,而在量子力学中则为波函数的概率解释和对称性操作下概率守恒所保证。具体到时间演化便是(5.1.5)和(5.2.1)。

将(5.1.1)代入(5.2.1)得

$$\mathrm{i}\hbar\frac{\partial}{\partial t}\hat{U}(t,t_0)|u(t_0)\rangle=\hat{H}\hat{U}(t,t_0)|u(t_0)\rangle \tag{5.2.2}$$

此式对任意的 $|u(t_0)\rangle$ 成立,因此

$$\mathrm{i}\hbar\frac{\partial}{\partial t}\hat{U}(t,t_0)=\hat{H}\hat{U}(t,t_0) \tag{5.2.3}$$

利用

$$\lim_{t\to t_0}\hat{U}(t,t_0)=1 \tag{5.2.4}$$

---

① 在很多量子力学教科书中,含时薛定谔方程更明确指态矢在位置表象中的表示(即波函数)随时间演化所满足的方程,即

$$\psi(\boldsymbol{x},t)\equiv\langle\boldsymbol{x}|u(t)\rangle$$

$$\mathrm{i}\hbar\frac{\partial}{\partial t}\psi(\boldsymbol{x},t)=\hat{H}\psi(\boldsymbol{x},t)$$

这里

$$\hat{H}=\frac{\hat{\boldsymbol{p}}^2}{2m}+V(\boldsymbol{x})=-\frac{\hbar^2}{2m}\boldsymbol{\nabla}^2+V(\boldsymbol{x})$$

为位置表象中三维几何空间中的哈密顿算符。

的事实，将(5.2.3)改写为积分方程

$$\hat{U}(t,t_0)=1-\frac{\mathrm{i}}{\hbar}\int_{t_0}^{t}\mathrm{d}t'\hat{H}(t')\hat{U}(t',t_0) \tag{5.2.5}$$

(5.2.5)反复迭代，得

$$\hat{U}(t,t_0)=1+\sum_{n=1}^{\infty}\left(-\frac{\mathrm{i}}{\hbar}\right)^n\int_{t_0}^{t}\mathrm{d}t_1\int_{t_0}^{t_1}\mathrm{d}t_2\cdots\int_{t_0}^{t_{n-1}}\mathrm{d}t_n\hat{H}(t_1)\hat{H}(t_2)\cdots\hat{H}(t_n) \tag{5.2.6}$$

(5.2.6)与(5.1.7)是等价的，被称为戴森级数(Dyson series)，是一些近似计算方法的基础。当 $\hat{H}$ 不显含时间或不同时刻对易时，我们得到(5.1.8)或(5.1.10)。当$[\hat{H}(t'),\hat{H}(t'')]\neq 0$ 时，为了表达的简捷，(5.2.6)被写成

$$\hat{U}(t,t_0)=\hat{\Theta}\mathrm{e}^{-\frac{\mathrm{i}}{\hbar}\int_{t_0}^{t}\hat{H}(t')\mathrm{d}t'} \tag{5.2.7}$$

式中的 $\hat{\Theta}$ 称作时间序列算符(time-ordering operator)，它的作用是提醒人们指数上的积分只是形式，它的真实含义是(5.1.7)或(5.2.6)。类似的表达式也将出现在下一章，我们将在那里更具体地讨论其含义。

在后面的讨论中，除非明确说明，总是考虑 $\hat{H}$ 不显含时间的情形。对于其他力学量，如果不作说明，同样假定其不显含时间。

1. 物理量期望值随时间的演化

薛定谔方程的一个重要特例，是 $t=0$ 时刻的态矢为 $\hat{H}$ 的本征态 $|u(t_0=0)\rangle=|E_i\rangle$，相应 t 时刻的态矢记为 $|u(t)\rangle=|E_i,t\rangle$。利用时间演化算符的表达式显然有

$$|E_i,t\rangle=\mathrm{e}^{-\frac{\mathrm{i}}{\hbar}\hat{H}t}|E_i\rangle=\mathrm{e}^{-\frac{\mathrm{i}}{\hbar}E_it}|E_i\rangle \tag{5.2.8}$$

因此 $|E_i,t\rangle$ 仍然是哈密顿量算符的本征态，$\hat{H}|E_i,t\rangle=E_i|E_i,t\rangle$，时间演化的效果只是体现为一个依赖于本征能量的相因子。相应地，任意力学量 $\hat{B}$ 关于态矢 $|u(t)\rangle=|E_i,t\rangle$ 的期望值不随时间变化，

$$\langle\hat{B}\rangle(t)=\langle u(t)|\hat{B}|u(t)\rangle=\langle E_i,t|\hat{B}|E_i,t\rangle=\langle E_i|\hat{B}|E_i\rangle \tag{5.2.9}$$

因此能量本征态通常被称为定态(stationary state)。

为了考虑更一般的情形，可以将时间演化算符方便地用能量本征态展开

$$\mathrm{e}^{-\frac{\mathrm{i}}{\hbar}\hat{H}t}=\sum_{i,j}|E_i\rangle\langle E_i|\mathrm{e}^{-\frac{\mathrm{i}}{\hbar}\hat{H}t}|E_j\rangle\langle E_j|=\sum_i|E_i\rangle\mathrm{e}^{-\frac{\mathrm{i}}{\hbar}E_it}\langle E_i| \tag{5.2.10}$$

对于任意一个态矢 $|u(t)\rangle$，若

$$|u(0)\rangle=\sum_i|E_i\rangle\langle E_i|u(0)\rangle=\sum_i c_i|E_i\rangle \tag{5.2.11}$$

则 t 时刻

$$|u(t)\rangle=\mathrm{e}^{-\frac{\mathrm{i}}{\hbar}\hat{H}t}|u(0)\rangle=\sum_i|E_i\rangle\mathrm{e}^{-\frac{\mathrm{i}}{\hbar}E_it}\langle E_i|u(0)\rangle=\sum_i c_i\mathrm{e}^{-\frac{\mathrm{i}}{\hbar}E_it}|E_i\rangle \tag{5.2.12}$$

我们看到，当用能量本征态作为基矢来展开 $|u(t)\rangle$ 时，相应的展开系数是时间周期振荡的函数，但系数的模保持不变。由概率解释知道，能量本征态在 $|u(t)\rangle$ 中出现的概率不

随时间改变。这是采用能量本征态作为基矢展开所具有的特点。

从(5.2.12)很容易得到任意力学量 $\hat{B}$ 关于态矢 $|u(t)\rangle$ 的期望值随时间的变化,

$$\langle\hat{B}\rangle(t)=\langle u(t)|\hat{B}|u(t)\rangle=\sum_{i,j}c_i^* c_j \mathrm{e}^{-\frac{\mathrm{i}}{\hbar}(E_j-E_i)t}\langle E_i|\hat{B}|E_j\rangle=\sum_{i,j}c_i^* c_j B_{ij}\mathrm{e}^{-\frac{\mathrm{i}}{\hbar}(E_j-E_i)t} \tag{5.2.13}$$

从(5.2.13),可以进一步得到力学量期望值所满足的运动方程

$$\begin{aligned}\frac{\mathrm{d}}{\mathrm{d}t}\langle\hat{B}\rangle(t)&=\frac{\mathrm{d}}{\mathrm{d}t}\langle u(t)|\hat{B}|u(t)\rangle=\left\langle\frac{\mathrm{d}}{\mathrm{d}t}u(t)\middle|\hat{B}|u(t)\right\rangle+\left\langle u(t)|\hat{B}\middle|\frac{\mathrm{d}}{\mathrm{d}t}u(t)\right\rangle\\&=-\frac{1}{\mathrm{i}\hbar}\langle\hat{H}u(t)|\hat{B}|u(t)\rangle+\frac{1}{\mathrm{i}\hbar}\langle u(t)|\hat{B}|\hat{H}u(t)\rangle\\&=\frac{1}{\mathrm{i}\hbar}\langle u(t)|[\hat{B},\hat{H}]|u(t)\rangle\equiv\frac{1}{\mathrm{i}\hbar}\langle[\hat{B},\hat{H}]\rangle(t)\end{aligned} \tag{5.2.14}$$

从上式可以看出,如果力学量算符 $\hat{B}$ 和哈密顿算符对易,那么,其关于任意状态 $|u(t)\rangle$ 的期望值都不随时间变化,这样的物理量被称为守恒量。第八章将更系统地讨论守恒量,及其与对称性的关系。如果对(5.2.14)两边再次对时间求导,可以得到

$$\frac{\mathrm{d}^2}{\mathrm{d}t^2}\langle\hat{B}\rangle(t)=\frac{1}{(\mathrm{i}\hbar)^2}\langle u(t)|[[\hat{B},\hat{H}],\hat{H}]|u(t)\rangle \tag{5.2.15}$$

2. 艾伦费斯特定理

从(5.2.15)可以推导出著名的艾伦费斯特定理(Ehrenfest theorem)。考虑 $\hat{B}=\hat{x}$,即位置算符,则有

$$\frac{\mathrm{d}}{\mathrm{d}t}\langle\hat{x}\rangle(t)=\frac{1}{\mathrm{i}\hbar}\langle u(t)|[\hat{x},\hat{H}]|u(t)\rangle \tag{5.2.16}$$

对应于如下形式的哈密顿算符,

$$\hat{H}=\frac{\hat{p}^2}{2m}+V(\hat{x})$$

利用对易关系

$$\begin{aligned}[\hat{x},F(\hat{p})]&=\mathrm{i}\,\hbar\frac{\partial}{\partial\hat{p}}F(\hat{p})\\[\hat{p},G(\hat{x})]&=-\mathrm{i}\,\hbar\frac{\partial}{\partial\hat{x}}G(\hat{x})\end{aligned} \tag{5.2.17}$$

可得

$$\frac{\mathrm{d}}{\mathrm{d}t}\langle\hat{x}\rangle(t)=\langle u(t)|\frac{\hat{p}}{m}|u(t)\rangle\equiv\frac{\langle\hat{p}\rangle(t)}{m} \tag{5.2.18}$$

这个公式和经典力学中速度与动量之间的关系式有相同的形式。进一步利用(5.2.15)可以得到

$$\frac{\mathrm{d}^2}{\mathrm{d}t^2}\langle\hat{x}\rangle(t)=\frac{1}{(\mathrm{i}\hbar)^2}\langle u(t)|\left[\left[\hat{x},\frac{\hat{p}^2}{2m}\right],\hat{H}\right]|u(t)\rangle=\frac{1}{\mathrm{i}\hbar}\langle u(t)|\left[\frac{\hat{p}}{m},\hat{H}\right]|u(t)\rangle$$

$$=\frac{1}{\mathrm{i}\hbar}\langle u(t)|\left[\frac{\hat{p}}{m},V(\hat{x})\right]|u(t)\rangle=-\frac{1}{m}\langle u(t)|\frac{\partial V}{\partial\hat{x}}|u(t)\rangle$$

从而得到

$$m\frac{\mathrm{d}^2}{\mathrm{d}t^2}\langle\hat{x}\rangle(t)=-\left\langle\frac{\partial V}{\partial\hat{x}}\right\rangle \tag{5.2.19}$$

很容易看出，上面的公式与经典力学中的牛顿第二定律有直接的对应关系。这个结果是由荷兰物理学家艾伦费斯特(P. Ehrenfest)首先推导出来的，因此被称为艾伦费斯特定理。这个定理在理论化学反应动力学中有着非常重要的应用。

【例 5.2.1】电子自旋在均匀磁场中的进动

电子自旋在均匀磁场中的哈密顿算符为

$$\hat{H}=-\frac{g_{\mathrm{e}}e}{2m_{\mathrm{e}}}\hat{\boldsymbol{S}}\cdot\boldsymbol{B} \tag{5.2.20}$$

取均匀磁场方向为 z 方向，则

$$\hat{H}=-\frac{g_{\mathrm{e}}eB}{2m_{\mathrm{e}}}\hat{S}_z\equiv\omega\hat{S}_z \tag{5.2.21}$$

其中 $\omega\equiv|e|g_{\mathrm{e}}B/2m_{\mathrm{e}}$ 为电子自旋的进动频率。显然，能量本征态就是 $\hat{S}_z$ 的本征态 $|s_z\pm\rangle\equiv|\pm\rangle$，对应的能量本征值为 $E_{\pm}=\pm\frac{1}{2}\hbar\omega$。因此，时间演化算符(取 $t_0=0$)可以写为

$$\hat{U}(t,0)=\exp\left(\frac{-\mathrm{i}\omega t}{\hbar}\hat{S}_z\right) \tag{5.2.22}$$

初始 $t=0$ 时的状态可一般地写为 $|u(0)\rangle=c_+|+\rangle+c_-|-\rangle$，则任意 t 时刻的态矢为

$$|u(t)\rangle=c_+\exp\left(\frac{-\mathrm{i}\omega t}{2}\right)|+\rangle+c_-\exp\left(\frac{\mathrm{i}\omega t}{2}\right)|-\rangle \tag{5.2.23}$$

首先考虑初始状态为 $\hat{S}_z$ 的本征态(也即能量本征态)$|+\rangle$，即 $c_+=1,c_-=0$。因此，任意 t 时刻，体系始终处在 $|+\rangle$，只是相位随时间作周期性变化。

进一步考虑初始状态为 $\hat{S}_x$ 的本征态 $|s_x+\rangle$，即 $c_{\pm}=1/\sqrt{2}$，这种情况下，任意 t 时刻体系的状态为

$$|u(t)\rangle=\frac{1}{\sqrt{2}}\left[\exp\left(\frac{-\mathrm{i}\omega t}{2}\right)|+\rangle+\exp\left(\frac{\mathrm{i}\omega t}{2}\right)|-\rangle\right] \tag{5.2.24}$$

而 t 时刻体系处在 $\hat{S}_x$ 的本征态 $|s_x\pm\rangle$ 的概率为

$$\begin{aligned}P_{s_x\pm}(t)&=|\langle s_x\pm|u(t)\rangle|^2=\left|\frac{1}{\sqrt{2}}(\langle+|\pm\langle-|)\cdot\frac{1}{\sqrt{2}}[\mathrm{e}^{\frac{-\mathrm{i}\omega t}{2}}|+\rangle+\mathrm{e}^{\frac{\mathrm{i}\omega t}{2}}|-\rangle]\right|^2\\&=\frac{1}{4}|\mathrm{e}^{-\mathrm{i}\frac{\omega t}{2}}\pm\mathrm{e}^{\mathrm{i}\frac{\omega t}{2}}|^2=\begin{cases}\cos^2\dfrac{\omega t}{2}, & \text{对于}|s_x+\rangle\\ \sin^2\dfrac{\omega t}{2}, & \text{对于}|s_x-\rangle\end{cases}\end{aligned} \tag{5.2.25}$$

进一步得到 t 时刻的期望值

$$\langle S_x \rangle(t) = \frac{\hbar}{2}\cos\omega t, \qquad \langle S_y \rangle(t) = \frac{\hbar}{2}\sin\omega t, \qquad \langle S_z \rangle(t) = 0 \tag{5.2.26}$$

【练习】 证明(5.2.26)。

3. 能量-时间不确定性关系

除了位置-动量不确定性关系之外,能量-时间不确定性关系也广为人知,但是,这两种不确定关系的根源不尽相同。前者源于位置和动量算符之间的不对易性,但由于时间并不是一个算符,并不对应于一个动力学量,因此,能量-时间不确定性关系具有不同的含义,这里对此作简要的讨论。

首先引入关联幅度(correlation amplitude)的概念。关联幅度定义为 t 时刻的体系态矢 $|u(t)\rangle$ 与初始时刻体系态矢 $|u(0)\rangle$ 的内积,

$$C(t) = \langle u(0) | u(t) \rangle = \langle u(0) | \hat{U}(t,0) | u(0) \rangle \tag{5.2.27}$$

$C(t)$ 表征了 t 时刻体系的状态与初始时刻体系状态的关联度,其模表征了两个时刻体系状态的相似性。

作为一个特例,如果体系初始状态是体系的某个能量本征态 $|u(0)\rangle = |E_i\rangle$,这时 t 时刻的关联幅度为 $C(t) = \exp\left(-\frac{\mathrm{i}}{\hbar}E_i t\right)$,其模始终为 1,表明体系始终处在同一物理状态中,这和能量本征态对应于体系定态的图像是一致的。

考虑更一般的情形,体系的初始状态对应于很多能量本征态的线性叠加 $|u(0)\rangle = \sum_i c_i |E_i\rangle$,根据之前的结果,相应的关联幅度为

$$C(t) = \sum_i |c_i|^2 \exp\left(-\frac{\mathrm{i}}{\hbar}E_i t\right) \tag{5.2.28}$$

上式表明,对于一般情形,关联幅度是一系列以不同频率振荡的项的加和(叠加)。如果不同能量本征态的成分足够多,随着时间的增长,不同项之间一般来说存在相位抵消作用,使得 $C(t)$ 的模随时间减小。对于很多实际体系,在所关注的能量范围内可以认为存在很多能量很接近的能量本征态,形成几乎连续的能量本征谱,比如凝聚相中分子的振动激发态,虽然单个分子的振动能级是分立的,但由于凝聚相中大量分子的存在及其相互作用,使得整个体系的能量谱几乎是连续的。这种情况下,对态的加和可以用积分来代替,

$$C(t) = \int \mathrm{d}E\, |g(E)|^2 \rho(E) \exp\left(-\frac{\mathrm{i}}{\hbar}Et\right) \tag{5.2.29}$$

其中 $\rho(E)$ 表示态密度分布,$g(E)$ 和展开系数 c_i 对应,它们一起满足归一化条件

$$\int \mathrm{d}E\, |g(E)|^2 \rho(E) = 1 \tag{5.2.30}$$

显然,$|g(E)|^2 \rho(E)$ 具有概率密度的含义,在实际体系中,通常表现为以某个能量 E_0 为中心、宽度为 ΔE 的峰状分布;为了简化起见,可以用高斯函数来代替

$$|g(E)|^2\rho(E) \to \frac{1}{\sqrt{2\pi}\Delta E}\exp\left[-\frac{(E-E_0)^2}{2(\Delta E)^2}\right] \tag{5.2.31}$$

代入(5.2.29)，利用高斯积分

$$\int_{-\infty}^{+\infty} e^{-\frac{a}{2}x^2+bx}\mathrm{d}x = \sqrt{\frac{2\pi}{a}}e^{\frac{b^2}{2a}} \tag{5.2.32}$$

可以得到

$$C(t) = \exp\left[-\frac{(\Delta E)^2 t^2}{2\hbar^2} - \frac{\mathrm{i}}{\hbar}E_0 t\right] \tag{5.2.33}$$

上式表明，体系从初始状态演化，关联幅度的模会随时间衰减。如果用 $\Delta t \cong \frac{\hbar}{\Delta E}$ 作为表征体系保持原来状态的特征时间（相当于寿命），它与体系在能量上的不确定性 ΔE 之间存在如下关系：

$$\Delta E \cdot \Delta t \cong \hbar \tag{5.2.34}$$

这个关系被称为能量-时间不确定性关系。

§5.3 海森堡方程

在前两节中，我们从描述体系状态的态矢随时间演化的角度讨论了体系的运动。在这个图像中，态矢随时间的变化由时间演化算符决定，而和物理观测量相对应的算符一般而言不随时间变化，这种描述体系运动的方式被称为薛定谔表象。在薛定谔表象中，算符 $\hat{A}$ 在任意时刻 t 的期望值通过下面的公式计算：

$$\langle\hat{A}\rangle(t) = \langle u(t)|\hat{A}|u(t)\rangle = \langle u(0)|\hat{U}^\dagger(t)\hat{A}\hat{U}(t)|u(0)\rangle \tag{5.3.1}$$

上式提示，我们可以从另外一个角度来描述体系的运动。$\hat{U}(t,t_0=0)\equiv\hat{U}(t)$ 是一个幺正算符，可以将其作为一个变换算符，来改变对体系运动的描述方式。如果用 $\hat{U}^\dagger(t)$ 作为变换算符，分别对态矢和算符作相应的幺正变换，便得到所谓的海森堡表象。[①] 下面为了区分，分别用角标 S 和 H 来表示薛定谔表象和海森堡表象。对于态矢而言，这意味着

$$|u(t)\rangle_S = |u(t)\rangle \Rightarrow |u(t)\rangle_H = \hat{U}^\dagger(t)|u(t)\rangle_S = e^{\frac{\mathrm{i}}{\hbar}\hat{H}t}e^{-\frac{\mathrm{i}}{\hbar}\hat{H}t}|u(0)\rangle = |u(0)\rangle \tag{5.3.2}$$

也就是说，态矢在海森堡表象中不随时间变换，总保持为 $t=0$ 时刻的态矢。对算符而言，相应的幺正变换写为

$$\hat{B}_S = \hat{B} \quad \Rightarrow \quad \hat{B}_H(t) = \hat{U}^\dagger(t)\hat{B}_S\hat{U}(t) = e^{\frac{\mathrm{i}}{\hbar}\hat{H}t}\hat{B}e^{-\frac{\mathrm{i}}{\hbar}\hat{H}t} \tag{5.3.3}$$

因此算符依赖于时间。从上面的定义可以看出，$t=0$ 时刻的态矢 $|u(0)\rangle$ 在两种表象中是一样的，不需要用下标来区分。

设 $\hat{B}_S$ 不显含时间，将 $\hat{B}_H(t)$ 对时间求导得

① 这里所说的表象，在英文教材中一般称为 picture，因此很多中文教材将其翻译为绘景或图像。量子力学还有一种称作费曼路径积分的常见表达方式，但本书不作涉及。

$$\frac{\mathrm{d}\hat{B}_{\mathrm{H}}(t)}{\mathrm{d}t}=\frac{\mathrm{i}}{\hbar}(\hat{U}^{\dagger}\hat{H}\hat{B}_{\mathrm{S}}\hat{U}-\hat{U}^{\dagger}\hat{B}_{\mathrm{S}}\hat{H}\hat{U})=\frac{\mathrm{i}}{\hbar}(\hat{U}^{\dagger}\hat{H}\hat{U}\hat{U}^{\dagger}\hat{B}_{\mathrm{S}}\hat{U}-\hat{U}^{\dagger}\hat{B}_{\mathrm{S}}\hat{U}\hat{U}^{\dagger}\hat{H}\hat{U})$$

即

$$\frac{\mathrm{d}\hat{B}_{\mathrm{H}}(t)}{\mathrm{d}t}=\frac{1}{\mathrm{i}\hbar}[\hat{B}_{\mathrm{H}}(t),\hat{H}_{\mathrm{H}}] \tag{5.3.4}$$

(5.3.4)称作海森堡方程,它决定了在海森堡表象中算符的运动方式。当不同时刻 H 对易时,$\hat{H}_{\mathrm{H}}=H$。值得指出的是,海森堡表象与经典力学有明显的对应。经典力学中一个物理量对时间的导数可以用泊松括号表示:

$$\frac{\mathrm{d}B}{\mathrm{d}t}=[B,H]_{经典} \tag{5.3.5}$$

利用§2.6 节的对应原理也能从(5.3.5)变换出(5.3.4)。

对于自由粒子,

$$\hat{H}=\frac{\hat{p}^2}{2m} \tag{5.3.6}$$

于是相应地,对动量算符而言,

$$\frac{\mathrm{d}\hat{\boldsymbol{p}}_{\mathrm{H}}(t)}{\mathrm{d}t}=\frac{1}{\mathrm{i}\hbar}[\hat{\boldsymbol{p}}_{\mathrm{H}}(t),\hat{H}]=0 \tag{5.3.7}$$

因自由粒子对应于动量本征态,上式是预期的。而

$$\begin{aligned}\frac{\mathrm{d}\hat{\boldsymbol{x}}_{\mathrm{H}}(t)}{\mathrm{d}t}&=\frac{1}{\mathrm{i}\hbar}[\hat{\boldsymbol{x}}_{\mathrm{H}}(t),\hat{H}]=\frac{1}{\mathrm{i}\hbar}\mathrm{e}^{\frac{\mathrm{i}}{\hbar}\hat{H}t}[\hat{\boldsymbol{x}},\ \hat{H}]\mathrm{e}^{-\frac{\mathrm{i}}{\hbar}\hat{H}t}\\&=\frac{1}{\mathrm{i}\hbar}\mathrm{e}^{\frac{\mathrm{i}}{\hbar}\hat{H}t}\left(\mathrm{i}\hbar\frac{\partial}{\partial\hat{\boldsymbol{p}}}\frac{\hat{\boldsymbol{p}}^2}{2m}\right)\mathrm{e}^{-\frac{\mathrm{i}}{\hbar}\hat{H}t}=\frac{\hat{\boldsymbol{p}}_{\mathrm{H}}(t)}{m}\end{aligned} \tag{5.3.8}$$

这与经典力学中的方程一致。这样就验证了(5.1.5)的正确性。关于自由粒子的运动,§5.6 节将有更具体的讨论。

很显然,薛定谔表象与海森堡表象是两个等价的表象,它们的物理可观测量的平均值一样

$$_{\mathrm{S}}\langle u(t)|\hat{B}_{\mathrm{S}}|u(t)\rangle_{\mathrm{S}}={}_{\mathrm{H}}\langle u|\hat{B}_{\mathrm{H}}(t)|u\rangle_{\mathrm{H}} \tag{5.3.9}$$

态矢的模不变

$$_{\mathrm{S}}\langle u(t)|u(t)\rangle_{\mathrm{S}}={}_{\mathrm{H}}\langle u|u\rangle_{\mathrm{H}} \tag{5.3.10}$$

此外,若

$$\hat{B}_{\mathrm{S}}|b_i\rangle_{\mathrm{S}}=b_i|b_i\rangle_{\mathrm{S}}\quad\Leftrightarrow\quad\hat{B}|b_i\rangle=b_i|b_i\rangle \tag{5.3.11}$$

则可推出

$$\hat{B}_{\mathrm{H}}(t)|b_i(t)\rangle_{\mathrm{H}}=b_i|b_i(t)\rangle_{\mathrm{H}} \tag{5.3.12}$$

其中

$$|b_i(t)\rangle_{\mathrm{H}}=\hat{U}^{\dagger}(t)|b_i\rangle \tag{5.3.13}$$

即物理可观测量算符的本征方程相同,因此它们给出完全相同的物理观测结果。

【练习】验证：任意时刻态矢 $|u(t)\rangle$ 在 $\hat{B}$ 的本征态 $\{|b_i\rangle\}$ 上的展开系数在两种表象中是一样的。

一般地，海森堡表象更直接反映量子力学与经典力学的联系和对应，薛定谔表象更多地用于实际问题的计算，因为在薛定谔表象中本征值问题不显含时间。另外，海森堡表象在高等量子力学，特别是量子场论和量子多体理论中，有比较广泛的应用。

§5.4 密度算符

根据前面的讨论，在量子力学中，体系的状态用态矢（也可以说是广义的波函数）来表示。但只有当所研究的体系与周围环境没有任何相互作用时，才能严格地用单个态矢来描述体系的微观状态。为了描述更一般的情形，需要作重要的推广，引入密度算符。密度算符是量子统计力学中的核心概念。

1. 纯态和混合态

薛定谔方程描述一个纯态的运动。所谓纯态，是指可以用一个态矢来表示的体系状态，因此总可以用相应线性空间的任何一组完备基展开。当态矢 $|u\rangle$ 用基组 $\{|a_i\rangle\}$ 展开时

$$|u\rangle = \sum_i u_i |a_i\rangle \tag{5.4.1}$$

u_i 是确定的，也就是说，$|u\rangle$ 对各个基矢 $|a_i\rangle$ 的投影有确定的相位关系。这时我们说，$|u\rangle$ 由各个基矢 $|a_i\rangle$ 所表示的状态的相干(coherent)叠加所构成。

但是，一个物理体系的状态可以由不相干的态混合而成。在这样的体系中，我们只知道粒子以 $\omega_1, \omega_2, \cdots$ 的概率分布在 $|\beta_1\rangle, |\beta_2\rangle, \cdots$ 态上，但是这些态之间不存在确定的相位关系。这样的状态称为混合态，此时体系的状态不能用(5.4.1)那样的展开式来表示。在混合态中，体系的状态由纯态 $|\beta_1\rangle, |\beta_2\rangle, \cdots$ 以 $\omega_1, \omega_2, \cdots$ 的概率混合而成，

$$\sum_i \omega_i = 1 \tag{5.4.2}$$

这里的 $|\beta_i\rangle$ 之间线性无关但不必正交，加和所包含的项数也不必与态矢的空间维数一致。粗略地说，这里的概率 ω_i 与经典统计中的概率分布的含义是一样的。作为混合态的一个典型实例，考虑第二章所讨论的施特恩-格拉赫实验中从热炉中出来的银原子，其自旋状态便不能用一个单一的态矢来描述。根据实验结果，可以说，从炉子中出来的银原子以 0.5 的概率处在 $|s_z+\rangle$ 态，以 0.5 的概率处在 $|s_z-\rangle$ 态，但并不能表示成 $|s_z+\rangle$ 和 $|s_z-\rangle$ 的线性叠加。当然，同样可以说，银原子以 0.5 的概率处在 $|s_x+\rangle$ 态，以 0.5 的概率处在 $|s_x-\rangle$ 态。

2. 密度算符

设基组 $\{|a_j\rangle\}$ 是厄米算符 $\hat{A}$ 的本征矢。在混合态中，体系与 $\hat{A}$ 对应的物理观测量

的平均值是

$$\begin{aligned}\langle A\rangle &= \sum_i \omega_i \langle \beta_i | \hat{A} | \beta_i \rangle \\ &= \sum_{i,j,k} \omega_i \langle \beta_i | a_j \rangle \langle a_j | \hat{A} | a_k \rangle \langle a_k | \beta_i \rangle = \sum_{i,j} \omega_i |\langle a_j | \beta_i \rangle|^2 a_j \end{aligned} \tag{5.4.3}$$

需要注意的是,(5.4.3)中包含了两种概念的概率:$|\langle a_j|\beta_i\rangle|^2$ 为量子力学概率,它表示在 $|\beta_i\rangle$ 中进行关于物理量 $\hat{A}$ 的测量测到 a_j 的概率;而 ω_i 是体系中 $|\beta_i\rangle$ 的混合概率。

如果在求 $\langle A\rangle$ 时不是用 $\hat{A}$ 本身的本征矢,而是用其他的基组 $\{|b_i\rangle\}$ 展开,则有

$$\begin{aligned}\langle A\rangle &= \sum_i \omega_i \langle \beta_i | \hat{A} | \beta_i \rangle = \sum_{i,j,k} \omega_i \langle \beta_i | b_j \rangle \langle b_j | \hat{A} | b_k \rangle \langle b_k | \beta_i \rangle \\ &= \sum_{j,k} \Big(\sum_i \omega_i \langle b_k | \beta_i \rangle \langle \beta_i | b_j \rangle \Big) \langle b_j | \hat{A} | b_k \rangle \\ &= \sum_{j,k} \Big[\langle b_k | \Big(\sum_i \omega_i | \beta_i \rangle \langle \beta_i | \Big) | b_j \rangle \Big] \langle b_j | \hat{A} | b_k \rangle \end{aligned} \tag{5.4.4}$$

现在定义密度算符

$$\hat{\rho} \equiv \sum_i \omega_i |\beta_i\rangle\langle\beta_i| \tag{5.4.5}$$

这样,(5.4.4)就可以写成

$$\langle A\rangle = \sum_{j,k} \langle b_k | \hat{\rho} | b_j \rangle \langle b_j | \hat{A} | b_k \rangle = \mathrm{Tr}(\boldsymbol{\rho A}) = \mathrm{Tr}(\hat{\rho}\hat{A}) \tag{5.4.6}$$

由于迹与基组的选取无关,(5.4.6)可以采用最方便的基组进行计算。

显然,对应于纯态,比如 $|u\rangle$,其密度算符就是相应态矢与其共轭的左矢的外积,$\hat{\rho}=|u\rangle\langle u|$。密度算符能更一般性地描述体系微观状态。作为一个实例,在施特恩-格拉赫实验中,从银炉中出来的银原子的状态可以表示为 $\hat{\rho}=\frac{1}{2}|s_z+\rangle\langle s_z+|+\frac{1}{2}|s_z-\rangle\langle s_z-|$。

密度算符在一定表象(基矢)中的矩阵表示称为密度矩阵(density matrix)。比如,自旋1/2空间中,以 $\hat{S}_z$ 本征态为基矢,纯态 $|s_z+\rangle$ 对应的密度矩阵为

$$\boldsymbol{\rho} = \begin{pmatrix} 1 & 0 \\ 0 & 0 \end{pmatrix}$$

对应于从银炉中出来的银原子状态的密度矩阵为

$$\boldsymbol{\rho} = \begin{pmatrix} \frac{1}{2} & 0 \\ 0 & \frac{1}{2} \end{pmatrix}$$

【练习】 纯态 $|s_x+\rangle$ 所对应的密度矩阵是什么?

密度算符有如下重要的性质:

1) 密度算符是一个厄米算符,但不对应于某个物理可观测量。

2) $\mathrm{Tr}(\hat{\rho}) = \sum_{i,j} \omega_i \langle b_j | \beta_i \rangle \langle \beta_i | b_j \rangle = \sum_i \omega_i \langle \beta_i | \beta_i \rangle = 1$。

3）对于由一纯态 $|\beta_n\rangle$ 组成的体系，$\hat{\rho}=|\beta_n\rangle\langle\beta_n|$，此时

$$\hat{\rho}^2=|\beta_n\rangle\langle\beta_n|\beta_n\rangle\langle\beta_n|=|\beta_n\rangle\langle\beta_n|=\hat{\rho}$$

于是 $\mathrm{Tr}(\hat{\rho}^2)=1$。而对于非纯态，$\mathrm{Tr}(\hat{\rho}^2)$ 为小于 1 的正数，因此总有

$$\mathrm{Tr}(\hat{\rho}^2)\leqslant 1 \tag{5.4.7}$$

【练习】 证明(5.4.7)式。

3. 量子刘维尔方程

由密度算符描述的体系的运动方程，可以从每一个态矢所遵守的薛定谔方程导出。如果 ω_i 不随时间改变，我们有

$$\begin{aligned}
\mathrm{i}\hbar\frac{\partial\hat{\rho}}{\partial t}&=\mathrm{i}\hbar\sum_i\omega_i\left[\left(\frac{\partial}{\partial t}|\beta_i\rangle\right)\langle\beta_i|+|\beta_i\rangle\left(\frac{\partial}{\partial t}\langle\beta_i|\right)\right]\\
&=\sum_i\omega_i(\hat{H}|\beta_i\rangle\langle\beta_i|-|\beta_i\rangle\langle\beta_i|\hat{H})\\
&=-[\hat{\rho},\hat{H}]
\end{aligned} \tag{5.4.8}$$

(5.4.8)与海森堡方程反号，这并不奇怪，因为 $\hat{\rho}$ 不是一个物理可观测量算符。事实上，$\hat{\rho}$ 的运动正好与经典统计力学的刘维尔方程相对应，因此被称为量子刘维尔方程，可以在此基础上发展量子统计力学。密度算符也是描述凝聚相化学动力学过程的核心概念之一。在凝聚相体系中，我们所关注的反应过程总是发生在一定的环境之中，体系与环境的相互作用，使得体系不可能处在一个纯态之中，因此必须用密度算符和(5.4.8)来描述其状态和运动。

§5.5　概率密度与概率流通量

下面再看一下在位置表象中波函数的物理意义。任意时刻 t，在位置表象中 $\psi^*(\boldsymbol{x},t)\psi(\boldsymbol{x},t)$ 被解释为在坐标 $\boldsymbol{x}$ 处发现粒子的概率密度。对于非相对论的体系，粒子数守恒，因此

$$\int\psi(\boldsymbol{x},t)^*\psi(\boldsymbol{x},t)\mathrm{d}\tau=1 \tag{5.5.1}$$

是一个与时间无关的量（$\mathrm{d}\tau$ 表示三维空间中的体积元）。对薛定谔方程

$$\mathrm{i}\hbar\frac{\partial}{\partial t}\psi(\boldsymbol{x},t)=\hat{H}\psi(\boldsymbol{x},t) \tag{5.5.2}$$

取复共轭得

$$-\mathrm{i}\hbar\frac{\partial}{\partial t}\psi^*(\boldsymbol{x},t)=\hat{H}\psi^*(\boldsymbol{x},t) \tag{5.5.3}$$

取 $\psi^*(\boldsymbol{x},t)\times(5.5.2)-\psi(\boldsymbol{x},t)\times(5.5.3)$，并利用 $\hat{H}=-\frac{\hbar^2}{2m}\nabla^2+V(\boldsymbol{x})$，

$$\mathrm{i}\hbar\frac{\partial}{\partial t}(\psi^*\psi)=-\frac{\hbar^2}{2m}(\psi^*\nabla^2\psi-\psi\nabla^2\psi^*)=-\frac{\hbar^2}{2m}\nabla\cdot(\psi^*\nabla\psi-\psi\nabla\psi^*) \tag{5.5.4}$$

记

$$\rho(\boldsymbol{x},t)=\psi^*(\boldsymbol{x},t)\psi(\boldsymbol{x},t) \tag{5.5.5}$$

为概率密度,则

$$\boldsymbol{j}(\boldsymbol{x},t)=-\frac{\mathrm{i}\hbar}{2m}[\psi^*(\boldsymbol{x},t)\nabla\psi(\boldsymbol{x},t)-\psi(\boldsymbol{x},t)\nabla\psi^*(\boldsymbol{x},t)] \tag{5.5.6}$$

为概率流通量,由此(5.5.4)改写为

$$\frac{\partial}{\partial t}\rho(\boldsymbol{x},t)+\nabla\cdot\boldsymbol{j}(\boldsymbol{x},t)=0 \tag{5.5.7}$$

这与经典力学中流体的连续性方程的形式相同,表明薛定谔方程本身包含了粒子守恒的思想,同时表明将(5.5.6)看作概率流通量是恰当的。由(5.5.7),对于一定的体积V,应用散度定理有

$$\frac{\partial}{\partial t}\int_V\rho(\boldsymbol{x},t)\mathrm{d}\tau=-\int_V\nabla\cdot\boldsymbol{j}\,\mathrm{d}\tau=-\oint_S\boldsymbol{j}\cdot\mathrm{d}\boldsymbol{s} \tag{5.5.8}$$

这恰为通量这一物理思想的数学表达。化学反应速率与概率流通量密切关联。

在前面连续性方程的推导中用到了势能函数$V(\boldsymbol{x})$为实函数的条件,因此这是粒子守恒的前提。相反,可以用复数形式的势函数来唯象地表示粒子数不守恒(粒子的湮灭或产生)的情形,比如光子在一定介质中传输时,除了发生弹性散射之外,还会被吸收,这个过程便可以用一个带虚部的介电函数来表示。虽然任何物理的势能函数一定是实的,但在理论研究中可以用复的有效势能函数来描述更为复杂的物理过程。

【练习】证明概率流通量具有如下性质:

$$\int\mathrm{d}\tau\boldsymbol{j}(\boldsymbol{x},t)=\frac{\langle\hat{\boldsymbol{p}}\rangle(t)}{m}$$

§5.6 一维自由粒子的运动

现在看一个简单的例子:一维自由粒子的运动。先看动量本征态随时间的变化。设$t=0$时体系的状态为

$$\langle x|p(0)\rangle=(2\pi\hbar)^{-\frac{1}{2}}\mathrm{e}^{\frac{\mathrm{i}}{\hbar}px} \tag{5.6.1}$$

体系的时间演化算符为

$$\hat{U}(t)=\mathrm{e}^{-\frac{\mathrm{i}}{\hbar}\hat{H}t} \tag{5.6.2}$$

这里

$$\hat{H}=\frac{\hat{p}^2}{2m} \tag{5.6.3}$$

因此,t 时刻体系的状态为

$$\langle x \mid p(t)\rangle = \langle x \mid \hat{U}(t) \mid p(0)\rangle = (2\pi\hbar)^{-\frac{1}{2}} \mathrm{e}^{\frac{\mathrm{i}}{\hbar}\left(px-\frac{p^2}{2m}t\right)} \tag{5.6.4a}$$

引入波矢 $k=\frac{p}{\hbar}$ 和角频率 $\omega=\frac{p^2}{2m\hbar}=\frac{E}{\hbar}$,上式可以写为

$$\langle x \mid p(t)\rangle = (2\pi\hbar)^{-\frac{1}{2}} \mathrm{e}^{\mathrm{i}(kx-\omega t)} \tag{5.6.4b}$$

显然,这表示了一个单色波随时间的演化行为。

下面再看一个波包的运动。波包是一定能量范围内单色波的线性叠加。设 $t=0$ 时体系的状态为

$$\psi(x,0) = \langle x \mid \alpha(0)\rangle = \int \langle x \mid p\rangle \mathrm{d}p \langle p \mid \alpha(0)\rangle = (2\pi\hbar)^{-\frac{1}{2}} \int \mathrm{d}p\, \mathrm{e}^{\frac{\mathrm{i}}{\hbar}px} \phi(p) \tag{5.6.5}$$

体系的时间演化算符仍为(5.6.2),t 时刻体系的状态为

$$\begin{aligned}
\psi(x,t) &= \langle x \mid \alpha(t)\rangle = \langle x \mid \hat{U}(t) \mid \alpha(0)\rangle = \langle x \mid \mathrm{e}^{-\frac{\mathrm{i}}{\hbar}\hat{H}t} \mid \alpha\rangle \\
&= \iint \langle x \mid p\rangle \mathrm{d}p \langle p \mid \mathrm{e}^{-\frac{\mathrm{i}}{\hbar}\hat{H}t} \mid p'\rangle \mathrm{d}p' \langle p' \mid \alpha(0)\rangle \\
&= (2\pi\hbar)^{-\frac{1}{2}} \int \mathrm{d}p\, \mathrm{e}^{\frac{\mathrm{i}}{\hbar}px} \mathrm{e}^{-\frac{\mathrm{i}}{\hbar}\frac{p^2}{2m}t} \phi(p) \\
&= (2\pi\hbar)^{-\frac{1}{2}} \int \mathrm{d}p\, \mathrm{e}^{\frac{\mathrm{i}}{\hbar}px} \phi(p,t)
\end{aligned} \tag{5.6.6}$$

它表明,任意时刻位置与动量表象之间波函数的关系都是傅里叶变换的关系。

现在以海森堡表象的眼光考察这一问题。自由粒子的海森堡方程为

$$\frac{\mathrm{d}\hat{p}_{\mathrm{H}}(t)}{\mathrm{d}t} = \frac{1}{\mathrm{i}\hbar}[\hat{p}_{\mathrm{H}}(t), \hat{H}] = 0 \tag{5.6.7}$$

$$\frac{\mathrm{d}\hat{x}_{\mathrm{H}}(t)}{\mathrm{d}t} = \frac{1}{\mathrm{i}\hbar}[\hat{x}_{\mathrm{H}}(t), \hat{H}] = \frac{\hat{p}_{\mathrm{H}}(t)}{m} \tag{5.6.8}$$

(5.6.7)表明,动量为运动常量,$\hat{p}_{\mathrm{H}}(t)=\hat{p}_{\mathrm{H}}(0)\equiv\hat{p}$。于是,由(5.6.8)解出

$$\hat{x}_{\mathrm{H}}(t) = \hat{x}_{\mathrm{H}}(0) + \frac{\hat{p}}{m}t \equiv \hat{x} + \frac{\hat{p}}{m}t \tag{5.6.9}$$

计算

$$[\hat{x}_{\mathrm{H}}(t), \hat{x}_{\mathrm{H}}(0)] = \left[\frac{\hat{p}}{m}t, \hat{x}\right] = -\frac{\mathrm{i}\hbar t}{m} \tag{5.6.10}$$

由不确定性关系(1.10.4)得

$$\langle(\Delta x)^2\rangle_t \langle(\Delta x)^2\rangle_0 \geqslant \frac{\hbar^2 t^2}{4m^2} \tag{5.6.11}$$

因此,如果 $t=0$ 时刻体系是很好定域的,随着时间的演化,体系会越来越弥散。参见习题 5.2,请读者以高斯波包为例在薛定谔表象中证实这一点。

§5.7　双势阱中的运动

§3.6 节讨论了从无限深的双势阱到有限深的双势阱,简并的能级裂分为两个,其中

一个为偶宇称,另一个为奇宇称(图 5.7.1a)。此时,取 $E_1 < E_2$,$|\psi_1\rangle$与$|\psi_2\rangle$的线性叠加不再是能量的本征态。设 $t=0$ 时体系的状态为

$$|\psi_\pm\rangle = \frac{1}{\sqrt{2}}(|\psi_1\rangle \pm |\psi_2\rangle) \tag{5.7.1}$$

$|\psi_+\rangle$主要集中在一侧,$|\psi_-\rangle$主要集中在另一侧(图 5.7.1b)。它们既不是能量的本征态,也不是宇称的本征态(图 5.7.1)。

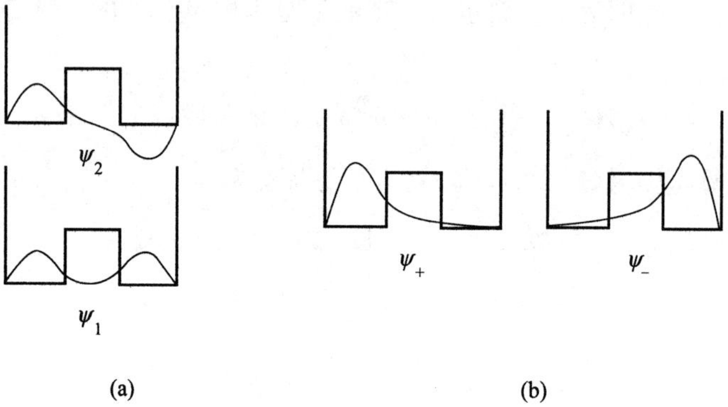

图 5.7.1 能量本征态(a)和它们的线性组合(b)

以 ψ_+ 为例,t 时刻体系的状态为

$$\begin{aligned}|\psi_+(t)\rangle &= e^{-\frac{i}{\hbar}\hat{H}t}|\psi_+\rangle = \frac{1}{\sqrt{2}}e^{-\frac{i}{\hbar}\hat{H}t}(|\psi_1\rangle \pm |\psi_2\rangle) \\ &= \frac{1}{\sqrt{2}}(e^{-\frac{i}{\hbar}E_1 t}|\psi_1\rangle + e^{-\frac{i}{\hbar}E_2 t}|\psi_2\rangle) \\ &= \frac{1}{\sqrt{2}}e^{-\frac{i}{\hbar}E_2 t}\left[e^{\frac{i}{\hbar}(E_2-E_1)t}|\psi_1\rangle + |\psi_2\rangle\right]\end{aligned} \tag{5.7.2}$$

因此当 $t=\frac{(2n+1)\pi\hbar}{E_2-E_1}(n=0,1,2,\cdots)$时,

$$|\psi_+(t)\rangle = -\frac{1}{\sqrt{2}}e^{-\frac{i}{\hbar}E_2 t}(|\psi_1\rangle - |\psi_2\rangle) = c|\psi_-\rangle \tag{5.7.3}$$

即粒子运动到右侧;而当 $t=\frac{2n\pi\hbar}{E_2-E_1}$时,

$$|\psi_+(t)\rangle = \frac{1}{\sqrt{2}}e^{-\frac{i}{\hbar}E_2 t}(|\psi_1\rangle + |\psi_2\rangle) = c|\psi_+\rangle \tag{5.7.4}$$

粒子运动到左侧。如此往复,体系处于振荡之中。

在经典力学中,如果体系的能量低于势垒,则 $t=0$ 时粒子处于哪边的势阱就永远处于哪边的势阱。但是在量子力学中,由于隧道效应粒子有一定的概率穿过势垒而达到另一侧,从而发生上面的振荡。其频率由两个势阱之间的耦合强度(反映在能量之差上)决定。当势垒高度趋于无穷时,粒子便被束缚在最初的势阱中。此时的能量本征态不必为宇称本征态,振动的周期是无穷大。

NH_3 的振动基态关于翻转运动(伞形振动)有一定的势垒。由于 H 原子的强的隧道效应,而使基态发生裂分,其能量差为 0.66 cm^{-1},相当于 NH_3 的两个镜面对称的对映体之间的转换频率为 20000 MHz,即周期为 5.0×10^{-11} s,可见转换是很快的。有机分子中的左、右旋化合物的两种异构体之间有很高的势垒。在基态附近,两种异构体之间的转换周期长达 $10^4\sim10^6$ 年,事实上可以认为在室温下它们之间不能互相转换。

习　题

5.1 一个粒子的三维运动

$$\hat{H}=\frac{\hat{\boldsymbol{p}}^2}{2m}+V(\hat{\boldsymbol{x}})$$

通过计算$[\hat{\boldsymbol{x}}\cdot\hat{\boldsymbol{p}},\hat{H}]$获得

$$\frac{\mathrm{d}\langle\hat{\boldsymbol{x}}\cdot\hat{\boldsymbol{p}}\rangle}{\mathrm{d}t}=\left\langle\frac{\hat{\boldsymbol{p}}^2}{m}\right\rangle-\langle\hat{\boldsymbol{x}}\cdot\nabla V\rangle$$

如果方程左侧为零,得到维里定理的量子力学形式。在什么情况下是这样的结果?

5.2 $t=0$ 时,一维自由粒子的波函数为一个高斯波包

$$\psi(x)=\left(\frac{1}{\sigma\sqrt{\pi}}\right)^{\frac{1}{2}}\mathrm{e}^{-\frac{1}{2}\left(\frac{x}{\sigma}\right)^2}$$

在薛定谔表象中求解 t 时刻的波函数,与(5.6.11)比较,说明波包随时间越来越弥散。

5.3 请用海森堡表象求解一维谐振子体系位置与动量算符随时间演化的问题。如果初始状态是基态$\langle x|0\rangle$平移一段距离 s,位置与动量的平均值随时间的变化有什么特征?

5.4 在海森堡表象中推导艾伦费斯特定理。

5.5 证明:

1) $[\hat{x},F(\hat{p})]=\mathrm{i}\hbar\dfrac{\partial}{\partial\hat{p}}F(\hat{p})$;

2) $[\hat{p},G(\hat{x})]=-\mathrm{i}\hbar\dfrac{\partial}{\partial\hat{x}}G(\hat{x})$。

5.6 对于自旋 1/2 的体系,设其处在由 0.7 概率的$|s_x+\rangle$态和 0.3 概率的$|s_y-\rangle$态所构成的混合态中,请以 $\hat{S}_z$ 的本征态为基组表示出该混合态对应的密度算符及相应的密度矩阵。

第六章　近似方法

将量子力学应用于实际问题时，绝大多数体系都无法精确求解，因此发展不同的近似方法不可或缺。本章介绍一些基本的近似方法。

§6.1　相互作用表象

1. 问题的定义：含时外势场作用下的体系状态演化

一个分子的状态随时间的变化遵循含时薛定谔方程：

$$i\hbar \frac{\partial}{\partial t}|\alpha, t\rangle = \hat{H}|\alpha, t\rangle \tag{6.1.1}$$

式中 α 代表一组用来标记状态的参数。根据第五章的讨论，此方程的解可以用时间演化算符写为

$$|\alpha, t\rangle = \hat{U}(t)|\alpha, 0\rangle \tag{6.1.2}$$

其中，时间演化算符 $\hat{U}(t)$ 的一般形式为

$$\hat{U}(t) = \hat{\Theta} e^{-\frac{i}{\hbar}\int_0^t \hat{H}(t')dt'} \tag{6.1.3}$$

当 $\hat{H}$ 不显含时间时，就有

$$\hat{U}(t) = e^{-\frac{i}{\hbar}\hat{H}t} \tag{6.1.4}$$

设分子处于自由状态时的哈密顿算符为 $\hat{H}_0$，它不显含时间，并且能量本征方程（即定态薛定谔方程）

$$\hat{H}_0|n\rangle = E_n|n\rangle \tag{6.1.5}$$

的解是已知的。如果在 $t=0$ 时分子处于某个能量本征态 $|i\rangle$，在只有 $\hat{H}_0$ 作用的情况下，在以后的时间中它将一直处于 $|i\rangle$ 态，也就是说，不会发生量子跃迁。如果在 $t=0$ 时分子处于一种组合态

$$|\alpha, 0\rangle = \sum_n c_n|n\rangle \tag{6.1.6}$$

则在 t 时刻为

$$|\alpha, t\rangle = \sum_n c_n e^{-\frac{i}{\hbar}E_n t}|n\rangle \tag{6.1.7}$$

其中系数 c_n 为常数。于是，在不同时刻观测到某一个能量本征态 $|i\rangle$ 的概率

$$P_i = c_i^* c_i \tag{6.1.8}$$

也是不变的，因此也不会发生不同能量本征态之间的跃迁。

如果对分子施加一个依赖于时间的扰动，从而总的哈密顿算符变为

$$\hat{H} = \hat{H}_0 + \hat{H}'(t) \tag{6.1.9}$$

情况就不同了。此时会发生分子在不同态之间的跃迁，例如光辐射场导致的分子的激发和碰撞导致的化学反应。对于带有扰动性质的相互作用造成的体系的变化，利用所谓的相互作用表象（或称狄拉克表象）来描述体系的时间演化是方便的。下面就引入相互作用表象。

2. 相互作用表象

如果将有扰动时的状态用 $\hat{H}_0$ 的本征态展开，并且写成

$$|\alpha,t\rangle=\sum_n c_n(t)\mathrm{e}^{-\frac{\mathrm{i}}{\hbar}E_n t}|n\rangle \tag{6.1.10}$$

和没有扰动时的展开系数不同，此时的展开系数 $c_n(t)$ 是随时间变化的。不难验证，对于给定的 $\hat{H}_0$，展开系数随时间变化的行为完全由 $\hat{H}'$ 决定；而因子 $\mathrm{e}^{-\frac{\mathrm{i}}{\hbar}E_n t}$ 则是由 $\hat{H}_0$ 造成的。为了突出这样的区别，作如下的变换

$$|\alpha,t\rangle_\mathrm{I}=\mathrm{e}^{\frac{\mathrm{i}}{\hbar}\hat{H}_0 t}|\alpha,t\rangle \tag{6.1.11}$$

称 $|\alpha,t\rangle_\mathrm{I}$ 为相互作用表象下的态矢。按幺正变换的要求，算符从薛定谔表象到相互作用表象的变换关系为

$$\hat{O}_\mathrm{I}(t)=\mathrm{e}^{\frac{\mathrm{i}}{\hbar}\hat{H}_0 t}\hat{O}\mathrm{e}^{-\frac{\mathrm{i}}{\hbar}\hat{H}_0 t} \tag{6.1.12}$$

而其中

$$(\hat{H}_0)_\mathrm{I}=\mathrm{e}^{\frac{\mathrm{i}}{\hbar}\hat{H}_0 t}\hat{H}_0\mathrm{e}^{-\frac{\mathrm{i}}{\hbar}\hat{H}_0 t}=\hat{H}_0 \tag{6.1.13}$$

在两种表象中都是一样的，不必加以区别。以薛定谔方程为基础可以推导出相互作用表象中态矢的运动方程：

$$\begin{aligned}\mathrm{i}\hbar\frac{\partial}{\partial t}|\alpha,t\rangle_\mathrm{I}&=\mathrm{i}\hbar\frac{\partial}{\partial t}(\mathrm{e}^{\frac{\mathrm{i}}{\hbar}\hat{H}_0 t}|\alpha,t\rangle)=-\hat{H}_0\mathrm{e}^{\frac{\mathrm{i}}{\hbar}\hat{H}_0 t}|\alpha,t\rangle+\mathrm{e}^{\frac{\mathrm{i}}{\hbar}\hat{H}_0 t}[\hat{H}_0+\hat{H}'(t)]|\alpha,t\rangle\\&=\mathrm{e}^{\frac{\mathrm{i}}{\hbar}\hat{H}_0 t}\hat{H}'(t)\mathrm{e}^{-\frac{\mathrm{i}}{\hbar}\hat{H}_0 t}(\mathrm{e}^{\frac{\mathrm{i}}{\hbar}\hat{H}_0 t}|\alpha,t\rangle)\end{aligned} \tag{6.1.14}$$

即

$$\mathrm{i}\hbar\frac{\partial}{\partial t}|\alpha,t\rangle_\mathrm{I}=\hat{H}'_\mathrm{I}(t)|\alpha,t\rangle_\mathrm{I} \tag{6.1.15}$$

这一方程与薛定谔方程类似，只是态矢是在相互作用表象中，$\hat{H}$ 的位置被 $\hat{H}'_\mathrm{I}$ 取代。如果 $\hat{H}'_\mathrm{I}=0$，则 $|\alpha,t\rangle_\mathrm{I}$ 保持不变。类似地，可以推导出任意算符 $\hat{O}$（假定其在薛定谔表象下不显含时间）在相互作用表象中的运动方程，它们是

$$\frac{\mathrm{d}\hat{O}_\mathrm{I}(t)}{\mathrm{d}t}=\frac{1}{\mathrm{i}\hbar}[\hat{O}_\mathrm{I}(t),\hat{H}_0] \tag{6.1.16}$$

这又与海森堡运动方程有类似的结构。

将相互作用表象与前面第五章薛定谔表象及海森堡表象作比较可以看出，相互作用表象可以看作是介于薛定谔表象和海森堡表象之间的一种表象。三种表象主要特征的差别归纳在表 6.1.1 中。

表 6.1.1 三种表象主要特征的比较

	态矢	物理量对应的算符
薛定谔表象	随时间变化,其演化由哈密顿算符决定	不随时间变化
海森堡表象	不随时间变化	随时间变化,其演化由海森堡运动方程决定
相互作用表象	随时间变化,其演化由 $\hat{H}'_{\mathrm{I}}$决定	随时间变化,其演化由 $\hat{H}_0$ 决定

$\hat{H}_0$ 在相互作用表象中仍然是 $\hat{H}_0$,仍然不显含时间,由此容易验证其本征态在相互作用表象中也不随时间变化。于是,在相互作用表象中的一个态矢用 $\hat{H}_0$ 的本征态展开,得

$$|\alpha,t\rangle_{\mathrm{I}}=\sum_n|n\rangle\langle n|\alpha,t\rangle_{\mathrm{I}}=\sum_n c_n(t)|n\rangle \tag{6.1.17}$$

将它代入运动方程(6.1.15)后,左乘$\langle n|$,得到

$$\mathrm{i}\hbar\frac{\partial}{\partial t}\langle n|\alpha,t\rangle_{\mathrm{I}}=\langle n|\hat{H}'_{\mathrm{I}}(t)|\alpha,t\rangle_{\mathrm{I}}=\sum_m\langle n|\hat{H}'_{\mathrm{I}}(t)|m\rangle\langle m|\alpha,t\rangle_{\mathrm{I}} \tag{6.1.18}$$

或者

$$\mathrm{i}\hbar\dot{c}_n(t)=\sum_m\langle n|\hat{H}'_{\mathrm{I}}(t)|m\rangle c_m(t) \tag{6.1.19}$$

其中

$$\langle n|\hat{H}'_{\mathrm{I}}(t)|m\rangle=\langle n|\mathrm{e}^{\frac{\mathrm{i}}{\hbar}\hat{H}_0t}\hat{H}'(t)\mathrm{e}^{-\frac{\mathrm{i}}{\hbar}\hat{H}_0t}|m\rangle=\langle n|\hat{H}'(t)|m\rangle\mathrm{e}^{\frac{\mathrm{i}}{\hbar}(E_n-E_m)t}=H'_{nm}(t)\mathrm{e}^{\mathrm{i}\omega_{nm}t} \tag{6.1.20}$$

这里我们引入了 $H'_{nm}(t)\equiv\langle n|\hat{H}'(t)|m\rangle$和 $\omega_{nm}\equiv\dfrac{E_n-E_m}{\hbar}$。将(6.1.20)写成矩阵形式就是

$$\mathrm{i}\hbar\begin{pmatrix}\dot{c}_1(t)\\ \dot{c}_2(t)\\ \vdots\end{pmatrix}=\begin{pmatrix}H'_{11} & H'_{12}\mathrm{e}^{\mathrm{i}\omega_{12}t} & \cdots\\ H'_{21}\mathrm{e}^{\mathrm{i}\omega_{21}t} & H'_{22} & \cdots\\ \vdots & \vdots & \vdots\end{pmatrix}\begin{pmatrix}c_1(t)\\ c_2(t)\\ \vdots\end{pmatrix} \tag{6.1.21}$$

方程的解 $c_i(t)$的物理意义是,t 时刻体系处于$|i\rangle$态的概率振幅。我们的任务就是求解上面的耦合偏微分方程。

【例 6.1.1】含时两能级问题

含时问题中一个可以得到精确解的例子是两能级体系在周期正弦外场作用下的运动,其哈密顿算符为

$$\hat{H}_0=E_1|1\rangle\langle 1|+E_2|2\rangle\langle 2|,\qquad \hat{H}'=\gamma\mathrm{e}^{\mathrm{i}\omega t}|1\rangle\langle 2|+\gamma\mathrm{e}^{-\mathrm{i}\omega t}|2\rangle\langle 1| \tag{6.1.22}$$

式中的 γ,ω 均为实数,并且 $E_2>E_1$。相应的运动方程可以写为

$$\mathrm{i}\hbar\begin{pmatrix}\dot{c}_1(t)\\ \dot{c}_2(t)\end{pmatrix}=\begin{pmatrix}0 & \gamma\mathrm{e}^{\mathrm{i}\omega t}\mathrm{e}^{\mathrm{i}\omega_{12}t}\\ \gamma\mathrm{e}^{-\mathrm{i}\omega t}\mathrm{e}^{\mathrm{i}\omega_{21}t} & 0\end{pmatrix}\begin{pmatrix}c_1(t)\\ c_2(t)\end{pmatrix} \tag{6.1.23}$$

若 $t=0$ 时体系处于状态 $|1\rangle$，即 $c_1(0)=1$，$c_2(0)=0$，则得到的精确解是

$$
\begin{cases}
|c_2(t)|^2=\dfrac{\dfrac{\gamma^2}{\hbar^2}}{\dfrac{\gamma^2}{\hbar^2}+\dfrac{(\omega-\omega_{21})^2}{4}}\sin^2\left\{\left[\dfrac{\gamma^2}{\hbar^2}+\dfrac{(\omega-\omega_{21})^2}{4}\right]^{\frac{1}{2}}t\right\}=\dfrac{\Omega_0^2}{\Omega^2}\sin^2\left(\dfrac{\Omega t}{2}\right) \\
|c_1(t)|^2=1-|c_2(t)|^2
\end{cases}
\tag{6.1.24}
$$

其中

$$
\Omega=\left[\frac{4\gamma^2}{\hbar^2}+(\omega-\omega_{21})^2\right]^{\frac{1}{2}},\qquad \Omega_0=\frac{2\gamma}{\hbar} \tag{6.1.25}
$$

这就是著名的拉比(I. I. Rabi)公式。它指出，两能级体系处于其中一个能级状态的概率是时间的周期函数，其频率为 Ω，振荡幅度为 Ω_0^2/Ω^2。它的物理意义是，在周期微扰 $\hat{H}'$ 的作用下，体系交替地吸收和发射能量，从而在状态 $|1\rangle$ 和 $|2\rangle$ 之间振荡。周期势场是能量的提供者和接受者。也就是说，$\hat{H}'$ 引起了 $|1\rangle$ 到 $|2\rangle$ 的跃迁(吸收)和 $|2\rangle$ 到 $|1\rangle$ 的跃迁(受激发射)。概率的振荡幅度在

$$
\omega=\omega_{21}=\frac{E_2-E_1}{\hbar} \tag{6.1.26}
$$

时最大，这就是共振条件。当满足共振条件时

$$
|c_2(t)|^2=\sin^2\frac{\Omega_0 t}{2} \tag{6.1.27}
$$

这意味着，体系在某些时刻完全处在 $|2\rangle$ 态，在某些时刻完全处在 $|1\rangle$ 态，从低能量的 $|1\rangle$ 态转变为高能量 $|2\rangle$ 态时，体系从外场中吸收能量，相反的过程则对应于发射过程。这种吸收与发射的过程，在偏离共振条件时也是存在的，但振幅要减小，同时体系不会完全处在 $|2\rangle$ 态或 $|1\rangle$ 态。由(6.1.24)可以看出，振荡幅度(即 $|c_2(t)|^2_{\max}$)作为 ω 的函数具有洛伦兹线型，半高全峰宽为 $2\Omega_0$，共振频率为 ω_{21}，含时势场越弱(γ 越小)共振峰就越窄。

含时两能级模型可应用于很多重要的物理问题。

§6.2　含时微扰理论

我们注意到，相互作用表象与薛定谔表象的运动方程中态矢的结构完全相同。因此，可以采用与§5.2节处理薛定谔方程相同的方法。定义相互作用表象中的时间演化算符

$$
|\alpha,t\rangle_{\mathrm{I}}=\hat{U}_{\mathrm{I}}(t,t_0)|\alpha,t_0\rangle_{\mathrm{I}} \tag{6.2.1}
$$

将上式代入运动方程(6.1.15)，得到时间演化算符所满足的方程：

$$
\mathrm{i}\hbar\frac{\partial}{\partial t}\hat{U}_{\mathrm{I}}(t,t_0)=\hat{H}'_{\mathrm{I}}(t)\hat{U}_{\mathrm{I}}(t,t_0) \tag{6.2.2}
$$

这个方程的初值条件为

$$
\hat{U}_{\mathrm{I}}(t,t_0)|_{t=t_0}=1 \tag{6.2.3}
$$

运动方程(6.2.2)和初值条件(6.2.3)一起等价于如下的积分方程：

$$\hat{U}_{\mathrm{I}}(t,t_0)=1-\frac{\mathrm{i}}{\hbar}\int_{t_0}^{t}\hat{H}'_{\mathrm{I}}(t_1)\hat{U}_{\mathrm{I}}(t_1,t_0)\mathrm{d}t_1 \tag{6.2.4}$$

对上式采用反复迭代的方法，便得到时间演化算符的戴森级数(Dyson series)

$$\begin{aligned}\hat{U}_{\mathrm{I}}(t,t_0)=&1-\frac{\mathrm{i}}{\hbar}\int_{t_0}^{t}\mathrm{d}t_1\hat{H}'_{\mathrm{I}}(t_1)+\left(-\frac{\mathrm{i}}{\hbar}\right)^2\int_{t_0}^{t}\mathrm{d}t_1\int_{t_0}^{t_1}\mathrm{d}t_2\hat{H}'_{\mathrm{I}}(t_1)\hat{H}'_{\mathrm{I}}(t_2)+\cdots\\&+\left(-\frac{\mathrm{i}}{\hbar}\right)^k\int_{t_0}^{t}\mathrm{d}t_1\int_{t_0}^{t_1}\mathrm{d}t_2\cdots\int_{t_0}^{t_{k-1}}\mathrm{d}t_k\hat{H}'_{\mathrm{I}}(t_1)\hat{H}'_{\mathrm{I}}(t_2)\cdots\hat{H}'_{\mathrm{I}}(t_k)+\cdots\end{aligned} \tag{6.2.5a}$$

用前面引入的时间序列算符，戴森级数可以形式化地写为①

$$\hat{U}_{\mathrm{I}}(t,t_0)=\hat{\Theta}\mathrm{e}^{-\frac{\mathrm{i}}{\hbar}\int_{t_0}^{t}\mathrm{d}t'\hat{H}'_{\mathrm{I}}(t')} \tag{6.2.5b}$$

设体系在初始 $t_0=0$ 时刻处于 $\hat{H}_0$ 的本征态 $|i\rangle$，则 t 时刻的状态为

$$|\alpha,t\rangle_{\mathrm{I}}=\hat{U}_{\mathrm{I}}(t,0)|i\rangle \tag{6.2.6}$$

以 $\hat{H}_0$ 的本征态为基组将它展开，注意到在相互作用表象中 $\hat{H}_0$ 的本征态不随时间变化，得到

$$|\alpha,t\rangle_{\mathrm{I}}=\sum_n|n\rangle\langle n|\hat{U}_{\mathrm{I}}(t,0)|i\rangle=\sum_n c_n(t)|n\rangle \tag{6.2.7}$$

因此，跃迁概率振幅 $c_n(t)$ 就是 $\hat{U}_I(t,0)$ 的矩阵元：

$$P_{n\leftarrow i}=|c_n(t)|^2=|\langle n|\hat{U}_{\mathrm{I}}(t,0)|i\rangle|^2 \tag{6.2.8}$$

利用戴森展开式，可以将 $c_n(t)$ 表示成

$$\begin{cases}c_n(t)=\langle n|\hat{U}_{\mathrm{I}}(t,0)|i\rangle=c_n^{(0)}(t)+c_n^{(1)}(t)+c_n^{(2)}(t)+\cdots\\ c_n^{(0)}(t)=\langle n|1|i\rangle=\delta_{ni}\\ c_n^{(1)}(t)=-\dfrac{\mathrm{i}}{\hbar}\displaystyle\int_0^t\langle n|\hat{H}'_{\mathrm{I}}(t_1)|i\rangle\mathrm{d}t_1=-\dfrac{\mathrm{i}}{\hbar}\int_0^t\mathrm{e}^{\mathrm{i}\omega_{ni}t_1}H'_{ni}(t_1)\mathrm{d}t_1\\ c_n^{(2)}(t)=\left(-\dfrac{\mathrm{i}}{\hbar}\right)^2\displaystyle\int_0^t\mathrm{d}t_1\int_0^{t_1}\mathrm{d}t_2\langle n|\hat{H}'_{\mathrm{I}}(t_1)\hat{H}'_{\mathrm{I}}(t_2)|i\rangle\\ \qquad=\left(-\dfrac{\mathrm{i}}{\hbar}\right)^2\displaystyle\sum_m\int_0^t\mathrm{d}t_1\int_0^{t_1}\mathrm{d}t_2\langle n|\hat{H}'_{\mathrm{I}}(t_1)|m\rangle\langle m|\hat{H}'_{\mathrm{I}}(t_2)|i\rangle\\ \qquad=\left(-\dfrac{\mathrm{i}}{\hbar}\right)^2\displaystyle\sum_m\int_0^t\mathrm{d}t_1\int_0^{t_1}\mathrm{d}t_2\mathrm{e}^{\mathrm{i}\omega_{nm}t_1}H'_{nm}(t_1)\mathrm{e}^{\mathrm{i}\omega_{mi}t_2}H'_{mi}(t_2)\\ \cdots\cdots\end{cases} \tag{6.2.9}$$

① 时间序列算符的具体含义是，将其所作用的一组依赖于时间的算符的乘积按照时间先后进行排序，比如对于两个时间依赖算符的乘积

$$\hat{\Theta}[\hat{H}_{\mathrm{I}}(t_1)\hat{H}_{\mathrm{I}}(t_2)]=\theta(t_1-t_2)\hat{H}_{\mathrm{I}}(t_1)\hat{H}_{\mathrm{I}}(t_2)+\theta(t_2-t_1)\hat{H}_{\mathrm{I}}(t_2)\hat{H}_{\mathrm{I}}(t_1)$$

这里 $\theta(t)$ 为阶梯函数。基于以上定义，可以证明(6.2.5b)和(6.2.5a)是等价的。

从而，当 $n\neq i$ 时

$$P_{n\leftarrow i}(t)=|c_n^{(1)}(t)+c_n^{(2)}(t)+\cdots|^2 \tag{6.2.10}$$

在许多情况下，考虑到一级微扰就足够了。一级微扰的贡献为零时，需要考虑更高级的贡献。

从上式可以看出，一级近似下跃迁发生的条件是初态和终态之间相互作用算符的矩阵元不为零。以后将讨论，一级近似下跃迁概率为零的条件，通常是由于初态和终态关于相互作用 $\hat{H}_1'$的对称性不匹配，因此称相应的跃迁是对称性禁阻的。对称性禁阻的跃迁并不是绝对不发生。即使初态和终态之间的直接跃迁矩阵元为零，在考虑二级微扰近似之后，体系可以经过中间态 $|m\rangle$ 实现从 $|i\rangle$ 到 $|n\rangle$ 的跃迁。

两种情形特别值得提出来加以讨论。

1. 常微扰

所谓常微扰，指 $\hat{H}'$ 在一定时间阶段内与 t 无关，但仍可以是位置、动量等的函数。

$$\hat{H}'=\begin{cases}0, & t<0\\ \hat{V}, & 0<t<\tau\\ 0, & t>\tau\end{cases} \tag{6.2.11}$$

一级微扰项对应于

$$\begin{cases}c_n^{(1)}(\tau)=-\dfrac{\mathrm{i}}{\hbar}V_{ni}\displaystyle\int_0^\tau \mathrm{e}^{\mathrm{i}\omega_{ni}t}\mathrm{d}t=-\dfrac{\mathrm{i}\,V_{ni}}{\hbar}\dfrac{\mathrm{e}^{\mathrm{i}\,\omega_{ni}\tau}-1}{\mathrm{i}\,\omega_{ni}}=-\dfrac{\mathrm{i}\,V_{ni}}{\hbar}\mathrm{e}^{\mathrm{i}\frac{\omega_{ni}\tau}{2}}\dfrac{\sin(\omega_{ni}\tau/2)}{\omega_{ni}/2}\\ P_{n\leftarrow i}^{(1)}(\tau)=|c_n^{(1)}(\tau)|^2=\dfrac{|V_{ni}|^2}{\hbar^2}\dfrac{\sin^2(\omega_{ni}\tau/2)}{(\omega_{ni}/2)^2}\end{cases} \tag{6.2.12}$$

利用数学关系

$$\lim_{a\to\infty}\frac{\sin^2(ax)}{\pi a x^2}=\delta(x)$$

有

$$\frac{\sin^2(\omega_{ni}\tau/2)}{(\omega_{ni}/2)^2}=\pi\tau\frac{\sin^2(\tau\omega_{ni}/2)}{\pi\tau(\omega_{ni}/2)^2}\xrightarrow{\tau\to\infty}\pi\tau\delta(\omega_{ni}/2)=2\pi\tau\delta(\omega_{ni}) \tag{6.2.13}$$

因此当 τ 足够大时

$$P_{n\leftarrow i}^{(1)}(\tau)=\frac{2\pi\tau}{\hbar^2}|V_{ni}|^2\delta(\omega_{ni}) \tag{6.2.14}$$

因而，平均的跃迁速率常数为

$$w_{ni}^{(1)}=\frac{P_{n\leftarrow i}^{(1)}(\tau)}{\tau}=\frac{2\pi}{\hbar^2}|V_{ni}|^2\delta(\omega_{ni})=\frac{2\pi}{\hbar}|V_{ni}|^2\delta(E_n-E_i) \tag{6.2.15}$$

这就是著名的计算跃迁速率常数的费米黄金规则，它在许多场合都有应用。

在实际应用中，终态往往不是一个分立的能级，而是存在很多简并态，需要用一个分布函数 $\rho(E)$ 表示其能级密度。这时，需要对(6.2.15)式就终态能级密度分布作积分，同时跃迁矩阵元取平均值，从而得到

$$w^{(1)}_{[n]\leftarrow i}=\frac{2\pi}{\hbar}\langle|V_{ni}|^2\rangle\int \mathrm{d}E_n\rho(E_n)\,\delta(E_n-E_i)=\frac{2\pi}{\hbar}\langle|V_{ni}|^2\rangle\rho(E_n)\big|_{E_n=E_i} \tag{6.2.16}$$

其中,$[n]$表示一组能量相同的态,$\rho(E_n)$为终态在能量 E_n 下的能级密度。在后面的分子光谱各章节会看到(6.2.15)或(6.2.16)的许多应用。必要时,可以用类似的方法计算高级微扰项的贡献。

2. 谐振微扰

$$\hat{H}'=\begin{cases}0, & t<0\\ \hat{V}\mathrm{e}^{\mathrm{i}\omega t}+\hat{V}^{\dagger}\mathrm{e}^{-\mathrm{i}\omega t}, & 0<t<\tau\\ 0, & t>\tau\end{cases} \tag{6.2.17}$$

当仅考虑一级微扰时

$$c_n^{(1)}(\tau)=-\frac{\mathrm{i}}{\hbar}\int_0^{\tau}(V_{ni}\mathrm{e}^{\mathrm{i}\omega t}+V_{in}^{\dagger}\mathrm{e}^{-\mathrm{i}\omega t})\mathrm{e}^{\mathrm{i}\omega_{ni}t}\,\mathrm{d}t=\frac{V_{ni}\left[1-\mathrm{e}^{\mathrm{i}(\omega_{ni}+\omega)\tau}\right]}{\hbar(\omega_{ni}+\omega)}+\frac{V_{in}^{\dagger}\left[1-\mathrm{e}^{\mathrm{i}(\omega_{ni}-\omega)\tau}\right]}{\hbar(\omega_{ni}-\omega)} \tag{6.2.18a}$$

上式中的两项与常微扰的结果非常相似,只是将那里的 ω_{ni} 改换成这里的 $\omega_{ni}+\omega$ 和 $\omega_{ni}-\omega$。类似于那里的讨论,计算 $P^{(1)}_{n\leftarrow i}(\tau)$,得

$$P^{(1)}_{n\leftarrow i}(\tau)=\frac{|V_{ni}|^2}{\hbar^2}\left[\left|\frac{1-\mathrm{e}^{\mathrm{i}(\omega_{ni}+\omega)\tau}}{\omega_{ni}+\omega}\right|^2+\left|\frac{1-\mathrm{e}^{\mathrm{i}(\omega_{ni}-\omega)\tau}}{\omega_{ni}-\omega}\right|^2+\text{交叉项}\right] \tag{6.2.18b}$$

在 $\tau\to\infty$ 的极限下计算跃迁速率,公式中第一项包含有 $\delta(E_n-E_i+\hbar\omega)$,对应于受激辐射,第二项包含有 $\delta(E_n-E_i-\hbar\omega)$,对应于吸收;交叉项包含两项交叉乘积,来自干涉的贡献,可以忽略。所以只有当 $E_n-E_i\pm\hbar\omega=0$ 时,$P^{(1)}_{ni}$ 才不为零。并且,当 $E_n<E_i$ 时,第一项重要($E_n-E_i+\hbar\omega=0$),第二项可以忽略,体系发生由$|i\rangle$到$|n\rangle$的发射跃迁,放出 $\hbar\omega$ 的能量;当 $E_n>E_i$ 时,第二项重要($E_n-E_i-\hbar\omega=0$),第一项可以忽略,体系发生由$|i\rangle$到$|n\rangle$的吸收跃迁,吸收 $\hbar\omega$ 的能量。周期外场是能量的来源或接受者,最常见的周期外场就是电磁波。分别考虑以上两种情形,跃迁速率常数为

$$w^{(1)}_{ni}=\begin{cases}\dfrac{2\pi}{\hbar}|V_{ni}|^2\delta(E_n-E_i+\hbar\omega)\\[2ex] \dfrac{2\pi}{\hbar}|V_{ni}|^2\delta(E_n-E_i-\hbar\omega)\end{cases} \tag{6.2.19}$$

或考虑终态的能级简并

$$w^{(1)}_{[n]\leftarrow i}=\frac{2\pi}{\hbar}\rho(E_n)\langle|V_{ni}|^2\rangle\big|_{E_n=E_i\pm\hbar\omega} \tag{6.2.20}$$

以后会看到,(6.2.19)或(6.2.20)是分子光谱理论最基本的公式。

不论是在常微扰还是在谐振微扰中,都有

$$|H'_{in}|^2=|H'_{ni}|^2 \tag{6.2.21}$$

(6.2.21)是微观可逆性原理的特殊形式。由此,可以得到如下的表达式

$$\frac{w([n]\leftarrow[i])}{\rho(E_n)}=\frac{w([i]\leftarrow[n])}{\rho(E_i)} \tag{6.2.22}$$

(6.2.22)是细致平衡原理的微观表达形式。

§6.3　非简并态的定态微扰法

现在讨论称作瑞利-薛定谔微扰理论的非简并态的定态微扰方法。它的背景是这样的:设不含时哈密顿算符可以分为两部分,

$$\hat{H}=\hat{H}_0+\hat{H}' \tag{6.3.1}$$

称 $\hat{H}'$为微扰项,并且方程

$$\hat{H}_0|n^{(0)}\rangle=E_n^{(0)}|n^{(0)}\rangle \tag{6.3.2}$$

已被解出,即 $\hat{H}_0$ 体系的解是已知的。我们希望在此基础上求解

$$\hat{H}|n\rangle=E_n|n\rangle \tag{6.3.3}$$

将(6.3.3)写为如下形式:

$$(\hat{H}_0+\lambda\hat{H}')|n\rangle=E_n|n\rangle \tag{6.3.4}$$

λ 作为微扰项强度的表征,是一个从 0 到 1 连续变化的参数。在(6.3.4)中 E_n 和$|n\rangle$也应是 λ 的函数,随 λ 从 0 变为 1,体系的解从 $E_n^{(0)}$,$|n^{(0)}\rangle$变化到我们期待的 E_n,$|n\rangle$。假设 $\hat{H}_0$ 体系是非简并的,定义

$$\Delta_n\equiv E_n-E_n^{(0)} \tag{6.3.5}$$

方程(6.3.4)可以改写成

$$(E_n^{(0)}-\hat{H}_0)|n\rangle=(\lambda\hat{H}'-\Delta_n)|n\rangle \tag{6.3.6}$$

下面我们给出非简并态微扰理论较为形式化从而也比较一般性的推导过程。方程(6.3.6)左乘$\langle n^{(0)}|$,得

$$0=\langle n^{(0)}|(\lambda\hat{H}'-\Delta_n)|n\rangle \tag{6.3.7}$$

因此,$(\lambda\hat{H}'-\Delta_n)|n\rangle$不包含$|n^{(0)}\rangle$的成分。定义投影算符

$$\hat{P}_n\equiv 1-|n^{(0)}\rangle\langle n^{(0)}|=\sum_{k\neq n}|k^{(0)}\rangle\langle k^{(0)}| \tag{6.3.8}$$

利用这个投影算符,(6.3.6)可以改写为

$$(E_n^{(0)}-\hat{H}_0)|n\rangle=\hat{P}_n(\lambda\hat{H}'-\Delta_n)|n\rangle \tag{6.3.9}$$

将算符$(E_n^{(0)}-\hat{H}_0)$的逆作用在上式的两边,可以得到

$$|n\rangle=(E_n^{(0)}-\hat{H}_0)^{-1}\hat{P}_n(\lambda\hat{H}'-\Delta_n)|n\rangle$$

但上式并不是(6.3.6)完整的形式解。容易验证,(6.3.6)的完整的形式解可以写为

$$|n\rangle=|n^{(0)}\rangle+(E_n^{(0)}-\hat{H}_0)^{-1}\hat{P}_n(\lambda\hat{H}'-\Delta_n)|n\rangle \tag{6.3.10}$$

这里我们采用了定态微扰理论中常用的做法,即不要求$|n\rangle$是归一化的,而是要求

$$\langle n^{(0)}|n\rangle=1 \tag{6.3.11}$$

这有时被称作中间归一化条件(intermediate normalization)。需要时可以到最后再进行归一化处理。由(6.3.7)和(6.3.11)得到

$$\Delta_n=\lambda\langle n^{(0)}|\hat{H}'|n\rangle \tag{6.3.12}$$

(6.3.10)和(6.3.12)可以看成是(6.3.6)的形式解,之所以称为形式解,是因为等式的右边仍包含所要求的$|n\rangle$,因此可以看作是一种迭代关系,真正的解可以通过反复迭代来得到,经过n次迭代,可以得到n级近似下的解。这一点和含时微扰理论的做法是类似的。当然,也可以显式地将$|n\rangle$和Δ_n按照λ的级数展开:

$$\begin{cases}|n\rangle=|n^{(0)}\rangle+\lambda|n^{(1)}\rangle+\lambda^2|n^{(2)}\rangle+\cdots\\ \Delta_n=\lambda\Delta_n^{(1)}+\lambda^2\Delta_n^{(2)}+\cdots\end{cases} \tag{6.3.13}$$

将(6.3.13)代入(6.3.12),得

$$\lambda\Delta_n^{(1)}+\lambda^2\Delta_n^{(2)}+\cdots=\lambda\langle n^{(0)}|\hat{H}'(|n^{(0)}\rangle+\lambda|n^{(1)}\rangle+\lambda^2|n^{(2)}\rangle+\cdots)$$

方程两边取λ的同阶次项使之相等,得

$$O(\lambda^1)\qquad \Delta_n^{(1)}=\langle n^{(0)}|\hat{H}'|n^{(0)}\rangle \tag{6.3.14}$$

这是一级近似下的能量修正项,它是微扰项在零级态矢上的平均值。

$$\begin{cases}O(\lambda^2)\qquad \Delta_n^{(2)}=\langle n^{(0)}|\hat{H}'|n^{(1)}\rangle\\ \cdots\cdots\\ O(\lambda^N)\qquad \Delta_n^{(N)}=\langle n^{(0)}|\hat{H}'|n^{(N-1)}\rangle\end{cases} \tag{6.3.15}$$

(6.3.14)和(6.3.15)告诉我们,为了得到N级近似下的能量修正,只需要求得$N-1$级近似下的态矢$|n\rangle$。

为了求得态矢的修正,将(6.3.13)代入(6.3.10)得

$$\begin{aligned}&|n^{(0)}\rangle+\lambda|n^{(1)}\rangle+\lambda^2|n^{(2)}\rangle+\cdots\\ =&|n^{(0)}\rangle+(E_n^{(0)}-\hat{H}_0)^{-1}\hat{P}_n(\lambda\hat{H}'-\lambda\Delta_n^{(1)}-\lambda^2\Delta_n^{(2)}-\cdots)\\ &\times(|n^{(0)}\rangle+\lambda|n^{(1)}\rangle+\lambda^2|n^{(2)}\rangle+\cdots)\end{aligned} \tag{6.3.16}$$

方程两边取λ的同阶次项使之相等,可以得到态矢的不同级修正。对于一级修正项$O(\lambda)$,利用$\hat{P}_n|n^{(0)}\rangle=0$可得

$$|n^{(1)}\rangle=(E_n^{(0)}-\hat{H}_0)^{-1}\hat{P}_n\hat{H}'|n^{(0)}\rangle \tag{6.3.17}$$

将(6.3.8)代入得

$$\begin{aligned}|n^{(1)}\rangle&=(E_n^{(0)}-\hat{H}_0)^{-1}\Big(\sum_{k\neq n}|k^{(0)}\rangle\langle k^{(0)}|\Big)\hat{H}'|n^{(0)}\rangle\\ &=\sum_{k\neq n}(E_n^{(0)}-\hat{H}_0)^{-1}|k^{(0)}\rangle\langle k^{(0)}|\hat{H}'|n^{(0)}\rangle\\ &=\sum_{k\neq n}|k^{(0)}\rangle\frac{H'_{kn}}{E_n^{(0)}-E_k^{(0)}}\end{aligned} \tag{6.3.18}$$

其中,

$$H'_{kn}=\langle k^{(0)}|\hat{H}'|n^{(0)}\rangle \tag{6.3.19}$$

代入(6.3.15),可以得到二级近似下的能量修正为

$$\Delta_n^{(2)}=\langle n^{(0)}|\hat{H}'|n^{(1)}\rangle=\sum_{k\neq n}\frac{|H'_{kn}|^2}{E_n^{(0)}-E_k^{(0)}} \tag{6.3.20}$$

类似地，对于 $O(\lambda^2)$项，

$$|n^{(2)}\rangle=(E_n^{(0)}-\hat{H}_0)^{-1}\hat{P}_n(\hat{H}'-\Delta_n^{(1)})|n^{(1)}\rangle \tag{6.3.21}$$

利用(6.3.17)式，可以得到

$$\begin{aligned}|n^{(2)}\rangle&=(E_n^{(0)}-\hat{H}_0)^{-1}\hat{P}_n(\hat{H}'-\Delta_n^{(1)})(E_n^{(0)}-\hat{H}_0)^{-1}\hat{P}_n\hat{H}'|n^{(0)}\rangle\\&=[(E_n^{(0)}-\hat{H}_0)^{-1}\hat{P}_n\hat{H}']^2|n^{(0)}\rangle-\Delta_n^{(1)}[(E_n^{(0)}-\hat{H}_0)^{-1}\hat{P}_n]^2\hat{H}'|n^{(0)}\rangle\end{aligned} \tag{6.3.22}$$

这个过程可以继续下去，到希望的任一 $N-1$ 级，从而求得 N 级的能量修正。

【练习】写出三级能量修正的表达式。

当无微扰的两个能级很接近时，二级能量修正贡献变得非常突出，因此有必要讨论一下其物理意义。由(6.3.20)可以看到如下一般性质：

1) 能量二级修正项使得两个由 H'_{kn}联系的零级近似态的能量差别变大，因为设 $E_n^{(0)}>E_k^{(0)}$，则由 H'_{kn}联系的二级修正为

$$\begin{cases}\Delta_n^{(2)}=\dfrac{|H'_{kn}|^2}{E_n^{(0)}-E_k^{(0)}}>0\\[2ex]\Delta_k^{(2)}=\dfrac{|H'_{kn}|^2}{E_k^{(0)}-E_n^{(0)}}<0\end{cases} \tag{6.3.23}$$

这种现象称为由微扰造成能级间的排斥作用，能级越接近，排斥作用越显著。

2) 可以将(6.3.18)式解释成：微扰将无微扰时不同的态混合起来。

3) 大致地说，(6.3.13)收敛的条件是

$$\left|\frac{H'_{ij}}{E_i^{(0)}-E_j^{(0)}}\right|<1 \tag{6.3.24}$$

它指出了以上讨论的微扰法的可应用范围。一般地，高级修正的计算很繁琐。实际应用时希望(6.3.24)比较小，从而前一、二级近似的计算便可以给出满意结果。

【例 6.3.1】谐振子在外电场下的极化

一个带电为 q 的离子在谐振子势能面上同时受到均匀外电场 ε 的作用，此时

$$\hat{H}=\hat{H}_0+\hat{H}'=-\frac{\hbar^2}{2m}\frac{\mathrm{d}^2}{\mathrm{d}x^2}+\frac{1}{2}m\omega_0^2x^2-q\varepsilon x \tag{6.3.25}$$

式中 $\hat{H}'=-q\varepsilon x$。由(6.3.14)，能量的一级修正为

$$\Delta_n^{(1)}=\langle n^{(0)}|\hat{H}'|n^{(0)}\rangle=-q\varepsilon\langle n^{(0)}|x|n^{(0)}\rangle=0$$

利用(6.3.20)，能量的二级修正为

$$\Delta_n^{(2)}=\sum_{k\neq n}\frac{q^2\varepsilon^2|\langle k^{(0)}|x|n^{(0)}\rangle|^2}{E_n^{(0)}-E_k^{(0)}}=\frac{q^2\varepsilon^2}{\hbar\omega_0}(|x_{n-1,n}|^2-|x_{n+1,n}|^2)=-\frac{q^2\varepsilon^2}{2m\omega_0^2} \tag{6.3.26}$$

近似到一级微扰的态矢为

$$|n\rangle=|n^{(0)}\rangle+\sum_{k\neq n}|k^{(0)}\rangle\frac{H'_{kn}}{E_n^{(0)}-E_k^{(0)}}$$

$$=|n^{(0)}\rangle+\frac{q\varepsilon}{\hbar\omega_0}\sqrt{\frac{\hbar}{2m\omega_0}}\left[\sqrt{n+1}\,|(n+1)^{(0)}\rangle-\sqrt{n}\,|(n-1)^{(0)}\rangle\right] \quad (6.3.27)$$

即，微扰造成$|n^{(0)}\rangle$中混入了$|(n\pm1)^{(0)}\rangle$的态。当(6.3.24)很小时，(6.3.27)是近似归一化的，可以近似求得

$$\langle x\rangle=\langle n|x|n\rangle=\frac{2q\varepsilon}{\hbar\omega_0}\sqrt{\frac{\hbar}{2m\omega_0}}(\sqrt{n+1}\,x_{n,n+1}-\sqrt{n}\,x_{n,n-1})=\frac{q\varepsilon}{m\omega_0^2} \quad (6.3.28)$$

不加电场时，位置的平均值为零，电场造成带电粒子平衡位置的移动，产生诱导偶极矩μ，

$$\mu=q\langle x\rangle=\frac{q^2\varepsilon}{m\omega_0^2} \quad (6.3.29)$$

诱导偶极矩与电场强度成正比，相应的系数定义为体系的极化率，

$$\alpha=\frac{\mu}{\varepsilon}=\frac{q^2}{m\omega_0^2} \quad (6.3.30)$$

这是外电场使分子极化的最简单的模型。这个问题恰好可以精确求解。作为习题，请读者精确求解并与这里微扰法的结果进行比较。

【练习】推导(6.3.28)式。

【例 6.3.2】伦敦色散相互作用的简单谐振子模型

描述两个惰性气体原子之间色散相互作用的最简单的模型是一维几何空间中的两个电子分别作关于原子核的简谐运动(如图 6.3.1 所示)。零级哈密顿算符对应于两个独立的谐振子哈密顿算符的加和，而谐振子之间的静电相互作用对应于微扰项，即

$$\hat{H}_0=\left(\frac{\hat{p}_1^2}{2m}+\frac{1}{2}m\omega_0^2x_1^2\right)+\left(\frac{\hat{p}_2^2}{2m}+\frac{1}{2}m\omega_0^2x_2^2\right) \quad (6.3.31)$$

$$\hat{H}'=\frac{1}{4\pi\varepsilon_0}\left(\frac{e^2}{R}+\frac{e^2}{R+x_1-x_2}-\frac{e^2}{R-x_2}-\frac{e^2}{R+x_1}\right) \quad (6.3.32)$$

式中，ε_0为真空介电常数。由于我们关注的是$R\gg x_1,x_2$时的情形，因此上式可近似为

$$\hat{H}'\approx-\frac{e^2}{2\pi\varepsilon_0R^3}x_1x_2 \quad (6.3.33)$$

零级本征态波函数和能量为

$$\begin{cases}\psi_{n_1n_2}^{(0)}(x_1,x_2)=\phi_{n_1}(x_1)\phi_{n_2}(x_2)\\ E_{n_1n_2}^{(0)}=(n_1+n_2+1)\hbar\omega_0\end{cases} \quad (6.3.34)$$

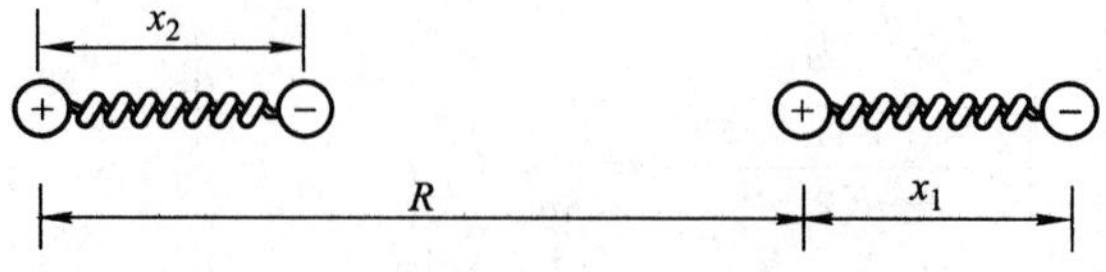

图 6.3.1 色散相互作用的谐振子模型

现在考虑微扰项对基态能量的贡献。很容易证明，基态能量的一级修正为零，

$$\Delta E_0^{(1)} = \langle \psi_0^{(0)} | \hat{H}' | \psi_0^{(0)} \rangle = -\frac{e^2}{2\pi\varepsilon_0 R^3} \times \left[\int_{-\infty}^{\infty} |\phi_0(x_1)|^2 x_1 \mathrm{d}x_1\right]\left[\int_{-\infty}^{\infty} |\phi_0(x_2)|^2 x_2 \mathrm{d}x_2\right] = 0 \tag{6.3.35}$$

因此,必须考虑二级能量修正才能得到微扰项的贡献,

$$\begin{aligned}\Delta E_0^{(2)} &= \sum_{n_1, n_2 \neq 0} \frac{|\langle \psi_{n_1 n_2}^{(0)} | \hat{x}_1 \hat{x}_2 | \psi_{00}^{(0)} \rangle|^2}{E_{00}^{(0)} - E_{n_1 n_2}^{(0)}} \\ &= \frac{e^4}{4\pi^2 \varepsilon_0^2 R^6} \times \sum_{n_1, n_2 \neq 0} \frac{|\langle \phi_{n_1} | \hat{x}_1 | \phi_0 \rangle \langle \phi_{n_2} | \hat{x}_2 | \phi_0 \rangle|^2}{-(n_1 + n_2)\hbar\omega_0} \\ &= -\frac{e^4 \hbar}{32\pi^2 \varepsilon_0^2 m^2 \omega_0^3} \frac{1}{R^6}\end{aligned} \tag{6.3.36}$$

利用之前引入的极化率概念,上式可以表达为

$$\Delta E_0^{(2)} = -\frac{\hbar\omega_0 \alpha^2}{32\pi^2 \varepsilon_0^2} \frac{1}{R^6} \tag{6.3.37}$$

上式表明,原子间色散相互作用能量与原子间距离的六次方成反比。而且原子的极化率越大,即在外电场作用下电子云分布越容易变形,原子之间的色散相互作用就越强。这与我们关于色散作用的物理图像是一致的。

§6.4 简并态的定态微扰法

当没有微扰时的体系能级存在简并的情况,上一节的方法仍可以适用于那些非简并的能级,但对那些简并的能级则失去了效力。因为,(1) 我们无法由能量唯一地确定无微扰时的初始状态,(2) 简并态之间(6.3.24)无法满足。但是,我们希望借鉴上一节的方法,找到适合于简并能级的微扰计算公式。

1. 简并态能级的一级修正

设没有微扰时,解得(6.3.2)的一组正交归一的本征态$\{|m^{(0)}\rangle, m=1,2,\cdots,g\}$对应着能量为 $E_{\mathrm{D}}^{(0)}$ 的 g 度简并的能级。现在考虑当存在微扰作用时,简并的能级和相应的本征态会发生什么样的改变。记$\{|l\rangle | l=1,2,\cdots,g\}$为 $\hat{H}=\hat{H}_0+\lambda\hat{H}'$的一组本征态,这里当 $\lambda \to 0$ 时,$|l\rangle \to |l^{(0)}\rangle$,其中$\{|l^{(0)}\rangle\}$也是 $\hat{H}_0$ 的简并能量为 $E_{\mathrm{D}}^{(0)}$ 的本征态,但不一定恰好就是$\{|m^{(0)}\rangle\}$。不过,因为$\{|m^{(0)}\rangle\}$张开无微扰时对应于本征能量为 $E_{\mathrm{D}}^{(0)}$ 的子空间,$\{|l^{(0)}\rangle\}$必可以用$\{|m^{(0)}\rangle\}$为基组展开:

$$|l^{(0)}\rangle = \sum_{m \in \mathrm{D}} |m^{(0)}\rangle \langle m^{(0)} | l^{(0)}\rangle \tag{6.4.1}$$

类似于非简并的情形,将本征态和微扰能量修正按 λ 的阶次展开

$$\begin{aligned}|l\rangle &= |l^{(0)}\rangle + \lambda |l^{(1)}\rangle + \cdots \\ \Delta_l &= \lambda \Delta_l^{(1)} + \lambda^2 \Delta_l^{(2)} + \cdots\end{aligned} \tag{6.4.2}$$

代入经适当改写的薛定谔方程

$$(E_D^{(0)} - \hat{H}_0)|l\rangle = (\lambda\hat{H}' - \Delta_l)|l\rangle \tag{6.4.3}$$

令方程两边 λ 同阶次的系数相等,得到的 $O(\lambda)$ 级的方程为

$$(E_D^{(0)} - \hat{H}_0)|l^{(1)}\rangle = (\hat{H}' - \Delta_l^{(1)})|l^{(0)}\rangle \tag{6.4.4}$$

(6.4.4)左乘 $\langle m'^{(0)}|$ 并整理,得

$$0 = \langle m'^{(0)}|(\hat{H}' - \Delta_l^{(1)})|l^{(0)}\rangle$$

将(6.4.1)代入上式可以得到

$$\sum_{m\in D} H'_{m'm}\langle m^{(0)}|l^{(0)}\rangle = \Delta_l^{(1)}\langle m'^{(0)}|l^{(0)}\rangle \tag{6.4.5}$$

写成矩阵的形式就是

$$\begin{pmatrix} H'_{11} & H'_{12} & \cdots \\ H'_{21} & H'_{22} & \cdots \\ \vdots & \vdots & \vdots \end{pmatrix}\begin{pmatrix} \langle 1^{(0)}|l^{(0)}\rangle \\ \langle 2^{(0)}|l^{(0)}\rangle \\ \vdots \end{pmatrix} = \Delta_l^{(1)}\begin{pmatrix} \langle 1^{(0)}|l^{(0)}\rangle \\ \langle 2^{(0)}|l^{(0)}\rangle \\ \vdots \end{pmatrix} \tag{6.4.6}$$

其中的左矢为基组 $\{\langle m^{(0)}|\}$。(6.4.6)表明,求解简并态的一级能量修正等价于在基组 $\{|m^{(0)}\rangle\}$ 上求解 $\hat{H}'$ 的本征值和本征态的问题。通过解久期方程

$$|\boldsymbol{H}' - \Delta_l^{(1)}\boldsymbol{I}| = 0 \tag{6.4.7}$$

可以得到与每一个本征值 $\Delta_l^{(1)}$ 对应的本征矢 $|l^{(0)}\rangle$。在 $\{|l^{(0)}\rangle\}$ 上 $\hat{H}'$ 是对角化的,能量的一级修正为

$$\Delta_l^{(1)} = \langle l^{(0)}|\hat{H}'|l^{(0)}\rangle \tag{6.4.8}$$

(6.4.8)表明,如果开始时选取的基组恰好就是使 $\hat{H}'$ 是对角化的 $\{|l^{(0)}\rangle\}$,则计算简并态能量一级修正的公式与非简并态的一样。由于 $\{|l^{(0)}\rangle\}$ 只是 $\{|m^{(0)}\rangle\}$ 的线性组合(6.4.1),在一级近似下,零级能量不为 $E_D^{(0)}$ 的"远离"简并的状态不对一级能量修正产生影响,它们只出现在更高级微扰修正中,这一点和非简并态的情形是类似的。

2. 简并态矢的一级修正和能量的二级修正

可以由(6.4.4)得到态矢的一级修正。类似于非简并情形,(6.4.4)的右边不包含 $\{|m^{(0)}\rangle\}$ 的态,因此若定义

$$\hat{P}_D \equiv \hat{1} - \sum_{m\in D}|m^{(0)}\rangle\langle m^{(0)}| = \sum_{k\notin D}|k^{(0)}\rangle\langle k^{(0)}| \tag{6.4.9}$$

(6.4.4)可改写为

$$|l^{(1)}\rangle = (E_D^{(0)} - \hat{H}_0)^{-1}\hat{P}_D\hat{H}'|l^{(0)}\rangle = \sum_{k\notin D}\frac{H'_{kl}}{E_D^{(0)} - E_k^{(0)}}|k^{(0)}\rangle \tag{6.4.10}$$

(6.4.10)表明,在态矢的一级修正中,微扰将 $\hat{H}_0$ 的不同能量的本征态混合起来了。

对于更高级的修正的求解,和非简并态的微扰方法类似。如果仍然采用中间归一化条件

$$\langle l^{(0)}|l\rangle = 1 \tag{6.4.11}$$

由(6.4.2)和(6.4.3)得

$$\lambda\langle l^{(0)}|\hat{H}'|l\rangle = \Delta_l$$

或者

$$\lambda\langle l^{(0)}|\hat{H}'(|l^{(0)}\rangle+\lambda|l^{(1)}\rangle+\cdots)=\lambda\Delta_l^{(1)}+\lambda^2\Delta_l^{(2)}+\cdots \tag{6.4.12}$$

取方程两边 λ 同阶次的系数相等，$O(\lambda)$给出(6.4.8)，$O(\lambda^2)$给出能量的二级修正：

$$\Delta_l^{(2)}=\langle l^{(0)}|\hat{H}'|l^{(1)}\rangle=\langle l^{(0)}|\hat{H}'\frac{\hat{P}_{\mathrm{D}}}{E_{\mathrm{D}}^{(0)}-\hat{H}_0}\hat{H}'|l^{(0)}\rangle=\sum_{k\notin \mathrm{D}}\frac{|H'_{kl}|^2}{E_{\mathrm{D}}^{(0)}-E_k^{(0)}} \tag{6.4.13}$$

上式在加和中排除了所有简并能量为 $E_{\mathrm{D}}^{(0)}$ 的零级近似态。我们看到，能量的二级修正与非简并态又是很相像的。可以类似于非简并态微扰理论，求出更高级的修正。

【例 6.4.1】 二重简并态的微扰问题

二重简并的去除在实际应用中会经常遇到。先求解(6.4.6)，其具体形式是

$$\begin{pmatrix} H'_{11}-\Delta^{(1)} & H'_{12} \\ H'_{21} & H'_{22}-\Delta^{(1)} \end{pmatrix}\begin{pmatrix} a_1 \\ a_2 \end{pmatrix}=0 \tag{6.4.14}$$

它有非平凡解的必要条件为

$$\begin{vmatrix} H'_{11}-\Delta^{(1)} & H'_{12} \\ H'_{21} & H'_{22}-\Delta^{(1)} \end{vmatrix}=0 \tag{6.4.15}$$

(6.4.15)的解为

$$\Delta_{\pm}^{(1)}=\frac{1}{2}\left[(H'_{11}+H'_{22})\pm\sqrt{(H'_{11}-H'_{22})^2+4|H'_{12}|^2}\right] \tag{6.4.16}$$

对应于 $\Delta_+^{(1)}$ 的系数 a_1^+，a_2^+ 为

$$\frac{a_1^+}{a_2^+}=-\frac{H'_{12}}{H'_{11}-\Delta_+^{(1)}}=-\frac{H'_{12}}{\frac{1}{2}(H'_{11}-H'_{22})-\sqrt{\left(\frac{H'_{11}-H'_{22}}{2}\right)^2+|H'_{12}|^2}} \tag{6.4.17}$$

对应于 $\Delta_-^{(1)}$ 的系数 a_1^-，a_2^- 为

$$\frac{a_1^-}{a_2^-}=-\frac{H'_{12}}{H'_{11}-\Delta_-^{(1)}}=-\frac{H'_{12}}{\frac{1}{2}(H'_{11}-H'_{22})+\sqrt{\left(\frac{H'_{11}-H'_{22}}{2}\right)^2+|H'_{12}|^2}} \tag{6.4.18}$$

在(6.4.17)和(6.4.18)中只给出了系数之间的比例，需要时可以由归一化条件

$$|\phi_{\pm}\rangle=a_1^{\pm}|1^{(0)}\rangle+a_2^{\pm}|2^{(0)}\rangle,\qquad \langle\phi_{\pm}|\phi_{\pm}\rangle=1$$

求出。

当 $H'_{11}=H'_{22}$时，答案更为简单：

$$\Delta_{\pm}^{(1)}=H'_{11}\pm|H'_{12}|,\qquad E_{\pm}=E^{(0)}+\Delta_{\pm}^{(1)} \tag{6.4.19}$$

令

$$H'_{12}=|H'_{12}|\mathrm{e}^{-\mathrm{i}\alpha} \tag{6.4.20}$$

得

$$\frac{a_1^{\pm}}{a_2^{\pm}}=\pm\frac{|H'_{12}|\mathrm{e}^{-\mathrm{i}\alpha}}{|H'_{12}|}=\pm\mathrm{e}^{-\mathrm{i}\alpha} \tag{6.4.21}$$

于是

$$|\phi_{\pm}\rangle=\frac{1}{\sqrt{2}}(|1^{(0)}\rangle\pm\mathrm{e}^{\mathrm{i}\alpha}|2^{(0)}\rangle) \tag{6.4.22}$$

特别当 H'_{12} 为实数时

$$|\phi_{\pm}\rangle=\frac{1}{\sqrt{2}}(|1^{(0)}\rangle\pm|2^{(0)}\rangle) \tag{6.4.23}$$

【例 6.4.2】一维近自由电子气近似:能带结构的形成

作为微扰理论的一个应用实例,下面讨论固体能带理论中的近自由电子近似。为了简化起见,考虑一维问题。这里求解的是如下一维周期性势场的薛定谔方程,

$$\left[\frac{\hat{p}^2}{2m}+V(x)\right]\psi(x)=E\psi(x) \tag{6.4.24}$$

其中 $V(x+na)=V(x)$,n 是任意整数。为了简化问题的处理,引入所谓的玻恩-冯·卡门(Born-van Karmann)周期性边界条件,即要求波函数满足如下条件:

$$\psi(x+Na)=\psi(x) \tag{6.4.25}$$

其中 N 是一个正整数,并最终取 $N\to\infty$ 的极限。$V(x)=0$ 对应于一维自由电子,相应的本征函数为平面波。在玻恩-冯·卡门边界条件下,平面波表示为

$$\phi_k(x)=L^{-1/2}\mathrm{e}^{\mathrm{i}kx} \tag{6.4.26}$$

其中 $L=Na$,相应的能量本征值

$$\varepsilon_k=\frac{\hbar^2k^2}{2m} \tag{6.4.27}$$

容易证明,k 的取值是离散的,

$$k=l\,\frac{2\pi}{L}=\frac{l}{N}\,\frac{2\pi}{a},\qquad l=0,\pm1,\pm2,\pm3,\cdots \tag{6.4.28}$$

将周期性势场的作用作为微扰,与零阶波函数 $\phi_k(x)$对应的本征态能量可以写为

$$E_k=\varepsilon_k+\delta E_k^{(1)}+\delta E_k^{(2)}+\cdots \tag{6.4.29}$$

根据非简并态微扰理论,可以直接写出

$$\delta E_k^{(1)}=\langle\phi_k|V|\phi_k\rangle=L^{-1}\int_0^L V(x)\mathrm{d}x\equiv V_0 \tag{6.4.30}$$

因此,本征能量的一级微扰修正等于周期势函数的平均值。显然,通过选取合适的能量原点,总是可以使 $V_0=0$。能量的二级修正可以写为

$$\delta E_k^{(2)}=\sum_{k'\neq k}\frac{|\langle\phi_{k'}|V|\phi_k\rangle|^2}{\varepsilon_k-\varepsilon_{k'}}=\sum_{k'\neq k}\frac{|V_{kk'}|^2}{\varepsilon_k-\varepsilon_{k'}} \tag{6.4.31}$$

其中周期势函数关于零阶波函数(即平面波)的矩阵元为

$$V_{kk'}\equiv\langle\phi_k|V|\phi_{k'}\rangle=L^{-1}\int_0^L V(x)\mathrm{e}^{-\mathrm{i}(k-k')x}\mathrm{d}x \tag{6.4.32}$$

可以证明,只有当 $k-k'=\frac{2\pi}{a}l$,其中 l 为任意整数时,矩阵元才不为零,并等于周期势函

数 $V(x)$对应于 $q=\frac{2\pi}{a}l$ 的傅里叶积分。

$$V_{kk'}\equiv V_l=\frac{1}{a}\int_0^a V(x)\mathrm{e}^{-\mathrm{i}\frac{2\pi l x}{a}}\mathrm{d}x \tag{6.4.33}$$

因此二级能量修正可以写为

$$\delta E_k^{(2)}=\left(\frac{2m}{\hbar^2}\right)\sum_{l\neq 0}\frac{|V_l|^2}{k^2-\left(k-\frac{2\pi l}{a}\right)^2} \tag{6.4.34}$$

显然,当 $k^2=\left(k-\frac{2\pi l}{a}\right)^2$,即 $k=l\,\frac{\pi}{a}\equiv\frac{1}{2}G_l(l=\pm1,\pm2,\pm3,\cdots)$时,上式的加和中会出现分母为零的项,因此,上式对于 k 取这些特殊值时并不成立。这时需要使用简并微扰理论。为了得到 k 的取值趋近于这些特殊值时能量本征值的行为,定义 $k\equiv l\,\frac{\pi}{a}(1+\Delta)$,显然,对应于 $k'\equiv k-l\,\frac{2\pi}{a}=l\,\frac{\pi}{a}(-1+\Delta)$的态 $\phi_{k'}(x)$与 $\phi_k(x)$在 $\Delta=0$ 时简并,在 $\Delta\ll1$ 时为近简并态,必须用简并态微扰理论来考虑在弱周期性势场存在的条件下这两个态之间的相互作用。应用二重简并态微扰理论的处理结果,可以得到

$$E_{\pm}=\frac{\varepsilon_k+\varepsilon_{k'}}{2}\pm\sqrt{\left(\frac{\varepsilon_k-\varepsilon_{k'}}{2}\right)^2+|V_l|^2} \tag{6.4.35}$$

当 $\Delta\to0$ 时,上式可以简化为

$$E_{\pm}\approx\varepsilon_l(1+\Delta^2)\pm\left(|V_l|+\frac{2\varepsilon_l^2\Delta^2}{|V_l|}\right) \tag{6.4.36}$$

其中 $\varepsilon_l=\frac{\hbar^2}{2m}\left(\frac{l\pi}{a}\right)^2$。从上式可以看出,当 $\Delta=0$ 时,由于 $\phi_{k'}(x)$与 $\phi_k(x)$的相互作用,导致能级发生分裂,使得在 $k\equiv l\,\frac{\pi}{a}$处形成一个大小等于 $E_g\equiv2|V_l|$的能隙。另外,当 $\Delta\to0$ 时,能量作为 k 的函数以 Δ^2 的形式趋于 $E_{\pm}=\varepsilon_l\pm|V_l|$,如图 6.4.1 所示。

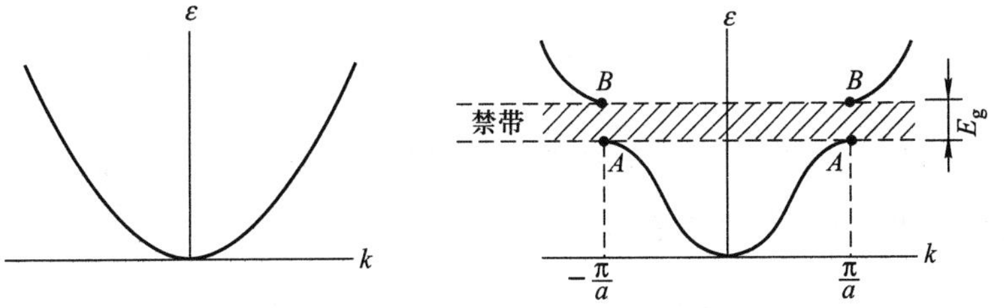

图 6.4.1　一维周期性体系的近自由电子近似示意图

§6.5　定态变分法

前两节方法的使用有一个前提:$\hat{H}$ 与某一已知的 $\hat{H}_0$ 相近,因此可以看成是微扰的

结果。但是,有许多问题不存在这样的条件。此时,下面介绍的里茨(Ritz)变分法可以大有作为。

1. 变分原理

设一个体系 $\hat{H}$ 对应的基态为$|0\rangle$,其真实能量为 E_0。如果用某一态矢$|\tilde{0}\rangle$作为$|0\rangle$的试探矢,在$|\tilde{0}\rangle$上的平均能量为

$$\langle \tilde{E} \rangle_0 = \frac{\langle \tilde{0} | \hat{H} | \tilde{0} \rangle}{\langle \tilde{0} | \tilde{0} \rangle} \tag{6.5.1}$$

定理 试探矢的平均能量是真实能量的上限,即

$$\langle \tilde{E} \rangle_0 \geqslant E_0 \tag{6.5.2}$$

证明 设$\{|k\rangle\}$是 $\hat{H}$ 的本征态完全集,因此,显然$|\tilde{0}\rangle$可以用$\{|k\rangle\}$展开

$$|\tilde{0}\rangle = \sum_k |k\rangle\langle k|\tilde{0}\rangle$$

$$\langle \tilde{E} \rangle_0 = \frac{\sum_k |\langle k|\tilde{0}\rangle|^2 E_k}{\sum_k |\langle k|\tilde{0}\rangle|^2} = \frac{\sum_k |\langle k|\tilde{0}\rangle|^2 (E_k - E_0)}{\sum_k |\langle k|\tilde{0}\rangle|^2} + E_0 \geqslant E_0$$

并且只有当$|\tilde{0}\rangle = |0\rangle$时,等号才成立。证毕。

用数学的语言描述,(6.5.2)表明,$\langle \tilde{E} \rangle_0$ 在基态$|0\rangle$附近关于态矢的变分是稳定的:

$$|0\rangle \to |0\rangle + \delta|0\rangle, \quad \delta\langle \tilde{E} \rangle_0 = 0 \tag{6.5.3}$$

2. 变分法

基于变分原理,可以用来近似求解基态能量和波函数。但是变分原理本身并没有指出选择最合适的试探态矢的方法。正是这里,一个人的物理直觉和经验起着重要作用。一般来说,选取尽量接近$|0\rangle$的形式$|\tilde{0}, \lambda_1, \lambda_2, \cdots\rangle$,其中 $\lambda_1, \lambda_2, \cdots$ 为调节参数。由于(6.5.3),令

$$\frac{\partial \langle \tilde{E} \rangle_0}{\partial \lambda_i} = 0, \quad i = 1, 2, \cdots \tag{6.5.4}$$

求出 $\lambda_1^0, \lambda_2^0, \cdots$,则$|\tilde{0}, \lambda_1^0, \lambda_2^0, \cdots\rangle$就是所选函数形式下的最接近$|0\rangle$的试探态矢,亦即$|0\rangle$的近似解,$\langle \tilde{E} \rangle_0$ 就是相应的近似能量。

本方法也可以扩展到非基态:如果$|\tilde{k}\rangle$与所有 $\hat{H}$ 的本征态$|0\rangle, |1\rangle, \cdots, |k-1\rangle$正交,即如果

$$\langle \tilde{k} | i \rangle = 0, \quad i = 0, 1, \cdots, k-1 \tag{6.5.5}$$

则

$$\langle \tilde{E} \rangle_k = \frac{\langle \tilde{k} | \hat{H} | \tilde{k} \rangle}{\langle \tilde{k} | \tilde{k} \rangle} \geqslant E_k \tag{6.5.6}$$

证明方法类似。

变分法所得到的近似解的好坏与最初选定的试探矢的形式密切相关，并且无系统的方法估计误差，除非用越来越准确的试探解进行逼近。

3. 线性变分法

在实际应用中，比较常用的变分法是所谓的线性变分法，即将试探态矢表示为一组线性无关的已知态矢$\{|\chi_i\rangle | i=1,2,\cdots,N\}$的线性组合

$$|\tilde{0}\rangle = \sum_{i=1}^{N} c_i |\chi_i\rangle \tag{6.5.7}$$

$\{|\chi_i\rangle\}$也被称为基组，但需要注意的是，作为一个近似方法，这里的基组一定是不完备的，这和前面章节讨论中的完备基组是不一样的。为了简化讨论，假定基组是正交归一的，

$$\langle \chi_i | \chi_j \rangle = \delta_{ij} \tag{6.5.8}$$

由(6.5.7)，可以得到试探态矢所对应的能量期望值为

$$\langle \tilde{E} \rangle_0 = \frac{\langle \tilde{0} | \hat{H} | \tilde{0} \rangle}{\langle \tilde{0} | \tilde{0} \rangle} = \frac{\sum_{i,j}^{N} c_i^* c_j \langle \chi_i | \hat{H} | \chi_j \rangle}{\sum_{i}^{N} c_i^* c_i} \equiv \frac{\sum_{i,j}^{N} c_i^* c_j H_{ij}}{\sum_{i}^{N} c_i^* c_i} \tag{6.5.9}$$

根据变分原理，展开系数可以通过对能量期望值求极小值来得到，即要求

$$\frac{\partial \langle \tilde{E} \rangle_0}{\partial c_i^*} = \frac{\left(\sum_{j}^{N} H_{ij} c_j\right)\left(\sum_{k}^{N} c_k^* c_k\right) - \left(\sum_{kj}^{N} H_{kj} c_k^* c_j\right) c_i}{\left(\sum_{k}^{N} c_k^* c_k\right)^2} = 0 \tag{6.5.10}$$

从而得到

$$\sum_{j}^{N} (H_{ij} - \lambda \delta_{ij}) c_j = 0 \tag{6.5.11}$$

其中$\lambda \equiv \langle \tilde{E} \rangle_0$。以上方程具有标准的矩阵本征方程的形式，通过求解相应的久期方程可以得到一组本征值λ_k和相应的展开系数$\{c_i^{(k)}\}(k=1,2,\cdots,N)$。其中最小的本征值$\lambda_1$和用相应展开系数对基组所做的线性组合$\sum_{i=1}^{N} c_i^{(1)} |\chi_i\rangle$，就是在该基组条件下最优的基态能量和态矢。

【思考】通过线性变分得到的激发态能量是否满足变分原理(即$\lambda_k \geqslant E_k$)？

【例 6.5.1】无限深方势阱的近似解

$$V = \begin{cases} 0, & |x| < a \\ \infty, & |x| \geqslant a \end{cases} \tag{6.5.12}$$

其基态的解是已知的：

$$\begin{cases}\langle x|0\rangle=\dfrac{1}{\sqrt{a}}\cos\dfrac{\pi x}{2a}\\ E_0=\dfrac{\hbar^2\pi^2}{8ma^2}\end{cases}\tag{6.5.13}$$

假如,我们不知道这个解。根据物理意义,$\langle x|0\rangle$应该在$|x|\geqslant a$ 时为 0,并且在$|x|<a$ 区域没有节点。取

$$\langle x|\tilde{0}\rangle=a^2-x^2,\quad |x|\leqslant a\tag{6.5.14}$$

(6.5.14)没有调节参数,直接代入(6.5.1)得

$$\langle\tilde{E}\rangle_0=\frac{\left(-\dfrac{\hbar^2}{2m}\right)\displaystyle\int_{-a}^{a}(a^2-x^2)\frac{\mathrm{d}^2}{\mathrm{d}x^2}(a^2-x^2)\mathrm{d}x}{\displaystyle\int_{-a}^{a}(a^2-x^2)^2\mathrm{d}x}\tag{6.5.15}$$

$$=\left(\frac{10}{\pi^2}\right)\left(\frac{\hbar^2\pi^2}{8ma^2}\right)=1.013E_0$$

注意到(6.5.14)与真实波函数的明显差别,1%的能量误差的确应该让人感到满意了。我们可以做得更好,例如取

$$\langle x|\tilde{0}\rangle=|a|^\lambda-|x|^\lambda,\quad |x|\leqslant a\tag{6.5.16}$$

代入(6.5.1),得

$$\langle\tilde{E}\rangle_0=\frac{(\lambda+1)(2\lambda+1)}{(2\lambda-1)}\left(\frac{\hbar^2}{4ma^2}\right)\tag{6.5.17}$$

利用(6.5.4)确定 λ^0,得

$$\lambda^0=\frac{1+\sqrt{6}}{2}\tag{6.5.18}$$

于是

$$\langle\tilde{E}\rangle_0=\frac{5+2\sqrt{6}}{\pi^2}E_0=1.00298E_0\tag{6.5.19}$$

这是一个很不错的结果,因为(6.5.16)仍然是一个简单的函数。

习　　题

6.1　一维谐振子体系

$$V=\frac{1}{2}\mu\omega_0^2x^2$$

受到如下微扰:

$$H'=\begin{cases}0, & t<0\\ a_0x\mathrm{e}^{-t/\tau}, & t>0\end{cases}$$

用一级微扰理论计算当 t 足够大后从基态向各激发态的跃迁概率。

6.2　精确求解一个带电为 q 的离子在谐振子势能面上同时受到均匀外电场 ε 的作用的问题,与§6.3 节的结果比较。将极化率 α 定义为诱导偶极矩 μ 与外场强度 ε 之比,证明

能量改变为$-\alpha\varepsilon^2/2$。

6.3 对势能函数为

$$V(x)=\begin{cases}\infty; & x\leqslant 0, x\geqslant a\\ 0; & 0<x<\frac{1}{3}a, \frac{2}{3}a<x<a\\ \frac{\hbar^2\pi^2}{20ma^2}; & \frac{1}{3}a\leqslant x\leqslant \frac{2}{3}a\end{cases}$$

的 $\hat{H}$ 体系,讨论以下过程和结果:

1) 取 $\hat{H}_0$ 的势能函数为 $V_0(x)=\begin{cases}\infty; & x\leqslant 0, x\geqslant a\\ 0; & 0<x<a\end{cases}$,求 $\hat{H}$ 体系基态的一级微扰能量和展开到第 5 个能级的一级微扰波函数。

2) 以 $\psi(x)=\sin\left(\frac{\pi}{a}x\right)+\lambda\sin\left(\frac{3\pi}{a}x\right)$ 作为试探波函数,λ 作为变分参数,求体系基态的能量。

3) 以 $\psi(x)=\sin\left(\frac{\pi}{a}x\right)+\lambda_1\sin\left(\frac{3\pi}{a}x\right)+\lambda_2\sin\left(\frac{5\pi}{a}x\right)$ 作为试探波函数,λ_1,λ_2 作为变分参数,求体系基态的能量。

6.4 一维谐振子体系,势能为

$$V(x)=\frac{1}{2}m\omega^2x^2$$

请用 $\psi(x)=A\mathrm{e}^{-\frac{\lambda^2}{2}x^2}$ 作为试探波函数,用变分法获得最低能级的能量,其中 λ 为调节参数。与精确解比较。

第七章　原子能级结构和光谱

本章讨论孤立原子的能级结构和光谱，光谱项是原子能级特性的标签。

§7.1　类氢原子的电子能级

类氢原子指由一个质量为 m_N、带电荷为 Ze 的原子核和一个质量为 m_e、带电荷为 $-e$ 的电子组成的原子。将原子的质心运动和电子与原子核之间的相对运动分离，相对运动等效于一个质量为

$$\mu = \frac{m_N m_e}{m_N + m_e} \tag{7.1.1}$$

的质点在势场

$$V = -\frac{Ze^2}{4\pi\varepsilon_0 r} \tag{7.1.2}$$

中相对于质心的运动。其中，ε_0 为真空介电常数，r 为电子与原子核之间的距离。由于原子核的质量远大于电子，此相对运动基本上可以看作是电子的运动。相应的定态薛定谔方程为

$$\left(-\frac{\hbar^2}{2\mu}\nabla^2 - \frac{Ze^2}{4\pi\varepsilon_0 r}\right)\psi = E\psi \tag{7.1.3}$$

在(7.1.3)中，势能只是径向距离的函数，称之为中心力场。此时，采用极坐标(r,θ,φ)是方便的。在极坐标中，(7.1.3)的形式为

$$\left[-\frac{\hbar^2}{2\mu r^2}\frac{\partial}{\partial r}\left(r^2\frac{\partial}{\partial r}\right) + \frac{\hat{L}^2}{2\mu r^2} - \frac{Ze^2}{4\pi\varepsilon_0 r}\right]\psi(r,\theta,\varphi) = E\psi(r,\theta,\varphi) \tag{7.1.4}$$

其中 $\hat{L}^2$ 便是第四章中的轨道角动量算符，它只是 θ 和 φ 的函数。它的本征态和本征值在第四章已经得到：

$$\hat{L}^2 Y_l^m(\theta,\varphi) = l(l+1)\hbar^2 Y_l^m(\theta,\varphi);\quad l=0,1,\cdots;\quad m=l,(l-1),\cdots,-l \tag{7.1.5}$$

$Y_l^m(\theta,\varphi)$为球谐函数，l 称为角量子数，m 称为磁量子数。令

$$\psi(r,\theta,\varphi) = R(r)Y_l^m(\theta,\varphi) \tag{7.1.6}$$

将(7.1.5)和(7.1.6)代入(7.1.4)，得到

$$\left[-\frac{\hbar^2}{2\mu r^2}\frac{\mathrm{d}}{\mathrm{d}r}\left(r^2\frac{\mathrm{d}}{\mathrm{d}r}\right) + \frac{l(l+1)\hbar^2}{2\mu r^2} - \frac{Ze^2}{4\pi\varepsilon_0 r}\right]R(r) = ER(r) \tag{7.1.7}$$

解(7.1.7)的本征态和本征值是一个直接但繁琐的过程，在此我们只给出结果。能量本征值为

$$E_n = -\frac{\mu e^4 Z^2}{2(4\pi\varepsilon_0)^2\hbar^2 n^2},\quad n=1,2,\cdots \tag{7.1.8}$$

其中 n 称为主量子数。实验表明，(7.1.8)所预言的类氢原子能级的能量令人满意。记

对应于(7.1.8)的本征函数为 $R_{nl}(r)$,它具有如下一般形式:

$$R_{nl}(r)=\sum_{i=0}^{n-l-1}b_{nl,i}r^{l+i}\mathrm{e}^{-\sigma r/n};\quad l<n,\quad \sigma=\frac{Z}{a_0},\quad a_0=\frac{4\pi\varepsilon_0\hbar^2}{\mu e^2}\tag{7.1.9}$$

其中,$b_{nl,i}$ 为多项式展开系数。当 μ 取成 m_e 时,a_0 称作玻尔半径。对应于主量子数 n 的能级是简并的,简并度为

$$\omega_n=\sum_{l<n}(2l+1)=n^2\tag{7.1.10}$$

称原子的一个单电子运动本征态为一个原子轨道(atomic orbital, AO),称 $l=0$ 的轨道为 s 轨道,$l=1$ 的为 p 轨道,$l=2$ 的为 d 轨道,$l=3$ 的为 f 轨道。依次称对应于量子数组合 nl 的轨道为 1s, 2s, 2p, 3s, 3p, 3d, 4s, 4p, 4d, 4f,…。类氢原子的前几个轨道波函数的表达式见表 7.1.1,其径向部分的形态见图 7.1.1。

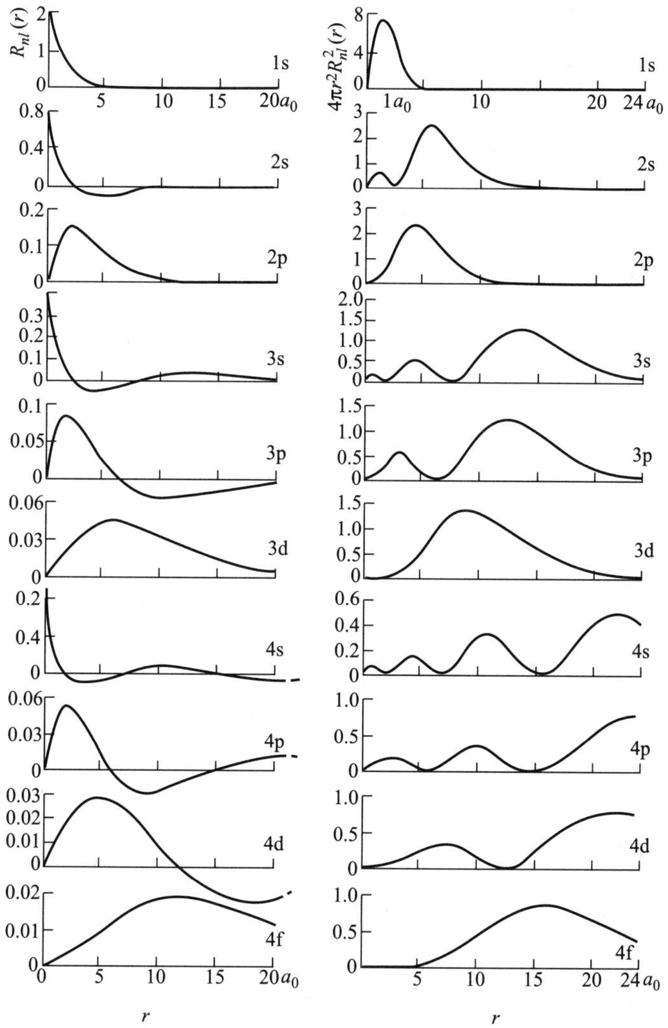

图 7.1.1　氢原子的 $R_{nl}(r)$ 及 $4\pi r^2R_{nl}^2(r)$

表 7.1.1 类氢原子 $n=1,2$ 的轨道

n	l	m	ψ
1	0	0	$\psi_{1s}=\dfrac{1}{\sqrt{\pi}}\sigma^{\frac{3}{2}}e^{-\sigma r}$
2	0	0	$\psi_{2s}=\dfrac{1}{4\sqrt{2\pi}}\sigma^{\frac{3}{2}}(2-\sigma r)e^{-\frac{\sigma r}{2}}$
	1	0	$\psi_{2p_z}=\dfrac{1}{4\sqrt{2\pi}}\sigma^{\frac{3}{2}}\sigma r e^{-\frac{\sigma r}{2}}\cos\theta$
		±1	$\psi_{2p_x}=\dfrac{1}{4\sqrt{2\pi}}\sigma^{\frac{3}{2}}\sigma r e^{-\frac{\sigma r}{2}}\sin\theta\cos\varphi$
			$\psi_{2p_y}=\dfrac{1}{4\sqrt{2\pi}}\sigma^{\frac{3}{2}}\sigma r e^{-\frac{\sigma r}{2}}\sin\theta\sin\varphi$

根据波函数的概率解释,电子运动的空间概率分布为

$$P_{nlm}(\boldsymbol{r})\mathrm{d}\tau=R_{nl}^2(r)[Y_l^m(\theta,\varphi)]^*Y_l^m(\theta,\varphi)\mathrm{d}\tau \tag{7.1.11}$$

其中体积微元为 $\mathrm{d}\tau=r^2\sin\theta\mathrm{d}r\mathrm{d}\theta\mathrm{d}\varphi$。常见的描绘轨道形貌的方式是取 $\pm m$ 态的线性组合,使波函数为实数,按包含了绝大部分概率(例如 90%)的等概率密度值的表面轮廓作图,同时在不同区域标出波函数的正负号。由此得到 1s, 2s, $2p_x$, $2p_y$, $2p_z$, 3s, $3p_x$, $3p_y$, $3p_z$, $3d_{z^2}$, $3d_{xz}$, $3d_{yz}$, $3d_{x^2-y^2}$, $3d_{xy}$ 等的轨道轮廓图(图 7.1.2)。1s 和 2p 轨道轮廓图也常常分别示意性地表示一般的 s 和 p 轨道。

§7.2 多电子原子的电子能级结构

一般的原子(含离子)由一个带电荷为 Ze 的原子核和 λ 个电子组成。为了简化,在讨论原子内粒子间的相对运动时,假设原子核的质量无穷大,因此所有的电子都相对于固定的原子核运动,此时体系中电子运动的定态薛定谔方程为

$$\left(-\frac{\hbar^2}{2m_e}\sum_{i=1}^{\lambda}\nabla_i^2-\sum_{i=1}^{\lambda}\frac{Ze^2}{4\pi\varepsilon_0 r_i}+\sum_{i<j}\frac{e^2}{4\pi\varepsilon_0 r_{ij}}\right)\psi=E\psi \tag{7.2.1}$$

求(7.2.1)的本征值和本征函数的分析解几乎不可能,但建立在第六章介绍的近似方法上的量子化学计算程序(如高斯软件)可以得到足够精确的结果。为了获得关于原子结构的直观了解,我们介绍一个目前广泛采用的近似模型。在考虑某第 i 个电子的运动时,将所有其他电子的运动对该电子造成的排斥效应平均成一个中心对称的屏蔽势能函数 $\dfrac{\sigma e^2}{4\pi\varepsilon_0 r_i}$,此方法称作平均场近似。这样该电子感受到的有效势能为

$$V_i=-\frac{Ze^2}{4\pi\varepsilon_0 r_i}+\frac{\sigma e^2}{4\pi\varepsilon_0 r_i}=-\frac{Z^*e^2}{4\pi\varepsilon_0 r_i} \tag{7.2.2}$$

称 Z^* 为有效核电荷。于是,该电子运动的定态薛定谔方程为

$$\left(-\frac{\hbar^2}{2m_e}\nabla_i^2-\frac{Z^*e^2}{4\pi\varepsilon_0 r_i}\right)\psi=E_i\psi \tag{7.2.3}$$

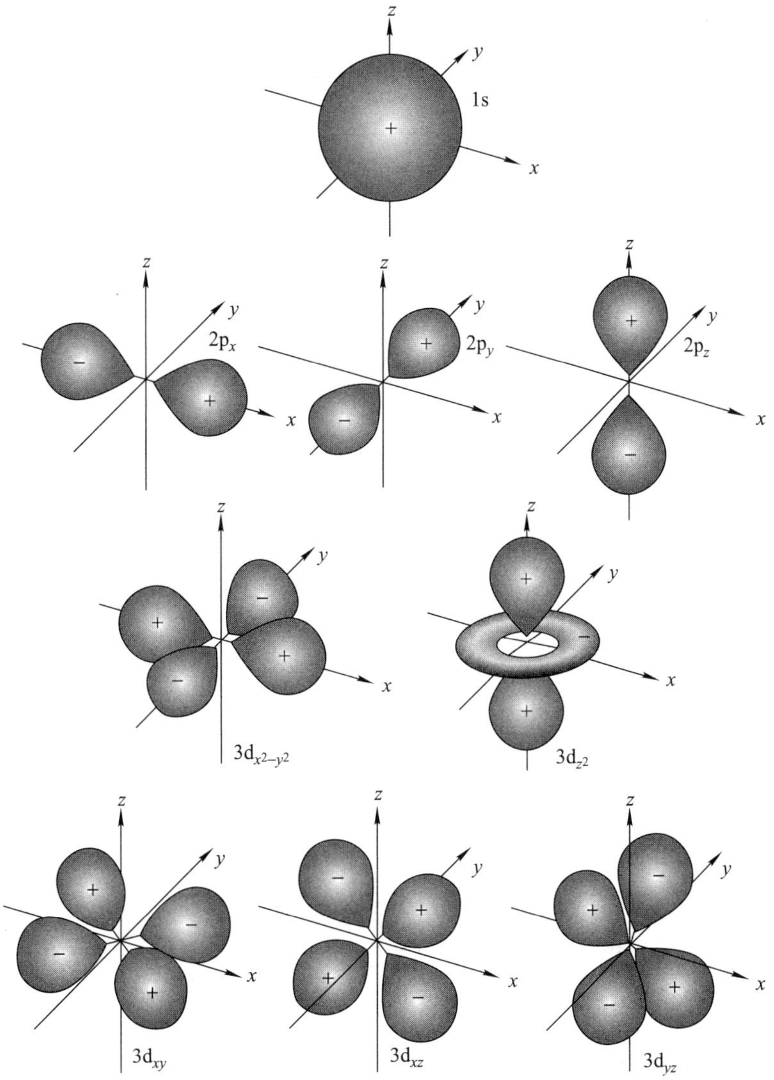

图 7.1.2　轨道的轮廓示意图

解(7.2.3)得到与类氢原子体系有完全相同函数形式的 E_{nl} 和 ψ_{nlm}，称为原子的单电子能量和轨道。不同在于，在类氢原子中任一轨道上的电子感受到的原子核电荷都是同一个 Z，结果是主量子数 n 唯一地决定着能级的高低顺序。而在多电子原子中，不同 n，l 轨道上的电子受其他电子屏蔽的效应不同，有效核电荷 Z^* 因而也是 n，l(以及以后谈及的电子组态)的函数。因此，能级随 n 变化的关系不再简单地与 n^2 成反比，并且相同 n、不同 l 轨道产生能级裂分，甚至出现主量子数能级顺序颠倒的现象。图 7.2.1 给出中性原子的电子基态下的轨道能量随原子序数变化的情况。

相同的微观粒子是不可分辨的，体系的哈密顿算符与交换两个相同粒子的操作 $\hat{P}(ij)$ 对易。容易证明，$\hat{P}(ij)$ 只有 $+1$ 或 -1 两个本征值，称对应的本征态关于 $\hat{P}(ij)$ 是

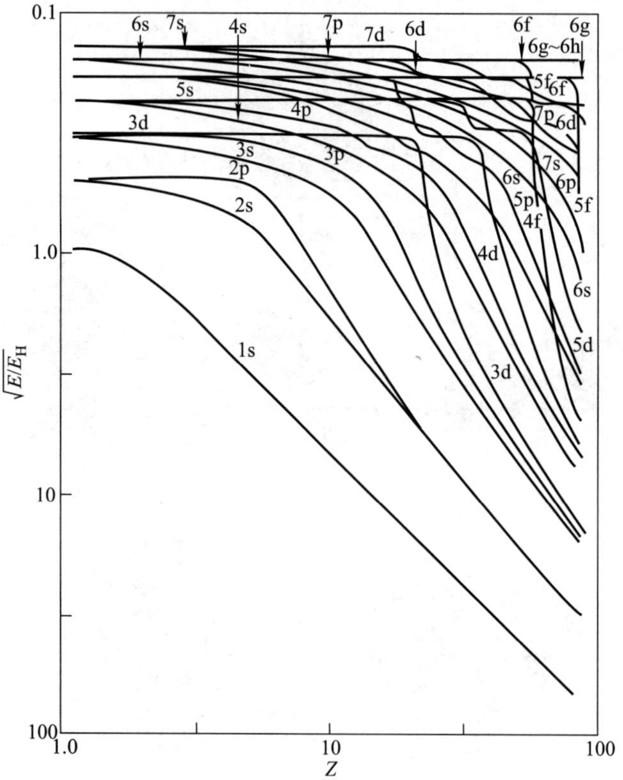

图 7.2.1　原子的轨道能量随原子序数的变化

对称的或反对称的。基本粒子都有特定的自旋,体系波函数在 $\hat{P}(ij)$下的对称性由被交换的粒子的自旋决定。相对论量子力学可以给出如下称为“自旋统计”的结果:体系的波函数关于整数自旋粒子(称为玻色子)的 $\hat{P}(ij)$操作是对称的,关于半整数自旋粒子(称为费米子)的 $\hat{P}(ij)$操作是反对称的,即

$$\hat{P}(ij)\psi(i,j)=\psi(j,i)=\begin{cases}\psi(i,j), & \text{玻色子}\\ -\psi(i,j), & \text{费米子}\end{cases} \tag{7.2.4}$$

电子为自旋1/2粒子。将自旋统计应用到电子,便得到泡利不相容原理:每一个电子轨道上最多可以填充两个自旋相反的电子。这个推论请读者自己证明。

斯莱特行列式是一种以单电子波函数为基础构造满足(7.2.4)的电子总波函数的通用方法。设 λ 个电子占据在包括了轨道和自旋的量子态 $\phi_1,\phi_2,\cdots,\phi_\lambda$ 上,电子的总波函数可以取为

$$\psi(1,2,\cdots,\lambda)=\frac{1}{\sqrt{\lambda!}}\begin{vmatrix}\phi_1(1) & \phi_2(1) & \cdots & \phi_\lambda(1)\\ \phi_1(2) & \phi_2(2) & \cdots & \phi_\lambda(2)\\ \vdots & \vdots & \ddots & \vdots\\ \phi_1(\lambda) & \phi_2(\lambda) & \cdots & \phi_\lambda(\lambda)\end{vmatrix} \tag{7.2.5}$$

(7.2.5)中括号内的数字表示电子的编号,下角标表示量子态的编号。交换两个电子对

应着交换斯莱特行列式中相应的两行，行列式的性质使(7.2.5)自动满足(7.2.4)的反对称条件。哈特里-福克自洽场(self-consistent field, SCF)方法取(7.2.5)为试探波函数，变分地以及反复迭代地得到收敛的单电子能量和波函数，进而得到较为准确的原子中电子运动的能量和波函数。可以考虑更多的修正，例如包含了电子相关的组态相互作用(configuration interaction, CI)，使计算越来越准确。不论计算方法如何改变，用主量子数和角量子数的组合 nl 标识原子轨道依然有效，每一 nl 组合因磁量子数 m 而具有 $2l+1$ 重简并。称有相同 n 的轨道为一个壳层，有相同 nl 的轨道为一个亚壳层。

现在，可以进行将电子填充到原子轨道上的工作了。将电子填充到原子轨道中的一种方式称作原子的一个电子组态。例如，从能量最低的轨道开始，依次在每个 nl 能级的轨道上填充 $2\times(2l+1)$ 个电子，直到所有电子填充完毕，得到原子基态的电子组态。将基态电子组态中任何一个填充有电子的轨道上的电子取出放到任何一个能量比原轨道高的未达到饱和填充的轨道上，都产生原子的一个激发态电子组态。出于下一章将讨论的原子间化学键形成规律的原因，称基态电子组态中饱和填充的壳层为闭壳层，闭壳层的轨道为内层轨道，填充在内层轨道的电子为内层电子，原子核与内层电子一起构成原子芯；称尚未饱和填充的壳层为开壳层，又称价层，填充在价层的电子为价电子。例如：氦原子基态的电子组态写为 $1s^2$，表示在 1s 轨道上有 2 个电子；而电子组态 $1s^1 2s^1$ 则表示在 1s 轨道上有 1 个电子，2s 轨道上有 1 个电子，它是氦原子的一个激发态电子组态。碳原子基态的电子组态为 $1s^2 2s^2 2p^2$；$1s^2 2s^2 2p^1 3s^1$ 是碳原子的一个价电子被激发的激发态电子组态；而 $1s^1 2s^2 2p^3$ 是碳原子的一个内层电子被激发的激发态电子组态；等等。基态原子电子组态的性质可以很好地解释元素周期表所展示的规律。

§7.3　电子自旋轨道耦合与光谱项

同一种电子组态，可以对应若干个不同的电子能级。如何用简单明了的方法标识不同的电子能级呢？我们知道，总角动量是原子的守恒量，在忽略原子核自旋的情况下，与电子运动总角动量对应的量子数 J 和 M 是电子能级的自然标签。可以依照第四章的方法任意地选取角动量耦合的顺序逐次将所有电子的自旋与轨道角动量互相耦合，得到电子运动的总角动量。实际情况是，由于角动量之间耦合的强度不同，可以使得某些角动量特征在最终的结果中保留下来，提供在 J 和 M 之上更多的能级标识。为了体现这些物理性质，采用与实际情况相符的先强后弱的耦合顺序是必要的。实验表明，对于原子序数低的原子，电子的轨道角动量之间和自旋角动量之间各自有较强的相互作用，可以分别耦合出总的轨道角动量 $\boldsymbol{L}$ 和总的自旋角动量 $\boldsymbol{S}$，然后通过 L-S 耦合得到总角动量。而对于原子序数很大的原子，第 i 个电子自己的轨道角动量 $\boldsymbol{l}_i$ 和自旋角动量 $\boldsymbol{s}_i$ 之间有很强的相互作用，它们先耦合成该电子的总角动量 $\boldsymbol{j}_i$，再通过 j-j 耦合形成原子的总角动量。原子序数在中间的原子则表现出复杂的耦合模式。这里，我们只讨论 L-S 耦合。

内层电子需自旋相反地饱和填充到一个轨道中，它们对自旋角动量的贡献为 0。实验表明：内层轨道对轨道角动量的贡献也为 0。以上事实大大简化了角动量耦合计算的工作量。对于一种电子组态，在 L-S 耦合之前，将价电子的自旋进行耦合，得到原子的自

旋角量子数 S,每一 S 对应有 $2S+1$ 个简并的自旋状态;将价电子轨道的轨道角动量进行耦合,得到原子的轨道角量子数 L,按 L 的取值为 0, 1, 2, 3, 4, …,分别记作 S, P, D, F, G, …。不同 L 对应不同的能量,每一 L 有 $2L+1$ 重因磁量子数 M 造成的简并。在自旋轨道相互作用为 0 的极限下,L-S 耦合之后能级保持原来 S 和 L 所标识的特征。在满足泡利不相容原理的前提下,每一 L 与每一 S 组合的结果是一个简并度为$(2S+1)\times(2L+1)$的能级。此时,可用 $^{2S+1}\mathrm{L}$ 表示该能级,称之为光谱项,其中 S 为数值,L 为代表数值的字母。例如:$^2\mathrm{S}$ 表示该能级的轨道角动量为 0,由电子自旋造成的能级简并度为 2($S=1/2$);$^3\mathrm{P}$ 表示该能级的轨道角动量为 1,由电子自旋造成的能级简并度为 3($S=1$),而总的简并度是$(2S+1)\times(2L+1)=9$。以 npmp 组合为例,轨道角动量 $l=1$ 与 $l=1$ 耦合可得 $L=0, 1, 2$,故有 S, P, D;自旋角动量 $s=1/2$ 与 $s=1/2$ 耦合可得 $S=0, 1$。如果 $n\neq m$,L 与 S 可以任意地组合,因此可以产生的光谱项为$^1\mathrm{S}$, $^1\mathrm{P}$, $^1\mathrm{D}$, $^3\mathrm{S}$, $^3\mathrm{P}$, $^3\mathrm{D}$,共有 $1+3+5+3\times(1+3+5)=36$ 个电子态。但当 $n=m$ 时,泡利不相容原理要求每个轨道最多只可填充 2 个自旋相反的电子,L 与 S 间的组合受到一定限制。例如,碳原子基态电子组态为 $1s^2 2s^2 2p^2$,其中 1s 和 2s 对自旋和轨道角动量的贡献都是 0。3 个 p 轨道可分别与每一电子自旋态组合,因而共有 6 个单电子量子态。2 个电子在泡利不相容原理限制下填充到这 3 个 2p 轨道中,共可以产生 $6!/[2!(6-2)!]=15$ 个电子态,图 7.3.1 列出形成这 15 种状态的基组。考察电子填充模式可以获得相应的光谱项。图 7.3.1 中第一行为 $m_L=2$, $m_S=0$,故应有$^1\mathrm{D}$。用$|m_L m_S\rangle$表示基组,$^1\mathrm{D}$ 需要的基组有$\{|2,0\rangle, |1,0\rangle, |0,0\rangle, |-1,0\rangle, |-2,0\rangle\}$。第四行为 $m_L=1$, $m_S=1$,故应有$^3\mathrm{P}$;$^3\mathrm{P}$ 需要的基组有$\{|1,1\rangle, |1,0\rangle, |1,-1\rangle, |0,1\rangle, |0,0\rangle, |0,-1\rangle, |-1,1\rangle, |-1,0\rangle, |-1,-1\rangle\}$。将$^1\mathrm{D}$ 和$^3\mathrm{P}$ 所需的基组从图 7.3.1 中剔除后,发现 $m_L=0$, $m_S=0$ 还剩余一个$|0,0\rangle$基组,故还应有$^1\mathrm{S}$。通盘检验得知可能的光谱项为$^1\mathrm{S}$, $^3\mathrm{P}$, $^1\mathrm{D}$。

+1	0	−1	m_L	m_S	归属
↑↓	—	—	2	0	^{1}D
—	↑↓	—	0	0	^{1}D,^{3}P,^{1}S
—	—	↑↓	−2	0	^{1}D
↑	↑	—	1	1	^{3}P
↑	↓	—	1	0	^{1}D,^{3}P
↑	—	↑	0	1	^{3}P
↑	—	↓	0	0	^{1}D,^{3}P,^{1}S
↓	↑	—	1	0	^{1}D,^{3}P
↓	↓	—	1	−1	^{3}P
↓	—	↑	0	0	^{1}D,^{3}P,^{1}S
↓	—	↓	0	−1	^{3}P
—	↑	↑	−1	1	^{3}P
—	↑	↓	−1	0	^{1}D,^{3}P
—	↓	↑	−1	0	^{1}D,^{3}P
—	↓	↓	−1	−1	^{3}P

图 7.3.1 $n\mathrm{p}^2$ 的 15 种可能的组合

由于泡利不相容原理,某一亚壳层中填充 n 个电子与电子填充后余下 n 个空位的光谱项是一样的。例如，碳($1s^2 2s^2 2p^2$)与氧($1s^2 2s^2 2p^4$)的基态电子组态产生相同的光谱项。

当 L-S 耦合强到一定程度，^{2S+1}L 对应的能级将按照 J 的不同发生裂分，需要用 L 与 S 耦合成的 J 来进一步标识，不同 J 的状态能量不同，而 J 相同的$(2J+1)$个状态依然简并。更完整的光谱项符号为将 J 的取值写在 L 的右下方，$^{2S+1}L_J$。例如：$^3P_2$ 表示原子的一个由 $S=1$ 和 $L=1$ 耦合成的 $J=2$ 的能级，其简并度为 $2J+1=5$。相同的 $S=1$ 和 $L=1$ 还可以分别耦合出 $J=0,1$ 的能级 $^3P_0$，$^3P_1$，其简并度分别为 1 和 3。电子自旋轨道耦合造成的能级裂分导致原子的精细结构。

当一个原子基态电子组态可产生几个光谱项时，可以依次应用如下的洪特规则推测原子基态能级的光谱项：

1）对应着 $2S+1$ 最大的能级，能量最低；

2）对于相同 S，L 大的能级能量低；

3）如果 S 和 L 相同，对于亚壳层少于半充满的组态，J 最小的能级能量最低；对于亚壳层多于半充满的组态，J 最大的能级能量最低。

例如，碳和氧原子基态电子组态的光谱项均为 $^1S_0$，$^3P_0$，$^3P_1$，$^3P_2$ 和 $^1D_2$。根据洪特规则，碳的电子基态为 $^3P_0$，而氧为 $^3P_2$。洪特规则也可以用于激发电子组态不同光谱项能级顺序的推测，但是可以出现例外。

如果原子核有非 0 的核自旋，则需要将电子的总角动量与核自旋角动量进一步耦合，得到原子的总角动量，结果造成原子能级的进一步裂分，这是产生原子超精细结构的原因之一。核自旋与电子角动量之间的耦合同样按照角动量耦合的理论进行。超精细结构通常与化学和生物问题关系不大，因此不作深入讨论。

对物质施加静电场或静磁场，可不同程度地去除与磁量子数对应的能级简并。这是探测物质性质的极为有用的方法，是电子自旋共振和核磁共振等技术的物理基础。我们将在第九章和第十章中讨论磁场中的核自旋裂分和核磁共振谱。

在进入光谱理论的讨论之前，需要介绍作为电磁波的光与物质相互作用的理论。

§7.4　有电磁场的薛定谔方程

本节和下一节采用高斯单位制，介绍用经典电动力学描述电磁场的非相对论量子力学关于粒子与电磁场相互作用的理论。电磁场的两个场强物理量 $\boldsymbol{E}$ 和 $\boldsymbol{B}$ 可以用另外两个物理量 $\boldsymbol{A}$ 和 ϕ 表示：

$$\boldsymbol{E}=-\frac{1}{c}\frac{\partial \boldsymbol{A}}{\partial t}-\nabla \phi, \qquad \boldsymbol{B}=\nabla\times\boldsymbol{A} \tag{7.4.1}$$

式中 c 为光速，$\boldsymbol{A}$ 和 ϕ 分别称作矢势和标势。一个质量为 m，带电量为 q 的粒子在电磁场中的经典哈密顿量为

$$H=\frac{1}{2m}\left(\boldsymbol{p}-\frac{q}{c}\boldsymbol{A}\right)^2+q\phi \tag{7.4.2}$$

式中的 $\boldsymbol{p}$ 为正则动量：

$$\boldsymbol{p} = m\boldsymbol{v} + \frac{q}{c}\boldsymbol{A} = \boldsymbol{\pi} + \frac{q}{c}\boldsymbol{A} \tag{7.4.3}$$

$\boldsymbol{\pi} = m\boldsymbol{v}$ 是粒子的机械动量。

在量子力学中,将 $\boldsymbol{A}$ 和 ϕ 理解为坐标 $\boldsymbol{r}$ 的函数,因此 $\hat{\boldsymbol{p}}$ 和 $\boldsymbol{A}$ 不对易。在利用对应性原理将经典哈密顿量转换为量子力学算符时,为了保证算符 $\hat{H}$ 的厄米性,应先作如下展开:

$$\left(\boldsymbol{p} - \frac{q}{c}\boldsymbol{A}\right)^2 = \boldsymbol{p}^2 - \left(\frac{q}{c}\right)(\boldsymbol{p}\cdot\boldsymbol{A} + \boldsymbol{A}\cdot\boldsymbol{p}) + \left(\frac{q}{c}\right)^2\boldsymbol{A}^2 \tag{7.4.4}$$

再将正则动量 $\boldsymbol{p}$ 而不是机械动量 $\boldsymbol{\pi}$ 对应为量子力学的动量算符 $\hat{\boldsymbol{p}}$。可以验证 $\hat{\boldsymbol{p}}$ 满足关于动量算符的要求,而 $\hat{\boldsymbol{\pi}}$ 不能满足,例如:

$$[\hat{p}_i, \hat{p}_j] = 0 \tag{7.4.5}$$

而

$$[\hat{\pi}_i, \hat{\pi}_j] = \left(\frac{\mathrm{i}\hbar q}{c}\right)\sum_k \varepsilon_{ijk} B_k \tag{7.4.6}$$

在光谱研究中,常将电磁波看作是平面波,此时为横波,满足 $\nabla\cdot\boldsymbol{A} = 0$,因此 $\boldsymbol{A}$ 与 $\hat{\boldsymbol{p}}$ 对易。于是,在位置表象中的薛定谔方程为

$$\mathrm{i}\hbar\frac{\partial}{\partial t}\psi = \left[\frac{1}{2m}\hat{\boldsymbol{p}}^2 - \frac{q}{mc}\boldsymbol{A}\cdot\hat{\boldsymbol{p}} + \frac{q^2}{2mc^2}\boldsymbol{A}^2 + q\phi\right]\psi \tag{7.4.7}$$

此式是讨论平面波情况下电磁场与粒子相互作用的基本方程。

类似于第五章,取 $\psi^* \times (7.4.7) - \psi \times (7.4.7)^*$,利用 $\nabla\cdot\boldsymbol{A} = 0$ 及在位置表象下 $\hat{\boldsymbol{p}}^* = -\hat{\boldsymbol{p}}$,得

$$\mathrm{i}\hbar\frac{\partial}{\partial t}(\psi^*\psi) = -\frac{\mathrm{i}\hbar}{2m}\nabla\cdot\left[(\psi^*\hat{\boldsymbol{p}}\psi - \psi\hat{\boldsymbol{p}}\psi^*) - \frac{2q}{c}\psi^*\boldsymbol{A}\psi\right] \tag{7.4.8}$$

定义

$$\rho = \psi^*\psi \tag{7.4.9}$$

$$\begin{aligned}
\boldsymbol{j} &= \frac{1}{2m}\left[(\psi^*\hat{\boldsymbol{p}}\psi - \psi\hat{\boldsymbol{p}}\psi^*) - \frac{2q}{c}\psi^*\boldsymbol{A}\psi\right] \\
&= \frac{1}{2m}\left[\psi^*\left(\hat{\boldsymbol{p}} - \frac{q}{c}\boldsymbol{A}\right)\psi + \psi\left(\hat{\boldsymbol{p}} - \frac{q}{c}\boldsymbol{A}\right)^*\psi^*\right] \\
&= \frac{1}{2m}(\psi^*\hat{\boldsymbol{\pi}}\psi + \psi\hat{\boldsymbol{\pi}}^*\psi^*) \\
&= \mathrm{Re}(\psi^*\hat{\boldsymbol{v}}\psi)
\end{aligned} \tag{7.4.10}$$

式中 $\hat{\boldsymbol{v}}$ 是粒子的速度算符,则由(7.4.8)得到概率守恒关系

$$\frac{\partial\rho}{\partial t} + \nabla\cdot\boldsymbol{j} = 0 \tag{7.4.11}$$

在经典电动力学中,电磁场有规范不变性。即在变换

$$\begin{cases}\boldsymbol{A} \rightarrow \boldsymbol{A} + \nabla\Lambda \\ \phi \rightarrow \phi - \dfrac{1}{c}\dfrac{\partial\Lambda}{\partial t}\end{cases} \tag{7.4.12}$$

下，$\boldsymbol{E}$ 和 $\boldsymbol{B}$ 不变。因此，量子力学的运动方程在这一变换下也应不变。可以验证，为了保证薛定谔方程在这一“规范变换”下形式不变，需同时对波函数进行如下的变换：

$$\psi \rightarrow e^{\frac{iq}{\hbar c}\Lambda}\psi \tag{7.4.13}$$

§7.5　粒子的单光子吸收与发射

现在以孤立粒子（原子或分子）中的电子与单色光相互作用所导致的光的吸收与发射以及电子的跃迁为例，展示光与物质相互作用的基本特征。我们只讨论电子与弱电磁场相互作用导致的单光子过程，此时忽略(7.4.7)中 $\boldsymbol{A}^2$ 项的贡献，体系的哈密顿算符为

$$\hat{H} = \hat{H}_0 - \frac{e}{m_e c}\boldsymbol{A}\cdot\hat{\boldsymbol{p}} \tag{7.5.1}$$

式中的 e 带有符号（电子的情形，$e=-|e|$）。对于单色波

$$\boldsymbol{A} = A_0\hat{\boldsymbol{\varepsilon}}\left[e^{i\left(\frac{\omega}{c}\hat{\boldsymbol{n}}\cdot\boldsymbol{r}-\omega t\right)} + e^{-i\left(\frac{\omega}{c}\hat{\boldsymbol{n}}\cdot\boldsymbol{r}-\omega t\right)}\right] \tag{7.5.2}$$

其中 $\hat{\boldsymbol{\varepsilon}}$ 为偏振方向，$\hat{\boldsymbol{n}}$ 为传播方向。如第六章所言，$-i\omega t$ 项对应于光的吸收，$i\omega t$ 项对应于光的发射。现在以吸收部分为例作详细讨论。将辐射与粒子的相互作用看成微扰，利用第六章含时一级微扰理论所推导出的费米黄金规则，单光子吸收的跃迁速率常数为

$$w_{ni} = \frac{2\pi}{\hbar}\frac{e^2}{m_e^2 c^2}A_0^2\left|\langle n|e^{i\left(\frac{\omega}{c}\right)\hat{\boldsymbol{n}}\cdot\boldsymbol{r}}\hat{\boldsymbol{\varepsilon}}\cdot\hat{\boldsymbol{p}}|i\rangle\right|^2\delta(E_n - E_i - \hbar\omega) \tag{7.5.3}$$

如果考虑 $\boldsymbol{A}^2$ 项及更高级的微扰，就会得到对应于多光子过程的公式，这将在第十一章非线性光谱部分讨论。

根据吸收截面的一般定义，粒子对光吸收的截面为

$$\sigma = \frac{\text{粒子单位时间吸收的电磁场的能量}}{\text{电磁场的能流密度}} \tag{7.5.4}$$

电磁场的平均能流密度为

$$cU = \frac{1}{2\pi}\frac{\omega^2}{c}A_0^2 \tag{7.5.5}$$

其中 U 为电磁场的平均能量密度

$$U = \frac{1}{2}\left(\frac{E_{\max}^2 + B_{\max}^2}{8\pi}\right) \tag{7.5.6}$$

粒子单位时间吸收的电磁场的能量为跃迁速率常数乘以光子的能量，于是

$$\sigma = \frac{4\pi^2\hbar}{m_e^2\omega}\left(\frac{e^2}{\hbar c}\right)\left|\langle n|e^{i\left(\frac{\omega}{c}\right)\hat{\boldsymbol{n}}\cdot\boldsymbol{r}}\hat{\boldsymbol{\varepsilon}}\cdot\hat{\boldsymbol{p}}|i\rangle\right|^2\delta(E_n - E_i - \hbar\omega) \tag{7.5.7}$$

在讨论真空紫外光或波长更长的光的吸收时，光的波长远大于分子的尺度，因此可以将上式中的指数项展开，只取第一项：

$$\langle n|e^{i\left(\frac{\omega}{c}\right)\hat{\boldsymbol{n}}\cdot\boldsymbol{r}}\hat{\boldsymbol{\varepsilon}}\cdot\hat{\boldsymbol{p}}|i\rangle \rightarrow \hat{\boldsymbol{\varepsilon}}\cdot\langle n|\hat{\boldsymbol{p}}|i\rangle \tag{7.5.8}$$

再利用

$$[\boldsymbol{r}, \hat{H}_0] = \frac{i\hbar}{m_e}\hat{\boldsymbol{p}} \tag{7.5.9}$$

得到

$$\langle n|\hat{\boldsymbol{p}}|i\rangle=\frac{m_e}{i\hbar}\langle n|[\boldsymbol{r},\hat{H}_0]|i\rangle=im_e\omega_{ni}\langle n|\boldsymbol{r}|i\rangle \tag{7.5.10}$$

代入吸收截面的表达式,得

$$\sigma=\frac{4\pi^2\omega_{ni}}{\hbar c}|\hat{\boldsymbol{\varepsilon}}\cdot\boldsymbol{\mu}_{ni}|^2\delta(\omega-\omega_{ni}) \tag{7.5.11}$$

这就是我们所熟知的电偶极子近似,其中 $\boldsymbol{\mu}_{ni}=\langle n|e\boldsymbol{r}|i\rangle$ 为电子偶极跃迁矩阵元。由(7.5.11)可以计算吸收截面以及推导出单光子跃迁的偶极选择定则。如果在(7.5.7)的展开中取更高阶项,就会得到电四极子、磁偶极子等多极子跃迁的结果。

爱因斯坦系数在研究单光子吸收与发射时很有用,下面给以介绍。

考虑通过电磁辐射,建立了热平衡的体系中两个非简并的能级。根据细致平衡原理,我们只需考虑这两个能级之间的平衡关系(图7.5.1)。

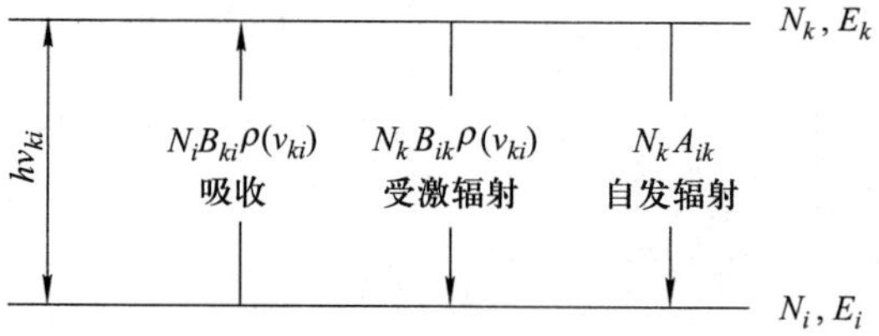

图7.5.1　热平衡体系中两个能级间达到细致平衡

统计热力学理论指出,粒子在平衡下的布居数为

$$N_i=\frac{N}{Q}\exp\left(-\frac{E_i}{k_BT}\right) \tag{7.5.12}$$

其中 N_i 为第 i 态上的粒子数密度,N 为总粒子数密度,Q 为以后会介绍的配分函数,k_B 为玻尔兹曼常数。对于向上的吸收跃迁,引入爱因斯坦吸收系数 B_{ki},使向上跃迁的速率常数为

$$w_{ki}=B_{ki}\rho(\nu) \tag{7.5.13}$$

其中 $\rho(\nu)$ 为电磁场的能量密度分布函数。对应地,向上跃迁的速率为

$$N_iw_{ki}=N_iB_{ki}\rho(\nu) \tag{7.5.14}$$

向下跃迁由自发辐射与受激辐射两部分的贡献组成,分别引入爱因斯坦自发辐射系数 A_{ik} 和受激辐射系数 B_{ik},使向下的跃迁速率常数为

$$w_{ik}=A_{ik}+B_{ik}\rho(\nu) \tag{7.5.15}$$

于是向下跃迁的速率为

$$N_kw_{ik}=N_k[A_{ik}+B_{ik}\rho(\nu)] \tag{7.5.16}$$

由热平衡时正、逆跃迁速率相等的条件得到

$$\frac{N_k}{N_i}=\frac{B_{ki}\rho(\nu)}{A_{ik}+B_{ik}\rho(\nu)} \tag{7.5.17}$$

与平衡体系的玻尔兹曼分布比较,得到

$$\rho(\nu_{ki})=\frac{A_{ik}\exp\left(-\frac{h\nu_{ki}}{k_{\mathrm{B}}T}\right)}{B_{ki}-B_{ik}\exp\left(-\frac{h\nu_{ki}}{k_{\mathrm{B}}T}\right)} \tag{7.5.18}$$

关于黑体辐射的普朗克定律给出

$$\rho(\nu)\mathrm{d}\nu=\frac{8\pi h\nu^3}{c^3}\frac{1}{\exp\left(\frac{h\nu}{k_{\mathrm{B}}T}\right)-1}\mathrm{d}\nu \tag{7.5.19}$$

欲使这两个式子在任何 ν 和 T 时都相等，必须有

$$\begin{cases}B_{ki}=B_{ik}\\ B_{ik}=\dfrac{c^3}{8\pi h\nu^3}A_{ik}\end{cases} \tag{7.5.20}$$

这样得到唯象地引入的爱因斯坦系数之间的关系。

我们还可以得到这些系数与跃迁矩阵元之间的关系。按照爱因斯坦系数，光子吸收的速率为

$$\frac{\mathrm{d}n}{\mathrm{d}t}=N_iB_{ki}^{(\omega)}\rho(\omega_{ki}) \tag{7.5.21}$$

注意式中使用了 $\rho(\omega)$ 而不是 $\rho(\nu)$，这是因为在将要联用的(7.5.11)中的密度 δ 函数是关于 ω 的，我们对 B 增加上角标来强调这一点。此式是在各向同性的辐射场下获得的。另一方面，光子吸收的速率为

$$\frac{\mathrm{d}n}{\mathrm{d}t}=\int\sigma(\omega)N_in_0\mathrm{d}\omega \tag{7.5.22}$$

这里的 n_0 为光子数流通量，其单位为光子/($\mathrm{cm}^2\cdot\mathrm{s}$)。此式对应于假定辐射场沿一定方向传播，因此由 $\rho(\omega)$ 计算光子数流通量时要有一个因子 3 的修正：

$$n_0=\frac{1}{3}\frac{\rho(\omega)}{\hbar\omega}c \tag{7.5.23}$$

(7.5.21)与(7.5.22)比较，得

$$\begin{aligned}B_{ki}^{(\omega)}\rho(\omega_{ki})&=\int\sigma(\omega)n_0(\omega)\mathrm{d}\omega\\&=\frac{4\pi^2}{\hbar c}|\boldsymbol{\mu}_{ki}|^2\cdot\frac{1}{3}\frac{c}{\hbar}\int\omega_{ki}\frac{\rho(\omega)}{\omega}\delta(\omega-\omega_{ki})\mathrm{d}\omega\\&=\frac{4\pi^2}{3\hbar^2}\rho(\omega_{ki})|\boldsymbol{\mu}_{ki}|^2\end{aligned} \tag{7.5.24}$$

所以

$$B_{ki}^{(\omega)}=\frac{4\pi^2}{3\hbar^2}|\boldsymbol{\mu}_{ki}|^2 \tag{7.5.25}$$

将 B_{ki} 改回以 $\rho(\nu)$ 为基础的表达式，利用

$$B_{ki}\rho(\nu)=B_{ki}^{(\omega)}\rho(\omega) \tag{7.5.26}$$

得到

$$B_{ki}=\frac{8\pi^3}{3h^2}|\boldsymbol{\mu}_{ki}|^2 \tag{7.5.27}$$

因而

$$A_{ik}=\frac{64\pi^4\nu^3}{3hc^3}|\boldsymbol{\mu}_{ki}|^2 \tag{7.5.28}$$

A_{ki}是自发辐射速率常数,所以不随辐射场能量密度表达形式的改变而变化。虽然各爱因斯坦系数之间关系的推导是在平衡条件下做出的,但它们是分子的内在性质,与辐射场是否处于热平衡无关。在实验中常用波数 $\tilde{\nu}$ 表示光子的能量,其单位为 cm^{-1}。在这一单位下,能量密度记为 $\rho(\tilde{\nu})$,对应地

$$\begin{cases} A_{ik}=\dfrac{64\pi^4\tilde{\nu}^3}{3h}|\boldsymbol{\mu}_{ki}|^2 \\ B_{ki}=B_{ik}=\dfrac{8\pi^3}{3h^2c}|\boldsymbol{\mu}_{ki}|^2 \\ B_{ik}=\dfrac{1}{8\pi hc\tilde{\nu}^3}A_{ik} \end{cases} \tag{7.5.29}$$

电子跃迁的强度还可以用振子强度表示:

$$f_{ki}=\frac{8\pi^2 m_e c\tilde{\nu}}{3he^2}|\boldsymbol{\mu}_{ki}|^2 \tag{7.5.30}$$

对于原子的情形,一个单电子电偶极允许的跃迁,振子强度在1的数量级。

下面给出由实验测量吸收截面的方法。在特定波长、单位体积中光子数的吸收速率为(7.5.21),因而当光通过吸收介质长度为 $\mathrm{d}l$ 后光能量通量的改变为

$$\mathrm{d}I=-(h\tilde{\nu}c)\frac{\mathrm{d}n}{\mathrm{d}t}\mathrm{d}l=-(h\tilde{\nu}c)N_iB_{ki}(\tilde{\nu})\rho(\tilde{\nu})\mathrm{d}l \tag{7.5.31}$$

实验通常不在黑体辐射平衡下进行。若入射光总能量通量为 I,频率带宽为 $\Delta\tilde{\nu}$,则

$$\rho=\frac{I}{c\Delta\tilde{\nu}} \tag{7.5.32}$$

所以

$$\mathrm{d}I=-\frac{IN_iB_{ki}(\tilde{\nu})h\tilde{\nu}}{\Delta\tilde{\nu}}\mathrm{d}l=-IN_i\sigma_{ki}(\tilde{\nu})\mathrm{d}l \tag{7.5.33}$$

其中

$$\sigma_{ki}(\tilde{\nu})=\frac{h\tilde{\nu}B_{ki}(\tilde{\nu})}{\Delta\tilde{\nu}} \tag{7.5.34}$$

为特定波长处的吸收截面。

(7.5.33)对长度元积分得

$$\ln\frac{I_0}{I}=\sigma_{ki}(\tilde{\nu})N_i\Delta l \tag{7.5.35}$$

式中 Δl 为光通过介质的总长度。另一方面,从实验角度看,根据比尔定律

$$A=\lg\frac{I_0}{I}=\varepsilon(\tilde{\nu})c\Delta l \tag{7.5.36}$$

其中,A 为吸光度,量纲为1;ε 为摩尔吸光系数,单位为 $L\cdot mol^{-1}\cdot cm^{-1}$;$c$ 为体积摩尔浓度,单位为 $mol\cdot L^{-1}$;Δl 的单位为 cm。将(7.5.35)和(7.5.36)两式联立,得

$$\sigma_{ki}(\tilde{\nu})=\frac{2.303\varepsilon}{N_{A}}\times 1000 \tag{7.5.37}$$

其中吸收截面 σ 的单位为 cm^2，N_A 为阿伏加德罗常数。

需要指出，理论计算中的爱因斯坦系数对应于一个电子跃迁，在原子光谱的情形，它是一条谱线。而在分子光谱的实验中它对应着一条谱带，同一电子跃迁的爱因斯坦系数应为相关吸收光谱带的积分：

$$B_{ki}=\frac{1}{h}\int\frac{\sigma_{ki}(\tilde{\nu})}{\tilde{\nu}}\mathrm{d}\tilde{\nu} \tag{7.5.38}$$

实际计算时需注意各物理量在不同分布函数之间转换的关系，遵守[例如(7.5.37)中]关于各物理量单位的规定，遵守物理量的单位与单位制的一致性，方可得到正确的结果。

§7.6　激发态的自然寿命

以上的讨论主要针对吸收，对于发射是类似的。不过发射也有新的现象，其中之一是发射使得激发态有一定的寿命。寿命是动力学的重要参数，所以我们谈一谈这个问题。

回忆第六章关于量子跃迁的讨论。在相互作用表象中，第 m 态系数变化的方程为

$$\dot{a}_m(t)=-\frac{\mathrm{i}}{\hbar}\sum_n H'_{mn}(t)\mathrm{e}^{\mathrm{i}\omega_{mn}t}a_n(t) \tag{7.6.1}$$

设初始条件为体系处于某激发态 i，即

$$\begin{cases}a_i(0)=1\\ a_n(0)=0, \quad n\neq i\end{cases} \tag{7.6.2}$$

在那里采用一级近似得到

$$\begin{cases}\dot{a}_i(t)=0\\ \dot{a}_n(t)=-\dfrac{\mathrm{i}}{\hbar}H'_{ni}(t)\mathrm{e}^{\mathrm{i}\omega_{ni}t}a_i(t)\end{cases} \tag{7.6.3}$$

(7.6.3)给出 $a_i(t)=1$，这对应于激发态 i 的寿命是无限的。显然，在 t 足够大时这个表达式会失效。考虑到激发态因光子发射而具有有限的寿命，对(7.6.3)加以修改，令

$$a_i(t)=\mathrm{e}^{-\frac{\gamma}{2}t} \tag{7.6.4}$$

而其他态的形式不变。在(7.6.4)中 $\gamma=\gamma_1+\mathrm{i}\gamma_2$，其中 γ_1,γ_2 为实数。按照这样的改进

$$\dot{a}_n=-\frac{\mathrm{i}}{\hbar}H'_{ni}(t)\mathrm{e}^{\mathrm{i}\omega_{ni}t}\mathrm{e}^{-\frac{\gamma}{2}t} \tag{7.6.5}$$

将由(7.6.1)表达的($m=i$ 时)初态概率振幅的变化率与由(7.6.4)计算的比较，得

$$\dot{a}_i=-\frac{\gamma}{2}\mathrm{e}^{-\frac{\gamma}{2}t}=-\frac{\mathrm{i}}{\hbar}\sum_n H'_{in}(t)a_n(t)\mathrm{e}^{-\mathrm{i}\omega_{ni}t} \tag{7.6.6}$$

在发射的情况下

$$\hat{H}'(t)=\hat{H}'\mathrm{e}^{\mathrm{i}\omega t} \tag{7.6.7}$$

将它代入(7.6.5)积分，得到

$$a_n = H'_{ni} \frac{e^{-i(\omega_{in}-\omega-i\gamma/2)t} - 1}{\hbar(\omega_{in} - \omega - i\gamma/2)} \tag{7.6.8}$$

将(7.6.7)和(7.6.8)代入(7.6.6),得到

$$\gamma = \frac{2i}{\hbar}\sum_n \frac{|H'_{ni}|^2[1 - e^{i(\omega_{in}-\omega-i\gamma/2)t}]}{\hbar(\omega_{in} - \omega - i\gamma/2)} \tag{7.6.9}$$

考虑到光子的简并,应对光子的能量密度积分

$$\gamma = \frac{2i}{\hbar}\int\sum_n \frac{|H'_{ni}|^2[1 - e^{\frac{i}{\hbar}(E_i-E_n-\varepsilon-i\hbar\gamma/2)t}]}{(E_i - E_n - \varepsilon - i\hbar\gamma/2)}\rho(\varepsilon)d\varepsilon \tag{7.6.10}$$

在式子的右边也包含 γ,所以不容易求出。如果假设 γ 很小,因而忽略右边的 γ,成为

$$\gamma = \gamma_1 + i\gamma_2 = \frac{2i}{\hbar}\int\sum_n \frac{|H'_{ni}|^2[1 - e^{\frac{i}{\hbar}(E_i-E_n-\varepsilon)t}]}{(E_i - E_n - \varepsilon)}\rho(\varepsilon)d\varepsilon \tag{7.6.11}$$

将实部与虚部分开积分。与 γ_2 对应的是由于与辐射场的相互作用造成的小的能量位移;对于与 γ_1 对应的项,利用

$$\delta(x) = \frac{1}{\pi}\lim_{k\to\infty}\frac{\sin kx}{x} \tag{7.6.12}$$

在 t 足够大时,得到

$$\begin{aligned}\gamma_1 &= \frac{2\pi}{\hbar}\sum_n\int |H'_{ni}|^2\rho(\varepsilon)\delta(E_i - E_n - \varepsilon)d\varepsilon \\ &= \frac{2\pi}{\hbar}\sum_n |H'_{ni}|^2\rho(E_i - E_n)\end{aligned} \tag{7.6.13}$$

而这正是费米黄金规则所给出的由 $|i\rangle$ 态向所有其他态跃迁的速率,这与 γ_1 的含义

$$\begin{cases} |a_i|^2 = e^{-\gamma_1 t} \\ \gamma_1 = -\dfrac{\frac{d}{dt}|a_i|^2}{|a_i|^2} \end{cases} \tag{7.6.14}$$

是一致的。γ_1 称作阻尼因子。

由于 γ_1 的存在,虽然粒子的能级是确定的,但发射出的光子能量却具有一定的不确定性。由(7.6.8),对应于从 $|i\rangle$ 向 $|n\rangle$ 的跃迁,光子在频率为 ω 的 $d\omega$ 范围内的概率为

$$\begin{aligned}dP(\omega) &\propto |H'_{ni}|^2\left|\frac{e^{-i(\omega_{in}-\omega-i\gamma/2)t} - 1}{\hbar(\omega_{in} - \omega - i\gamma/2)}\right|^2\rho(\omega)d\omega \\ &= |H'_{ni}|^2\frac{1 - 2e^{-\gamma t/2}\cos(\omega_{in} - \omega)t + e^{-\gamma t}}{\hbar^2[(\omega_{in} - \omega)^2 + \gamma^2/4]}\rho(\omega)d\omega\end{aligned} \tag{7.6.15}$$

在 $t\to\infty$ 的极限下

$$dP(\omega) \propto \frac{|H'_{ni}|^2\rho(\omega)d\omega}{\hbar^2[(\omega_{in} - \omega)^2 + \gamma^2/4]} \tag{7.6.16}$$

由于 ρ 和 H'_{ni} 都是关于 ω 的缓慢变化的函数,我们看到光子发射的频率围绕 ω_{in} 的概率分布为洛伦兹线形:

$$\frac{1}{(\omega_{in} - \omega)^2 + \frac{\gamma^2}{4}}$$

其半高全宽(FWHM)为 γ。这可以被解释为状态 $|i\rangle$ 并没有确定的能量,而是有一定能量分布,$\Delta E=\hbar\gamma$。这里对 γ 的主要贡献来自 γ_1,γ_2 只造成一个很小的能量位移。我们看到由于辐射造成的激发态的自然寿命($\tau=1/\gamma$)与谱线的自然线宽之间有如下关系:

$$\Delta E\cdot\tau=\hbar\gamma\cdot\frac{1}{\gamma}=\hbar \tag{7.6.17}$$

这就是激发态的寿命与能量弥散度之间的不确定关系,它与第五章中得到的(5.2.34)一致。应该再次指出,时间与能量之间的不确定关系与位置和动量之间的不确定关系的性质是不相同的。

§7.7 原子中的电子跃迁与光谱

粒子(原子或分子)在电磁场(光)的作用下将发生能级的跃迁,同时吸收或发出特定频率范围的光子,记录下原子(分子)和光子的各种信息(频率、强度、偏振、寿命,等),就是原子(分子)光谱。通常的光谱对应着电偶极跃迁单光子过程。以吸收为例,吸收截面为

$$\sigma=\frac{4\pi^2\omega_{ni}}{\hbar c}|\hat{\boldsymbol{\varepsilon}}\cdot\boldsymbol{\mu}_{ni}|^2\delta(\omega-\omega_{ni}) \tag{7.7.1}$$

计算(7.7.1),可预言原子(分子)光谱的所有性质。反之,对实验测得的原子(分子)光谱进行理论分析,可获得原子(分子)的能级结构等信息。

如第六章所言,δ 函数是能量守恒的体现。吸收光谱的峰值频率对应着两个能级之间的能量差:

$$\omega_{ni}=\frac{E_n-E_i}{\hbar} \tag{7.7.2}$$

由(7.6.17)知,光谱的谱线宽度给出激发态寿命的信息。$\hat{\boldsymbol{\varepsilon}}\cdot\boldsymbol{\mu}_{ni}$ 则决定了光谱的包括了偏振、谱线强度在内的各种性质。特别地,即便不作具体的计算,也可以由跃迁偶极矩

$$\boldsymbol{\mu}_{ni}=\langle n|\boldsymbol{\mu}|i\rangle \tag{7.7.3}$$

判断出什么条件下某两个能级之间的跃迁是对称性禁阻的(概率为 0)。从(7.7.3)的对称性质得到的关于能级跃迁前后量子态的限制条件称作光谱跃迁选择定则。下面在不包含核自旋的情况下讨论。

将原子的能量本征态记为 $|NJM\rangle$,其中 N 为一个在 J, M 之外可适当地标识波函数径向部分的量子数。关于 N 不产生严格的选择定则,我们只需考察角度部分的波函数。在 L-S 相互作用为 0 的情况下,电子自旋和轨道运动可以完全分离,对应于光谱项 $^{2S+1}\mathrm{L}$,能级的角度部分可以写为

$$|n\rangle=|L',m_L'\rangle|S',m_S'\rangle,\qquad |i\rangle=|L'',m_L''\rangle|S'',m_S''\rangle \tag{7.7.4}$$

将(7.7.4)代入(7.7.3),得到

$$\begin{aligned}\boldsymbol{\mu}_{ni}&=e\langle n|\boldsymbol{r}|i\rangle=e\langle S',m_S'|\langle L',m_L'|\boldsymbol{r}|L'',m_L''\rangle|S'',m_S''\rangle\\&=e\langle S',m_S'|S'',m_S''\rangle\langle L',m_L'|\boldsymbol{r}|L'',m_L''\rangle\end{aligned} \tag{7.7.5}$$

由(7.7.5)得知,$\boldsymbol{\mu}_{ni}$ 不为 0 的一个条件是 $\Delta S=S'-S''=0$。这就是关于电子自旋多重态

的光谱选择定则:不同电子自旋多重态之间不能发生跃迁。同样地,跃迁也要满足 $\Delta m_S = m_S' - m_S'' = 0$,但由于能级关于磁量子数简并,$\Delta m_S = 0$ 并不在光谱选择定则中表现出来。将

$$x = r\sin\theta\cos\varphi, \qquad y = r\sin\theta\sin\varphi, \qquad z = r\cos\theta \tag{7.7.6}$$

代入(7.7.5),得到关于 L 的选择定则为 $\Delta L = \pm 1$;以及对于 x, y 分量,$\Delta m_L = \pm 1$,对于 z 分量,$\Delta m_L = 0$。我们将作为第十章的习题请读者证明上述结论。同样地,由于能级关于磁量子数简并,Δm_L 也不在光谱选择定则中表现出来。

从对称性出发,不经过矩阵元计算也可以得到跃迁的必要条件,即选择定则。用以后将讨论的群表示理论的语言,原子是球对称的,它的性质可以按照在旋转操作下的对称性归属到不同的不可约表示。准确描述算符矩阵元在旋转操作下的性质,需要球张量不可约表示的概念。这里我们用角动量耦合的方式给予理解,它有不够严谨之处,但最后得到的选择定则是正确的。事实上,角动量的本征态就是旋转群不可约表示的一组基矢,光谱项中轨道的标签 S, P, D,…就是旋转群中 $L = 0, 1, 2, \cdots$ 的不可约表示的符号。S 在任何角度的旋转操作下不变,称作全对称的。(7.7.5)是一个数,数字当然在任何对称操作下都是不变的,其属于不可约表示 S。算符 $\boldsymbol{r}$ 属于不可约表示 P。于是,(7.7.5)不为 0 的必要条件是 $\langle L', m_L' | \boldsymbol{r} | L'', m_L'' \rangle$ 中的不可约表示 L' 和 L'' 与($\boldsymbol{r}$ 的不可约表示)P 按照角动量耦合的方式可以得到 S。例如,当 L' 或 L'' 中有一个是 S 时,它与 P 耦合得 P,只有当另一个 L'' 或 L' 是 P 时,才可进一步耦合出 S。于是,当 L' 或 L'' 中有一个为 S 时,选择定则为 $\Delta L = L' - L'' = \pm 1$;而在其他情形下,选择定则为 $\Delta L = 0, \pm 1$。因此,仅以对称性而论,$L \neq 0$ 时 $\Delta L = 0$ 的跃迁也是允许的。

在 L-S 相互作用不为 0 的情况下,能级按光谱项 $^{2S+1}\mathrm{L}_J$ 裂分,能级的角度部分为

$$|n\rangle = |J', M', L', S'\rangle, \qquad |i\rangle = |J'', M'', L'', S''\rangle \tag{7.7.7}$$

将(7.7.7)代入(7.7.3),得到

$$\boldsymbol{\mu}_{ni} = e\langle J', M', L', S' | \boldsymbol{r} | J'', M'', L'', S'' \rangle \tag{7.7.8}$$

按与前面相同的对称性考虑得到进一步的选择定则:当 J', J'' 中之一为 0 时,$\Delta J = \pm 1$;而在其他情形下,$\Delta J = 0, \pm 1$。事实上,无论 L-S 相互作用是否为 0,关于 ΔJ 的选择定则总是遵守的。只是在 L-S 相互作用为 0 时,由于能级简并,关于 ΔJ 的选择定则才没有表现出来。

首先看氢原子光谱的例子。氢原子的各个电子态的光谱项为 $^2\mathrm{L}$。氢原子中 L-S 耦合很弱,通常的光谱分辨率下可以认为能级只由主量子数 N 决定:

$$E_N = -\frac{R}{N^2}, \qquad N = 1, 2, \cdots; \quad R = \frac{\mu e^4}{2(4\pi\varepsilon_0)^2 \hbar^2} \tag{7.7.9}$$

其中 R 以 cm^{-1} 为单位时称作里德堡常数。因此,氢原子光谱没有明显的对称性选择定则,任何两个 $N_1 < N_2$ 能级之间的跃迁都是允许的,其对应的光子能量为

$$\hbar\omega = R\left(\frac{1}{N_1^2} - \frac{1}{N_2^2}\right) \tag{7.7.10}$$

将原子(分子)的一个能级中占据最高能量轨道的电子移到无穷远距离且没有动能所需要的能量称作该能级的电离能。显然,氢原子 N_1 能级的电离能就是(7.7.10)中 $N_2 \to \infty$

的结果。

下面以 Na 原子的光谱为例看选择定则与光谱项的关系。Na 原子基态的电子组态为[Ne]$3s^1$，其中[Ne]表示 Na 原子的内层电子采取了 Ne 原子的电子组态。[Ne]$3s^1$ 只产生一个光谱项：$^2S_{\frac{1}{2}}$。将 3s 电子移到 ns ($n>3$)轨道得到光谱项仍为$^2S_{\frac{1}{2}}$的激发态，到 np ($n>2$)轨道得到$^2P_{\frac{1}{2}}$和$^2P_{\frac{3}{2}}$的激发态，到 nd ($n>2$)轨道得到$^2D_{\frac{3}{2}}$和$^2D_{\frac{5}{2}}$的激发态，到 nf ($n>3$)轨道得到$^2F_{\frac{5}{2}}$和$^2F_{\frac{7}{2}}$的激发态。根据选择定则，基态($^2S_{\frac{1}{2}}$)与所有^2S,^2D,^2F 激发态之间的跃迁都是禁阻的，而基态($^2S_{\frac{1}{2}}$)与所有^2P 激发态之间的跃迁都是允许的。按照光谱习惯记法，高能级在前，低能级在后，发射光谱与吸收光谱的区别在于箭头的方向。火焰中著名的钠黄光(D 双线)就来自电子 3p→3s 跃迁带来的发射光谱。更确切地：

$$3p(^2P_{\frac{1}{2}}) \to 3s(^2S_{\frac{1}{2}}) \quad 16960.85\ \text{cm}^{-1}$$

$$3p(^2P_{\frac{3}{2}}) \to 3s(^2S_{\frac{1}{2}}) \quad 16978.04\ \text{cm}^{-1}$$

同样，在 Na 原子的吸收光谱中，可以看到 3p←3s 跃迁带来的两条吸收谱线。

当角动量相互作用更加复杂时，原子的本征态$|J,M\rangle$是基组$|J,M,L,S\rangle$的线性组合：

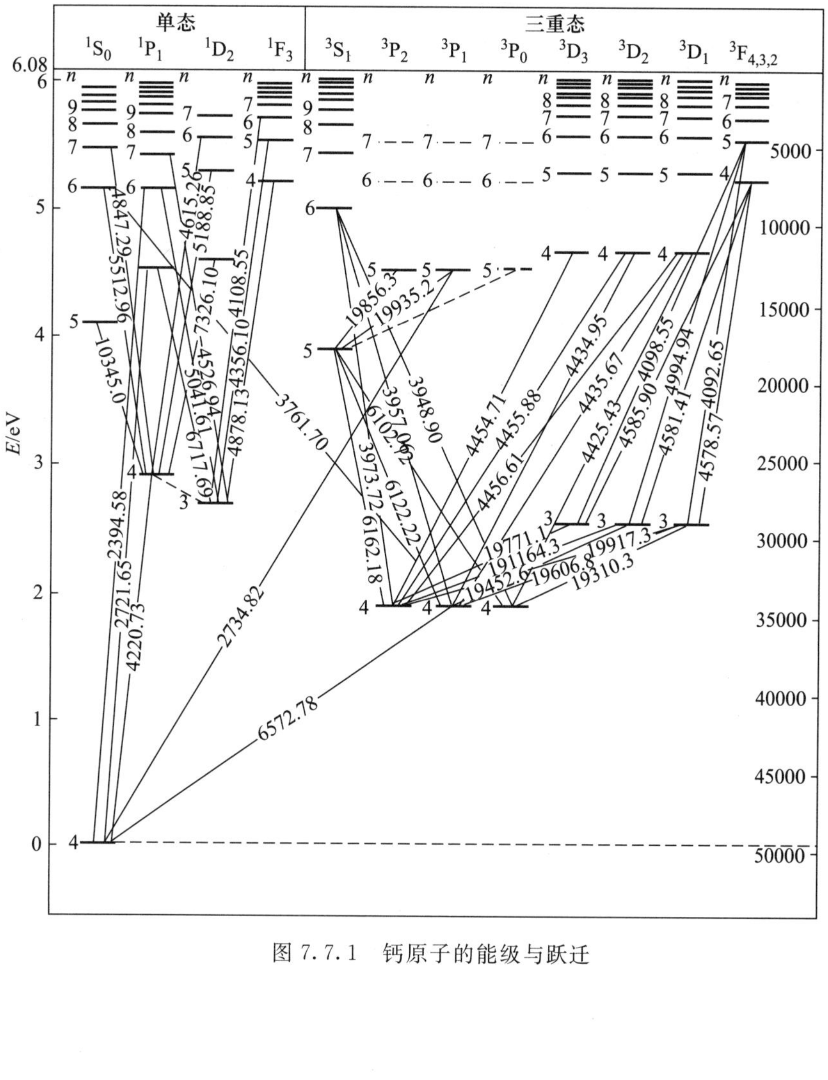

图 7.7.1　钙原子的能级与跃迁

$$|J,M\rangle=\sum_{L,S}|J,M,L,S\rangle\langle J,M,L,S|J,M\rangle \tag{7.7.11}$$

式中 L,S 的取值范围由角动量耦合规则限定。此时,能级无严格意义的自旋多重态之说,因此也无严格的 $\Delta S=0$ 的选择定则。结果是零级近似下遵守 $\Delta S=0$ 的能级间发生强度大的跃迁,而零级近似下的不同自旋多重态之间也可以发生弱的所谓对称性禁阻跃迁。本征态偏离纯 $|J,M,L,S\rangle$ 态越远,对应于 ΔS 对称性禁阻跃迁的光谱信号越强。图 7.7.1 给出钙原子的能级及跃迁图,其中可以看到不同自旋多重态之间的对称性禁阻跃迁。

习 题

7.1 在可见光区,氢原子光谱展现如下谱线:656.279,486.133,434.047,410.174,397.007 nm,称作巴尔末线系。请指认出分别是什么能级之间的跃迁,其低能级的电离能为多少?

7.2 请写出从第 1 号元素氢到第 10 号元素氖基态的电子组态和所有可能的光谱项,并确定基态能级的光谱项。

7.3 原子中的电子在恒定外磁场 $\boldsymbol{B}$ 作用下发生能级裂分,称为塞曼效应。现在,将自由的氢原子作为 $\hat{H}_0$,请推导出有外磁场时电子轨道运动的哈密顿算符,并用微扰法得到电子的轨道角动量 l 不为零时在磁场作用下能级裂分的公式。

7.4 原子中的电子在恒定外电场 $\boldsymbol{E}$ 作用下发生能级裂分,称为斯塔克效应。现在,将自由的氢原子作为 $\hat{H}_0$,请推导出有恒定外电场时电子轨道运动的哈密顿算符,并用微扰法

1) 证明:非简并态在电场作用下能量的变化在一级微扰下为 0;

2) 推导 $n=2$ 的简并态在电场作用下能级裂分的公式。

7.5 从网上查到 Cy3 染料在可见光区的吸收光谱,由此光谱估算出相应电子跃迁的吸收截面、跃迁偶极矩、爱因斯坦系数和振子强度。

7.6 氖的两个激发电子组态为 $1s^2 2s^2 2p^5 3s^1$ 和 $1s^2 2s^2 2p^5 3p^1$。请推算出它们所有的光谱项,用洪特规则推测能级顺序。

第八章　化学键、势能面与对称性

本章介绍讨论分子结构和光谱所需要的基本理论语言和工具。对称性在理论上十分漂亮，在实践中非常有用，值得花费精力学习。

§8.1　共价化学键

让我们先了解一下双原子分子中的电子运动。H_2^+ 是最简单的多原子分子，由两个质子和一个电子组成，在实验中能观察到。因此，可以用来检验量子力学理论在处理分子体系时的准确性，并以此为基础发展重要的概念。我们的着眼点是电子的运动，可以假设远重于电子的原子核（这里为质子）固定不动。两个质子分别标记为 a 和 b，质子之间的距离为 R，电子到它们的距离分别为 r_a 和 r_b。忽略电子和原子核的自旋，电子运动的定态薛定谔方程为

$$\left(-\frac{\hbar^2}{2m_e}\nabla^2-\frac{e^2}{4\pi\varepsilon_0 r_a}-\frac{e^2}{4\pi\varepsilon_0 r_b}+\frac{e^2}{4\pi\varepsilon_0 R}\right)\psi=E\psi \tag{8.1.1}$$

在 $R\to\infty$ 的极限下，电子在 a 质子附近时，可以将体系看作是 a 质子与电子形成的氢原子以及与之不相干的 b 质子；而电子在 b 质子附近时，可以将体系看作是 b 质子与电子形成的氢原子以及与之不相干的 a 质子。显然，此两种情况下体系的电子基态波函数分别为氢原子基态波函数 $1s_a$ 和 $1s_b$，它们对应的能量都是氢原子基态的能量 E_0。当 R 有限时，将体系的波函数近似表达为 $1s_a$ 和 $1s_b$ 的线性组合

$$\psi=c_a 1s_a+c_b 1s_b \tag{8.1.2}$$

由(6.5.1)，近似能量为

$$E=\frac{\int\psi^*\hat{H}\psi\mathrm{d}\tau}{\int\psi^*\psi\mathrm{d}\tau}=\frac{\int(c_a 1s_a+c_b 1s_b)^*\hat{H}(c_a 1s_a+c_b 1s_b)\mathrm{d}\tau}{\int(c_a 1s_a+c_b 1s_b)^*(c_a 1s_a+c_b 1s_b)\mathrm{d}\tau} \tag{8.1.3}$$

定义

$$\begin{cases}\alpha=H_{aa}=\int 1s_a^*\hat{H}1s_a\mathrm{d}\tau=H_{bb}=\int 1s_b^*\hat{H}1s_b\mathrm{d}\tau\\ \beta=H_{ab}=\int 1s_a^*\hat{H}1s_b\mathrm{d}\tau=H_{ba}=\int 1s_b^*\hat{H}1s_a\mathrm{d}\tau\\ S=S_{ab}=\int 1s_a^*1s_b\mathrm{d}\tau=S_{ba}=\int 1s_b^*1s_a\mathrm{d}\tau\\ S_{aa}=\int 1s_a^*1s_a\mathrm{d}\tau=S_{bb}=\int 1s_b^*1s_b\mathrm{d}\tau=1\end{cases} \tag{8.1.4}$$

称 α 为库仑积分，β 为交换积分，S_{ab} 为重叠积分。作为习题，请读者证明，利用变分法由(8.1.3)求得体系的波函数和能量为

$$\psi_\pm=\frac{1}{\sqrt{2\pm 2S}}(1s_a\pm 1s_b),\qquad E_\pm=\frac{\alpha\pm\beta}{1\pm S} \tag{8.1.5}$$

其中

$$\begin{cases}\alpha = E_0 + J, & J = \dfrac{e^2}{4\pi\varepsilon_0 R} - \displaystyle\int \dfrac{e^2}{4\pi\varepsilon_0 r_b} 1s_a^2 d\tau \\ \beta = E_0 S + K, & K = \dfrac{e^2 S}{4\pi\varepsilon_0 R} - \displaystyle\int \dfrac{e^2}{4\pi\varepsilon_0 r_a} 1s_a 1s_b d\tau \end{cases} \tag{8.1.6}$$

类似于原子,称分子的电子运动空间波函数为分子轨道(molecular orbital, MO)。通常,用原子轨道的线性组合来表示分子轨道(linear combination of atomic orbitals-molecular orbital, LCAO-MO)。借助于量子化学计算可更精确地确定分子轨道及其能量。无论采用多高计算精度,(8.1.5)所展示的许多重要特征会始终保持。首先,将能量对 R 作图,得到如下的特征(图8.1.1):$E_+ < E_-$,二者在 $R\to\infty$ 时趋向 E_0。E_+ 在某一距离 R_e 上有极小值点,且小于 E_0,它表明电子处于 ψ_+ 轨道时 H_2^+ 是稳定的。将 ψ_+ 轨道最低能量与 E_0 之差的绝对值记作 D_e。E_- 在任何距离上都大于 E_0,表明处于 ψ_- 轨道的 H_2^+ 是不稳定的。(8.1.5)所预言的 R_e 为 132 pm,D_e 为 $-169.6\ \text{kJ}\cdot\text{mol}^{-1}$,而实验结果为 $R_e = 106$ pm,$D_e = -269.5\ \text{kJ}\cdot\text{mol}^{-1}$。虽然二者相差较大,我们还是很满意的,因为毕竟我们采用的是很简单的近似方法。

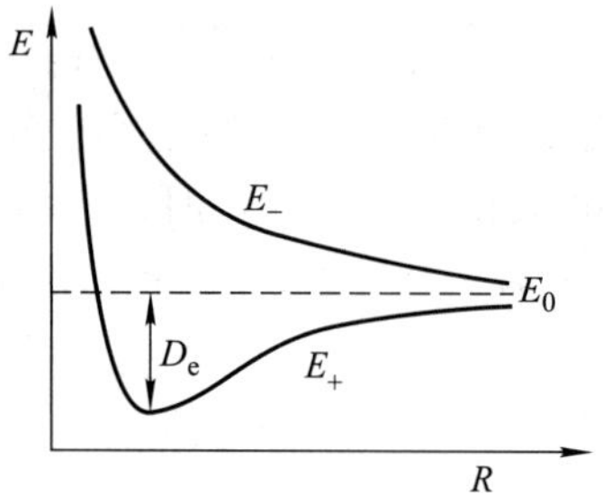

图 8.1.1 H_2^+ 的 $E_\pm$ 随 R 的变化

其次,在一定 R 下,画 $\psi_\pm$ 的空间分布,得到如下特征(图8.1.2):波函数在两个质子之间的垂直于原子核连线(以下称 z 轴)的平面内无穿过 z 轴的 $\psi=0$ 的节线,对应着轨道角动量在 z 轴上的投影为0,具有这样特征的分子轨道称作 σ 轨道。其中 ψ_+ 在包含 z 轴的平面内两个质子之间也没有穿过 z 轴的节线,电子在原子核之间分布的概率大,称之为成键轨道(σ 轨道);ψ_- 在包含 z 轴的平面内两个质子之间有穿过 z 轴的节线,波函数在节线两边改变符号,电子在原子核之间分布的概率小,称之为反键轨道(σ^* 轨道)。

与多电子原子类似,在多电子分子中,采用哈特里-福克自洽场方法,将其他电子对一个电子的影响平均成只与原子核及该电子坐标有关的势能函数,在有效势能近似下可求解单电子轨道的能量和波函数,进而得到体系的能量和波函数。采取更精确的方法,将得到更精确的结果。不过,这里得到的主要特征并没有改变。例如,在 H_2 分子中仍然有 σ 轨道和 σ^* 轨道。同样,按照泡利不相容原理,每个分子轨道最多可以填充自旋相反的两个电子。于是基态 H_2 的电子组态是 $1\sigma^2$,而 $1\sigma^1 1\sigma^{*1}$ 则表示 H_2 的一种激发态的电子组态。当自旋相反的两个电子都填充到成键 σ 轨道的时候,称两个原子之间形成了一个完整的 σ 键。由两个原子各提供一个电子填充到成键轨道中形成的化学键称作共价键。

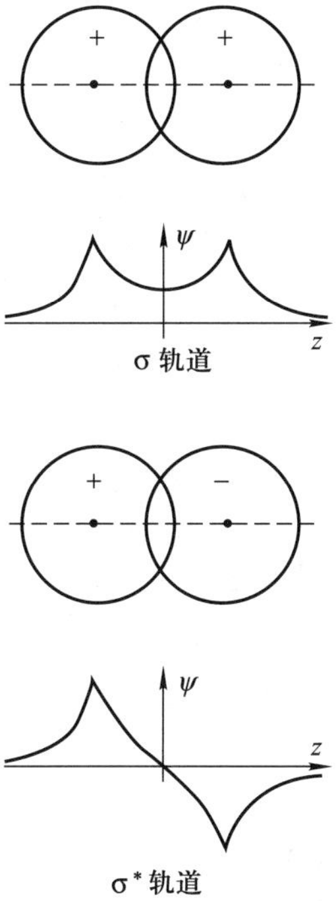

图 8.1.2　由 1s 原子轨道组成 σ 分子轨道

对于 H_2 的更高能级以及更复杂的双原子分子，可以用其他类型的原子轨道线性组合得到各种特征的分子轨道。其中，原子的内层轨道主要仍属于原来的原子，价层的轨道则类似于氢原子的 1s 轨道那样被不同原子共享。价层轨道形成的分子轨道有成键轨道、反键轨道和非键轨道的区分，其中非键轨道指其主要成分来自一个原子的价层原子轨道。遵循泡利不相容原理由低向高依次将电子填充到分子轨道，得到分子基态的电子组态，在此基础上将电子激发到更高的轨道上，便形成电子激发态分子。不仅 s-s 组合，两个原子之间其他类型的原子轨道的组合也可以形成 σ 和 σ^* 轨道，典型的还有 s-p_z，p_z-p_z 组合。人们常用轨道相关图来表示原子轨道与分子轨道的关系，如图 8.1.3 所示。

如果分子内两个原子间的一个价层轨道在原子间与 z 轴垂直的平面内有一条穿过 z 轴的节线，这样的轨道称作 π 轨道，相应地也有成键 π 和反键 π^* 轨道之分。如果一个成键 π 轨道内饱和填充了自旋相反的两个电子，则说两个原子间形成了一个完整的 π 键。最典型的是由 p-p 原子轨道组合成的分子 π 轨道，如图 8.1.4 所示。

显然，p_x-p_x 组合和 p_y-p_y 组合具有相同的能量，表明 π 轨道是二重简并的，它与 π 轨道意味着轨道角动量在 z 轴上的投影为 $\pm\hbar$ 的性质一致。如果两个原子间的一个价层轨道在原子间与 z 轴垂直的平面内有两条穿过 z 轴的节线，这样的轨道称作 δ 轨道，相应地有成键 δ 和反键 δ^* 轨道。例如，原子 d 轨道可以参与 δ 轨道的形成。δ 轨道也是二重简并的，对应着轨道角动量在 z 轴上的投影为 $\pm 2\hbar$。事实上，一些 d 轨道也可以参与 σ 和 π 轨道的形成。

下面介绍一下 σ,π,δ 等符号的来源和含义。对于轴对称的体系，选取柱坐标(r,φ,z)，

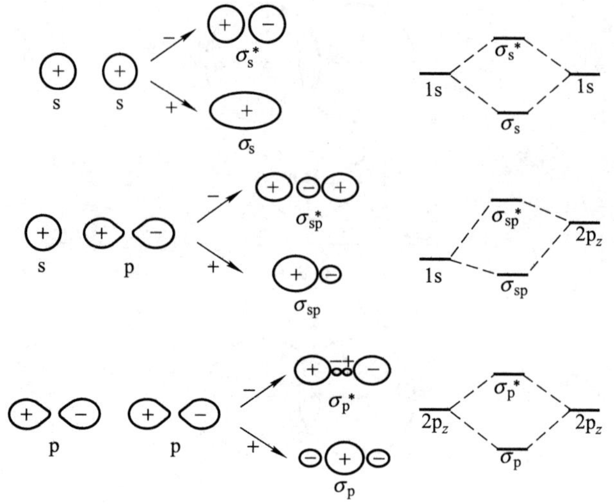

图 8.1.3 由不同原子轨道组合成分子成键 σ 和反键 σ* 轨道

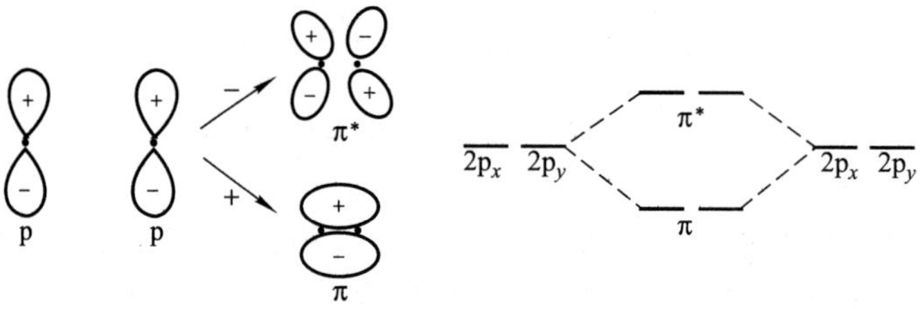

图 8.1.4 由原子 p 轨道组合成分子成键 π 和反键 π* 轨道

哈密顿算符成为

$$\hat{H}=-\frac{\hbar^2}{2m_e}\left[\frac{1}{r}\frac{\partial}{\partial r}\left(r\frac{\partial}{\partial r}\right)+\frac{\partial^2}{\partial z^2}+\frac{1}{r^2}\frac{\partial^2}{\partial\varphi^2}\right]+V(r,z)$$

$$=-\frac{\hbar^2}{2m_e}\left[\frac{1}{r}\frac{\partial}{\partial r}\left(r\frac{\partial}{\partial r}\right)+\frac{\partial^2}{\partial z^2}\right]+\frac{\hat{L}_z^2}{2m_e r^2}+V(r,z) \tag{8.1.7}$$

因轴对称性,势能部分不包含角度 φ,因此哈密顿算符与角动量算符 $\hat{L}_z=-\mathrm{i}\hbar\frac{\partial}{\partial\varphi}$对易,它们有共同的本征态。解 $\hat{L}_z$ 的本征方程得到与第四章 $\hat{L}_z$ 本征方程完全相同的结果,对应本征值 $m\hbar$ 的本征函数为 $\Phi_m(\varphi)=\frac{1}{\sqrt{2\pi}}\mathrm{e}^{\mathrm{i}m\varphi}$,其中 $m=0,\pm1,\pm2,\cdots$。因此,能级将按 $|m|$ 区分(还包括与 r 和 z 自由度对应的其他量子数)。其中,$m=0$ 是非简并的,$|m|\neq0$ 是二重简并的。$\hat{L}_z$ 的本征(轨道或)能级对应着角动量在 z 轴上的投影为 $\pm m\hbar$,我们分别用符号 σ,π,δ,⋯表示 $|m|=0,1,2,\cdots$ 的轨道和(大写时)能级。这类似于原子中用 s,p,d,⋯表示 $L=0,1,2,\cdots$ 的轨道和(大写时)能级的情形。后面会介绍,这里的 σ,π,δ 等也是线性分子的对称性不可约表示的符号。

现在，将在双原子分子中形成的化学键的概念推广到多原子分子。多原子分子一般没有双原子分子所具有的轴对称性，但前面讨论的局域在两个原子之间的轨道的重要特征仍基本保持，所以仍然用 $\sigma,\sigma^*,\pi,\pi^*$ 轨道等概念来理解多原子分子中两个原子之间形成的共价键和性质。以碳原子为例，它是生物分子中最基本的元素。C 的基态电子组态为 $1s^2 2s^2 2p^2$；其中 1s 为内层原子轨道，在分子中基本仍属于 C 自身；2s2p 是价层的 4 个原子轨道。当与其他原子结合时，C 最多以分享的方式在价层的成键轨道中填充 8 个电子，因此 C 常表现为 4 价。受到对称性的制约，在形成化学键时，C 会以不同轨道杂化的方式进行原子轨道的线性组合。下面分别用不同的例子说明。

CH_4 分子为正四面体，C 分别与 4 个 H 形成化学键。为了获得这种对称性，C 的一个 2s 轨道和 3 个 2p 轨道线性组合成 4 个新的具有正四面体对称性的轨道，称之为 sp^3 杂化轨道：

$$\begin{cases}\psi_{sp^3,1}=\dfrac{1}{\sqrt{4}}(2s+2p_x+2p_y+2p_z)\\[2ex] \psi_{sp^3,2}=\dfrac{1}{\sqrt{4}}(2s-2p_x-2p_y+2p_z)\\[2ex] \psi_{sp^3,3}=\dfrac{1}{\sqrt{4}}(2s+2p_x-2p_y-2p_z)\\[2ex] \psi_{sp^3,4}=\dfrac{1}{\sqrt{4}}(2s-2p_x+2p_y-2p_z)\end{cases} \tag{8.1.8}$$

其形状如图 8.1.5 所示。每一个 sp^3 杂化轨道都与每一个 H 的 1s 轨道各自形成一对(成键和反键)σ 轨道。C 的 4 个价层电子和 4 个 H 的 4 个 1s 电子恰好以分享的方式饱和填充到 4 个成键 σ 轨道中，形成 4 个完整的 σ 键，使 C 和 H 都实现了价层成键轨道的电子饱和填充。称 CH 间为单键，表示成图 8.1.6 的形式。

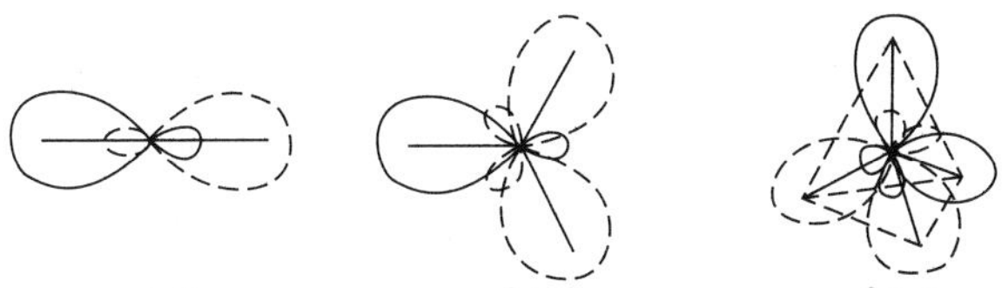

sp杂化　　sp^2杂化　　sp^3杂化

图 8.1.5　常见杂化轨道

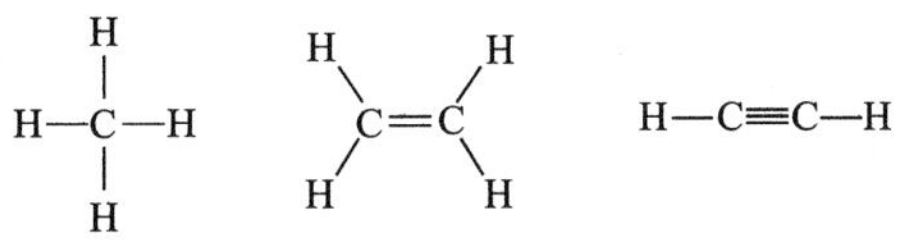

甲烷　　乙烯　　乙炔

图 8.1.6　利用杂化轨道形成化学键

C_2H_4 为平面分子，C 分别与 2 个 H 和另 1 个 C 形成化学键。为了获得这种对称性，

C 的 1 个 2s 轨道和 2 个 2p 轨道(如 $2p_x$，$2p_z$)线性组合成 3 个新的在同一平面内彼此相差 120°的轨道，称之为 sp^2 杂化轨道：

$$\begin{cases}\psi_{sp^2,1}=\dfrac{1}{\sqrt{3}}(2s+\sqrt{2}\,2p_z)\\ \psi_{sp^2,2}=\dfrac{1}{\sqrt{6}}(\sqrt{2}\,2s+\sqrt{3}\,2p_x-2p_z)\\ \psi_{sp^2,3}=\dfrac{1}{\sqrt{6}}(\sqrt{2}\,2s-\sqrt{3}\,2p_x-2p_z)\end{cases} \tag{8.1.9}$$

其形状如图 8.1.5 所示。其中，2 个 sp^2 杂化轨道与 2 个 H 的 1s 轨道各自形成一对(成键和反键)σ 轨道，第 3 个 sp^2 杂化轨道与另一个 C 的 1 个 sp^2 杂化轨道形成一对(成键和反键)σ 轨道。最后，2 个 C 剩下的 $2p_y$ 轨道组合成一对(成键和反键)π 轨道。将 4 个 H 和 2 个 C 的价电子依次填充，恰好所有成键轨道饱和填充，而反键轨道没有电子，形成 5 个完整的 σ 键和 1 个完整的 π 键，其中 CC 间有 1 个 σ 键和 1 个 π 键，称为 CC 双键，表示成图 8.1.6 的形式。由于 π 轨道中原子轨道的重叠小于 σ 轨道中的，π 键的强度(键能)明显小于 σ 键的。

C_2H_2 为一线性分子，C 分别与一个 H 和另一个 C 形成化学键。为了获得这种对称性，碳的一个 2s 轨道和一个 2p($2p_z$)轨道线性组合成 2 个新的轨道，称之为 sp 杂化轨道：

$$\begin{cases}\psi_{sp,1}=\dfrac{1}{\sqrt{2}}(2s+2p_z)\\ \psi_{sp,2}=\dfrac{1}{\sqrt{2}}(2s-2p_z)\end{cases} \tag{8.1.10}$$

其形状如图 8.1.5 所示。其中，C 的一个 sp 杂化轨道与一个 H 的 1s 轨道形成一对(成键和反键)σ 轨道，第 2 个 sp 杂化轨道与另一个 C 的一个 sp 杂化轨道形成一对(成键和反键)σ 轨道。最后，2 个 C 的 $2p_x$，$2p_y$ 轨道与对方的相应轨道各自组合成一对(成键和反键)π 轨道。将 2 个 H 和 2 个 C 的价电子依次填充，恰好所有成键轨道饱和填充，而反键轨道没有电子，形成 3 个完整的 σ 键和 2 个完整的 π 键，其中 CC 间有一个 σ 键和 2 个 π 键，称为 CC 叁键，表示成图 8.1.6 的形式。

苯(C_6H_6)为一环状分子。请读者用上面的逻辑论证，苯中的每一个 C 以 sp^2 杂化的方式与相邻原子形成 3 个 σ 键，然后与一个相邻的 C 形成一个 π 键，其结构式可以写成图 8.1.7 中左侧的两种等价的形式。理论和实验都表明，在苯分子中，CC 之间没有明确的单、双键之分，π 键中的电子也不是局域在 2 个 C 之间。可以看成两种结构在不断地相互转变，称作共振结构。其结果是 6 个 π 电子事实上平等地被 6 个 C 分享，每对 CC 之间相当于有 1.5 个化学键。称可以由 3 个或以上原子分享的 π 轨道内的电子为离域 π 电子，它们形成的化学键为离域 π 键。为了表示离域 π 键的特性，苯的结构常表示成图 8.1.7 中右侧的形式。休克尔的半定量理论对于认识诸如苯的离域 π 轨道的性质很有帮助。作为习题，请读者参考文献推导休克尔理论对苯的处理过程和结果。

碳的不同杂化和成键方式在其他原子中同样适用，请读者自己予以推广。以上我们

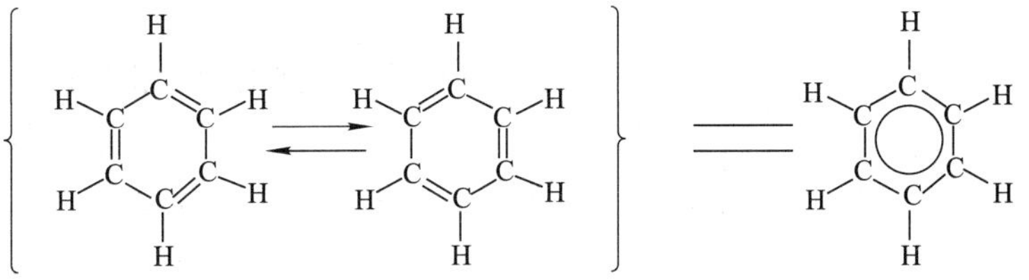

图 8.1.7　苯分子的结构式

用尽可能少的原子轨道的线性组合形成分子轨道，以展现共价键最基本的特征。随着越来越多的原子轨道的引入，量子化学计算可以提供越来越准确的分子轨道的波函数和能量；键长、键角、键能等会与上面简单理论所预言的有所不同。尽管如此，以上讨论的主要特征将保持不变，我们常常用 sp，sp^2，sp^3 杂化轨道及成键的概念来理解共价键的性质。除了共价键外，化学键还有许多其他形式。分子间亦有各种弱相互作用，如氢键、范德华力、盐桥，等等。在此不一一介绍，请读者需要时自己阅读文献，学习掌握，扩展知识。

§8.2　势　能　面

分子是电子与原子核的集合。在上一节讨论电子的运动时，假设原子核是固定的。这当然是不正确的。现在，让我们考虑原子核的运动，从而明白上一节在什么地方取了近似，以及这些近似带来什么影响，特别地我们将引入分子的势能面和振动的概念。

在不考虑原子核和电子自旋的情况下，实验室坐标中分子体系的电子(e)和原子核(n)运动所遵循的定态薛定谔方程为

$$[\hat{T}_n(\boldsymbol{R}) + \hat{T}_e(\boldsymbol{r}) + V(\boldsymbol{R},\boldsymbol{r})]\Psi(\boldsymbol{R},\boldsymbol{r}) = E\Psi(\boldsymbol{R},\boldsymbol{r}) \tag{8.2.1}$$

其中 $\boldsymbol{R}$，$\boldsymbol{r}$ 示意性地分别表示描述原子核和电子运动的一套坐标和动量。经过一系列近似，也可以认为剔除了分子的整体平动与转动之后，在分子的原子核质心坐标系中的薛定谔方程仍具有和(8.2.1)相同的形式。此时，$\boldsymbol{R}$，$\boldsymbol{r}$ 分别代表描述原子核之间相对运动和电子相对于原子核质心运动的一套广义坐标和广义动量。这是一个看似简单，实际上十分繁杂的近似过程，感兴趣者可以阅读相关专著(例如：P. R. Bunker & P. Jensen, Molecular Symmetry and Spectroscopy, NRC Press, 2nd Ed., 1998)。此时的(8.2.1)中

$$\hat{T}_n(\boldsymbol{R}) = -\frac{\hbar^2}{2}\sum_{\alpha}\frac{1}{M_\alpha}\nabla_\alpha^2 \tag{8.2.2}$$

是原子核之间以广义坐标作相对运动的动能算符，M_α 是相对于原子核广义坐标的折合质量；

$$\hat{T}_e(\boldsymbol{r}) = -\frac{\hbar^2}{2}\sum_{i}\frac{1}{\mu_e}\nabla_i^2 \tag{8.2.3}$$

是电子关于原子核质心作运动的动能算符，μ_e 为该运动的折合质量，以后均近似为电子的质量 m_e；

$$V(\boldsymbol{R},\boldsymbol{r}) = V_{nn}(\boldsymbol{R}) + V_{ne}(\boldsymbol{R},\boldsymbol{r}) + V_{ee}(\boldsymbol{r}) \tag{8.2.4}$$

是相互作用势能。在(8.2.4)中

$$V_{nn}(\boldsymbol{R})=\sum_{\alpha<\beta}\frac{z_\alpha z_\beta e^2}{4\pi\varepsilon_0 R_{\alpha\beta}}$$ 是原子核-原子核之间的静电排斥能

$$V_{ne}(\boldsymbol{R},\boldsymbol{r})=-\sum_{\alpha,i}\frac{z_\alpha e^2}{4\pi\varepsilon_0 r_{\alpha i}}$$ 是原子核-电子之间的静电吸引能

$$V_{ee}(\boldsymbol{r})=\sum_{i<j}\frac{e^2}{4\pi\varepsilon_0 r_{ij}}$$ 是电子-电子之间的静电排斥能

其中 $z_\alpha e$ 为原子核的电量;e 为电子电量的绝对值;$R_{\alpha\beta}$,$r_{\alpha i}$,r_{ij} 分别为原子核-原子核、原子核-电子、电子-电子间距离;ε_0 为真空的介电常数。令

$$\Psi(\boldsymbol{R},\boldsymbol{r})=\Phi(\boldsymbol{R},\boldsymbol{r})\chi(\boldsymbol{R}) \tag{8.2.5}$$

代入(8.2.1)后得到

$$[\hat{T}_n(\boldsymbol{R})+\hat{T}_e(\boldsymbol{r})+V(\boldsymbol{R},\boldsymbol{r})]\Phi(\boldsymbol{R},\boldsymbol{r})\chi(\boldsymbol{R})=E\Phi(\boldsymbol{R},\boldsymbol{r})\chi(\boldsymbol{R}) \tag{8.2.6}$$

其中的第一项为

$$\begin{aligned}\hat{T}_n(\boldsymbol{R})\Phi(\boldsymbol{R},\boldsymbol{r})\chi(\boldsymbol{R})&=-\frac{\hbar^2}{2}\sum_\alpha\frac{1}{M_\alpha}\nabla_\alpha^2[\Phi(\boldsymbol{R},\boldsymbol{r})\chi(\boldsymbol{R})]\\&=-\frac{\hbar^2}{2}\sum_\alpha\frac{1}{M_\alpha}[\Phi(\boldsymbol{R},\boldsymbol{r})\nabla_\alpha^2\chi(\boldsymbol{R})+2\nabla_\alpha\Phi(\boldsymbol{R},\boldsymbol{r})\cdot\nabla_\alpha\chi(\boldsymbol{R})+\chi(\boldsymbol{R})\nabla_\alpha^2\Phi(\boldsymbol{R},\boldsymbol{r})]\end{aligned} \tag{8.2.7}$$

原子核的质量是电子质量的几千倍,因此核的运动速度相对缓慢。玻恩-奥本海默近似认为,在求解电子的运动时,可以先假设核固定在一定的几何构型上。根据这一物理图像,可以在核坐标不变的条件下求解体系的电子运动薛定谔方程,首先得到以核坐标为参数的电子态的能量及其波函数。这相当于说刻画电子运动的波函数 $\Phi(\boldsymbol{R},\boldsymbol{r})$不受核运动的影响,即

$$\nabla_\alpha\Phi(\boldsymbol{R},\boldsymbol{r})\approx 0,\qquad \nabla_\alpha^2\Phi(\boldsymbol{R},\boldsymbol{r})\approx 0 \tag{8.2.8}$$

这样

$$\hat{T}_n(\boldsymbol{R})\Phi(\boldsymbol{R},\boldsymbol{r})\chi(\boldsymbol{R})\approx\Phi(\boldsymbol{R},\boldsymbol{r})\left[-\frac{\hbar^2}{2}\sum_\alpha\frac{1}{M_\alpha}\nabla_\alpha^2\chi(\boldsymbol{R})\right]=\Phi(\boldsymbol{R},\boldsymbol{r})\hat{T}_n(\boldsymbol{R})\chi(\boldsymbol{R}) \tag{8.2.9}$$

而(8.2.6)左边其他项为

$$[\hat{T}_e(\boldsymbol{r})+V(\boldsymbol{R},\boldsymbol{r})]\Phi(\boldsymbol{R},\boldsymbol{r})\chi(\boldsymbol{R})=\chi(\boldsymbol{R})[\hat{T}_e(\boldsymbol{r})+V(\boldsymbol{R},\boldsymbol{r})]\Phi(\boldsymbol{R},\boldsymbol{r}) \tag{8.2.10}$$

于是(8.2.6)可简化为

$$\Phi(\boldsymbol{R},\boldsymbol{r})\hat{T}_n(\boldsymbol{R})\chi(\boldsymbol{R})+\chi(\boldsymbol{R})[\hat{T}_e(\boldsymbol{r})+V(\boldsymbol{R},\boldsymbol{r})]\Phi(\boldsymbol{R},\boldsymbol{r})=E\Phi(\boldsymbol{R},\boldsymbol{r})\chi(\boldsymbol{R}) \tag{8.2.11}$$

此式两边同时除以 $\Phi(\boldsymbol{R},\boldsymbol{r})\chi(\boldsymbol{R})$后变量分离,得到两个独立的方程:

$$[\hat{T}_e(\boldsymbol{r})+V(\boldsymbol{R},\boldsymbol{r})]\Phi(\boldsymbol{R},\boldsymbol{r})=U(\boldsymbol{R})\Phi(\boldsymbol{R},\boldsymbol{r}) \tag{8.2.12}$$

$$[\hat{T}_n(\boldsymbol{R})+U(\boldsymbol{R})]\chi(\boldsymbol{R})=E\chi(\boldsymbol{R}) \tag{8.2.13}$$

这样就将原子核的运动和电子的运动分离开了。(8.2.12)是核在固定位置时体系中电

子运动的薛定谔方程，$\Phi(\boldsymbol{R},\boldsymbol{r})$是电子运动的波函数，$U(\boldsymbol{R})$为本征值，也就在原子核间距离为$\boldsymbol{R}$时电子态的能量；前面各章关于电子运动的讨论都是基于这一方程。(8.2.13)是体系中原子核轨道运动的方程，$\chi(\boldsymbol{R})$是原子核运动的波函数。在核运动方程中$U(\boldsymbol{R})$是一定电子态下核运动的势能，它与$\boldsymbol{R}$的关系就是势能面。势能面是玻恩-奥本海默近似下包含了电子贡献的原子核（因此也就是原子）之间的相互作用势能。势能面一般是多维空间中的超曲面，维数大于2的势能面很难直观地表示，在双原子分子的时候就是势能曲线。图8.2.1是比较精确的H_2^+和H_2的几个电子态下的势能曲线，图中轨道的对称性符号的含义在以后章节中将有解释。

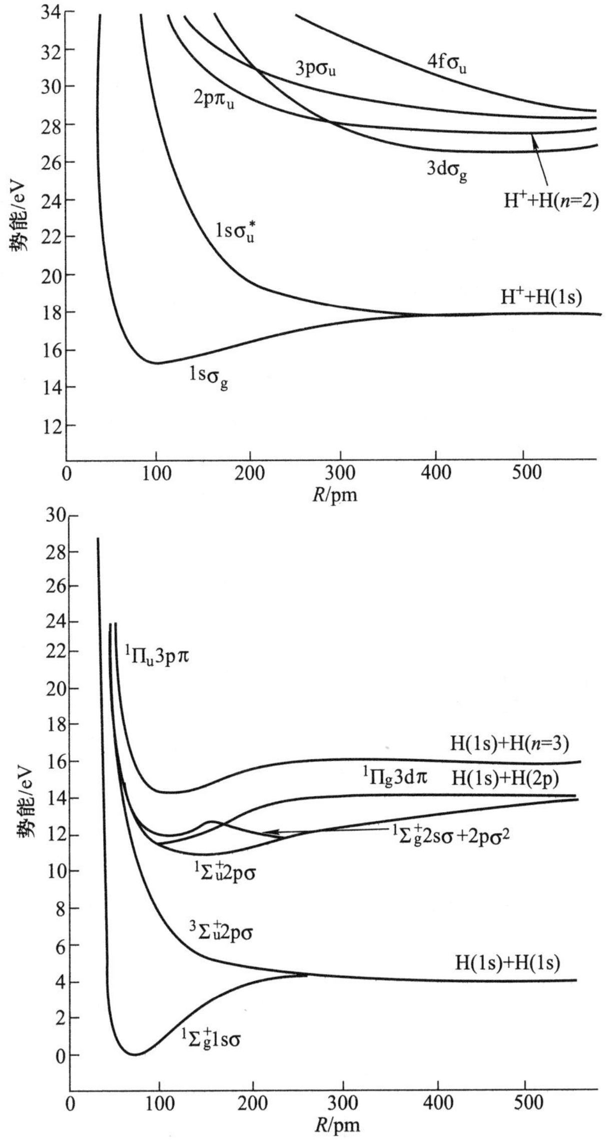

图8.2.1　量子化学计算提供的H_2^+和H_2的电子态势能曲线

原子核在原子核质心坐标中作相对运动就是分子的振动,求解(8.2.13)便得到分子振动的本征态和本征能量。分子的整体平动可以完全地分离出来,但是分子的整体转动并不能与分子的振动完全分离。一般情况下,分子振动的频率大约比分子转动的频率大3个数量级。因此,在分离分子的振动和转动的时候采用类似于分离电子和原子核运动的玻恩-奥本海默近似的思路:在处理转动时,将分子看成是一个原子核处于分子平均稳定构型的刚体,求解该刚体在以分子的原子核质心为原点的惯性坐标中的运动,便得到转动的能级和波函数。而在处理振动时,则是建立一个固定在分子稳定构型(刚体)上的坐标系。该坐标系随刚体分子一起转动,因此它不是一个惯性坐标系。近似地认为该坐标系是一个惯性坐标系(或者说近似认为转动不对原子核产生额外的作用),就会得到(8.2.13)。在求解分子振动能级的波函数和能量时,我们还常常假设原子核只是在分子的稳定构型附近作微小位移的相对运动,即简谐振动近似。在此假设的基础上求解(8.2.13),便得到谐振子模型下分子振动的能级和波函数。在现实的世界里,电子和核运动无法完全分离,振动和转动无法完全分离,分子不是刚体,原子核的运动也非简谐振动。如果要获得精确的分子运动的能级和波函数,应根据需要不同程度地捡回以上各近似步骤扔掉的电子与原子核运动的耦合和相互影响,原子核运动中振动与转动的耦合和相互影响,以及势能面的非谐性。最后,如果包含原子核和电子的自旋运动,则还要考虑自旋与上述各种运动之间的耦合和相互影响。

§8.3 对称与守恒

在量子力学中,对称性有着特别重要的意义。它构成了我们描述客观事物的性质和规律的基本语言,这一点在基本粒子理论中体现得尤为突出。另一方面,对称性非常实用,在将量子力学应用于实际问题时,充分利用体系的对称性,可以大大简化问题和计算。

1. 量子力学中的对称性

首先让我们在量子力学的框架内定义对称性。对物理体系在空间或时间中施加一定的操作 $\hat{D}$,如果操作前后体系的可观测物理性质没有变化,我们说 $\hat{D}$ 是一个对称操作。在量子力学中,体系的哈密顿算符 $\hat{H}$ 决定着体系的基本性质。如果 $\hat{D}$ 是一个对称操作,则 $\hat{D}$ 一定与 $\hat{H}$ 对易,$[\hat{D},\hat{H}]=0$。因此,如果 $|E\rangle$ 是 $\hat{H}$ 的本征能量为 E 的本征态,则

$$\hat{H}\hat{D}|E\rangle=\hat{D}\hat{H}|E\rangle=E\hat{D}|E\rangle \tag{8.3.1}$$

即,$\hat{D}|E\rangle$ 仍然是 $\hat{H}$ 的本征值为 E 的本征态。根据第一章的定理,相容的算符有共同的本征态。如果 $|E\rangle$ 是非简并的,那么 $|E\rangle$ 同时也是 $\hat{D}$ 的本征态

$$\hat{D}|E\rangle=\lambda_D|E\rangle \tag{8.3.2}$$

并且,由于对称性操作 $\hat{D}$ 作用于体系后不会改变体系的任何物理性质,一定有

$$|\langle \boldsymbol{x}|\hat{D}|E\rangle|^2=|\lambda_D|^2|\langle \boldsymbol{x}|E\rangle|^2=|\langle \boldsymbol{x}|E\rangle|^2$$

$$|\lambda_D|^2 = 1 \Rightarrow \lambda_D = e^{i\theta} \tag{8.3.3}$$

如果$|E\rangle$是 g 重简并的，记属于相同能量 E 的不同本征态为$|E,i\rangle$，那么一般而言

$$\hat{D}|E,i\rangle = \sum_{j=1}^{g} C_{ji}|E,j\rangle \tag{8.3.4}$$

此时，亦如第一章所言，我们总可以通过对$|E,i\rangle$作幺正变换，使得能量本征态同时也是对称操作 $\hat{D}$ 的本征态，从而总可以选出 $\hat{H}$ 和 $\hat{D}$ 的共同本征态$|E,\lambda_{D,i}\rangle$，$i=1,2,\cdots,g$。

2. 量子力学中的守恒量

在海森堡表象中，物理可观测量算符随时间变化满足如下的海森堡方程

$$\frac{d\hat{O}}{dt} = \frac{1}{i\hbar}[\hat{O},\hat{H}] \tag{8.3.5}$$

如果$[\hat{O},\hat{H}]=0$（因此，在薛定谔表象中同样地有$[\hat{O},\hat{H}]=0$），由(8.3.5)得

$$\hat{O}(t) = \hat{O}(0) \tag{8.3.6}$$

于是，对于给定的初始状态，在任意时刻都有

$$\langle\hat{O}(t)\rangle = \langle\alpha|\hat{O}(t)|\alpha\rangle = \langle\alpha|\hat{O}(0)|\alpha\rangle = \text{常数} \tag{8.3.7}$$

因此，我们称与哈密顿算符对易的物理可观测量为体系的守恒量。以厄米算符 $\hat{O}$ 为基础总可以构造出幺正算符 $\hat{U}(\varepsilon,\hat{O})=e^{-i\varepsilon\hat{O}}$，其中 ε 为一适当选取的参数。存在守恒量 $\hat{O}$ 意味着体系具有对应的对称性，我们称物理可观测量 $\hat{O}$ 为体系以 $\hat{U}(\varepsilon,\hat{O})$表征的对称性的产生算符。下面，我们考察几对常见的对称性和守恒量。

1）空间平移对称性与动量守恒

我们关于物理体系的一个信条是：物理规律在自由空间的平移操作下不变，否则薛定谔方程在讲台上适用，到课桌上就不适用了。将一个体系刚性地平移一段距离 $\boldsymbol{s}$ 的操作 $\hat{D}$ 用如下幺正算符表示：

$$\hat{D}(s) = e^{-\frac{i}{\hbar}\hat{\boldsymbol{p}}\cdot \boldsymbol{s}} \tag{8.3.8}$$

式中 $\hat{\boldsymbol{p}}$ 为总动量算符。动量是一个具有空间平移对称性体系的守恒量。

2）空间旋转对称性与角动量守恒

物理规律在自由空间中的旋转操作下不变，这是我们关于物理体系的又一个信条。在量子力学中旋转算符 $\hat{R}$ 用如下幺正算符表示：

$$\hat{R}_{\hat{n}}(\phi) = e^{-\frac{i}{\hbar}\hat{\boldsymbol{J}}\cdot\hat{\boldsymbol{n}}\phi} \tag{8.3.9}$$

式中 $\hat{\boldsymbol{n}}$ 为旋转轴，ϕ 为旋转角，$\hat{\boldsymbol{J}}$ 为总角动量算符。角动量是具有旋转对称性体系的守恒量。

3）时间平移对称性与能量守恒

时间平移的算符就是时间演化算符，能量守恒是时间平移对称性的结果。这些在第五章已有充分讨论。

4) 宇称对称性与宇称守恒

宇称操作,也称作空间反演操作,记为 $\hat{Y}$。它是将体系的所有惯性坐标由 $\boldsymbol{r}$ 变为 $-\boldsymbol{r}$ 的操作。与平移、旋转不同,宇称操作不是连续的。设宇称操作的本征方程为

$$\hat{Y}|\chi\rangle=\chi|\chi\rangle \tag{8.3.10}$$

由于连续两次宇称操作后体系恢复原来状态,所以

$$\hat{Y}^2|\chi\rangle=\chi\hat{Y}|\chi\rangle=\chi^2|\chi\rangle=|\chi\rangle \tag{8.3.11}$$

也就是说,宇称操作的本征值只有两个:+1 或 −1。如果体系具有宇称对称性,即 $[\hat{Y},\hat{H}]=0$,则体系的宇称是守恒量。

3. 时间反演操作

下面将讨论的时间反演操作比较特殊。“时间反演”这个词有着浓重的科幻色彩,会让人联想到时间机器、时光穿梭等奇幻的图像。但科学的“时间反演”并不像听上去那样神秘。时间反演操作,更为确切地说应该如最初维格纳讨论这个概念时所表述的,是“运动反演”。在经典力学的图像中,时间反演表示将所有粒子的动量都改变符号,即让所有粒子的运动都反转。在没有耗散力的情况下,牛顿运动方程所描述的经典体系满足时间反演对称性,即:如果 $\boldsymbol{x}(t)$ 是满足方程 $m\ddot{\boldsymbol{x}}(t)=-\nabla V(\boldsymbol{x})$ 的一条经典轨迹,那么 $\boldsymbol{x}(-t)$ 也是满足该方程的一条经典轨迹。当一个经典体系具有时间反演对称性时,如下两个过程是等效的:(1)从 $t=0$ 时刻开始,让时间向前演化到 t 时刻;(2)从 $t=0$ 时刻开始,将所有粒子的动量反转,即对体系施加时间(运动)反演操作,让时间向后演化到 $-t$ 时刻,再对体系作时间反演操作。如果在经典力学中借用时间演化算符 $\hat{U}$ 和时间反演算符 $\hat{T}$ 的说法,以上两个过程的等效性可以被写成 $\hat{T}\hat{U}(-t)\hat{T}=\hat{U}(t)$。显然,在经典力学中 $\hat{T}^2=1$,上式可以改写为

$$\hat{T}\hat{U}(t)=\hat{U}(-t)\hat{T} \tag{8.3.12}$$

那么,量子力学的时间反演意味着什么呢?我们将看到:量子力学的时间反演概念比经典力学的复杂许多。例如,在量子力学中 $\hat{T}^2=1$ 并不总是对的,但是(8.3.12)依然成立。

4. 幺正算符和反幺正算符

空间和时间的平移、空间的旋转以及宇称操作都有共同的特点:它们都是幺正算符 $\hat{U}$,即它们都满足

$$\hat{U}^\dagger\hat{U}=\hat{U}\hat{U}^\dagger=1 \tag{8.3.13a}$$

$$\hat{U}[a|\chi\rangle+b|\phi\rangle]=a\hat{U}|\chi\rangle+b\hat{U}|\phi\rangle \tag{8.3.13b}$$

其中 a, b 为任意的复数,$|\chi\rangle$ 和 $|\phi\rangle$ 为任意态矢。这些性质是从客观运动规律的要求衍生出来的。在量子力学中,最基本的对易关系是

$$[\hat{x},\hat{p}_x]=\mathrm{i}\hbar \tag{8.3.14}$$

此外量子力学的概率解释要求

$$\langle \chi | \chi \rangle = 1 \tag{8.3.15}$$

(8.3.14)和(8.3.15)的两个基本关系决定了：为了保证这些物理规律在以上对称操作下不变，这些对称操作必须满足(8.3.13)两式。

以一维几何空间中的平移为例：利用(1.9.6)和(2.5.13)，容易证明

$$\hat{D}(s)\hat{x}\hat{D}^{-1}(s) = \hat{x} - s \tag{8.3.16}$$

$$\hat{D}(s)\hat{p}\hat{D}^{-1}(s) = \hat{p} \tag{8.3.17}$$

【练习】证明(8.3.16)和(8.3.17)两个公式。

为了证明 $\hat{D}$ 是线性的，即满足(8.3.13b)，对基本对易关系(8.3.14)作平移变换，得

$$\hat{D}[\hat{x}, \hat{p}_x]\hat{D}^{-1} = \hat{D}\mathrm{i}\hbar\hat{D}^{-1} \tag{8.3.18}$$

上式左边为

$$\hat{D}[\hat{x}, \hat{p}_x]\hat{D}^{-1} = [\hat{D}\hat{x}\hat{D}^{-1}, \hat{D}\hat{p}_x\hat{D}^{-1}] = [\hat{x} - s, \hat{p}_x] = \mathrm{i}\hbar \tag{8.3.19}$$

于是要求必须有

$$\hat{D}\mathrm{i}\hbar\hat{D}^{-1} = \mathrm{i}\hbar \tag{8.3.20}$$

即 $\hat{D}$ 算符是线性的。对于 $\hat{R}$ 和 $\hat{Y}$ 有类似的证明。

但是，为了描述物理实际，用来表示时间反演操作的算符并不是幺正的，而是反幺正的。为此，首先需要定义反线性算符，对于任意态矢 $|\chi\rangle$ 和 $|\phi\rangle$，以及任意复数 a 和 b，如果算符 $\hat{T}$ 满足如下关系

$$\hat{T}[a|\chi\rangle + b|\varphi\rangle] = a^* \hat{T}|\chi\rangle + b^* \hat{T}|\varphi\rangle \tag{8.3.21}$$

就称算符 $\hat{T}$ 为反线性算符。对于反线性算符 $\hat{T}$，令 $|\tilde{\chi}\rangle = \hat{T}|\chi\rangle$，$|\tilde{\varphi}\rangle = \hat{T}|\phi\rangle$，如果

$$\langle \tilde{\varphi} | \tilde{\chi} \rangle = \langle \chi | \varphi \rangle \tag{8.3.22}$$

那么就称算符 $\hat{T}$ 为反幺正算符。

5. 时间反演算符是反幺正算符

下面我们来证明，为了保证物理规律在时间反演操作下保持不变，时间反演算符 $\hat{T}$ 必须是反幺正算符。根据时间反演的物理意义，我们要求位置和动量算符分别在时间反演变换下满足

$$\hat{T}\hat{x}\hat{T}^{-1} = \hat{x} \tag{8.3.23a}$$

$$\hat{T}\hat{p}_x\hat{T}^{-1} = -\hat{p}_x \tag{8.3.23b}$$

将时间反演作用于基本对易关系，有

$$\begin{cases} 左边：\hat{T}[\hat{x}, \hat{p}_x]\hat{T}^{-1} = [\hat{T}\hat{x}\hat{T}^{-1}, \hat{T}\hat{p}_x\hat{T}^{-1}] = [\hat{x}, -\hat{p}_x] = -[\hat{x}, \hat{p}_x] = -\mathrm{i}\hbar \\ 右边：\hat{T}\mathrm{i}\hbar\hat{T}^{-1} = \hat{T}\mathrm{i}\hat{T}^{-1}\hbar \end{cases} \tag{8.3.24}$$

因此,为了使基本对易关系不变,必须保持

$$\hat{T}\mathrm{i}\hat{T}^{-1} = -\mathrm{i} \tag{8.3.25}$$

因此,$\hat{T}$ 必须是反线性算符,即:满足(8.3.21)。在此前提下,为了保证(8.3.15)在时间反演操作下仍成立,则不难证明 $\hat{T}$ 必须满足(8.3.22),即:$\hat{T}$ 是一个反幺正算符。

对线性算符 $\hat{A}$,可以用狄拉克左、右矢的记法:

$$\langle\chi|\hat{A}|\phi\rangle=\langle\chi|(\hat{A}|\phi\rangle)=(\langle\chi|\hat{A})|\phi\rangle=[\langle\phi|(\hat{A}^{\dagger}|\chi\rangle)]^{*} \tag{8.3.26}$$

但是,对于反线性算符 $\hat{T}$,$\langle\chi|\hat{T}|\phi\rangle$的写法没有定义。在实际操作中,反线性算符的效果只是通过对右矢的作用来定义,左矢的结果总可以经过对相应右矢取厄米共轭来间接获得。

6. 时间反演作用下的波函数

从时间反演变换对位置算符的作用可以推导出

$$\hat{T}|x\rangle=|x\rangle \tag{8.3.27}$$

严格来说,上式如果右边引入一个相因子同样成立,我们这里约定取相因子为1。将时间反演作用于任意一个态矢

$$|\psi\rangle=\int\mathrm{d}x\psi(x)|x\rangle \tag{8.3.28}$$

得到

$$\begin{aligned}|\psi_{\mathrm{T}}\rangle&=\hat{T}|\psi\rangle=\hat{T}\int\mathrm{d}x\psi(x)|x\rangle\\&=\int\mathrm{d}x\hat{T}\psi(x)|x\rangle=\int\mathrm{d}x\psi^{*}(x)\hat{T}|x\rangle=\int\mathrm{d}x\psi^{*}(x)|x\rangle\end{aligned} \tag{8.3.29}$$

此式表明,时间反演对空间波函数的作用相当于

$$\psi_{\mathrm{T}}(x)\equiv\langle x|\psi_{\mathrm{T}}\rangle\equiv\hat{T}\langle x|\psi\rangle=\hat{T}\psi(x)=\psi^{*}(x) \tag{8.3.30}$$

类似地,由动量算符在时间反演操作下所满足的关系可以得到

$$\hat{T}|p\rangle=|-p\rangle \tag{8.3.31}$$

$$\begin{cases}|\phi\rangle=\int\mathrm{d}p\phi(p)|p\rangle\\ \hat{T}|\varphi\rangle=\hat{T}\int\mathrm{d}p\phi(p)|p\rangle=\int\mathrm{d}p\phi^{*}(p)|-p\rangle=\int\mathrm{d}p\phi^{*}(-p)|p\rangle\end{cases} \tag{8.3.32}$$

得到

$$\phi_{\mathrm{T}}(p)\equiv\hat{T}\phi(p)=\phi^{*}(-p) \tag{8.3.33}$$

【练习】 证明(8.3.27)和(8.3.31)。

根据(8.3.27)或(8.3.31),可以得到

$$\hat{T}^{2}=1 \tag{8.3.34}$$

它是在不考虑粒子自旋的情况下得到的结果。当考虑自旋时，可以证明，当自旋量子数为整数时，(8.3.34)仍然成立，但是对于自旋量子数为半整数的粒子，应该是

$$\hat{T}^2 = -1 \tag{8.3.35}$$

(8.3.35)的证明比较复杂，超出了本书范围，感兴趣的读者可以参考高等量子力学的教材。

7. 时间反演对称性的物理意义①

时间反演对称性会对体系的动力学演化施加一定的限制。如果体系的哈密顿算符在时间反演下是不变的，即

$$[\hat{T},\hat{H}]=0 \tag{8.3.36}$$

则有

$$\hat{T}e^{-\frac{i}{\hbar}\hat{H}t} = e^{\frac{i}{\hbar}\hat{H}t}\hat{T} \tag{8.3.37}$$

这就是(8.3.12)，它在讨论体系关于时间的对称性行为时很有用，例如化学反应的微观可逆性原理和细致平衡原理就是它的结果。

在后面的分子结构与光谱的讨论中，我们将不再涉及时间反演对称性的问题。但大家应该知道，时间反演对称性对于分子结构有重要影响，其后果之一是如下的克拉默斯定理：

在没有外磁场的情况下，具有半整数自旋(例如含奇数个电子的原子或分子)的体系至少是二重简并的，称作克拉默斯简并。

证明：对于自旋半整数体系，假定$|\psi\rangle$是相应哈密顿算符的本征态，即

$$\hat{H}|\psi\rangle = E|\psi\rangle \tag{8.3.38}$$

不存在外磁场时，体系满足时间反演对称性，即有

$$\hat{H}\hat{T}|\psi\rangle = \hat{T}\hat{H}|\psi\rangle = E\hat{T}|\psi\rangle \tag{8.3.39}$$

因此，$\hat{T}|\psi\rangle$也是体系对应于能量为E的本征态。假设$|\psi\rangle$为非简并态，令

$$\hat{T}|\psi\rangle = e^{i\lambda}|\psi\rangle \tag{8.3.40}$$

其中λ为任意实数。上式两边用$\hat{T}$作用，得到

$$\hat{T}^2|\psi\rangle = \hat{T}e^{i\lambda}|\psi\rangle = e^{-i\lambda}\hat{T}|\psi\rangle = e^{-i\lambda}e^{i\lambda}|\psi\rangle = |\psi\rangle \tag{8.3.41}$$

但是，根据(8.3.35)，对于半整数自旋粒子，$\hat{T}^2=-1$，联合(8.3.41)将得到$|\psi\rangle=-|\psi\rangle$，因此$|\psi\rangle=0$这一荒谬的结论。说明$|\psi\rangle$为非简并态的假设不成立。因此，$|\psi\rangle$至少是二重简并的。证毕。

---

① 体系的一种对称性应该对应于体系的一个物理守恒量。时间反演对称性对应什么物理守恒量呢？时间反演不是幺正算符，因此没有量子力学可观测量意义上的对应的物理守恒量。假如一个隔离体系具有时间反演对称性，则体系的熵是守恒的，但这是纯量子力学理论框架之外的结论。事实上：从宏观角度看，我们的宇宙关于时间反演是不对称的，因此不存在与之对应的物理守恒量。

§8.4 点群对称性和群表示

关于对称性的数学语言是群论。群论及其应用是一门重要的基础课程，有着丰富的内容。由于篇幅所限，这里我们只介绍群论和点群在分子体系中应用的最基本的知识。

1. 群的定义

考虑一个指定的量子体系中的一类与哈密顿算符对易的量子力学算符的集合 $\boldsymbol{G}=\{\hat{M}\}$，如果 $\boldsymbol{G}$ 的元素满足如下的关系，则称 $\boldsymbol{G}$ 为一个群：

1) 封闭性。如果 $\hat{A}$ 和 $\hat{B}$ 属于 $\boldsymbol{G}$，则它们的乘积 $\hat{C}=\hat{A}\hat{B}$ 也属于 $\boldsymbol{G}$。

2) 在 $\boldsymbol{G}$ 中存在单位算符 $\hat{I}$。

3) 如果 $\hat{A}$ 属于 $\boldsymbol{G}$，它的逆算符 $\hat{A}^{-1}$ 也属于 $\boldsymbol{G}$。

4) 结合律：$\hat{A}(\hat{B}\hat{C})=(\hat{A}\hat{B})\hat{C}$。

群中元素的个数称为群的阶。阶次有限的群为有限群，阶次无限的群为无限群，如果 $\boldsymbol{G}$ 中的部分元素的集合满足群的定义，则它们构成 $\boldsymbol{G}$ 的一个子群。子群的阶是 $\boldsymbol{G}$ 的阶的一个因子。

观察身边的物体，常常看到其有一定的空间对称性质。例如，五角星有一个五重对称轴，绕该轴作 72°及其整倍数的旋转后与开始的形态是不可区分的。五角星还有其他的对称元素，如镜面对称，等等。描述一个物体空间对称性的工具是点群。点群因所有对称操作至少有一个共同的不动点而得名。分子有多种对称性质，空间对称性是其中重要的一类。下面介绍点群的表示和基本性质，以及用点群对分子性质的对称性进行划分。由于篇幅的限制，我们只是叙述一些重要的结论，并不给出详细的证明。事实上，这些证明全部建立在本书前面知识的基础上，读者应该可以读懂有关专著。

2. 点群的划分

化学文献习惯用熊夫利斯符号标识点群的对称性操作。点群中的对称性操作分成5类，分别是：单位算符的操作 $\hat{I}$，对称元素为恒等 I；绕 n 重旋转对称轴作 $360°/n$ 旋转的操作 $\hat{C}_n$，对称元素为转轴 C_n；关于对称平面作反映的操作 $\hat{\sigma}$，对称元素为镜面 σ；关于质心作反演的操作 $\hat{i}$，对称元素为对称中心 i；绕 n 重旋转反映对称轴作 $360°/n$ 旋转后关于垂直于该轴的镜面作反映的操作 $\hat{S}_n$，对称元素为映轴 S_n。如果一个物体有多个转轴，选最高重转轴为对称主轴，一般定义为 z 轴，其他为副轴；与对称主轴平行的镜面记作 σ_v，与对称主轴垂直的镜面记作 σ_h，平分副轴(通常为 C_2 轴)或镜面夹角的镜面记作 σ_d。以上对称元素的不同组合构成不同的点群，每一点群的对称性由它所包含的全部对称操作来表征。点群可以分成三大类：第一类，只有一个转轴(或映轴)的单轴群；第二类，除一个对称主轴(或映轴)外，还有若干个相同低重副轴 $C_{n'}$ 的双面群；第三类，有多个对称主轴(或映轴)，以及若干不同低重转轴 $C_{n'}$，$C_{n''}$，…的多面体群。与分子的稳定构型所对应的点群称作分子点群，图 8.4.1 给出确定一个分子所属点群的步骤，表 8.4.1 列出一些常见的分子点群、其符号、对称性元素和例子。

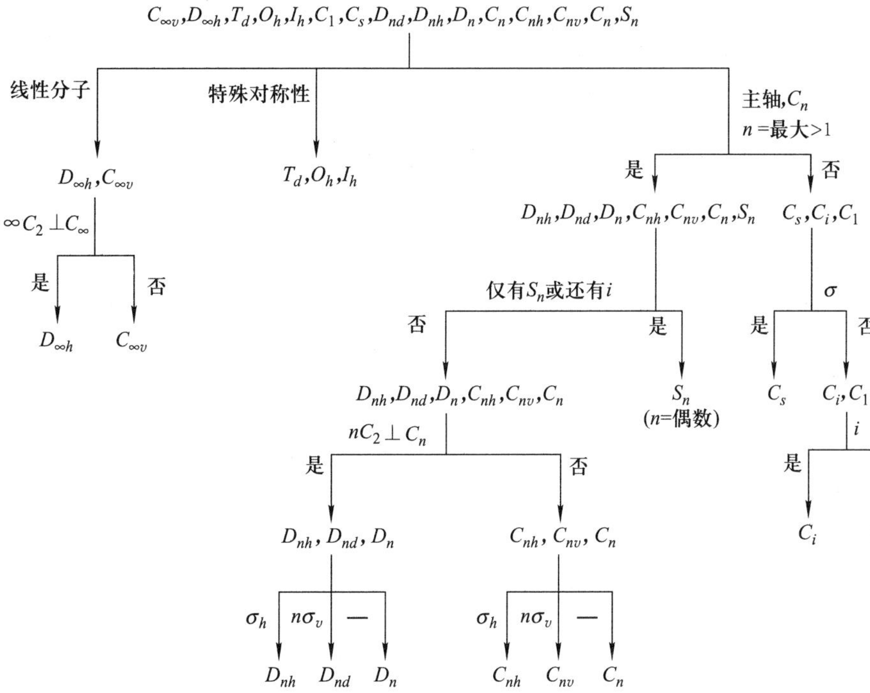

图 8.4.1　确定分子所属点群的步骤

表 8.4.1　一些常见分子点群及其对称元素和举例

点群	对称操作元素	例子	点群	对称操作元素	例子
C_1	I	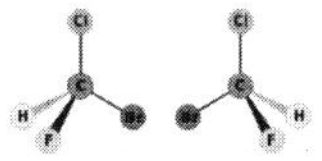 溴氯氟甲烷	D_{5d}	$I\ 2C_5\ 2C_5^2\ 5C_2\ i$ $2S_{10}^3\ 2S_{10}\ 5\sigma_d$	 二茂铁(交错)
C_s	$I\ \sigma_h$	 氯碘甲烷	C_{2v}	$I\ C_2\ \sigma_v(xz)$ $\sigma_v'(yz)$	 H_2O
C_i	$I\ i$	反式-1,2-二氯-1,2-二溴甲烷	C_{3v}	$I\ 2C_3\ 3\sigma_v$	 NH_3
C_2	$I\ C_2$	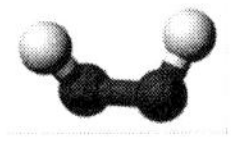 H_2O_2	C_{4v}	$I\ 2C_4\ C_2\ 2\sigma_v\ 2\sigma_d$	 $XeOF_4$

续表

点群	对称操作元素	例子	点群	对称操作元素	例子
D_{2h}	$I\ C_2(z)\ C_2(y)$ $C_2(x)\ i\ \sigma(xy)$ $\sigma(xz)\ \sigma(yz)$	 C_2H_4	$C_{\infty v}$	$I\ 2C_\infty\ \infty\sigma_v$	 HF
D_{3h}	$I\ 2C_3\ 3C_2$ $\sigma_h\ 2S_3\ 3\sigma_v$	 BF_3	$D_{\infty h}$	$I\ 2C_\infty\ \infty\sigma_v$ $i\ 2S_\infty\ \infty C_2$	 O_2
D_{6h}	$I\ 2C_6\ 2C_3\ C_2$ $3C_2'\ 3C_2''$ $i\ 2S_3\ 2S_6$ $\sigma_h\ 3\sigma_d\ 3\sigma_v$	 C_6H_6	T_d	$I\ 8C_3\ 3C_2\ 6S_4\ 6\sigma_d$	 CH_4
D_{2d}	$I\ 2S_4\ C_2$ $2C_2'\ 2\sigma_d$	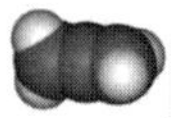 丙二烯	O_h	$I\ 8C_3\ 6C_2\ 6C_4\ 3C_2$ $i\ 6S_4\ 8S_6\ 3\sigma_h\ 6\sigma_d$	 SF_6
D_{3d}	$I\ 2C_3\ 3C_2\ i$ $2S_6\ 3\sigma_d$	 乙烷（交错）	I_h	$I\ 12C_5\ 12C_5^2$ $20C_3\ 15C_2\ i\ 12S_{10}$ $12S_{10}^3\ 20S_6\ 15\sigma$	 C_{60}

3. 点群的表示

一组对称操作如果构成一个群，则它们在一定基组上的矩阵表示也构成一个群，称为该对称操作群的一个表示。若矩阵的维数为 n，就称之为 n 维表示。

给定一个群的一个表示，如果关于它存在一个共同的相似变换，使得所有表示矩阵都可以变换成具有相同结构的块对角化的矩阵，这样的表示称为可约表示，此时，每一组块对角的矩阵分别都构成该群的一个表示。反之，如果一个表示不能被进一步块对角化，这样的表示称作不可约表示。一个由有限个元素所组成的群可以有许多可约表示，但是只能有有限个不可约表示。一个可约表示可以被分解为若干个不可约表示，不可约表示则不能被进一步分解。可约表示之所以可以分解，是因为相同对角化结构的矩阵之间相乘时保持其原有的块对角化结构，即

$$\begin{bmatrix} (\boldsymbol{A}^{(1)})_{N_1\times N_1} & 0 & 0 \\ 0 & (\boldsymbol{A}^{(2)})_{N_2\times N_2} & 0 \\ 0 & 0 & \ddots \end{bmatrix} \begin{bmatrix} (\boldsymbol{B}^{(1)})_{N_1\times N_1} & 0 & 0 \\ 0 & (\boldsymbol{B}^{(2)})_{N_2\times N_2} & 0 \\ 0 & 0 & \ddots \end{bmatrix}$$

$$= \begin{bmatrix} (\boldsymbol{A}^{(1)}\boldsymbol{B}^{(1)})_{N_1\times N_1} & 0 & 0 \\ 0 & (\boldsymbol{A}^{(2)}\boldsymbol{B}^{(2)})_{N_2\times N_2} & 0 \\ 0 & 0 & \ddots \end{bmatrix}$$

【实例】C_{2v}点群的表示

C_{2v}点群有 4 个对称操作元素：$\hat{I}$，$\hat{C}_2$，$\hat{\sigma}_{xz}$，$\hat{\sigma}_{yz}$。处于电子基态最稳定构型的 H_2O 分子属于 C_{2v}点群。将坐标原点放在点群的一个不动点上，取 x（在 H_2O 平面内），y（垂直于 H_2O 平面），z（沿 C_2 轴）方向作为基矢，得到 C_{2v}点群的一个表示为

$$\Gamma_a: \quad \boldsymbol{I} = \begin{pmatrix} 1 & 0 & 0 \\ 0 & 1 & 0 \\ 0 & 0 & 1 \end{pmatrix}, \quad \boldsymbol{C}_2 = \begin{pmatrix} -1 & 0 & 0 \\ 0 & -1 & 0 \\ 0 & 0 & 1 \end{pmatrix},$$
$$\boldsymbol{\sigma}_{xz} = \begin{pmatrix} 1 & 0 & 0 \\ 0 & -1 & 0 \\ 0 & 0 & 1 \end{pmatrix}, \quad \boldsymbol{\sigma}_{yz} = \begin{pmatrix} -1 & 0 & 0 \\ 0 & 1 & 0 \\ 0 & 0 & 1 \end{pmatrix} \tag{8.4.1}$$

当用 O 的 $2p_z$ 轨道作为基矢时，C_{2v}的表示为

$$\Gamma_b: \quad \boldsymbol{I}=(1), \quad \boldsymbol{C}_2=(1), \quad \boldsymbol{\sigma}_{xz}=(1), \quad \boldsymbol{\sigma}_{yz}=(1) \tag{8.4.2}$$

当用 O 的 $2p_x$ 轨道作为基矢时，C_{2v}的表示为

$$\Gamma_c: \quad \boldsymbol{I}=(1), \quad \boldsymbol{C}_2=(-1), \quad \boldsymbol{\sigma}_{xz}=(1), \quad \boldsymbol{\sigma}_{yz}=(-1) \tag{8.4.3}$$

当用 O 的 $2p_y$ 轨道作为基矢时，C_{2v}的表示为

$$\Gamma_d: \quad \boldsymbol{I}=(1), \quad \boldsymbol{C}_2=(-1), \quad \boldsymbol{\sigma}_{xz}=(-1), \quad \boldsymbol{\sigma}_{yz}=(1) \tag{8.4.4}$$

当用沿着 z 轴的转动矢量 R_z 作为基矢时，C_{2v}的表示为

$$\Gamma_e: \quad \boldsymbol{I}=(1), \quad \boldsymbol{C}_2=(1), \quad \boldsymbol{\sigma}_{xz}=(-1), \quad \boldsymbol{\sigma}_{yz}=(-1) \tag{8.4.5}$$

4. 可约表示的分解

显然，一维表示都是不可约表示。不可约表示并不与基组的选取唯一对应。利用其他合适的基组，也能够得到如上的不可约表示。例如，对于 H_2O 分子，分别以坐标 x，y，z 为基矢的一维不可约表示与分别以在 O 上的 $2p_x$，$2p_y$，$2p_z$ 轨道为基矢的不可约表示矩阵相同。Γ_a 是一个对角化的三维表示，因此是一个可约表示。它可以被分解成三个分别以坐标 x，y，z 为基矢的一维不可约表示。我们说 Γ_a 是 Γ_b，Γ_c，Γ_d 的直和，或说 Γ_a 可以被分解或约化为 Γ_b，Γ_c，Γ_d，写成

$$\Gamma_a = \Gamma_b \oplus \Gamma_c \oplus \Gamma_d \tag{8.4.6}$$

事实上，Γ_b，Γ_c，Γ_d 和 Γ_e 是 C_{2v}的所有不可约表示。C_{2v}的任何一个表示 Γ_α 都可以被分解为

$$\Gamma_\alpha = l\Gamma_b \oplus m\Gamma_c \oplus n\Gamma_d \oplus o\Gamma_e, \quad l,m,n,o=0,1,2\cdots \tag{8.4.7}$$

5. 共轭类，不可约表示的数目

一个群 $\boldsymbol{G}$ 有多少种不可约表示呢？对于 $\boldsymbol{G}$ 中的两个元素 $\hat{A}$ 和 $\hat{B}$，如果可以在 $\boldsymbol{G}$ 中找到一个元素 $\hat{C}$，使得 $\hat{C}\hat{A}\hat{C}^{-1}=\hat{B}$（即相似变换）成立，则称 $\hat{A}$ 和 $\hat{B}$ 为互相共轭的元素。容易证明，共轭关系具有传递性，将所有相互共轭的元素集合到一起成为一共轭类。例如，C_{2v}点群的 4 个对称操作各形成一类：$\hat{I}$，$\hat{C}_2$，$\hat{\sigma}_{xz}$，$\hat{\sigma}_{yz}$；C_{3v}点群的 6 个对称操作形成三类：$\hat{I}$，$2\hat{C}_3$，$3\hat{\sigma}$。可以看出，属于同一类的对称操作具有相同属性，可以通过相似变换联系

起来。例如,C_{3v}中的2个$\hat{C}_3$之间的联系为$\hat{\sigma}_i\hat{C}_3\hat{\sigma}_i^{-1}=\hat{C}_{-3}$,其中$\hat{C}_3$,$\hat{C}_{-3}$分别表示绕$\hat{C}_3$逆时针和顺时针旋转120°,$\hat{\sigma}_i$为一$\hat{\sigma}_v$操作。群论指出:

1) 群的不可约表示的数目等于群中类的数目;

2) 群的不可约表示的维数的平方和等于群的阶。

对于简单的点群,仅仅依据以上两点就可以确定不可约表示的个数和相应维数。例如,C_{2v}点群有四类操作,因此有4个不可约表示;因为C_{2v}点群是四阶的,所以其所有不可约表示都是一维的。C_{3v}点群是六阶的,有三类操作,因此有3个不可约表示,其中两个一维的,一个二维的。

【练习】 C_{4v}群存在几种不可约表示?维数分别是多少?

6. 特征标与特征标表

显然,群的表示不是唯一的,任何一种表示对其中所有矩阵作相同的相似变换,便得到一个新的表示。由于矩阵的迹在相似变换下保持不变,是基组间变换的守恒量,我们用表示矩阵的迹对表示进行分类。称一个对称操作$\hat{M}$的一个表示矩阵$\boldsymbol{M}$的迹为该对称操作的该表示矩阵的特征标,记为$\chi(\boldsymbol{M})$。同一个表示中同一类操作的特征标是相同的。将对称操作群的所有不可约表示的特征标连同对应的常见基组在一起列表,称为特征标表。对于分子点群,一般用包含一定物理意义的符号标记其各个不可约表示,这套符号标记系统由慕利肯提出,因此也被称为慕利肯符号。具体来说,群的不可约表示按如下规则进行标记:

1) 一维表示用A(如果关于主轴C_n的旋转操作的特征标为1)或B(如果关于主轴C_n的旋转操作的特征标为−1),二维表示用E,三维表示用F(或T),四维表示用G,五维表示用H。

2) 如果关于对称中心i的反演操作的特征标为1,加下角标g;如果为−1,加下角标u。

3) 如果关于垂直于主轴的C_2操作或(没有该C_2时)关于选定的一个σ_v操作的特征标为1,加下角标1;如果为−1,加下角标2。

4) 如果关于σ_h操作的特征标为1,加上角标′;如果为−1,加上角标″。

5) 对于有C_∞对称元素的分子点群($C_{\infty v}$和$D_{\infty h}$),用希腊字母Σ,Π,Δ,Φ,…对应于轨道角动量在对称轴上投影的量子数为$|\Lambda|=0, 1, 2, 3, \cdots$的不可约表示。Σ为$\Lambda=0$的表示,它是一维的,其他都是二维的。有别于其他点群,在$C_{\infty v}$和$D_{\infty h}$点群中,如果关于σ_v操作的特征标为1,加上角标+;如果为−1,加上角标−。

表8.4.2是C_{2v}和C_{3v}点群的特征标表,表中的常见基矢主要是坐标的一次和二次形式和旋转轴。其他点群的特征标表可以在专著或网络中查到。如果原子轨道的中心和坐标原点都处在点群的不动点上,则s轨道是全对称的,p_x,p_y,p_z轨道分别与x,y,z有相同的对称性,5个常见形式的d轨道则分别与$3z^2-r^2$,xz,yz,xy,x^2-y^2的对

称性相同。请注意，在所有的点群中都有一个全对称的不可约表示 Γ_s，它是一维的，且所有操作的特征标都是 1。

表 8.4.2　C_{2v} 和 C_{3v} 点群的特征标表

C_{2v}	I	C_2	σ_{xz}	σ_{yz}	常见基矢
A_1	1	1	1	1	z, x^2, y^2, z^2
A_2	1	1	−1	−1	R_z, xy
B_1	1	−1	1	−1	x, R_y, xz
B_2	1	−1	−1	1	y, R_x, yz
C_{3v}	I	$2C_3$	3σ	常见基矢	
A_1	1	1	1	z, x^2+y^2, z^2	
A_2	1	1	−1	R_z	
E	2	−1	0	(x, y), (R_x, R_y), (xz, yz), (x^2-y^2, xy)	

分子点群与§8.2 节讨论的分子的近似哈密顿算符($\hat{H}_0$)对易。因此，分子的各种性质(如基于 $\hat{H}_0$ 求解出的电子、振动的波函数)可以按照分子点群的不可约表示进行分类和标识，称该性质具有该不可约表示的对称性或该性质的对称性为该不可约表示。分子轨道的对称性习惯上用小写字母，如 σ_g^-，π，a_1，e_1'，e_{2g} 轨道。分子量子态的对称性习惯上用大写字母，如 Σ_g^-，Π，A_1，E_1'，E_{2g} 态。和原子一样，电子的自旋多重态会标在不可约表示的左上角。在光谱学标记的习惯中，对于双原子分子，分子的电子基态会在不可约表示前标注 X，与基态具有相同电子自旋多重性的电子激发态依次标注为 A，B，C，…，不同电子多重性的电子激发态依次标 a，b，c，…。例如，观测到的氧分子的前 5 个电子态依次为 $X\ {}^3\Sigma_g^-$，$a\ {}^1\Delta_g$，$b\ {}^1\Sigma_g^+$，$A\ {}^3\Sigma_u^+$，$B\ {}^3\Sigma_u^-$。对于多原子分子，分子的电子基态则在不可约表示前标注 $\tilde{X}$，与基态具有相同电子自旋多重性的电子激发态依次标注为 $\tilde{A}$，$\tilde{B}$，$\tilde{C}$，…，不同电子多重性的电子激发态依次标 $\tilde{a}$，$\tilde{b}$，$\tilde{c}$，…，以便与不可约表示符号相区别。例如，观测到的苯的前 5 个电子态依次为 $\tilde{X}\ {}^1A_{1g}$，$\tilde{a}\ {}^3B_{1u}$，$\tilde{A}\ {}^1B_{2u}$，$\tilde{B}\ {}^1B_{1u}$，$\tilde{C}\ {}^1E_{1u}$。

第四章中的球对称体系的所有旋转操作构成一个旋转群$\{\hat{R}\}$，它可以有无数种表示：在二维自旋空间中的表示为 SU(2)；在三维几何空间中的表示为 SO(3)，它们是以角动量算符($\hat{J}^2$，$\hat{J}_z$)的本征态所展开的空间中的表示 $\boldsymbol{D}^j(\varphi,\theta,\chi)$ $(j=0, 1/2, 1, \cdots)$ 的两个具体例子。旋转群一般不作为点群对待，但是放在这里给予说明也是可以的，毕竟它也有一个不动点。旋转群在每一 $J=0, 1/2, 1, \cdots$ 基组上的表示分别就是维数为 1，2，3，…的不可约表示。我们在原子结构中使用的光谱项符号 S，P，D，…就是原子能级在旋转群中轨道角动量 $L=0, 1, 2, \cdots$ 的不可约表示符号。旋转群有无穷维的不可约表示，而点群的不可约表示都是有限维的。分子的点群不可约表示符号是原子的光谱项符号向分子的扩展。

7. 不可约表示特征标的正交定理

点群的各个不可约表示的特征标之间满足如下的正交归一化关系：

$$\frac{1}{h}\sum_{\boldsymbol{M}}\chi_i(\boldsymbol{M})\chi_j(\boldsymbol{M})=\delta_{ij} \tag{8.4.8a}$$

其中 h 为点群的阶，$\chi_i(\boldsymbol{M})$为对称操作 $\hat{M}$ 在不可约表示 Γ_i 中的表示矩阵 $\boldsymbol{M}$ 的特征标，加和为关于对称操作的加和。由于同一共轭类中对称操作的特征标相等，因此也可以根据共轭类写出正交化关系

$$\frac{1}{h}\sum_{k}N_k\chi_{ik}(\boldsymbol{M})\chi_{jk}(\boldsymbol{M})=\delta_{ij} \tag{8.4.8b}$$

其中 k 为第 k 个共轭类，N_k 为第 k 个类所包含的对称操作的数目，$\chi_{ik}(\boldsymbol{M})$则为不可约表示 Γ_i 中同一 k 类对称操作所共有的特征标。

若点群的一个可约表示 Γ_α 可以被分解为不可约表示的直和：

$$\Gamma_\alpha=\bigoplus_i n_i\Gamma_i \tag{8.4.9}$$

其中 n_i 为不可约表示 Γ_i 在 Γ_α 中出现的次数，则

$$\chi_\alpha(\boldsymbol{M})=\sum_i n_i\chi_i(\boldsymbol{M}) \tag{8.4.10}$$

(8.4.10)与(8.4.8)联立，得

$$n_i=\frac{1}{h}\sum_{\boldsymbol{M}}\chi_\alpha(\boldsymbol{M})\chi_i(\boldsymbol{M}) \tag{8.4.11a}$$

或

$$n_i=\frac{1}{h}\sum_{k}N_k\chi_{\alpha k}(\boldsymbol{M})\chi_{ik}(\boldsymbol{M}) \tag{8.4.11b}$$

(8.4.11)在寻找分子的物理性质的对称性不可约表示时很有用。

【例 8.4.1】水分子的独立振动模式及其对称性

H_2O 有 3 个原子核，因此有 9 个核运动自由度，其中 3 个平动，3 个转动，3 个振动自由度。与振动问题对应，在每个原子核上都固定一组正交单位矢量(图 8.4.2)，以它们作为基组构成一个表示 Γ_α。计算一个表示中各个对称操作的特征标，亦即在该表示下矩阵的迹，只需关心矩阵中对角元的数值。分子点群的任何一个对称操作，凡涉及全同粒子间交换的，矩阵中与交换这些基矢有关的子块矩阵的对角元必为零，所以只需考察在自己内部进行坐标变换的那些粒子。

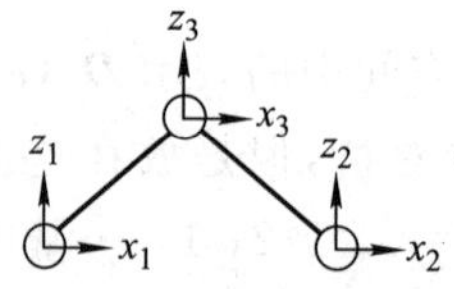

图 8.4.2 H_2O 的原子核坐标

$\boldsymbol{I}$：全部 9 个坐标不变，每一个坐标对对角元的贡献都是 1，$\chi_\alpha(\boldsymbol{I})=9$。

$\boldsymbol{C}_2$：2 个 H 互相交换，对对角元没有贡献。O 上 z 不变，对对角元的贡献为 1；x，y 分别变为 $-x$，$-y$，对对角元的贡献分别为 -1。因此，$\chi_\alpha(\boldsymbol{C}_2)=-1$。

$\boldsymbol{\sigma}_{xz}$：所有的 x，z 都不变，所有的 y 都变为 $-y$，因此，$\chi_\alpha(\boldsymbol{\sigma}_{xz})=3$。

$\boldsymbol{\sigma}_{yz}$：2 个 H 互相交换，对对角元没有贡献。O 上 y，z 不变，x 变为 $-x$，因此，$\chi_\alpha(\boldsymbol{\sigma}_{yz})=1$。

C_{2v}	I	C_2	σ_{xz}	σ_{yz}
χ_α	9	-1	3	1

利用(8.4.11)以及 C_{2v} 群的特征标表，可以求出 Γ_α 中各不可约表示的个数：

$$n_{A_1}=\frac{1}{4}[9\times1+(-1)\times1+3\times1+1\times1]=3$$

$$n_{A_2}=\frac{1}{4}[9\times1+(-1)\times1+3\times(-1)+1\times(-1)]=1$$

$$n_{B_1}=\frac{1}{4}[9\times1+(-1)\times(-1)+3\times1+1\times(-1)]=3$$

$$n_{B_2}=\frac{1}{4}[9\times1+(-1)\times(-1)+3\times(-1)+1\times1]=2$$

因此

$$\Gamma_\alpha=3A_1\oplus A_2\oplus 3B_1\oplus 2B_2$$

3 个平动自由度的对称性用 x，y，z 表达，从特征标表中查得它们的不可约表示为 B_1，B_2，A_1。3 个转动自由度的对称性用 R_x，R_y，R_z 表达，它们的不可约表示为 B_2，B_1，A_2。从 Γ_α 中剔除以上的不可约表示，得到水的 3 个不可约振动模式的对称性为 $2A_1$ 和 B_1。这些具有确定对称性的振动模式的简正坐标可在质心不动和不发生转动的限制下利用下一节的(8.5.2)获得，具体方法请参看那里的例子；也可以经过仔细的计算获得，在此不予介绍，感兴趣者请阅读相关专著。不难验证，水的 3 个简正振动模式分别为对称伸缩(A_1)，弯曲(A_1)和反对称伸缩(B_1)振动(图 8.4.3)。

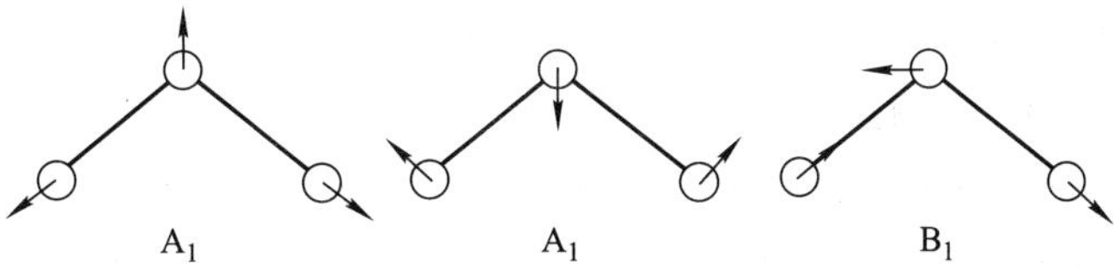

图 8.4.3　水的 3 个简正振动模式

8. 群表示理论在量子力学中的应用

我们用不少篇幅来讨论群的表示，主要是因为群表示理论在量子力学和分子的结构与光谱中有非常重要的应用。我们从第六章微扰理论的讨论得知，量子态之间的跃迁概率由矩阵元 $\langle f|\hat{H}'|i\rangle$ 决定。群表示理论可以在不作任何具体计算之前就给矩阵元是否为零作出判断。我们常常通过函数的奇偶性判断一个积分是否为 0，而函数奇偶性的判据只是群表示理论的一个特殊例子而已。利用群表示理论，我们可以将这种方法推广到

一般体系。

我们首先引入群表示中直积的概念。对于一个分子对称群,如果 Γ_1 是个 m 维的一组基矢$\{|u_i\rangle\}$上的不可约表示,Γ_2 是个 n 维的另一组基矢$\{|v_j\rangle\}$上的不可约表示,则以$\{|u_iv_j\rangle=|u_i\rangle|v_j\rangle\}$为基矢的表示 Γ_3 就是 Γ_1 和 Γ_2 的直积:

$$\Gamma_3=\Gamma_1\otimes\Gamma_2 \tag{8.4.12}$$

可以证明,Γ_3 的特征标为

$$\chi_3(\boldsymbol{M})=\chi_1(\boldsymbol{M})\times\chi_2(\boldsymbol{M}) \tag{8.4.13}$$

利用直积的概念来考察矩阵元$\langle f|\hat{H}'|i\rangle$:初态$|i\rangle$和终态$|f\rangle$为无微扰体系哈密顿算符 $\hat{H}_0$ 的本征态,一般都属于确定的不可约表示。$\hat{H}'$为微扰哈密顿算符,也属于一定的不可约表示。而$\langle f|\hat{H}'|i\rangle$是一个数,属于全对称的不可约表示 Γ_s(即所有对称操作的特征标均为1):

$$\Gamma_{\langle f|\hat{H}'|i\rangle}=\Gamma_s \tag{8.4.14}$$

于是,跃迁矩阵元$\langle f|\hat{H}'|i\rangle$不为零的条件为

$$\Gamma_{\langle f|}\otimes\Gamma_{\hat{H}'}\otimes\Gamma_{|i\rangle}\supset\Gamma_s \tag{8.4.15}$$

各种的光谱选择定则都可以从(8.4.15)推导出来。例如,电子态之间的电偶极跃迁由$\langle f|\boldsymbol{\mu}|i\rangle$决定,$\boldsymbol{\mu}$ 的3个分量的对称性是确定的,这样就对$|i\rangle$,$|f\rangle$之间的对称性匹配施加了限制。以有 D_{nh}(包括 $D_{\infty h}$)对称性的分子为例,从 g 到 g 以及从 u 到 u 电子态的单光子跃迁是禁阻的,因为 $\boldsymbol{\mu}$ 的对称性是 u,此时$\langle f|\boldsymbol{\mu}|i\rangle$组合不出 g 的对称性。再例如,红外光谱活性常指从振动基态$|0\rangle$向某一振动模式 q 的第一激发态$|q\rangle$的跃迁是否允许,它由$\langle q|\boldsymbol{\mu}|0\rangle$决定,其中 $\boldsymbol{\mu}$ 为原子核运动偶极矩算符;而拉曼活性由$\langle q|\alpha|0\rangle$决定,其中 α 为原子核运动极化率张量算符。由$\langle q|\boldsymbol{\mu}|0\rangle$和$\langle q|\alpha|0\rangle$可以分别得知哪些振动模式具有红外和拉曼活性。这些选择定则原理上很简单,但熟练掌握需针对具体分子的量子态的对称性和量子跃迁的哈密顿算符作仔细的分析,后面几章会有更深入的讨论。

事实上,任何一个矩阵元都是一个数,因此是全对称的,由此给出矩阵元不为0时各成分间对称性匹配的必要条件。任何时候,对称性的考虑都将提供关于体系性质的重要信息或者重要线索,并大大减少相关计算的工作量。

应该指出,与分子的完全哈密顿算符对易的不是分子点群操作,而是全同原子核交换反演对称群的操作;或者说,分子点群只是近似的分子对称群,而全同原子核交换反演对称群才是严格的分子对称群。在各种高能量激发和发生化学反应的情况下,由分子点群对称性预言的性质可能失效。此时,应该转用更合适的分子对称群的工具。关于严格的分子对称群,感兴趣的读者可以阅读 P. R. Bunker & P. Jensen, Molecular Symmetry and Spectroscopy, NRC Press, 2nd Ed., 1998。

【例 8.4.2】确定 O_2 基态电子组态各电子态的对称性

类似于原子中光谱项的推演,电子填充分子轨道形成一定电子组态,每一电子组态可以产生多个不同不可约表示的能级,确定这些不可约表示,需要进行轨道表示的直积和分解的计算。其中,关于电子自旋多重态的认定与原子一样。类似于原子的情形,饱和填充轨道对分子的量子态对称性的贡献相当于一个全对称的不可约表示。以属于

$D_{\infty h}$点群的 O_2 为例。O_2 的 LCAO-MO 及其电子组态如图 8.4.4 所示。1s 是氧的内层轨道,它们对化学键的形成几乎没有贡献(也可以看成它们形成的成键轨道与反键轨道贡献抵消);2s 形成的成键轨道与反键轨道贡献抵消,对化学键也没有贡献;2p 轨道组合成的分子轨道中,3 个成键轨道完全填充,相当于 3 个化学键,而反键轨道中有 2 个电子,相当于破坏一个化学键。因此氧分子中 OO 间相当于存在着双键。其次,在图中的电子组态下,从 $1\sigma_g$ 到 $1\pi_u$ 轨道的电子都是饱和填充的,它们对电子自旋的贡献是 $S=0$,对轨道对称性的贡献是 Σ_g^+。$1\pi_g^*$ 轨道中两个电子可以形成 $S=0$,1 两种自旋状态,两个电子的轨道对称性相乘后按(8.4.13)计算特征标,再使用(8.4.10)联立进行分解,得到 O_2 基态电子组态的不可约表示为

$$\Gamma=\pi_g\otimes\pi_g=\Sigma_g^+\oplus\Sigma_g^-\oplus\Delta_g \qquad (8.4.16)$$

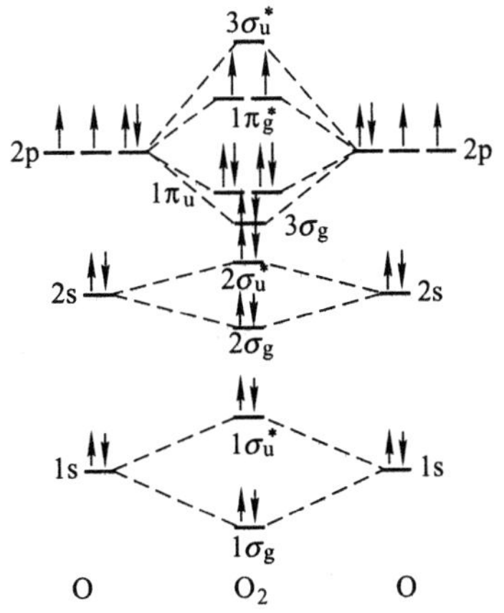

图 8.4.4 氧原子形成氧分子的轨道相关

表 8.4.3 $D_{\infty h}$点群的特征标表

$D_{\infty h}$	I	$2C_\infty$	…	$\infty\sigma_v$	i	$2S_\infty$	…	$\infty C_2'$	常见基矢
Σ_g^+	1	1	…	1	1	1	…	1	x^2+y^2, z^2
Σ_g^-	1	1	…	−1	1	1	…	−1	R_z
Π_g	2	$2\cos(\varphi)$	…	0	2	$-2\cos(\varphi)$	…	0	(R_x, R_y), (xz, yz)
Δ_g	2	$2\cos(2\varphi)$	…	0	2	$2\cos(2\varphi)$	…	0	(x^2-y^2, xy)
Φ_g	2	$2\cos(3\varphi)$	…	0	2	$-2\cos(3\varphi)$	…	0	
…	…	…	…	…	…	…	…	…	
Σ_u^+	1	1	…	1	−1	−1	…	−1	z
Σ_u^-	1	1	…	−1	−1	−1	…	1	
Π_u	2	$2\cos(\varphi)$	…	0	−2	$2\cos(\varphi)$	…	0	(x, y)
Δ_u	2	$2\cos(2\varphi)$	…	0	−2	$-2\cos(2\varphi)$	…	0	
Φ_u	2	$2\cos(3\varphi)$	…	0	−2	$2\cos(3\varphi)$	…	0	
…	…	…	…	…	…	…	…	…	

现在,在满足泡利不相容原理的基础上(参见§7.3节中C和O原子的例子)将自旋多重态与电子态对称性组合,就得到氧气的基态电子组态下的几个能级的不可约表示。其中,基态氧分子是$X\ ^3\Sigma_g^-$,而两个激发态依次是$a\ ^1\Delta_g$和$b\ ^1\Sigma_g^+$。请读者自己练习详细的推演过程。

§8.5 对称性守恒原理

现在,我们举用点群对称性讨论分子轨道相互作用的例子。假设分子或原子中的某一电子轨道属于对称操作群的某一不可约表示。设想分子体系非常缓慢地从一种原子核构型变化到另外一种原子核构型,称这样的过程为绝热过程。代表电子轨道间相互作用的哈密顿算符是全对称的。因此,在绝热近似下,只有具有相同对称性的轨道之间才能发生相互作用,即:电子态的对称性是守恒的。另外,微扰理论告诉我们,相同对称性的能级间相互作用的结果是互相排斥,能量越接近,排斥越强。根据这些法则,可以讨论随原子核构型改变电子轨道相互作用的情况,得到所谓的电子轨道相关图。前面将分子轨道与原子轨道做相关就是基于这一原理。

1. 分子轨道的对称性匹配线性组合

下面结合一个简单的例子讨论如何从原子轨道出发,按照一定的对称性要求来构建分子轨道。这个过程通常被称为对称性匹配线性组合(symmetry-adapted linear combination, SALC)。

【例 8.5.1】 H_2O分子轨道相关图

考虑由两个H和一个O形成水分子时分子轨道的对称性。如果假设参与化学键形成的原子轨道对于H原子只是1s,对于氧原子只是2s, 2p。假设在保持C_{2v}点群对称性的前提下让原子缓慢接近,最后形成H_2O分子。查特征标表得在C_{2v}点群中O的原子轨道2s和$2p_z$属于a_1,$2p_x$属于b_1,$2p_y$属于b_2;以参与反应的两个H的原子轨道$1s_a$和$1s_b$为基矢构成一个表示,计算得到其特征标为

C_{2v}	I	C_2	σ_{xz}	σ_{yz}
χ_{2H}	2	0	2	0

利用(8.4.11)将它约化为不可约表示:

$$\Gamma_{2H} = a_1 \oplus b_1 \tag{8.5.1}$$

为了求得某个不可约表示Γ_i所对应的一个基矢$\psi(\Gamma_i)$,可以从某一个该基矢包含的轨道ϕ出发,用如下的投影算符作用:

$$\psi(\Gamma_i) = \sum_{\boldsymbol{M}} \chi_i(\boldsymbol{M})\hat{M}\phi \tag{8.5.2}$$

例如,从$1s_a$开始,就有

$$\psi(a_1) = 1\times\hat{I}(1s_a) + 1\times\hat{C}_2(1s_a) + 1\times\hat{\sigma}_{xz}(1s_a) + 1\times\hat{\sigma}_{yz}(1s_a) = 2(1s_a) + 2(1s_b)$$

近似地归一化后得

$$\psi(a_1) = \frac{1}{\sqrt{2}}(1s_a + 1s_b) \tag{8.5.3}$$

同理

$$\psi(b_1)=\frac{1}{\sqrt{2}}(1s_a-1s_b) \tag{8.5.4}$$

于是，可以绘制 2H 和 O 原子形成 H_2O 分子的轨道相关图和电子基态的轨道填充情况，见图 8.5.1。

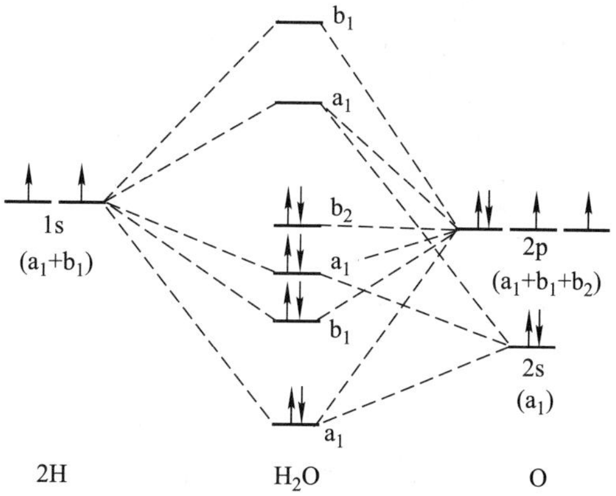

图 8.5.1　H_2O 的轨道相关图

其中 b_2 为一非键轨道。H_2O 的分子基态的电子组态为 $(1a_1)^2(2a_1)^2(1b_1)^2(3a_1)^2(1b_2)^2$，其中的 $1a_1$ 轨道不在图中，主要由 O 原子的 1s 轨道组成。这样 H_2O 的电子基态是一个单线态，其光谱项为 $\widetilde{X}\ {}^1A_1$。

2. 化学反应的分子轨道对称守恒原理

根据在绝热过程中电子轨道对称性守恒的原理，可以讨论化学反应中反应物、过渡态和产物之间电子轨道的相关，了解化学反应的机理和反应的性质。将微扰理论可视化，伍德沃德和霍夫曼提出了分子轨道对称守恒原理。该原理指出：

1）将反应物和产物的分子轨道按照一定的对称性进行关联，对称性相同的轨道之间的连线不相交。

2）在轨道相关图中，如果产物的成键轨道都只和反应物的成键轨道相关联，则相应的反应势垒低，称为对称性允许的反应，此时一般加热即可使反应发生；如果产物和反应物的成键轨道、反键轨道有交叉的关联，则势垒高，反应难于发生，称为对称性禁阻的反应，普通加热时反应缓慢。

3）对于对称性禁阻的反应，通常可以通过将反应物激发到电子激发态以实现反应物与产物轨道对称性的匹配。

分子在不同的电子态下的稳定几何构型可以属于不同的点群，因此需要考虑这些电子态在不同点群中的对称性和轨道相关。此时可以从对称性高的点群开始，判断在对称性降低的过程中原来的不可约表示是如何关联到对称性低的点群中的不可约表示上的。

下面举一个对称性守恒原理在共轭分子成环反应中的应用的例子。

【例 8.5.2】丁二烯类分子合环反应

丁二烯类分子合环时可以采取两种方式(图 8.5.2):一为对旋,此时反应坐标是镜面对称,反应物与产物的电子轨道按镜面对称性关联;另一为顺旋,反应坐标保持二重旋转对称,电子轨道按二重旋转对称性关联。

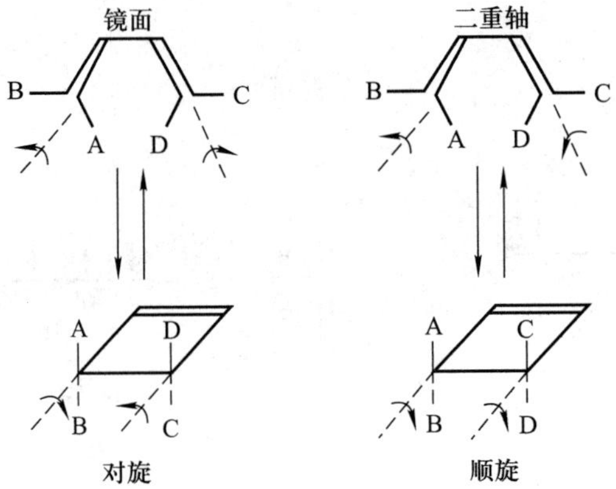

图 8.5.2　丁二烯类分子合环的两种方式

可能参与反应的丁二烯和环丁烯的电子轨道如图 8.5.3 所示。

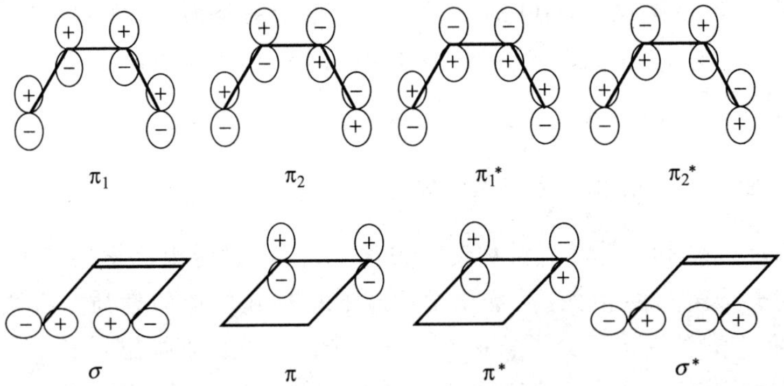

图 8.5.3　在反应中涉及的丁二烯和环丁烯的轨道

在两种对称操作下这些轨道的对称性和它们之间的相关如图 8.5.4 所示,其中 S 表示对称,A 表示反对称。

由轨道相关图可以看出,在对旋的情况下反应物和产物之间的成键轨道、反键轨道有交叉的关联,反应难于在加热的情况下发生,而光激发可以引发反应。当反应坐标是顺旋时,反应物与产物轨道成键轨道之间很好地匹配,是对称性允许的,加热条件下反应便可发生。在每种反应方式下都会有两个不同方向的旋转,导致不同的产物,它们从对称性考虑是等同的。产率的多少将由其他因素决定。显然,空间位阻的大小是一个重要因素。

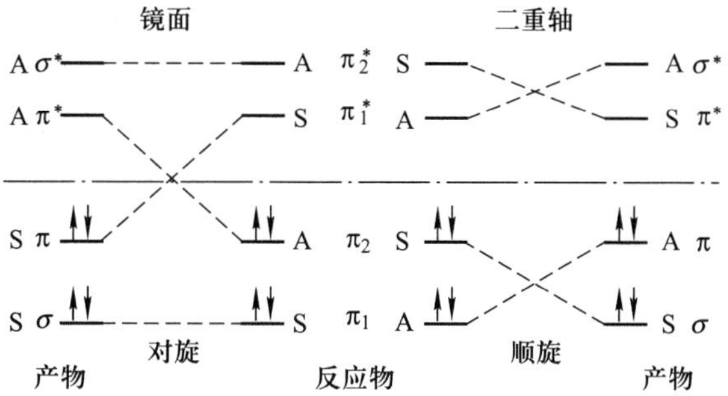

图 8.5.4　对旋与顺旋下的轨道对称性和相关

§8.6　前线轨道理论

与伍德沃德和霍夫曼的分子轨道对称守恒原理着眼点稍有不同，福井谦一提出了前线轨道理论。根据泡利不相容原理，电子由低向高填充分子的电子轨道。填充有电子的能量最高的轨道称为最高占据轨道(Highest Occupied Molecular Orbital, HOMO)，没有饱和填充电子的能量最低的轨道称为最低空轨道(Lowest Unoccupied Molecular Orbital, LUMO)，这些轨道被称为前线轨道。根据前线轨道理论，化学反应的主要特征由这些前线轨道的性质，特别是对称性决定：

1）当分子间发生反应时，一个分子的 HOMO 与另一个分子的 LUMO 对称性相互匹配得越好，轨道能量越接近，反应的势垒就越低，反应越容易进行。

2）当不同分子的 HOMO 与 LUMO 重叠到一定程度，如果电子是按照电负性的规则从 HOMO 转移到 LUMO，并可以导致旧键的削弱，则反应容易发生。

【例 8.6.1】 $N_2+O_2 = 2NO$，$\Delta H=180\ kJ\cdot mol^{-1}$。判断反应的难易程度。

N_2 的前线轨道是 $2\sigma_g$(HOMO)和 $1\pi_g$(LUMO)。O_2 的前线轨道是 π_{2p}，它既是 HOMO 又是 LUMO。当 N_2 的 HOMO 与 O_2 的 LUMO 接近时，对称性不匹配，电子很难从 HOMO 转移到 LUMO，反应不易进行(图 8.6.1a)。当 N_2 的 LUMO 与 O_2 的 HOMO 接近时，对称性是匹配的，但电子从 O_2 的 HOMO 转移到 N_2 的 LUMO 是逆着电负性方向的，反应也不易进行(图 8.6.1b)。事实上，正反应的活化能高达 389 $kJ\cdot mol^{-1}$。逆反应虽然是放热反应，活化能也高达 209 $kJ\cdot mol^{-1}$，反应也难于发生。

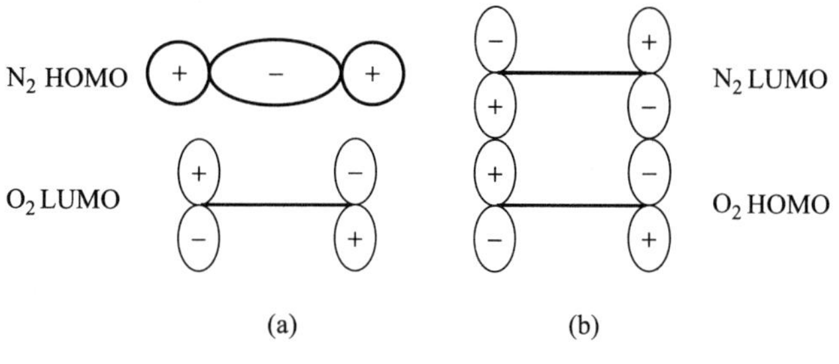

图 8.6.1　N_2+O_2 的前线轨道

为了加快反应,需要采用合适的催化剂。

【例 8.6.2】判断丁二烯和乙烯环加成生成环己烯(狄尔斯-阿尔德反应)的难易程度。

丁二烯和乙烯的前线轨道如图 8.6.2 所示,两种组合都可以很好地匹配,所以反应容易通过加热进行。但是,两个乙烯分子间加成生成环丁烷的反应却不容易进行,请读者自己验证。

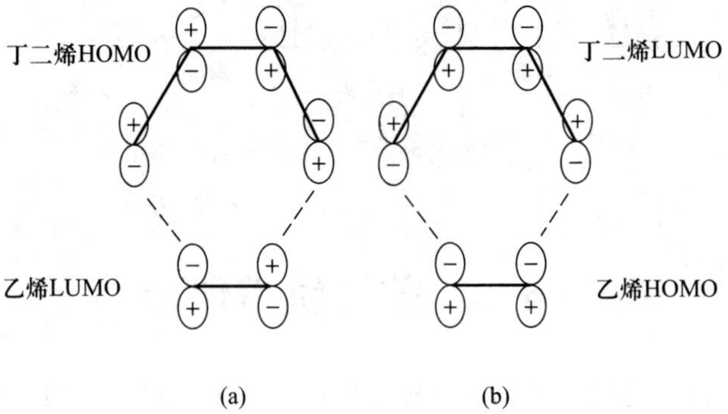

图 8.6.2 丁二烯+乙烯的前线轨道

习 题

8.1 请证明,以(8.1.2)为基础,变分法给出的体系的波函数和能量为(8.1.5)。

8.2 请参考文献中休克尔理论对苯处理的方法,求解该近似下苯中 π 电子的轨道和能量,画出轨道轮廓图,给出每一轨道的对称性不可约表示和电子填充情况。

8.3 1) 用基矢变换的矩阵运算验证(8.4.1);

2) 推导出以 x, y, z 为基矢表示 C_{3v} 点群中对称操作的矩阵,该表示是由哪些不可约表示构成的?

8.4 1) 在 C_{2v} 点群上验证(8.4.8);

2) 证明(8.4.11);

3) 画一个属于 S_6 点群的图形。

8.5 讨论 NH_3 分子的独立振动模式及其对称性,并画出其简正振动的模式。

8.6 给出 O_2^- 的基态电子组态、成键情况,确定电子能级的不可约表示。

8.7 用分子轨道对称守恒原理讨论狄尔斯-阿尔德反应的难易。

8.8 用前线轨道理论分析两个乙烯分子间加成生成环丁烷的反应的机理。

第九章　分子能级结构

本章讨论孤立分子的能级结构，分子能级可被近似拆分成电子、振动、转动以及核自旋能级。

§9.1　分子能级的拆分

上一章的讨论指出，分子的整体平动可以与分子的其他运动方式完全分离，它的本征态 Ψ_t 可以选为平面波。平动之外的运动称作分子的内部运动，它的本征态 Ψ_{in} 是各种运动形式的集合，其中的电子运动 Ψ_e、振动 Ψ_v、转动 Ψ_r、核自旋运动 Ψ_n 等，严格说来都是耦合在一起而无法完全分离的。只有在引入不同程度的近似之后，才可以认为

$$\begin{cases}\hat{H}_{in} \approx \hat{H}_0 = \hat{H}_e + \hat{H}_v + \hat{H}_r + \hat{H}_n \\ \Psi_{in} \approx \Psi_e \Psi_v \Psi_r \Psi_n\end{cases} \tag{9.1.1}$$

现在，先忽略核自旋的影响，探讨一下在(9.1.1)成立的基础上不同分子内运动方式之间的关系。

求解分子内运动本征态和本征值的过程一般是这样的：首先假设原子核固定在一定的构型上并且不发生整体转动，得到电子运动的本征态 Ψ_e。每一电子态都提供一个势能面。在此势能面上，得到原子核相对运动的分子振动的本征态 $\Psi_{v,e}$，因此振动态隶属于一定的电子态。对应于某一电子态上的某一振动态，假设原子核固定在平衡或平均位置，再求解刚体分子转动的本征态 $\Psi_{r,ev}$，因此转动态隶属于一定电子态上的一定的振动态。这样的隶属关系在许多情况下可以和相应运动方式的能级差匹配：电子基态与第一激发态的能量差多在 20000 cm^{-1} 上下，振动基态与第一振动激发态的能量差多在 1000 cm^{-1} 上下，转动基态与第一转动激发态的能量差多在 10 cm^{-1} 以下，因此能够比较清楚地进行能级的归属。需要时，再增加(9.1.1)没有考虑到的某些相互作用 $\hat{H}'$，进一步修正得到更为精确的本征能量和本征态。

§9.2　转动能级

孤立分子的总角动量是守恒的，因此分子(包含了电子的轨道和自旋以及原子核的轨道和自旋)的波函数 Ψ_{in} 必须满足与总角动量算符有关的方程，例如：

$$\begin{cases}\hat{J}^2 \Psi_{in} = J(J+1)\hbar^2 \Psi_{in} \\ \hat{J}_Z \Psi_{in} = M\hbar \Psi_{in}\end{cases} \tag{9.2.1}$$

其中 $\hat{J}^2$，$\hat{J}_Z$ 是分子的总角动量平方和总角动量的 Z 分量算符。该方程涉及许多的自由度。我们采取的策略是：首先假设各个部分运动的角动量之间没有关联，求解每一部分的角动量，然后再以角动量耦合的方式获得总角动量以及相应的能级。这一节忽略电子

的运动以及原子核内部结构，将分子视作由抽象为质点的原子的集合组成的刚体，计算分子转动的轨道角动量和能量。此时，转动能量的经典力学表达式为

$$E_r = \frac{L_a^2}{2I_a} + \frac{L_b^2}{2I_b} + \frac{L_c^2}{2I_c} \tag{9.2.2}$$

其中，a，b，c 为三个互相正交的转动惯量主轴；L_a，L_b，L_c 分别为分子转动的角动量矢量关于各转动惯量主轴的分量；I_a，I_b，I_c 分别为相对于各转动惯量主轴的转动惯量，通常取 $I_a \leqslant I_b \leqslant I_c$。转动惯量的计算公式为

$$I_\lambda = \sum_i m_i |\boldsymbol{r}_i \times \hat{\boldsymbol{r}}_\lambda|^2 \tag{9.2.3}$$

其中，m_i，$\boldsymbol{r}_i$ 分别为第 i 个原子的质量和到原子组质心的距离；$\hat{\boldsymbol{r}}_\lambda$ 为 λ 轴的单位矢量。将(9.2.2)中的经典角动量用量子力学算符取代，便得到刚体转动的哈密顿算符的表达式：

$$\hat{H}_r = \frac{\hat{J}_a^2}{2I_a} + \frac{\hat{J}_b^2}{2I_b} + \frac{\hat{J}_c^2}{2I_c} \tag{9.2.4}$$

孤立刚体分子的角动量守恒，$\hat{H}_r$ 与 $\hat{J}^2$，$\hat{J}_Z$ 是一套相容的算符。根据转动惯量之间的关系可以将刚体分子分成4种类型：线性分子(只有两个转动惯量主轴：$I_a=0$，$I_b=I_c$)，对称陀螺分子(长陀螺 $I_a<I_b=I_c$，或扁陀螺 $I_a=I_b<I_c$)，球陀螺分子($I_a=I_b=I_c$)和非对称陀螺分子($I_a<I_b<I_c$)。以下分别加以讨论。

1. 线性分子

线性分子关于原子核之间的连线没有转动惯量，分子转动的旋转轴垂直于该连线，且 $I_b=I_c=I$。于是，分子转动的能量本征方程为

$$\frac{\hat{J}^2}{2I}\Psi_r = E_r \Psi_r \tag{9.2.5}$$

这个方程在第四章的基础上很容易求解。转动的本征态就是角动量的本征态 $|JM\rangle$，在构型空间中的表示就是球谐函数

$$\begin{cases} \Psi_r^{JM}(\theta,\varphi) = \langle \hat{\boldsymbol{r}} | JM \rangle = Y_J^M(\theta,\varphi); \quad J=0,1,\cdots; \quad M=J,(J-1),\cdots,-J \\ E_r(J) = \dfrac{\hbar^2}{2I}J(J+1) = BJ(J+1) \end{cases} \tag{9.2.6}$$

其中 B 称作转动常数。按照光谱学的约定，转动能量单位取为 cm^{-1}，所以在实际计算中 $B=\hbar/(4\pi cI)$，其中 c 为光速。由(9.2.6)得知，线性分子的转动能级是 $2J+1$ 重简并的。

显然，分子并非刚体。转动越快，离心形变越大，转动能级间隔越小。考虑到非刚性对转动能级的影响，更准确的转动能级公式可写为

$$E_r(J) = BJ(J+1) - DJ^2(J+1)^2 + HJ^3(J+1)^3 - \cdots \tag{9.2.7}$$

2. 对称陀螺分子

如果一个分子所属的点群中有3个或以上平行于对称主轴的镜面元素，则必然有两

个转动惯量相等，这样性质的分子为对称陀螺分子，例如属于 C_{3v} 点群的 $CBrH_3$ 和属于 D_{6h} 点群的 C_6H_6(苯)。如果 $I_a < I_b = I_c$，分子质量分布的形状如橄榄球，称之为长陀螺，如 $CBrH_3$。如果 $I_a = I_b < I_c$，分子质量分布的形状如铁饼，称之为扁陀螺，如 C_6H_6。

长陀螺刚体转动的哈密顿算符由(9.2.4)改写为

$$\hat{H}_r = \frac{\hat{J}_a^2 + \hat{J}_b^2 + \hat{J}_c^2}{2I_b} + \frac{\hat{J}_a^2}{2I_a} - \frac{\hat{J}_a^2}{2I_b} = \frac{\hat{J}^2}{2I_b} + \hat{J}_a^2\left(\frac{1}{2I_a} - \frac{1}{2I_b}\right) \tag{9.2.8}$$

在此不作仔细的讨论，只是给出求解(9.2.8)算符的本征态和本征值的大概思路。与 $\hat{J}_X, \hat{J}_Y, \hat{J}_Z$ 是 $\hat{\boldsymbol{J}}$ 在惯性坐标轴上的投影相似，$\hat{J}_a, \hat{J}_b, \hat{J}_c$ 是 $\hat{\boldsymbol{J}}$ 在固定于刚体分子上的坐标轴上的投影，它们与 $\hat{J}^2$ 是对易的。每一个 $\hat{J}_X, \hat{J}_Y, \hat{J}_Z$ 分别与每一个 $\hat{J}_a, \hat{J}_b, \hat{J}_c$ 对易。由于 $\hat{J}_a, \hat{J}_b, \hat{J}_c$ 是 $\hat{\boldsymbol{J}}$ 向固定于分子的而不是惯性坐标系的坐标轴的投影，它们之间有表面上看起来奇怪的对易关系

$$[\hat{J}_i, \hat{J}_j] = -\mathrm{i}\hbar\sum_k \varepsilon_{ijk}\hat{J}_k; \qquad i,j,k = a,b,c \tag{9.2.9}$$

选一组相容的算符 $\hat{H}_r, \hat{J}^2, \hat{J}_Z, \hat{J}_a$ 求解发现，除了(9.2.1)的结果之外，角动量在分子坐标 a 轴上的投影也是量子化的，结果为 $K\hbar$，$K = J, (J-1), \cdots -J$。以 $|JMK\rangle$ 作为它们的共同本征态，其在几何空间中的表示恰好是第四章中的旋转算符在角动量本征态上的表示：

$$\begin{cases} \Psi_r^{JMK}(\theta,\varphi,\chi) = \langle \hat{\boldsymbol{r}} | JMK \rangle = \left(\dfrac{2J+1}{8\pi^2}\right)^{\frac{1}{2}} D_{MK}^{J*}(\theta,\varphi,\chi) \\ \hat{J}^2 D_{MK}^{J*}(\theta,\varphi,\chi) = J(J+1)\hbar^2 D_{MK}^{J*}(\theta,\varphi,\chi) \\ \hat{J}_Z D_{MK}^{J*}(\theta,\varphi,\chi) = M\hbar D_{MK}^{J*}(\theta,\varphi,\chi) \\ \hat{J}_a D_{MK}^{J*}(\theta,\varphi,\chi) = K\hbar D_{MK}^{J*}(\theta,\varphi,\chi) \end{cases};$$

$$J = 0,1,\cdots; \quad M,K = J,(J-1),\cdots,-J \tag{9.2.10}$$

对应地

$$E_r(J,K) = \frac{\hbar^2}{2I_b}J(J+1) + K^2\hbar^2\left(\frac{1}{2I_a} - \frac{1}{2I_b}\right) = BJ(J+1) + (A-B)K^2 \tag{9.2.11}$$

如果能量以 cm^{-1} 为单位，$A = \hbar/(4\pi c I_a)$，$B = \hbar/(4\pi c I_b)$。我们看到，能级按 $J, |K|$ 区分，$K \neq 0$ 造成二重简并。由于 $A > B$，对于相同的 J，$|K|$ 越大，能量越高。此外，每一能级还有因 M 量子数造成的 $2J+1$ 重简并，所以 $K \neq 0$ 时总的简并度为 $2(2J+1)$。

对于扁陀螺，结果是类似的。其中能量的表达式为

$$E_r(J,K) = \frac{\hbar^2}{2I_b}J(J+1) + K^2\hbar^2\left(\frac{1}{2I_c} - \frac{1}{2I_b}\right) = BJ(J+1) + (C-B)K^2 \tag{9.2.12}$$

能量单位取为 cm^{-1} 时，$C = \hbar/(4\pi c I_c)$。由于 $B > C$，对于相同的 J，$|K|$ 越大，能量越低。类似于线性分子，分子转动能级的非刚性修正可以按 $J(J+1)$ 和 K^2 的级数展开，以长陀螺为例表示为

$$E_r(J,K)=BJ(J+1)+(A-B)K^2-D_J J^2(J+1)^2 \\ -D_{JK}J(J+1)K^2-D_K K^4+\cdots \tag{9.2.13}$$

3. 球陀螺分子

属于多面体点群的分子,如 CH_4,SF_6 等,三个转动惯量主轴的转动惯量都相同,称作球陀螺分子。它们可以看作是对称陀螺的极限。因此,体系的本征态波函数依然是旋转矩阵元 $D^{J*}_{MK}(\theta,\varphi,\chi)$,而本征能量则为

$$E_r(J)=\frac{\hbar^2}{2I}J(J+1)=BJ(J+1) \tag{9.2.14}$$

由于 M 和 K 各自造成 $2J+1$ 重的简并,能级的总简并度为 $(2J+1)^2$。

4. 非对称陀螺分子

绝大多数的分子为非对称陀螺分子,它们的转动本征态和能量本征值没有简单的分析解。此时可以用对称陀螺的本征态作为基组展开非对称陀螺的本征态,然后求解。当然,J 和 M 仍是好的量子数,每一 J 有因 M 造成的 $(2J+1)$ 重简并;而 K 已不再是好的量子数,原来 K 造成的简并发生能级裂分。标识非对称陀螺能级的方法有两种(图 9.2.1):一种是观察能级分别与长、扁陀螺极限的量子数 K_p、K_o 的相关,记为 $J_{Kp,Ko}$;另一种是径直标成 J_τ,$\tau=J,\cdots,-J$。如果分子有两个转动惯量比较接近,而另一个相差甚远,非对称陀螺可以看成是对称陀螺的微扰。此时,它们的能级结构仍然可以近似地用 K 标识,体系的转动能级可以看作是在对称陀螺能级结构的基础上发生位移,并因 K 和 $-K$ 不再简并而产生能级裂分。

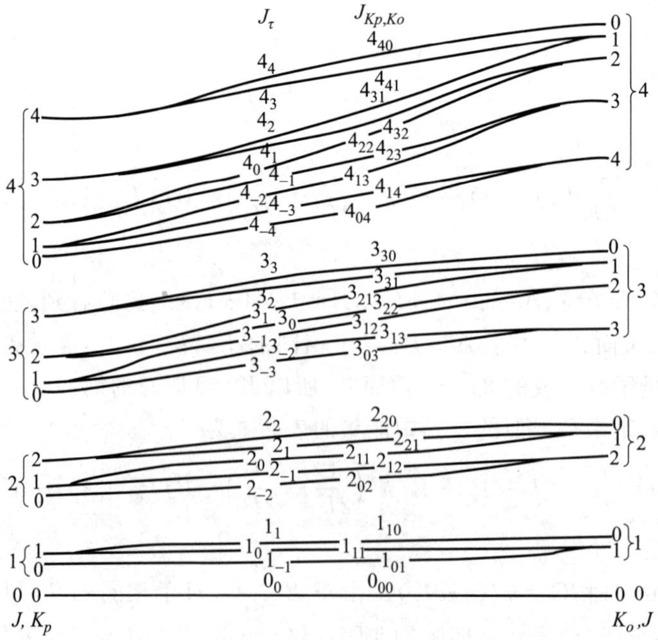

图 9.2.1 非对称陀螺与对称陀螺能级的相关图

§9.3　振动能级

一个由 N 个原子组成的分子有 $3N$ 个原子核的轨道运动自由度，其中 3 个属于平动，线性分子 2 个、非线性分子 3 个属于转动，其余 $\lambda=3N-5$ 或 $3N-6$ 个属于振动。前一章指出，分子中原子核之间的相对运动，可以被表述成原子质点组在势能面 $U(\boldsymbol{R})$ 上的运动，其中 $\boldsymbol{R}$ 为一组表征原子之间相对运动的内坐标。可在分子的稳定构型 $\boldsymbol{R}_0$ 附近展开 $U(\boldsymbol{R})$：

$$U(\boldsymbol{R})=U(\boldsymbol{R}_0)+\sum_i \left.\frac{\partial U(\boldsymbol{R})}{\partial R_i}\right|_{\boldsymbol{R}_0}(R_i-R_{i,0})+\frac{1}{2}\sum_{i,j}\left.\frac{\partial^2 U(\boldsymbol{R})}{\partial R_i \partial R_j}\right|_{\boldsymbol{R}_0}\times (R_i-R_{i,0})(R_j-R_{j,0})+\cdots \tag{9.3.1}$$

方便起见，可取 $U(\boldsymbol{R}_0)=0$。由于 $\left.\frac{\partial U(\boldsymbol{R})}{\partial R_i}\right|_{\boldsymbol{R}_0}=0$，展开式的第二项为 0。忽略高阶展开项，在点群理论的指导下，利用威尔逊的 FG 矩阵方法，经过线性坐标变换，可以将 $\boldsymbol{R}$ 替换为一组具有分子所属点群的不同不可约表示对称性的简正坐标，使得第二项中的交叉项消失，得

$$U(q)=\frac{1}{2}\sum_i k_i q_i^2 \tag{9.3.2}$$

其中，q_i 为简正坐标，$k_i=\left.\frac{\partial^2 U(q)}{\partial q_i^2}\right|_0$ 为力常数。目前标准的量子化学程序都提供求解这些简正坐标、给出在这些简正坐标上的势能面，以及得到振动能级的计算子程序。(9.3.2)给出分子振动的谐振子模型，大家已知它的解。设分子有 η 个简正坐标，第 i 个简正坐标的振动能量为

$$E_{\mathrm{v},i}(n_i)=\left(n_i+\frac{d_i}{2}\right)\hbar\omega_i,\qquad n_i=0,1,2,\cdots \tag{9.3.3}$$

式中 d_i 为第 i 个简正坐标的简并度，ω_i 为其基频的振动角频率，它与谐振子的力常数 k_i 的关系为

$$\omega_i=\sqrt{\frac{k_i}{\mu_i}} \tag{9.3.4}$$

其中 μ_i 为对应于简正坐标的折合质量。简正振动的简并度取决于该简正坐标不可约表示的维数。将分子振动简正坐标按一定规律排序，分子的一个振动能级标记为$(n_1 n_2\cdots n_\eta)$。例如，CO_2 有 4 个振动自由度，分属 3 个简正振动模式（括号内为简正坐标的对称性）：对称伸缩 $\nu_1(\Sigma_g^+)$，弯曲振动 $\nu_2(\Pi_u)$，反对称伸缩 $\nu_3(\Sigma_u^+)$。其中弯曲振动是二重简并的。CO_2 的振动基态表示为(000)，而 (213) 则表示一个 $n_1=2,n_2=1,n_3=3$ 的振动激发态。

振动与转动之间有一种普遍的耦合机制，称作科里奥利作用。原因是在旋转的体系中运动着的质点感受到科里奥利力：

$$\boldsymbol{F}=2m\boldsymbol{v}\times\boldsymbol{\omega} \tag{9.3.5}$$

式中，$\boldsymbol{v}$ 为质点在以角速度为 $\boldsymbol{\omega}$ 旋转着的坐标系中运动的速度。科里奥利作用可以耦合

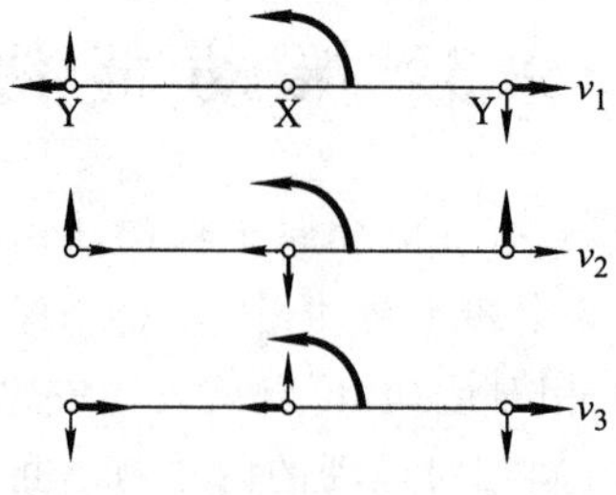

图 9.3.1 科里奥利力的分析

不同的振动态以及振动与转动态。例如,当线性分子 XY_2 中发生如图 9.3.1 中粗箭头所示相位的转动和振动时,(9.3.5)告诉我们,科里奥利力的方向为细箭头所示。在图示的运动相位下,对称伸缩(ν_1)造成的科里奥利力阻碍原来的转动,所以 ν_1 和转动有强的耦合。弯曲振动(ν_2)造成的科里奥利力加强反对称伸缩(ν_3),而 ν_3 造成的科里奥利力减弱 ν_2。因此,当 ν_2 和 ν_3 振动能级接近时就会有强的耦合,造成能级的位移和裂分。

为了利用对称性判断科里奥利作用的后果,需要获得相应的微扰形式。原子核 i 在以原子核质心为原点的惯性坐标中的速度 $\boldsymbol{u}_i$ 为

$$\boldsymbol{u}_i = \boldsymbol{v}_i + \boldsymbol{\omega} \times \boldsymbol{R}_i \tag{9.3.6}$$

其中 $\boldsymbol{v}_i$,$\boldsymbol{R}_i$ 分别为原子核在随分子转动的坐标中的速度和位置。于是,原子核轨道运动的哈密顿量为

$$\begin{aligned} H &= \frac{1}{2}\sum_i m_i \boldsymbol{u}_i^2 + U(\boldsymbol{R}) = \frac{1}{2}\sum_i m_i(\boldsymbol{v}_i + \boldsymbol{\omega}\times\boldsymbol{R}_i)\cdot(\boldsymbol{v}_i + \boldsymbol{\omega}\times\boldsymbol{R}_i) + U(\boldsymbol{R}) \\ &= \frac{1}{2}\sum_i m_i(\boldsymbol{\omega}\times\boldsymbol{R}_i)^2 + \frac{1}{2}\sum_i m_i \boldsymbol{v}_i^2 + \boldsymbol{\omega}\cdot\sum_i \boldsymbol{m}_i(\boldsymbol{R}_i\times\boldsymbol{v}_i) + U(\boldsymbol{R}) \\ &\approx \frac{1}{2}\sum_i m_i(\boldsymbol{\omega}\times\boldsymbol{R}_{i,0})^2 + \frac{1}{2}\sum_i m_i \boldsymbol{v}_i^2 + U(\boldsymbol{R}) + \boldsymbol{\omega}\cdot\sum_i m_i(\boldsymbol{R}_i\times\boldsymbol{v}_i) \\ &= H_0 + H' \end{aligned} \tag{9.3.7}$$

其中

$$H_0 = \frac{1}{2}\sum_i m_i(\boldsymbol{\omega}\times\boldsymbol{R}_{i,0})^2 + \frac{1}{2}\sum_i m_i \boldsymbol{v}_i^2 + U(\boldsymbol{R}) \tag{9.3.8}$$

是假设振动和转动可分离的哈密顿量,而

$$H' = \boldsymbol{\omega}\cdot\sum_i m_i(\boldsymbol{R}_i\times\boldsymbol{v}_i) \tag{9.3.9}$$

则是与科里奥利作用对应的微扰,表现为转动和振动角动量的耦合。由它造成的两个振转态 $|n_{\mathrm{v}}\rangle|n_{\mathrm{r}}\rangle$ 与 $|f_{\mathrm{v}}\rangle|f_{\mathrm{r}}\rangle$ 间相互作用的矩阵元为

$$\begin{aligned} H'_{fn} &= \langle f_{\mathrm{r}}|\langle f_{\mathrm{v}}|\boldsymbol{\omega}\cdot\sum_i m_i(\boldsymbol{R}_i\times\boldsymbol{v}_i)|n_{\mathrm{v}}\rangle|n_{\mathrm{r}}\rangle \\ &= \langle f_{\mathrm{r}}|\boldsymbol{\omega}|n_{\mathrm{r}}\rangle\cdot\langle f_{\mathrm{v}}|\sum_i m_i(\boldsymbol{R}_i\times\boldsymbol{v}_i)|n_{\mathrm{v}}\rangle \end{aligned} \tag{9.3.10}$$

在(9.3.10)右边的乘积中,第一项为转动态之间的矩阵元,第二项为振动态之间的矩阵元。(9.3.10)表明,振动态耦合的科里奥利作用在分子点群操作下的对称性质与转动相

同。因此，两个振动态有科里奥利相互作用的必要条件（矩阵元不为 0）是它们的不可约表示的直积包含转动的不可约表示。例如在 CO_2 分子中，$\Pi_u(\nu_2)\otimes\Sigma_u^+(\nu_3)=\Pi_g$，而转动的不可约表示为 $\Sigma_g^-\oplus\Pi_g$，所以 ν_2 和 ν_3 之间有科里奥利作用造成的耦合。

科里奥利作用还可以导致振动简并态裂分（去简并）。从一方面看，如果一种振动模式是简并的，则对其基组作适当线性组合，就会等效于某种转动，产生振动角动量。该角动量与分子转动的角动量耦合造成能级的位移和裂分。或者用科里奥利作用的眼光看，分子转动与简并态的不同振动方向的振动态的科里奥利相互作用不同，使得原来简并的振动能级发生裂分。原来简并的振动态与分子转动耦合造成的裂分称作 l 型裂分（l-type doubling）。以 CO_2 为例，它的 ν_2 是二重简并的，因此有 l 型裂分。完整地表示 CO_2 的 ν_2 振动能级时，需要在 n_2 的右上角标出分子的振动角动量在分子轴上投影的量子数 $|l|$［$|l|=n_2,(n_2-2),(n_2-4),\cdots,1$ 或 0］。例如 (00^00) 为振动基态，其对称性为 Σ_g^+；(01^10) 为 $n_2=1$ 的振动激发能级，其对称性为 Π_u；$n_2=2$ 时，(020) 裂分出 (02^00) 和 (02^20) 两个振动能级，它们的对称性按照 $\Pi_u\otimes\Pi_u=\Sigma_g^+\oplus\Sigma_g^-\oplus\Delta_g$ 拆分为 Σ_g^+ 和 Δ_g（CO_2 无 Σ_g^- 对称性的振动态）；等等。推而广之，任何分子的简并振动模式的振动量子数不为 0 时会产生分子内转动，它与分子的整体转动角动量耦合，造成简并态能级的位移和裂分，进一步影响振动和转动能级的结构。

将势能面近似为谐振子是粗糙的。分子的振动激发态能级会明显偏离谐振子模型的预言，同时不同简正振动之间也存在耦合，这些均称作振动的非谐性。此外，由于分子不是真正的刚体，转动和振动之间有明显的耦合。所以，一个振转能级的能量不是谐振子能量和刚体转动能量的简单加和。如果不考虑科里奥利作用，在实际光谱研究中，可以将一个分子的振转能级表达成按振动量子数和转动量子数的多项式展开的形式

$$E_{vr}=\sum_{i_1,\cdots i_\eta,i_J,i_K}\alpha_{i_1,\cdots i_\eta,i_J,i_K}\left(n_1+\frac{d_1}{2}\right)^{i_1}\left(n_2+\frac{d_2}{2}\right)^{i_2}\cdots\left(n_\eta+\frac{d_\eta}{2}\right)^{i_\eta}[J(J+1)]^{i_J}K^{2i_K} \tag{9.3.11}$$

(9.3.11)的展开系数可以通过对实验光谱数据拟合得到，也可以通过量子化学精确计算得到。这些展开系数与(9.3.1)中的各级展开系数有确定的对应关系。因此，分子振动光谱是获得分子势能面的最基本的实验手段。例如，曼兹等人运用如下振转能级公式拟合 $^{12}C^{16}O$ 分子的大量光谱数据

$$\begin{aligned}E_{nJ}=&\omega_e\left(n+\frac{1}{2}\right)-\omega_e x_e\left(n+\frac{1}{2}\right)^2+\omega_e y_e\left(n+\frac{1}{2}\right)^3\\&-\omega_e z_e\left(n+\frac{1}{2}\right)^4+\omega_e a_e\left(n+\frac{1}{2}\right)^5-\omega_e b_e\left(n+\frac{1}{2}\right)^6\\&+\left[B_e-\alpha_e\left(n+\frac{1}{2}\right)+\gamma_e\left(n+\frac{1}{2}\right)^2-\delta_e\left(n+\frac{1}{2}\right)^3\right]J(J+1)\\&-\left[D_e-\beta_e\left(n+\frac{1}{2}\right)+\pi_e\left(n+\frac{1}{2}\right)^2\right][J(J+1)]^2\\&+\left[H_e-\eta_e\left(n+\frac{1}{2}\right)\right][J(J+1)]^3-L_e[J(J+1)]^4\end{aligned} \tag{9.3.12}$$

得到表 9.3.1 所列的展开系数，可以在实验误差范围内重现 $\nu<38,J<100$ 的原始

观测数据(A. W. Mantz *et al.*, *J. Mol. Spectrosc.*, **1975**, *57*, 155.)。

表 9.3.1 $^{12}C^{16}O$ 的振转能级公式的展开系数

常数符号	常数数值/cm^{-1}
ω_e	$2169.8135802 \pm 0.0000881$
$\omega_e x_e$	13.2883076 ± 0.0000435
$\omega_e y_e$	$1.051127 \times 10^{-2} \pm 0.000758 \times 10^{-2}$
$\omega_e z_e$	$-5.7440 \times 10^{-5} \pm 0.0541 \times 10^{-5}$
$\omega_e a_e$	$9.831 \times 10^{-7} \pm 0.162 \times 10^{-7}$
$\omega_e b_e$	$3.1660 \times 10^{-8} \pm 0.0173 \times 10^{-8}$
B_e	$1.9312808724 \pm 4.43 \times 10^{-8}$
a_e	$1.75044121 \times 10^{-2} \pm 0.00000728 \times 10^{-2}$
γ_e	$5.487 \times 10^{-7} \pm 0.00186 \times 10^{-7}$
δ_e	$-2.541 \times 10^{-8} \pm 0.156 \times 10^{-8}$
D_e	$6.121468 \times 10^{-6} \pm 0.000291 \times 10^{-6}$
β_e	$1.1526 \times 10^{-9} \pm 0.0199 \times 10^{-9}$
π_e	$1.8050 \times 10^{-10} \pm 0.0154 \times 10^{-10}$
H_e	$5.8272 \times 10^{-12} \pm 0.0597 \times 10^{-12}$
η_e	$1.7375 \times 10^{-13} \pm 0.0229 \times 10^{-13}$

还有一种普遍的振动态之间耦合的机制值得指出。除了对称性造成的能级简并外，不同振子之间能级恰巧相同或相近时形成偶然简并。根据微扰理论，如果两个振动模式之间有非谐性耦合，偶然简并的能级间将发生混合，并互相排斥，造成能级位移；能量越接近，排斥越厉害。这种振动的偶然简并因非谐性微扰被去除的现象称作费米共振。但是，不是所有能量接近的能级都发生费米共振，这里有对称性造成的选择定则的限制。对于费米共振，可以完全照搬例 6.4.1 的数学处理。例如，在 CO_2 分子中，相对基态$(00^0 0)$而言，$(01^1 0)$的能量为 667 cm^{-1}，因此$(02^0 0)(\Sigma_g^+)$和$(02^2 0)(\Delta_g)$的能量差不多应该是 2×667 cm^{-1}。这与计算的无微扰的$(10^0 0)(\Sigma_g^+)$的 1337 cm^{-1} 非常接近，它们之间可能发生费米共振。与分子势能面对应的相互作用哈密顿算符是全对称的(Σ_g^+)，根据对称性原理和例 6.4.1 中的公式，只有与$(10^0 0)$对称性相同的态才可以与之发生相互作用，因此$(10^0 0)$和$(02^0 0)$之间有费米共振，而$(10^0 0)$和$(02^2 0)$之间则没有费米共振。事实证明的确如此，实验确定的能量为：$(10^0 0)$，1388 cm^{-1}；$(02^0 0)$，1285 cm^{-1}；$(02^2 0)$，1335 cm^{-1}。$(10^0 0)$向上、$(02^0 0)$向下偏离了预期值，而$(02^2 0)$与预期值吻合得很好。费米共振在光谱跃迁的强度上也有明显的证据。根据第十一章介绍的拉曼光谱跃迁选择定则，$(00^0 0)$和$(10^0 0)$之间的拉曼光谱跃迁是允许的，而$(00^0 0)$和$(02^0 0)$、$(02^2 0)$之间是禁阻

的。由于费米共振，(02^00)混入了(10^00)的成分，实验可以观察到(00^00)和(02^00)之间有强的跃迁谱线，而(00^00)和(02^20)之间则依然观察不到跃迁。

§9.4　电子能级

在第八章讨论化学键的时候，给出了由原子轨道线性组合得到分子轨道和遵循泡利不相容原理填充分子轨道得到分子基态电子组态的方法。将基态的电子激发到未饱和填充的分子轨道，就会产生分子的电子激发态。电子态属于分子点群的一个不可约表示，由有关分子轨道的对称性可以确定一个电子态的对称性。对于双原子分子，分子轨道与原子轨道相关的能级顺序随距离的关系比较容易计算，图 9.4.1 是同核双原子分子的轨道相关图。分子轨道可以与原子核合并的原子轨道(左侧)关联，也可以与无限分离的原子轨道(右侧)关联。图的下方标出了常见的一些双原子分子实际轨道能级的大概位置。以此为基础可以预言不同分子的电子轨道对称性的排序、电子填充顺序以及电子态的对称性。对于多原子分子，简单的轨道相关分析并不可靠，需要足够精度的量子化学计算。

【例 9.4.1】　H_2O分子电子激发态的对称性

例 8.5.1 推演出H_2O的分子基态的电子组态为$(1a_1)^2(2a_1)^2(1b_1)^2(3a_1)^2(1b_2)^2$，其光谱项为$\widetilde{X}\ {}^1A_1$。按照图 8.5.1，如果将$b_2$轨道的一个电子激发到$a_1$轨道，将得到电子激发态的电子组态$(1a_1)^2(2a_1)^2(1b_1)^2(3a_1)^2(1b_2)^1(4a_1)^1$，它可以是三线态，也可以是单线态。因为$a_1\otimes b_2=b_2$，该电子组态的点群对称性是$B_2$。再应用洪特规则，图 8.5.1 预言该电子组态形成两个电子激发态，依次为${}^3B_2$和${}^1B_2$，相应地实验的确观察到单线态$\widetilde{A}\,{}^1B_2$。

在一定的电子态上，分子发生振动和转动运动。一个完整的电子-振动-转动本征态Ψ_{evr}包含了电子态、振动态和转动态。在这些运动可以分离的近似下

$$\Psi_{evr}=\Psi_{r,ev}\Psi_{v,e}\Psi_e \tag{9.4.1}$$

其中，Ψ_e为电子态，$\Psi_{v,e}$为该电子态上的振动态，$\Psi_{r,ev}$为该电子-振动态上的转动态。相应地，能级的能量是各种能量的加和。但是，如前面介绍的，由于各种运动之间存在相互影响，振转能级能量的更准确的表达式应是各种适当量子态按(9.3.11)的多项式展开。更进一步，分子内总是存在一定的相互作用使电子轨道和自旋运动、振动、转动、核自旋等彼此耦合起来。如果需要，可以将上面解出的和下面将要讨论的核自旋态Ψ_n作为基组展开分子的一个真实状态Ψ_{in}

$$\Psi_{in}=\sum_{e,v,r,n}\alpha_{evrn}\Psi_{r,ev}\Psi_{v,e}\Psi_e\Psi_n \tag{9.4.2}$$

从而精确求解。由(9.4.2)可以解释分子中各种所谓的耦合造成的现象。即：取所有运动分离的哈密顿算符$\hat{H}_0$(9.1.1)的本征态为基组(旧基组)，考虑被忽略的某种微扰因素$\hat{H}'$，新的哈密顿算符为

$$\hat{H}=\hat{H}_0+\hat{H}' \tag{9.4.3}$$

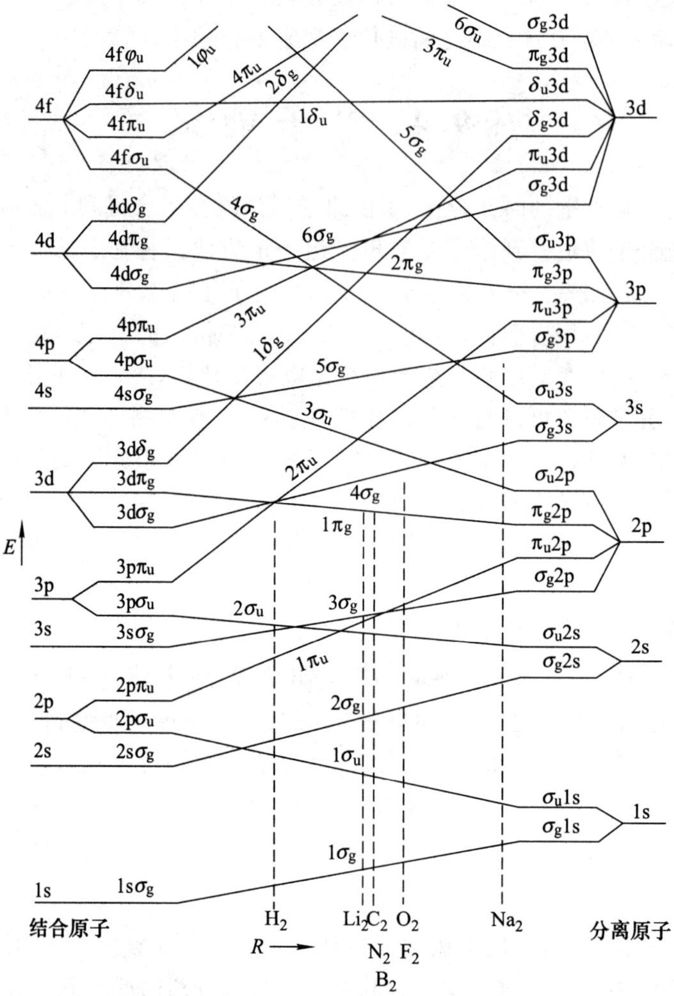

图 9.4.1 同核双原子分子与原子轨道的相关图

将 $\hat{H}$ 在旧基组上的表示对角化,得到考虑微扰后的能量,使 $\hat{H}$ 对角化的一组状态(9.4.2)(新基组)就是 $\hat{H}$ 的本征态。为了突出重点,常常考虑旧基组中两个状态之间的耦合,并且只是考虑两种运动方式之间的相互作用。这时,问题的求解成为例 6.4.1 的典型应用。通过对相互作用矩阵元的对称性分析,将得到此类相互作用或耦合可以发生的选择定则:使 $\langle 1|\hat{H}'|2\rangle \neq 0$ 的必要条件是 $\Gamma_{\langle 1|\hat{H}'|2\rangle}=\Gamma_s$。因此必须有 $(\Gamma_{|1\rangle}\otimes\Gamma_{\hat{H}'}\otimes\Gamma_{|2\rangle})\supset\Gamma_s$。这个约束条件常常给出 $|1\rangle$ 和 $|2\rangle$ 可以耦合的某些对称性限制。

§ 9.5 核自旋能级

原子核内部同样有结构。原子核内部能级结构与激发属于高能物理的范畴。在此,我们只讨论原子核基态自旋的一些性质。原子核按照自旋分成费米子(半整数自旋)和玻色子(整数自旋)。根据自旋统计,它们在全同粒子交换操作下的对称性不同,导致能级的进一步裂分或不同的能级简并度。这一差别将反映到分子的能级结构中。我们也可以观察原子核自旋态在磁场作用下的裂分,由此获得关于分子性质的重要信息。

首先讨论核自旋统计的问题。设某一原子核的自旋为 I,孤立的原子核有 $2I+1$ 个简并的自旋状态。当该原子核不是孤立存在时,所有其他形式的角动量都会与之发生相互作用,造成能级的裂分和位移。核自旋与其他运动的相互作用很弱,在没有外磁场的情况下,这些能级的裂分很小,通常无法从能量上感受到核自旋状态的影响。但是,全同粒子交换对称性的约束造成另一种形式的耦合,使得核自旋与分子其他运动角动量密切关联在一起,核自旋的存在可以容易地从分子转动能级的简并度上表现出来。

电子是费米子,分子总波函数关于交换两个电子的操作是反对称的。这一限制条件已经通过将电子的波函数写成斯莱特行列式的方式给予保证。对于原子核而言,可以有玻色子,也可以有费米子。分子总波函数关于交换两个全同原子核的操作必须相应地是对称的或反对称的,前面几节的讨论却没有涉及这个问题。当然,我们可以采纳类似电子的情况,从一开始就用适当的方式保证波函数具备原子核交换应有的对称性,但是这样将使求解过程变得异常复杂。由于核自旋与其他运动的耦合非常弱,我们对于核自旋采取后处理的策略,在前面已经建立的模型的基础上给予修正。

核空间运动的波函数以及电子运动的波函数在全同原子核交换下的对称性因原子核的不同以及分子组成和对称性的不同而不同。假如分子处于电子和振动基态,并且电子基态是全对称的,则全同原子核交换只影响到转动态。我们在此种情况下以具体的分子为例,介绍分析全同原子核交换影响转动态简并度的基本思路。

$^1H_2$。^1H 是自旋为 1/2 的费米子,$^1H_2$ 的电子基态为 $^1\Sigma_g^+$。在 $^1H_2$ 中两个 ^1H 的核自旋耦合产生 $I=0$ 的核自旋单重态和 $I=1$ 的核自旋三重态。与习题 4.2 中证明的电子自旋交换性质一样:在两个 ^1H 交换的操作下,$I=0$ 的核自旋态是反对称的,$I=1$ 的核自旋态是对称的。$^1H_2$ 的转动态在两个 ^1H 交换操作下的对称性由转动量子数 J 决定:J 为偶数的转动态是对称的,J 为奇数的转动态是反对称的。现在,$^1H_2$ 的转动和自旋组合在一起的态在两个 ^1H 交换的操作下必须是反对称的。因此,必须将 $I=1$ 的核自旋态与 J 为奇数的转动态组合,而将 $I=0$ 的核自旋态与 J 为偶数的转动态组合。于是,考虑核自旋统计后,J 为偶数的转动态的简并度为 $(2J+1)$,而 J 为奇数的转动态的简并度为 $3\times(2J+1)$。核自旋统计造成的转动态简并度的改变将在光谱跃迁的强度和宏观的热力学性质等方面表现出来。例如,在通常的情况下,不同核自旋状态不能互相转化。在温度趋近 0 K 时,所有偶数的转动态最后弛豫成为 $J=0$ 的态,而所有奇数的转动态最后弛豫成为 $J=1$ 的态。这种随温度降低不能完全弛豫到最低能级的现象称为运动的"冻结"。从某种意义上讲,奇数 J 与偶数 J 的转动态可以分别看成是不同的物质,前者称为正氢(o-H_2),后者称为仲氢(p-H_2)。

$C^{16}O_2$。^{16}O 是自旋为 0 的玻色子,$C^{16}O_2$ 的电子基态为 $^1\Sigma_g^+$。在 $C^{16}O_2$ 中两个 ^{16}O 的核自旋耦合只产生 $I=0$ 的核自旋单重态。在两个 ^{16}O 交换的操作下,$I=0$ 的核自旋态是对称的。$C^{16}O_2$ 为线性分子,其转动态在两个 ^{16}O 交换的操作下的对称性仍然由转动量子数 J 决定:J 为偶数的转动态是对称的,J 为奇数的转动态是反对称的。现在,$C^{16}O_2$ 的转动和核自旋组合在一起的态在两个^{16}O交换的操作下必须是对称的:将 J 为偶数的转动态与 $I=0$ 的核自旋态组合,而 J 为奇数的转动态因没有满足对称性条件的(反对称的)核自旋态与之组合而完全不存在! $C^{16}O_2$ 的奇数 J 转动态的缺失可以很容易在光谱观察中看到。对于非线性分子,原理是一样的,但具体的情况会复杂许多。

下面讨论外磁场使核自旋态去简并的问题。电子塞曼效应指由电子运动磁量子数造成的能级简并因与外磁场的相互作用而去除。在习题 7.3 中,要求读者推导出电子轨道运动角动量与外磁场相互作用的哈密顿算符,并用微扰法计算电子的轨道角动量不为零时在磁场作用下能级裂分的公式。核自旋产生磁偶极矩,当施加外磁场时,同样可以通过磁场和磁偶极子相互作用可控地实现核自旋态能级的裂分和位移,发生核自旋的塞曼效应。类似于电子的情形,核自旋磁偶极矩在磁场 $\boldsymbol{B}$ 方向(取为 Z 轴)上的投影为

$$\mu_Z=\gamma\hat{I}_Z \tag{9.5.1}$$

式中 γ 为旋磁比,不同的原子核有不同的旋磁比。相应地,核自旋与外磁场相互作用的哈密顿算符为

$$\hat{H}'=-\gamma B\hat{I}_Z \tag{9.5.2}$$

同样地,运用微扰理论得到核自旋能级裂分的公式

$$E_M=E_0-\gamma MB\hbar,\qquad M=I,I-1,\cdots,-I \tag{9.5.3}$$

式中 M 为核自旋磁量子数。由于原子核的质量远远大于电子的,原子核的磁偶极矩远远小于电子的,所以核自旋的能级裂分十分微弱,只有在很强的磁场下才能观察到。原子核周围有其他带电粒子,它们的运动和极化使得不同环境的原子核感受到不同的有效磁场。这样,不仅不同的原子核的自旋态能级裂分不同,同一种原子核在分子内外不同环境中的核自旋能级裂分也不相同。这一现象是下一章介绍的核磁共振(NMR)技术表征物质性质的基础。$I\geqslant 1$ 的原子核有明显的电四极矩,由此导致能级裂分的一系列复杂性,NMR 应用最广泛的是核自旋为 1/2 的体系。

习　题

9.1 用表 9.3.1 提供的数据计算 CO 的键长,计算 CO 振动基态的从 $J=0$ 到 10 的转动能级,计算每一转动能级的真实能量与刚体模型能量之差,并作图。

9.2 用表 9.3.1 提供的数据计算 CO 从 $n=0$ 到 10 的振动能级,计算每一振动能级的真实能量与谐振子模型能量之差,并作图。

9.3 基态$^{14}N^1H_3$ 为 C_{3v} 对称性,$r_{NH}=0.1014$ nm,$\angle HNH=106.78°$。

1) NH_3 是长陀螺还是扁陀螺? 数值计算出刚体基态$^{14}N^1H_3$ 的 $J=0,1,2$ 所有 K 下的转动能级能量。

2) 讨论三个 H 和一个 N 原子形成 NH_3 分子的轨道相关。

9.4 根据图 9.4.1 提供的轨道相关,预言 N_2 的前 3 个电子态的电子组态和对称性。

9.5 下面的渥喜图给出第二周期元素 YXY 型分子价电子层的轨道与角度的相关,分析这些轨道都主要是由哪些原子轨道构成的。根据渥喜图,分析 CO_2 电子基态和第一激发态的电子组态、所属分子点群和不可约表示。

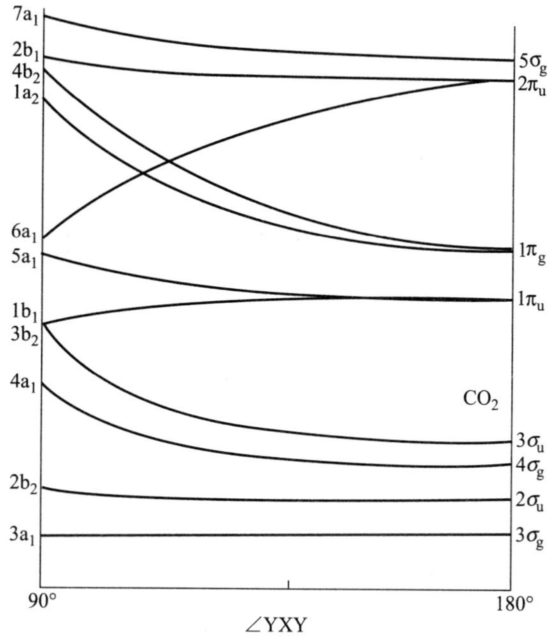

YXY 型分子的渥喜图

9.6　1）讨论 $^2H_2$ 和 $^1H^2H$ 的核自旋统计对电子振动基态分子转动态简并度的影响，并与 $^1H_2$ 对比。

2）讨论 $^{16}O_2$ 的核自旋统计对电子振动基态分子转动态简并度的影响，并与 $C^{16}O_2$ 对比。

第十章　分子光谱

本章讨论涉及单光子发射和吸收的分子光谱,重点在于各种选择定则。

§10.1　分子光谱一般讨论

所谓分子光谱,就是观察分子与电磁波(光)相互作用中分子和电磁波状态的改变。电磁场用经典电动力学处理,分子与电磁场的相互作用看作谐振微扰(6.2.17)。在一级微扰下,分子从一个状态$|i\rangle$向另外一个状态$|f\rangle$跃迁的速率常数为(6.2.19)(费米黄金规则):

$$w_{fi}^{(1)}=\frac{2\pi}{\hbar}|H'_{fi}|^2\delta(E_f-E_i\pm\hbar\omega) \tag{10.1.1}$$

其中$H'_{fi}=\langle f|\hat{H}'|i\rangle$,$\hat{H}'$是相互作用哈密顿算符中不含时的部分。(10.1.1)对应着单光子过程,因子$\delta(E_f-E_i\pm\hbar\omega)$决定着吸收或发射光子的频率

$$\nu=\frac{|E_f-E_i|}{h} \tag{10.1.2}$$

如果我们只是定性地关心一种跃迁是否可以发生,用分子对称群分析矩阵元H'_{fi},得到跃迁选择定则。根据上两章的讨论,H'_{fi}不为0的必要条件是它为分子对称群的一个全对称的不可约表示

$$\Gamma_{\langle f|\hat{H}'|i\rangle}=\Gamma_s \tag{10.1.3}$$

因而要求

$$\Gamma_{\langle f|}\otimes\Gamma_{\hat{H}'}\otimes\Gamma_{|i\rangle}\supset\Gamma_s \tag{10.1.4}$$

通过对称性分析可得到两个状态之间跃迁允许的必要条件。如果分析中使用的对称群是分子的严格对称群,则选择定则是严格的;反之,选择定则是近似的。通常,人们选取分子点群进行讨论。点群对称性以分子处于稳定构型为前提,并不是分子的严格对称群,基于点群的选择定则有可能不被遵守。进一步,在溶液状态,点群对称性的限制将失效。当然,失效的程度因被考察的运动受到影响的大小而不同:点群对称性的分析对转动完全失效,对电子和振动不同程度地失效。在本章中,我们只用点群对称性讨论孤立分子在偶极近似下单光子吸收与发射光谱的选择定则,涉及多光子过程的光谱在下一章讨论。按照分子光谱的约定,在一对跃迁中,高能级写在前面,加$'$;中间箭头表示跃迁方向;低能级写在后面,加$''$。例如:$J',M'\leftarrow J'',M''$;$J',M'\rightarrow J'',M''$;和$J',M'\leftrightarrow J'',M''$分别表示从低转动态$J'',M''$向高转动态$J',M'$的跃迁(吸收光谱);从高转动态$J',M'$向低转动态$J'',M''$的跃迁(发射光谱);和高转动态$J',M'$与低转动态$J'',M''$之间的双向跃迁。

§10.2　转动光谱

假设电磁波为各向同性的,电场强度为$\boldsymbol{E}$,分子处于全对称的振动-电子基态$|0\rangle$。

如果分子有非 0 的永久电偶极矩，$\boldsymbol{\mu}_0=\langle 0|\boldsymbol{\mu}|0\rangle\neq 0$，它和外电场的相互作用为

$$\hat{H}'=-\boldsymbol{E}\cdot\boldsymbol{\mu}_0 \tag{10.2.1}$$

由微扰(10.2.1)造成的纯转动态之间的跃迁导致转动光谱，转动光谱多落在微波和远红外波段。以下按刚体的分类分别讨论。

1. 线性分子

线性分子的转动态为 $|JM\rangle$。有 $D_{\infty h}$ 对称性的分子，如同核双原子分子和 CO_2，没有永久偶极矩，所以没有纯转动光谱。其他线性分子的转动光谱的选择定则由 $\langle J'M'|\boldsymbol{E}\cdot\boldsymbol{\mu}_0|J''M''\rangle$ 决定。为了计算它，需要将固定于分子坐标系(x,y,z)上的偶极矩表达到固定于实验室惯性坐标系(X,Y,Z)中去。线性分子的偶极矩必然沿着原子核的连线(z 轴)，因此

$$\begin{cases}\mu_X=\boldsymbol{\mu}_0\cdot\hat{X}=\mu_0\sin\theta\cos\varphi\\ \mu_Y=\boldsymbol{\mu}_0\cdot\hat{Y}=\mu_0\sin\theta\sin\varphi\\ \mu_Z=\boldsymbol{\mu}_0\cdot\hat{Z}=\mu_0\cos\theta\end{cases} \tag{10.2.2}$$

(10.2.2)的矩阵元与第七章原子光谱情形完全相同，作为习题，请读者通过具体计算得到。计算结果是选择定则为 $\Delta J=\pm 1$。

可以类似于第七章的方式，不作具体计算，只是用对称性原理理解。注意到 μ_Z 的对称性特征相当于角动量本征态 $|1,0\rangle$，$\langle J'M'|\mu_Z|J''M''\rangle$ 不为 0 的必要条件是 $\langle J'M'|$，$|1,0\rangle$，$|J''M''\rangle$ 可以耦合出全对称的 $|0,0\rangle$，于是当

$$\Delta J=J'-J''=0,\pm 1,\qquad J'=0\not\leftrightarrow J''=0,\qquad \Delta M=M'-M''=0 \tag{10.2.3}$$

时，跃迁可能发生。类似地，用对称性原理理解，(μ_X,μ_Y) 对称性的特征相当于基组 $(|1,1\rangle,|1,-1\rangle)$，$\langle J'M'|\mu_X|J''M''\rangle$ 或 $\langle J'M'|\mu_Y|J''M''\rangle$ 不为 0 的必要条件是 $\langle J'M'|$，$|1,\pm 1\rangle$，$|J''M''\rangle$ 可以耦合出 $|0,0\rangle$，于是当

$$\Delta J=0,\pm 1,\qquad J'=0\not\leftrightarrow J''=0,\qquad \Delta M=\pm 1 \tag{10.2.4}$$

时，跃迁可能发生。孤立分子的能级关于 M 总是简并的，所以不必关心因 M 造成的限制。在原子中电子跃迁的情形，实验主要观察到的是矩阵元计算所得的 $\Delta L=\pm 1$ 的跃迁，但的确也可以观察到对称性允许的 $\Delta L=0$ 的跃迁，原因是(7.7.5)并没有包含所有可能造成单光子跃迁的相互作用。而在这里，实际发生的转动跃迁就是由 $\langle J'M'|\boldsymbol{E}\cdot\boldsymbol{\mu}_0|J''M''\rangle$ 决定的。尽管对称性允许 $\Delta J=0$ 跃迁的存在，但具体计算表明其矩阵元为 0。这些例子说明，矩阵元全对称只给出选择定则的必要条件，最可靠的结论则来自具体的计算。这样，线性刚体分子转动光谱的选择定则为

$$\Delta J=\pm 1 \tag{10.2.5}$$

以吸收光谱为例，$J'=J''+1\leftarrow J''$ 的跃迁是允许的，谱线位置为

$$\tilde{\nu}=BJ'(J'+1)-BJ''(J''+1)=2B(J''+1),\qquad J''=0,1,\cdots \tag{10.2.6}$$

从而两条相邻谱线的距离为 $\Delta\tilde{\nu}=2B$，即线性刚体分子转动光谱的谱线是等距离分布的。为了获得光谱线的强度，除了定量计算矩阵元外，还需考虑包含转动和核自旋统计简并

的玻尔兹曼因子等因素。具体计算发现,吸收光谱线的包络几乎正比于分子低转动态的热平衡分布。图10.2.1是纯转动吸收光谱的示意图。真实的分子不是刚体,考虑到高、低能级的能量偏离,转动光谱的谱线不再严格地等间距分布。此时,应该用更精确的多项式展开表达转动能级的能量,并由此计算跃迁频率和强度。

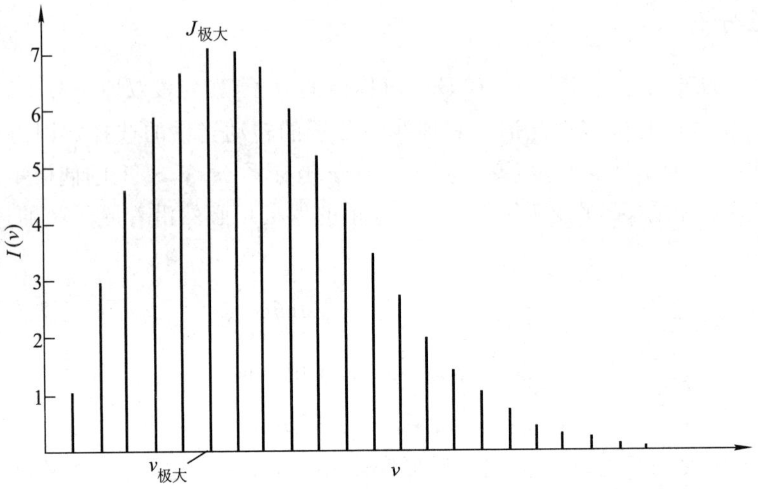

图10.2.1 120 K的NO或740 K的HCl的转动吸收光谱示意图

此外,为了使$\langle J'M'|\boldsymbol{\mu}_0|J''M''\rangle$不为0,$\langle J'M'|\boldsymbol{\mu}_0|J''M''\rangle$的宇称必须是正的。$\boldsymbol{\mu}_0$的宇称是负的,这就要求$|J'M'\rangle$和$|J''M''\rangle$有相反的宇称。在线性分子的情况下,宇称对称性的条件不提供新的约束,因为当J为偶数时,$|JM\rangle$的宇称是正的;当J为奇数时,$|JM\rangle$的宇称是负的;宇称选择定则已经被$\Delta J=\pm 1$所包含。

如果电子态或振动态是对称性简并的,则分子实际可成为对称陀螺,转动光谱遵循对称陀螺的选择定则。

2. 对称陀螺分子

对称陀螺分子的转动态为$|JMK\rangle$。属于D_{nh}点群的分子没有永久偶极矩,因此没有纯转动光谱。其他对称陀螺分子的偶极矩与外场的相互作用依然是(10.2.1)。因分子对称性造成的对称陀螺(C_{nv},$n>2$),$\boldsymbol{\mu}_0$必然平行于分子的对称主轴(z轴),相应的跃迁称为平行跃迁。此时,将(10.2.2)代入$\langle J'M'K'|\boldsymbol{\mu}_0|J''M''K''\rangle$,得到矩阵元不为0的条件

$$\Delta J=\pm 1,\qquad \Delta K=0 \tag{10.2.7}$$

根据公式(9.2.11)和(9.2.12),刚性对称陀螺跃迁的频率分布和线性分子是一样的,见(10.2.6)。如果考虑到非刚性修正,谱线的位置不仅由J决定,而且会与K有关。

电子与振动态对称性简并或偶然因素可使对称陀螺不仅有平行跃迁,还可以有垂直于对称主轴的偶极矩,从而出现垂直跃迁,此时得到选择定则

$$\Delta J=0,\pm 1,\qquad \Delta K=\pm 1;\qquad J'=0 \not\leftrightarrow J''=0 \tag{10.2.8}$$

宇称操作总是体系的对称操作,所以对应于宇称对称性总有相应的选择定则。对称

陀螺分子的转动状态有宇称正负之分，只有宇称相反的态之间才会发生(10.2.1)导致的纯转动跃迁。对称陀螺转动态的宇称分类因分子类型的不同而不同，在此不作讨论。推而广之，任何由偶极子与光相互作用引起的单光子跃迁都遵守两个状态宇称相反的选择定则。

3. 球陀螺分子

属于多面体群的分子形成的球陀螺没有永久偶极矩，因此没有纯转动光谱。电子与振动态对称性简并或偶然因素形成的球陀螺分子的纯转动光谱的选择定则与对称陀螺或非对称陀螺相同。

4. 非对称陀螺分子

接近对称陀螺的非对称陀螺分子的转动光谱选择定则可以分别在长、扁陀螺极限的情况下讨论。更一般的则需要用对称陀螺基组展开非对称陀螺转动本征态，代入(10.1.1)计算。此时，选择定则 $\Delta J=0,\pm 1$ 仍成立；但与 K 相关的自由度很复杂，导致转动跃迁有许多谱线。

分立的线状转动光谱仅存在于小的、自由转动的孤立分子条件下。在溶液状态，由于分子与周围分子的相互作用，转动不同程度地退化为几乎是连续分布的分子间的低频翻转和摆动，从而叠加到分子的电子和振动光谱上，使分子光谱变成谱带，而不再是可分辨的谱线。

§10.3　振动光谱

单光子跃迁导致振动态改变，而电子态不发生变化时产生的光谱为振动光谱。振动光谱多落在红外波段，故又称红外光谱。振动光谱的相互作用算符是

$$\hat{H}'=-\boldsymbol{E}\cdot\boldsymbol{\mu} \tag{10.3.1}$$

其中 $\boldsymbol{\mu}$ 是原子核运动的电偶极矩算符。为了看到最基本的光谱特征，对分子振动取谐振子模型，转动取刚体模型，分子的一个振转状态为

$$\Psi_{\mathrm{vr}}=\Psi_{\mathrm{r,v}}\prod_j\Psi_{\mathrm{v},j} \tag{10.3.2}$$

其中 $\prod_j\Psi_{\mathrm{v},j}$ 为谐振子波函数的乘积，$\Psi_{\mathrm{r,v}}$ 为刚体在一定振动态上的转动波函数。分子振动造成的核运动偶极矩表示为

$$\boldsymbol{\mu}=\boldsymbol{\mu}_0+\sum_j\frac{\partial\boldsymbol{\mu}}{\partial q_j}\bigg|_0 q_j+\cdots \tag{10.3.3}$$

其中，q_j 为分子的第 j 个简正坐标，它们各自属于分子对称群的某个不可约表示。为了简化讨论，我们考虑在一个简正模式 j 的不同能级之间由

$$\Psi_{\mathrm{vr}}=\Psi_{\mathrm{r,v}}\Psi_{\mathrm{v},j},\qquad \boldsymbol{\mu}=\boldsymbol{\mu}_0+\frac{\partial\boldsymbol{\mu}}{\partial q_j}\bigg|_0 q_j \tag{10.3.4}$$

决定的跃迁矩阵元

$$H'_{fi}=-\langle \boldsymbol{\Psi}^f_{\mathrm{r,v}}\boldsymbol{\Psi}^f_{\mathrm{v},j}|\boldsymbol{E}\cdot\boldsymbol{\mu}|\boldsymbol{\Psi}^i_{\mathrm{r,v}}\boldsymbol{\Psi}^i_{\mathrm{v},j}\rangle \tag{10.3.5}$$

假设光场为各向同性的非偏振光。同样地,为了计算(10.3.5),需要将固定于分子坐标系的偶极矩投影到固定在实验室坐标系的坐标轴上,其结果仍然是

$$\begin{cases}\mu_X=\boldsymbol{\mu}\cdot\hat{X}\\ \mu_Y=\boldsymbol{\mu}\cdot\hat{Y}\\ \mu_Z=\boldsymbol{\mu}\cdot\hat{Z}\end{cases} \tag{10.3.6}$$

于是

$$\begin{aligned}H'_{fi}&=-\langle \boldsymbol{\Psi}^f_{\mathrm{r,v}}\boldsymbol{\Psi}^f_{\mathrm{v},j}|(E_X\boldsymbol{\mu}\cdot\hat{X}+E_Y\boldsymbol{\mu}\cdot\hat{Y}+E_Z\boldsymbol{\mu}\cdot\hat{Z})|\boldsymbol{\Psi}^i_{\mathrm{r,v}}\boldsymbol{\Psi}^i_{\mathrm{v},j}\rangle\\ &=-\langle \boldsymbol{\Psi}^f_{\mathrm{r,v}}|[E_X\cos(\boldsymbol{\mu},\hat{X})+E_Y\cos(\boldsymbol{\mu},\hat{Y})+E_Z\cos(\boldsymbol{\mu},\hat{Z})]|\boldsymbol{\Psi}^i_{\mathrm{r,v}}\rangle\langle \boldsymbol{\Psi}^f_{\mathrm{v},j}|\mu(q)|\boldsymbol{\Psi}^i_{\mathrm{v},j}\rangle\end{aligned} \tag{10.3.7}$$

其中

$$\langle \boldsymbol{\Psi}^f_{\mathrm{v},j}|\mu(q)|\boldsymbol{\Psi}^i_{\mathrm{v},j}\rangle=\langle \boldsymbol{\Psi}^f_{\mathrm{v},j}|\left(\mu_0+\left.\frac{\partial\mu}{\partial q_j}\right|_0 q_j\right)|\boldsymbol{\Psi}^i_{\mathrm{v},j}\rangle=\mu_0\delta_{fi}+\left.\frac{\partial\mu}{\partial q_j}\right|_0\langle \boldsymbol{\Psi}^f_{\mathrm{v},j}|q_j|\boldsymbol{\Psi}^i_{\mathrm{v},j}\rangle \tag{10.3.8}$$

(10.3.8)最右边的第一项对应着没有振动跃迁,和转动部分结合在一起,给出转动光谱,它已在上一节考虑。第二项则给出振动光谱,由此我们得到振动跃迁的两类选择定则:

(1) 考察$\left.\frac{\partial\mu}{\partial q_j}\right|_0$,偶极矩的变化率越大,振动跃迁强度越大。在分子中,有些简正振动不改变偶极矩,所以该模式的振动跃迁是禁阻的,称之为无红外活性,反之为有红外活性。例如CO_2分子中对称伸缩振动没有红外活性,而弯曲和反对称伸缩振动有红外活性。

(2) 考察$\langle \boldsymbol{\Psi}^f_{\mathrm{v},j}|q_j|\boldsymbol{\Psi}^i_{\mathrm{v},j}\rangle$,根据谐振子的矩阵元公式(3.4.21),有红外活性的振动模式的振动跃迁的选择定则是$\Delta n_j=\pm1$。该选择定则指出,就振动基态的吸收光谱而言,只有到各个第一振动激发态的跃迁是允许的。由于分子不是严格的谐振子,而且由于展开式(10.3.3)存在高阶项,$|\Delta n_j|>1$以及不同振子的混合跃迁也有一定的强度,基态与基频以外能级间跃迁的光谱称作泛频光谱和组合光谱。第j个振动模式的$m\leftrightarrow n$跃迁表示成j^m_n,例如H_2O中$1^2_1 2^1_0 3^1_0$表示上振动能级为$n_1=2,n_2=1,n_3=1$和下振动能级为$n_1=1,n_2=0,n_3=0$之间的组合光谱;3^3_0表示n_1和n_2没有变化,$n_3=3$和0之间的泛频光谱。泛频光谱和组合光谱跃迁同样遵守§10.1节讨论的由对称性要求给出的选择定则。

(10.3.7)中关于转动态的矩阵元给出振动光谱中的转动选择定则。对于双原子分子,选择定则仍为$\Delta J=\pm1$,如图10.3.1所示。在刚体模型下,从振动基态到某一振动模式的基频振动态跃迁的能量为

$$\Delta\tilde{\nu}=\tilde{\nu}_0+B'J'(J'+1)-B''J''(J''+1) \tag{10.3.9}$$

其中能量单位为cm^{-1},$\tilde{\nu}_0$为振动能量。

多原子线性分子除了平行跃迁外,还可以有垂直跃迁,总的选择定则为$\Delta J=0,\pm1$;其中$J'=0\not\leftrightarrow J''=0$,以及在振动态$\Sigma\leftrightarrow\Sigma$之间跃迁时$\Delta J=0$是禁阻的。为了在振转光谱中简明地标识转动跃迁的始终态,用R表示转动量子数的改变为+1(称为R支),Q表示为0(Q支),P表示为−1(P支)的跃迁,符号后括号内数字为低能级的J''。例如

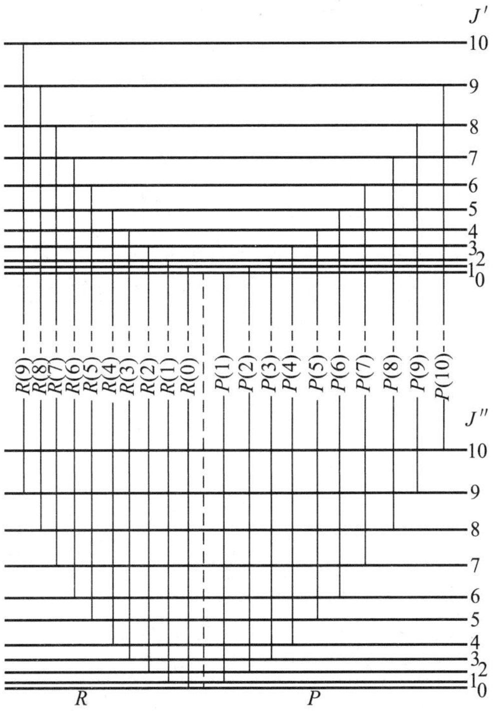

图 10.3.1　振动光谱中的转动跃迁

$(J'=11)\leftrightarrow(J''=10)$的跃迁标记为$R(10)$，而$Q(6)$和$P(4)$分别表示$(J'=6)\leftrightarrow(J''=6)$和$(J'=3)\leftrightarrow(J''=4)$的跃迁。如果$Q$支出现，$Q$支中所有$J$的谱线都处于振转跃迁原点附近，形成很强的尖峰。图10.3.2是HCl的$n=1\leftarrow n=0$的振转光谱。在下一章讨论到的拉曼光谱的情形，可以有$\Delta J=\pm2$的跃迁，那时用S表示转动量子数的改变为$+2$(称为S支)，O表示为-2(O支)的跃迁。

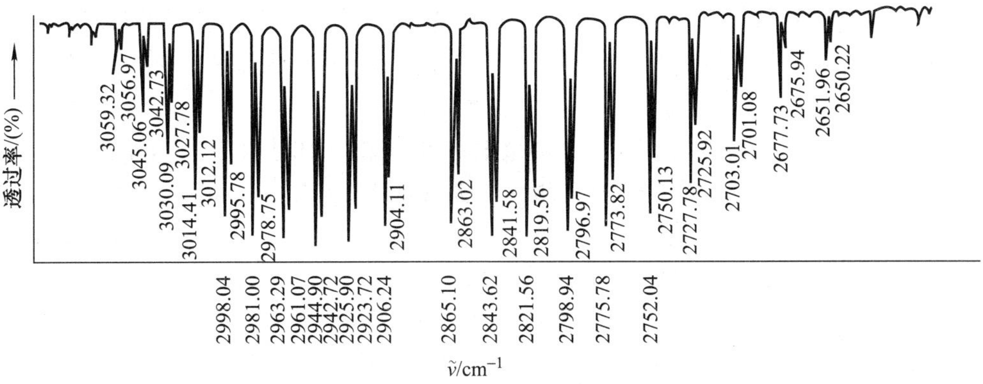

图 10.3.2　HCl的振转光谱

峰的裂分源于同位素^{35}Cl(75.5%)和^{37}Cl(24.5%)

对称陀螺分子平行跃迁的选择定则为 $\Delta J=0,\pm1,\Delta K=0$;其中 $J'=0 \nleftrightarrow J''=0$,以及 $K=0$ 时 $\Delta J\neq0$。垂直跃迁的选择定则为 $\Delta J=0,\pm1,\Delta K=\pm1$;其中 $J'=0 \nleftrightarrow J''=0$。在对称陀螺的情形,为了简明地标识与 K 有关的信息,在 ΔJ 的左上角标出 ΔK 的符号 R,Q,P,右下角标的数字为低能级的 K''。例如:振转光谱中的$(J'=11,K'=3)\leftrightarrow(J''=10,K''=3)$跃迁标记为${}^{Q}R_3(10)$,而${}^{R}Q_5(6)$则表示$(J'=6,K'=6)\leftrightarrow(J''=6,K''=5)$的跃迁。下一章的拉曼光谱会出现 $\Delta K=\pm2$,相应的角标为 $S(+2)$和 $O(-2)$。

球陀螺的简并振动能级可与转动发生角动量耦合,打破球对称性,成为事实上的对称陀螺,因而可以发生弱的跃迁,发生跃迁的振转光谱的转动结构同于对称陀螺。非对称陀螺因其对称性最低,振转光谱最为复杂。

以上关于振动光谱转动结构的讨论是粗线条的。考虑更多因素(如电子轨道和自旋角动量、l 型裂分)后,振动光谱和下面将讨论的电子振动光谱的转动结构和选择定则会更为复杂。

严格而论,即便在孤立的分子中,所谓与化学键对应的振动模式(局域模振动)并不是分子的本征态,但从近似哈密顿算符本征态的角度看是可以接受的(有些像原子轨道与分子轨道的关系)。正因为如此,人们可以指认各种化学键或原子基团的振动频率,但这些会因分子不同而不同。溶液中的分子不再保有孤立分子的点群对称性,因此由点群对称性推演出的选择定则只是大致地遵守。在溶液中,与振动关联的转动跃迁退化成准连续的各种低频翻转和摆动的跃迁。孤立分子中对称性禁阻的振动跃迁在溶液环境中或可发生,其强度一般较弱。在溶液中,分子集合体的本征态并非孤立分子的本征态,分子内的局域模振动则更进一步受到环境的影响而发生频率位移等一系列变化。但与化学键或基团相关联的振动的基本特征尚可保持,振动光谱是鉴定化学键和原子基团的基本方法之一。

§10.4 电子光谱

引起电子态改变的单光子跃迁产生电子光谱。电子光谱多落在紫外和可见波段,故又称作紫外-可见光谱。电子光谱的微扰算符是电子运动的偶极矩与外场的相互作用

$$\hat{H}'=-\boldsymbol{E}\cdot\boldsymbol{\mu}_{\mathrm{e}} \tag{10.4.1}$$

与转动和振动不同,$\boldsymbol{\mu}_{\mathrm{e}}=e\boldsymbol{r}$ 是电子运动的电偶极矩算符。如果一个孤立分子的本征态是电子态、振动态、转动态可分离的,分子的一个状态为

$$\boldsymbol{\Psi}_{\mathrm{evr}}=\boldsymbol{\Psi}_{\mathrm{r,ev}}\boldsymbol{\Psi}_{\mathrm{v,e}}\boldsymbol{\Psi}_{\mathrm{e}} \tag{10.4.2}$$

电子始态 i 与电子终态 f 之间跃迁的矩阵元为

$$H'_{fi}=-\langle\boldsymbol{\Psi}^{f}_{\mathrm{r,ev}}\boldsymbol{\Psi}^{f}_{\mathrm{v,e}}\boldsymbol{\Psi}^{f}_{\mathrm{e}}\,|\,\boldsymbol{E}\cdot\boldsymbol{\mu}_{\mathrm{e}}\,|\,\boldsymbol{\Psi}^{i}_{\mathrm{r,ev}}\boldsymbol{\Psi}^{i}_{\mathrm{v,e}}\boldsymbol{\Psi}^{i}_{\mathrm{e}}\rangle \tag{10.4.3}$$

将 $\boldsymbol{\mu}_{\mathrm{e}}$ 从固定于分子的坐标投影到固定于实验室的坐标的结果仍然是

$$\begin{cases}\mu_{\mathrm{e}X}=\boldsymbol{\mu}_{\mathrm{e}}\cdot\hat{X}\\ \mu_{\mathrm{e}Y}=\boldsymbol{\mu}_{\mathrm{e}}\cdot\hat{Y}\\ \mu_{\mathrm{e}Z}=\boldsymbol{\mu}_{\mathrm{e}}\cdot\hat{Z}\end{cases} \tag{10.4.4}$$

仍假设电场为各向同性的非偏振光，于是

$$\begin{aligned} H'_{fi} &= -\langle \boldsymbol{\Psi}^{f}_{\mathrm{r,ev}} \boldsymbol{\Psi}^{f}_{\mathrm{v,e}} \boldsymbol{\Psi}^{f}_{\mathrm{e}} \mid (E_X \boldsymbol{\mu}_{\mathrm{e}} \cdot \hat{X} + E_Y \boldsymbol{\mu}_{\mathrm{e}} \cdot \hat{Y} + E_Z \boldsymbol{\mu}_{\mathrm{e}} \cdot \hat{Z}) \mid \boldsymbol{\Psi}^{i}_{\mathrm{r,ev}} \boldsymbol{\Psi}^{i}_{\mathrm{v,e}} \boldsymbol{\Psi}^{i}_{\mathrm{e}} \rangle \\ &= -\langle \boldsymbol{\Psi}^{f}_{\mathrm{r,ev}} \mid [E_X \cos(\boldsymbol{\mu}_{\mathrm{e}}, \hat{X}) + E_Y \cos(\boldsymbol{\mu}_{\mathrm{e}}, \hat{Y}) + E_Z \cos(\boldsymbol{\mu}_{\mathrm{e}}, \hat{Z})] \times \\ &\quad \mid \boldsymbol{\Psi}^{i}_{\mathrm{r,ev}} \rangle \langle \boldsymbol{\Psi}^{f}_{\mathrm{v,e}} \mid \boldsymbol{\Psi}^{i}_{\mathrm{v,e}} \rangle \langle \boldsymbol{\Psi}^{f}_{\mathrm{e}} \mid \boldsymbol{\mu}_{\mathrm{e}} \mid \boldsymbol{\Psi}^{i}_{\mathrm{e}} \rangle \end{aligned} \tag{10.4.5}$$

其中因子$\langle \boldsymbol{\Psi}^{f}_{\mathrm{r,ev}} \mid [\cos(\boldsymbol{\mu}_{\mathrm{e}}, \hat{X}) + \cos(\boldsymbol{\mu}_{\mathrm{e}}, \hat{Y}) + \cos(\boldsymbol{\mu}_{\mathrm{e}}, \hat{Z})] \mid \boldsymbol{\Psi}^{i}_{\mathrm{r,ev}} \rangle$与振转光谱中一样，给出电子光谱的转动结构，不再赘述。$\langle \boldsymbol{\Psi}^{f}_{\mathrm{v,e}} \mid \boldsymbol{\Psi}^{i}_{\mathrm{v,e}} \rangle$是两个电子态振动波函数的重叠积分，称作弗兰克-康登因子，其物理图像是：电子跃迁的一瞬间，原子核几乎没有运动，最初的振动状态以新的振动态的线性叠加的方式投影到新的势能面上。

$$\mid \boldsymbol{\Psi}^{i}_{\mathrm{v,e}} \rangle = \sum_{f} \mid \boldsymbol{\Psi}^{f}_{\mathrm{v,e}} \rangle \langle \boldsymbol{\Psi}^{f}_{\mathrm{v,e}} \mid \boldsymbol{\Psi}^{i}_{\mathrm{v,e}} \rangle \tag{10.4.6}$$

因此，从某一振动初态获得某一振动终态的概率为

$$P^{f \leftarrow i}_{\mathrm{v,e}} = \mid \langle \boldsymbol{\Psi}^{f}_{\mathrm{v,e}} \mid \boldsymbol{\Psi}^{i}_{\mathrm{v,e}} \rangle \mid^2 \tag{10.4.7}$$

按照弗兰克-康登因子理解电子光谱的振动结构的方法称作弗兰克-康登原理。例如：在双原子分子的电子光谱中，如果两个电子态的势能面差别较大，从电子和振动都是基态产生的吸收光谱和从电子激发态振动基态产生的发射光谱会表现出很不同的振动结构。弗兰克-康登原理可以形象地用图 10.4.1 表示。

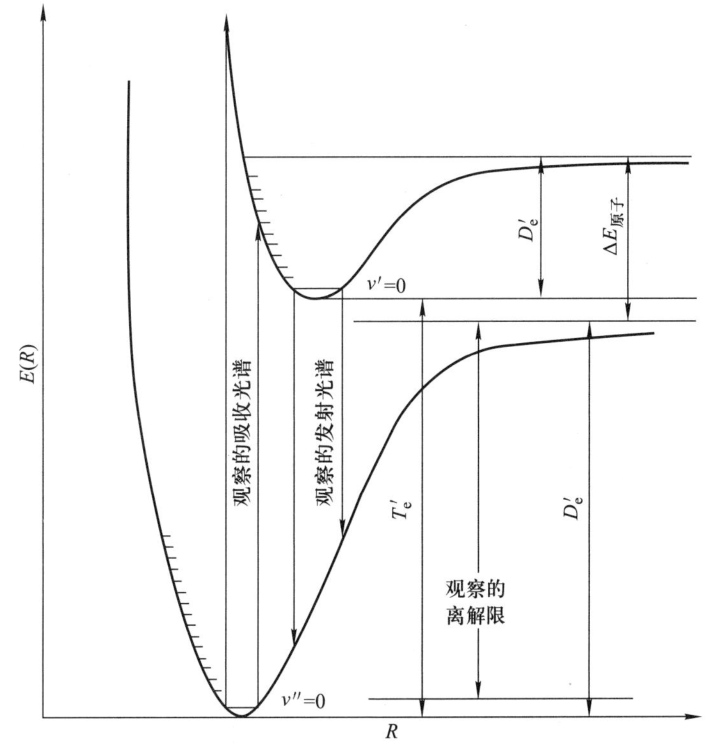

图 10.4.1　弗兰克-康登原理预言电子跃迁的振动结构

辨识了始、终态以及$\boldsymbol{\mu}_{\mathrm{e}}$的点群对称性，便可得到电子跃迁的选择定则。如果$\boldsymbol{\mu}_{\mathrm{e}}$平

行于分子的对称主轴,称该电子跃迁为平行跃迁;如果 $\boldsymbol{\mu}_e$ 垂直于分子的对称主轴,称该电子跃迁为垂直跃迁。与以前的振动光谱的讨论一样,平行跃迁和垂直跃迁造成电子光谱的不同转动结构。当电子、振动、转动之间有耦合时,电子态的能级及相应的电子光谱将表现出不同程度的复杂性。例如,各种运动之间的角动量耦合以及其他相互作用造成光谱结构变化和能级的混合、位移和裂分,等等。此时,常常可以应用微扰理论,以(9.4.2)为基础对分子的本征态波函数和能量给予修正,获得更为准确的分子光谱。

下面以 HCO 自由基和苯(C_6H_6)为例,对使用点群对称性分析电子光谱加以演示。

图 10.4.2 是 HXY 型三原子分子中 H 的 1s,X 和 Y 的 2s,2p 组成的分子轨道能量随角度变化的轨道相关图,称作渥喜图。HCO 有 11 个价电子,在填充完成键轨道和非键轨道后,还有一个电子被填充到 π^* 反键轨道上。如果 HCO 是线性分子,其电子基态应为$^2\Pi$。但成为弯曲分子后点群为 C_s,将垂直于分子平面的轴选为 z 轴,特征标表见表 10.4.1。π^* 轨道随角度裂分,a$'$能量降低很多,导致基态 HCO 成为弯曲分子。相应地基态为 $\widetilde{X}\,^2A'$。将 a$'$的电子激发到 a$''$得到线性的 $\widetilde{A}\,^2A''$,而将 a$'$的电子激发到高一级的 a$'$得到线性的 $\widetilde{B}\,^2A'$(为了更清楚地看出不同电子态的关联,上面对于线性构型的激发态也采用了 C_s 点群的不可约表示)。查表 10.4.1 发现,所有的跃迁都是允许的。连接 $A'\leftrightarrow A'$ 的偶极矩为 μ_x,μ_y,连接 $A''\leftrightarrow A'$ 的偶极矩为 μ_z。另一方面,弯曲的 HCO 是非对称陀螺,但是比较接近对称陀螺,其近似对称的转动惯量主轴几乎与 CO 键平行,其转动态可以近似地用长陀螺的方式进行标记。在 $A'\leftrightarrow A'$跃迁中可以有垂直或平行于近似转动惯量主轴的跃迁偶极矩,而 $A''\leftrightarrow A'$ 跃迁只有垂直于近似转动惯量主轴的跃迁偶极矩。图 10.4.3 是在 258 nm 附近以 0.06 cm^{-1}分辨率获得的 HCO 的荧光激发谱,在这种分辨率下可以看到转动谱线但无法分辨电子自旋二重态裂分。通过谱线分析和计算机模拟重现实验光谱,可以完成对主要光谱线的指认,从而获得 HCO 相关电子态的各种分子参数。特别地,转动部分由两组不同方向的跃迁偶极矩的转动光谱结构组成,证明为 $\widetilde{B}\,^2A'$

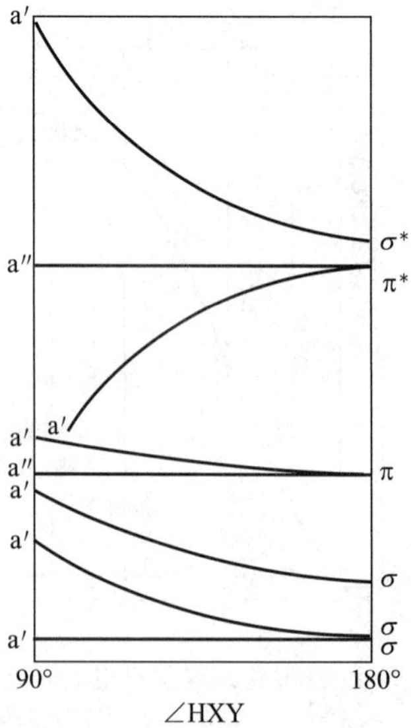

图 10.4.2 HXY 分子的渥喜图

←$\tilde{X}^2\mathrm{A}'$的跃迁。

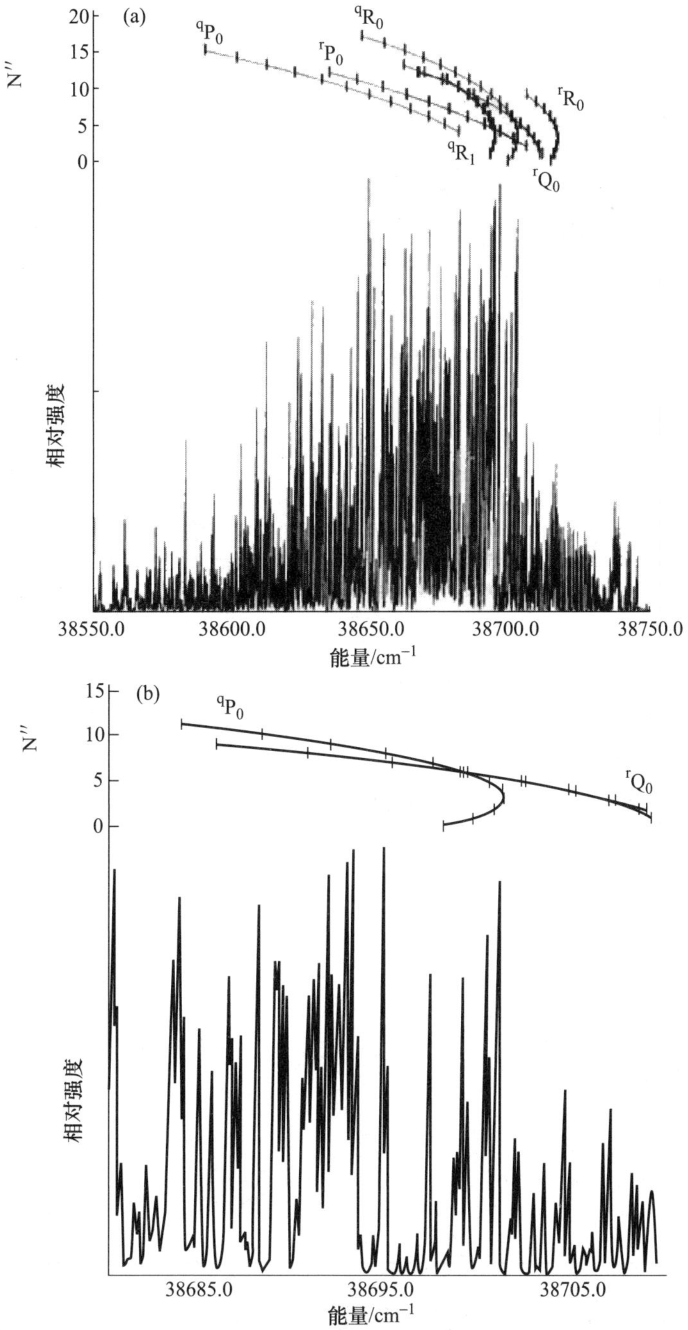

图 10.4.3 HCO 转动分辨的 $\tilde{B}^2\mathrm{A}'\leftarrow\tilde{X}^2\mathrm{A}'0_0^0$ 带(a)及带头展开部分(b)

表 10.4.1　C_s 点群的特征标表

C_s	I	σ_h	常见基矢
A′	1	1	x,y,R_z,x^2,y^2,z^2,xy
A″	1	−1	z,R_x,R_y,yz,xz

现在举 C_6H_6 中纯电子跃迁禁阻,借用电子-振动耦合获得跃迁概率的例子。C_6H_6 是平面分子,属于 D_{6h} 点群,将分子对称主轴标为 z 轴,特征标表见表 10.4.2。作为习题,已经请读者求解过,在 C_6H_6 的基态电子组态中,6 个 $2p_z$ 原子轨道形成 6 个 π 分子轨道。轨道能量由低向高分别为 a_{2u},e_{1g},e_{2u},b_{2g},其轨道的电子填充情况为 $(a_{2u})^2(e_{1g})^4$。因此电子基态为 $\widetilde{X}\,^1A_{1g}$。最低能量激发的电子组态为 $(a_{2u})^2(e_{1g})^3(e_{2u})^1$,其可以形成 3 个电子态:

$$E_{1g}\otimes E_{2u}=B_{1u}\oplus B_{2u}\oplus E_{1u} \tag{10.4.8}$$

表 10.4.2　D_{6h} 点群的特征标表

D_{6h}	I	$2C_6$	$2C_3$	C_2	$3C_2'$	$3C_2''$	i	$2S_3$	$2S_6$	σ_h	$3\sigma_d$	$3\sigma_v$	常见基矢
A_{1g}	1	1	1	1	1	1	1	1	1	1	1	1	x^2+y^2,z^2
A_{2g}	1	1	1	1	−1	−1	1	1	1	1	−1	−1	R_z
B_{1g}	1	−1	1	−1	1	−1	1	−1	1	−1	1	−1	
B_{2g}	1	−1	1	−1	−1	1	1	−1	1	−1	−1	1	
E_{1g}	2	1	−1	−2	0	0	2	1	−1	−2	0	0	$(R_x,R_y),(xz,yz)$
E_{2g}	2	−1	−1	2	0	0	2	−1	−1	2	0	0	(x^2-y^2,xy)
A_{1u}	1	1	1	1	1	1	−1	−1	−1	−1	−1	−1	
A_{2u}	1	1	1	1	−1	−1	−1	−1	−1	−1	1	1	z
B_{1u}	1	−1	1	−1	1	−1	−1	1	−1	1	−1	1	
B_{2u}	1	−1	1	−1	−1	1	−1	1	−1	1	1	−1	
E_{1u}	2	1	−1	−2	0	0	−2	−1	1	2	0	0	(x,y)
E_{2u}	2	−1	−1	2	0	0	−2	1	1	−2	0	0	

实验发现,在近紫外 260 nm 附近有很弱的吸收带系,它应该是从基态向哪个电子态的跃迁呢?查特征标表发现,偶极矩算符的 (x,y) 属于 E_{1u},z 属于 A_{2u}。由于基态为 A_{1g},在对称性允许的跃迁中激发态的对称性必须与偶极矩的某些分量的对称性相同,才可以使(10.4.5)不为 0。因此,对称性允许跃迁是 $^1E_{1u}\leftarrow\widetilde{X}\,^1A_{1g}$,它是一个垂直跃迁。但是,近紫外 260 nm 附近的吸收带系不应该属于它,因为对称性允许的跃迁应该对应于很

强而不是很弱的光谱带。事实上在 185 nm 附近有一个强的吸收带系，各方面的特征都符合${}^1E_{1u}\leftarrow\tilde{X}\,{}^1A_{1g}$的性质。导致对称性禁阻跃迁的机制可以有电子自旋-轨道耦合或者电子-振动耦合。人们在 340 nm 附近找到了一个更弱的带系，并将其成功地指认成$\tilde{a}\,{}^3B_{1u}\leftarrow\tilde{X}\,{}^1A_{1g}$，因此 260 nm 带系应该是由电子-振动耦合造成的向对称性禁阻的${}^1B_{1u}$或${}^1B_{2u}$电子态的跃迁。为了得到电子激发态的对称性，需要对电子振动光谱进行分析。

图 10.4.4 是该光谱的部分振动结构和指认。对谱线位置的分析发现，图 10.4.4 中标有 A_i^0 的系列来源于$(\nu_1)_0^i(\nu_6)_0^1$。ν_6 的对称性为 e_{2g}，无论${}^eB_{1u}\otimes{}^ve_{2g}$还是${}^eB_{2u}\otimes{}^ve_{2g}$，都产生${}^{ev}E_{1u}$(左上角标 e，v 分别表示电子或振动态，ev 则为电振态)，说明本带系为一个垂直跃迁。图 10.4.4 中的其他谱线也均得到指认，但分析后也都无法确认跃迁中高能级电

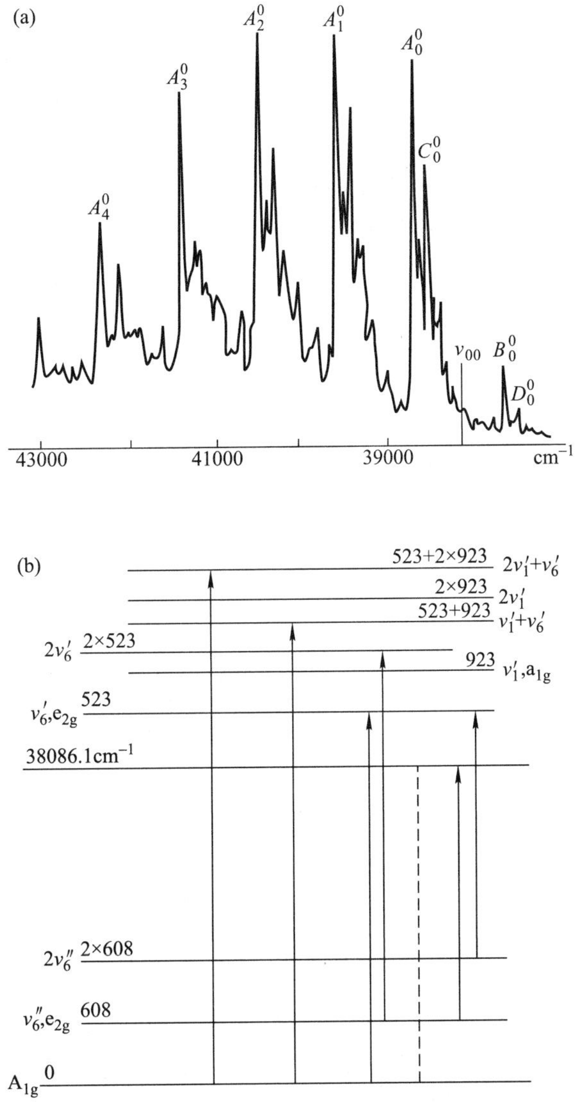

图 10.4.4　苯的 320 nm 吸收带光谱(a)及其振动分析(b)

子态的对称性是$^1B_{1u}$还是$^1B_{2u}$。z属于A_{2u},如果从基态$^{ev}A_{1g}$到激发态有平行跃迁,激发态的对称性必须为$^{ev}A_{2u}$,对应着与电子态B_{1u}和B_{2u}组合成$^{ev}A_{2u}$的振动态分别为b_{2g}和b_{1g}。非常仔细的研究发现,本带系没有看到平行跃迁。C_6H_6有b_{2g}而没有b_{1g}振动模式。电子激发态不应该是B_{1u},因为如果电子激发态是B_{1u},则应观察到向b_{2g}振动模式的跃迁。由于不存在b_{1g}振动模式,未观察到平行跃迁并不排除B_{2u}电子态存在的可能性。于是,最终将320 nm吸收带系指认为$\tilde{A}\,^1B_{2u}\leftarrow\tilde{X}\,^1A_{1g}$。

溶液环境对电子光谱同样造成扰动,出现诸多不同于孤立分子的情况。一个明显的现象是,溶液可以引起对称性禁阻跃迁的发生和电子能级不同程度的位移。不过,电子跃迁与原子核运动的耦合相对较弱,上面关于孤立分子电子跃迁的对称性讨论很大程度上可以在溶液中应用。但跃迁之后发生的过程,孤立分子和溶液中的分子会有很大不同,这是下一节讨论的重点。

§10.5 非辐射跃迁——传能

分子被激发到电子激发态后,会有一系列的后续过程。其中,许多并不涉及光子的吸收和发射的过程习惯上却仍被看作是分子光谱的一部分。激发态分子会通过各种途径释放能量,从而表现出有限的寿命。这当中最基本的方式是发射光子,对应的寿命称作自然寿命。如果还有其他非辐射方式使分子失去能量,则该激发态表现出比自然寿命更短的寿命。以非辐射的方式改变分子的能量储存形式及数量的现象称作传能。对于孤立分子而言,由于能量守恒的限制,如果没有光子发射过程,分子内传能只能是能量在不同运动方式(如电子运动与振动)间转换。

设孤立分子除去了平动部分的精确哈密顿算符为$\hat{H}$,对应的本征态和本征值为Ψ_{in}^i,E_i。现在选择一种近似(如电子、振动、转动、核自旋可以分离)的哈密顿算符$\hat{H}_0$,分别求解出各自的本征态和本征值。设$t=0$时刻分子的一个真实状态Ψ_{in}^i由近似哈密顿算符的本征态构成的基组展开为

$$\Psi_{\mathrm{in}}^i=\sum_{\mathrm{e,v,r,n}}\alpha_{\mathrm{evrn}}^i\Psi_{\mathrm{r,ev}}\Psi_{\mathrm{v,e}}\Psi_{\mathrm{e}}\Psi_{\mathrm{n}} \tag{10.5.1}$$

人们常常将展开式中贡献最大的那一项的特征认定为分子真实状态的特征,得出分子处于某一电子态、某一振动态、某一转动态、某一核自旋态的说法。但是,分子的本征态是很多模型状态的线性叠加,其随时间的变化是

$$\Psi_{\mathrm{in}}^i(t)=\exp\left(-\frac{\mathrm{i}\hat{H}t}{\hbar}\right)\sum_{\mathrm{e,v,r,n}}\alpha_{\mathrm{evrn}}^i\Psi_{\mathrm{r,ev}}\Psi_{\mathrm{v,e}}\Psi_{\mathrm{e}}\Psi_{\mathrm{n}} \tag{10.5.2}$$

如第六章所言,由于基组是$\hat{H}_0$的本征态而非$\hat{H}$的本征态,随着时间的推移,体系将在$\hat{H}_0$的不同本征态之间振荡,即所谓在不同状态间发生传能。显而易见的事实是:假如光激发只制备分子的一个本征态,体系的状态除相位外不发生任何变化(§6.1节)。但是,由于激发态寿命以及光源线宽的原因,现实的分子激发态不可能是定态。当自发辐射被考虑进来后,不同模型状态发射光子的概率不同,其失活的速率不同,能量的流动便有了

方向性。关于孤立分子内传能的更多讨论，请阅读赵新生《化学反应理论导论》的相关章节。

现在重点讨论在溶液环境中分子的传能问题。溶液中存在很强的分子间相互作用，允许能量以热运动的方式耗散掉，因此可以发生分子内部能量变化的非辐射跃迁传能。图 10.5.1 给出分子能量变化的一些常见途径，称作加伯兰斯基图。由于宏观体系总能量守恒，所有分子内能量发生变化的传能都伴随有分子间的传能。

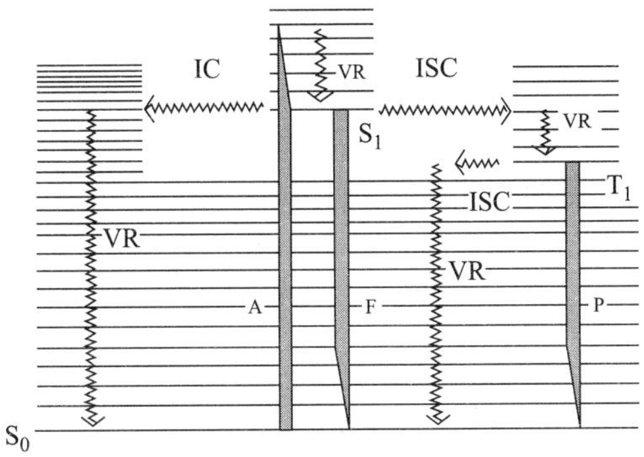

图 10.5.1　电子激发和可能后续过程的加伯兰斯基图

A，吸收；F，荧光；P，磷光；IC，内转换；ISC，系间窜越；VR，振动弛豫

首先谈振动-振动能量传递造成的振动弛豫。在溶液中没有纯粹的转动，所有的原子核的空间运动都可以看作是振动。用宏观尺寸的三维势箱中有 10^{23} 量级相互作用着的粒子的眼光看，很容易接受下面的结论：以热运动能量 k_BT（k_B 为玻尔兹曼常数，T 为热力学温度）为参考，振动能级可以看成是连续分布的，而且本征态涉及所有粒子的不同程度的协同运动。需要特别指出，宏观体系的运动不遵守薛定谔方程，而是遵守刘维尔方程（§5.4 节），而且所有起始状态最终都趋向于平衡态的玻尔兹曼分布。任何局部激发的状态（例如分子内部振动的或者两个分子间运动的激发）既不是体系的本征态，也不是体系的平衡态，因此激发态的能量必将会因体系随时间演化成平衡态而被耗散掉。理论和实验都表明，广泛存在的非谐性使所有局部振动模式都耦合起来，以至于体系的一个局部的振动激发都会在非常短（大多小于 10 ps）的时间内被弛豫到振动平衡态的玻尔兹曼分布。正是这一耗散过程的存在，给出能量传递的方向。例如，在室温下溶液中的分子多处于电子基态上的振动基态附近。根据弗兰克-康登原理，当两个电子态的势能面差别较大时，电子跃迁将分子激发到一个较为广泛振动激发的电子激发态。由于电子激发态发荧光的自然寿命多在 ns 量级，分子还没有机会发射光子，便因振动弛豫而失去振动能量，多成为处于振动基态的电子激发态分子。然后分子从振动基态的电子激发态发荧光。同样，依照弗兰克-康登原理，荧光发射后的分子到达广泛振动激发的电子基态。这些振动激发的分子会很快地由于振动弛豫而成为振动处于热平衡分布的状态。其结果就是大家常见的吸收光谱与荧光光谱不重合，荧光光谱的波长大于吸收光谱的现象（图 10.5.2）。此外，还有振动弛豫和荧光发射之外的途径使电子激发态失去能量，这些途径如内转换和系间窜越，等等。

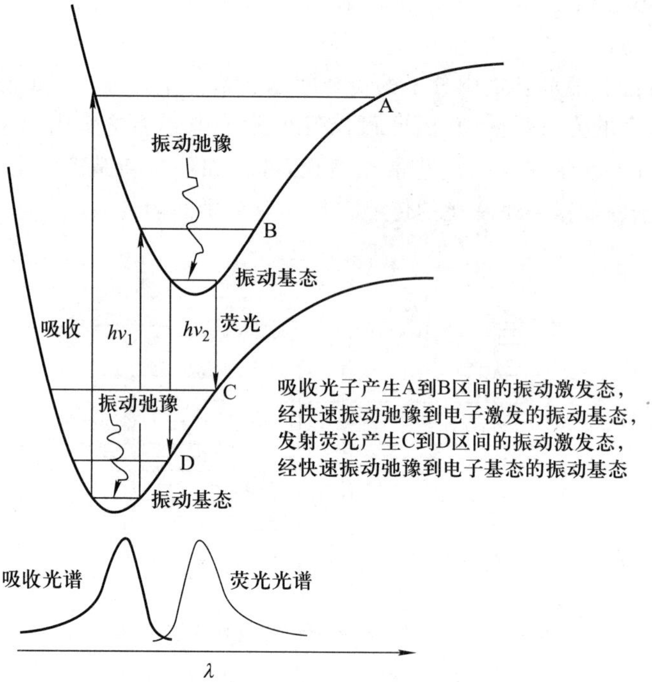

图 10.5.2 结合弗兰克-康登原理和振动弛豫解释吸收和荧光光谱的特征

传能分为分子内传能和分子间传能两种形式，各自细分又有电子-电子、电子-振动、振动-振动传能等各种形式。相同电子自旋多重性的电子态之间的内转换(internal conversion)和不同电子自旋多重性的电子态之间的系间窜越(intersystem crossing)可作为典型的分子内传能的例子，荧光共振能量转移(fluorescence resonance energy transfer, FRET)可作为典型的分子间传能的例子。它们的理论解释都是一样的，区别只在于相互作用哈密顿算符选取的不同。

现在以内转换为例解释分子内传能。假设在光激发后的初期，我们所关心的局部电子运动和原子核振动可以与溶液体系所有其他运动分离。取子体系的哈密顿算符为 $\hat{H}_0$

$$\hat{H}_0 = \hat{H}_e + \hat{H}_v \tag{10.5.3}$$

其中 $\hat{H}_e$，$\hat{H}_v$ 分别为电子运动和振动的哈密顿算符，其对应的本征态分别为 $|\Psi_e\rangle$，$|\Psi_{v,e}\rangle$。现在，考虑被 $\hat{H}_0$ 忽略的使电子运动和振动耦合的微扰因素 $\hat{H}'$，新的哈密顿算符为

$$\hat{H} = \hat{H}_0 + \hat{H}' \tag{10.5.4}$$

为了突出重点，考虑电子激发态 $|S_1\rangle$ 的某一振动态 $|n_1\rangle$ 与能量接近的电子基态 $|S_0\rangle$ 的某一振动态 $|n_0\rangle$ 之间的相互作用。其结果是在已经讨论过的振动弛豫之外，$\hat{H}'$ 造成 $|S_1\rangle$ 向 $|S_0\rangle$ 的跃迁，跃迁速率按照(6.2.15)是 $\langle S_1|\langle n_1|\hat{H}'|n_0\rangle|S_0\rangle$ 的函数，当然反过来也可以从 $|S_0\rangle$ 返回向 $|S_1\rangle$ 跃迁。用光激发的方法得到的 $|n_1\rangle|S_1\rangle$ 不是分子的本征

态，体系将如同 §5.7 节中双势阱例子那样在 $|n_1\rangle|S_1\rangle$ 和 $|n_0\rangle|S_0\rangle$ 之间往返振荡。多数情况下，$|n_1\rangle|S_1\rangle$ 可以发出荧光，$|n_0\rangle|S_0\rangle$ 不能发出荧光，于是实验上可观察到荧光随时间的振荡，称作量子拍频(quantum beat)(其他类型的相互作用如系间窜越同样可以导致量子拍频)。在溶液环境中，振动弛豫将 S_0 上的振动激发态转变成低振动激发态，因而不再有机会回到 S_1 态上。因此，体系除了可以振荡之外还会不断地随时间从 $|S_1\rangle$ 态消失，发生通常所说的 S_1 到 S_0 的内转换。如果分子的两个电子态属于相同的点群，一般 S_1 和 S_0 为不同的不可约表示。由 $\langle S_1|\langle n_1|\hat{H}'|n_0\rangle|S_0\rangle$ 看到，分子能够发生内转换的必要条件是振动态的对称性与电子态的对称性有合适的匹配，使 $\langle S_1|\langle n_1|\hat{H}'|n_0\rangle|S_0\rangle$ 为一个全对称的不可约表示。由于一般分子自身的哈密顿算符与所有分子的对称操作对易，$\hat{H}_0$ 和 $\hat{H}'$ 是全对称的不可约表示，于是发生内转换的条件是 $(\Gamma_{|n_0\rangle|S_0\rangle}\otimes\Gamma_{|n_1\rangle|S_1\rangle})\supset\Gamma_s$，这个约束条件的结果是要求 $|n_1\rangle|S_1\rangle$ 和 $|n_0\rangle|S_0\rangle$ 具有相同的对称性。内转换的最终结果是电子激发的能量转化成体系热运动的能量。单线态 S 与三线态 T 之间的传能-系间窜越发生的道理是一样的，只是此时相互作用 $\hat{H}'$ 是电子自旋-轨道耦合，电子-振动耦合和振动弛豫也会起促进作用。不同电子多重性的电子态之间也可以发生单光子的吸收和发射(磷光)。这种所谓的对称性禁阻跃迁得以发生的原因也是电子自旋-轨道耦合带来的电子态的混合。

下面讨论分子间传能。所有分子内的传能行为都可以在分子间发生，其中 FRET 是在科学研究中被广泛应用的现象之一，在此给予比较详细的介绍。图 10.5.3 给出 FRET 的示意图。记 FRET 传能的过程为 $D^*+A\longrightarrow D+A^*$，星号为电子激发态。它表示给体(D)吸收光子后被激发到电子激发态，通过振动弛豫，到达振动基态的电子激发态(D^*)。随后，在发射荧光和发生其他传能过程的同时，将给体的能量传给受体(A)，使受体从电子基态(A)变成电子激发态(A^*)，同时给体回到电子基态(D)。受体被电子激发后，可以如光激发那样发生各种后续过程，如振动弛豫、荧光发射、内转换、系间窜越，

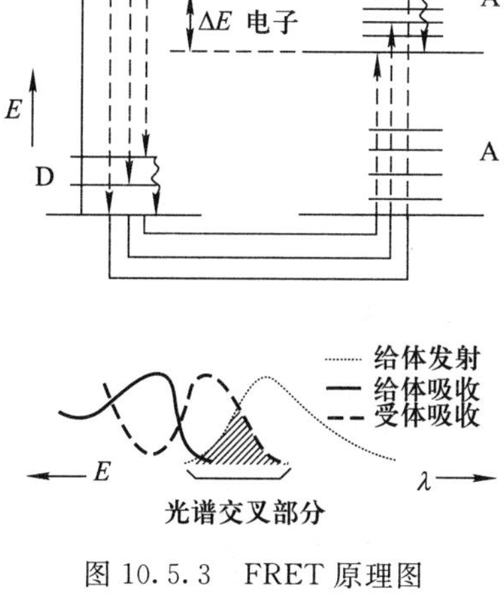

图 10.5.3　FRET 原理图

等等。

对 FRET 的理论处理基于费米黄金规则(6.2.15),其相互作用哈密顿算符为分子间的电子-电子相互作用:

$$\hat{H}' = \frac{e^2}{4\pi\varepsilon r_{AD}} \tag{10.5.5}$$

其中 ε 为介电常数,r_{AD} 为给体中电子与受体中电子间的距离。福斯特计算出跃迁矩阵元为

$$H'_{fi} = \frac{1}{4\pi\varepsilon R^3}\left[\boldsymbol{\mu}_D \cdot \boldsymbol{\mu}_A - \frac{3}{R^2}(\boldsymbol{R}\cdot\boldsymbol{\mu}_D)(\boldsymbol{R}\cdot\boldsymbol{\mu}_A)\right]\prod_{l,m}\langle \Psi_{v,e}^{f,l} \mid \Psi_{v,e}^{i,m}\rangle \tag{10.5.6}$$

其中 $\boldsymbol{\mu}_D = \sqrt{2}\langle D^* \mid e\boldsymbol{r} \mid D\rangle$,$\boldsymbol{\mu}_A = \sqrt{2}\langle A^* \mid e\boldsymbol{r} \mid A\rangle$ 分别为给体和受体的电子偶极跃迁矩阵元,$\boldsymbol{R}$ 为两个偶极矩之间的距离矢量,公式最右侧的振动态乘积为分子间传能的弗兰克-康登因子。由(10.5.6)可见,FRET 是分子的电子偶极-偶极相互作用造成的传能。代入(6.2.15)后,经过一系列推导得到 FRET 传能的速率常数为

$$w_{FRET} = \frac{1}{\tau}\left(\frac{R_0}{R}\right)^6 \tag{10.5.7}$$

其中 τ 为 D^* 的荧光寿命,

$$R_0 = \frac{9000\ln 10\,\kappa^2 \Phi_D}{128\pi^5 n^4 N_A}\int \frac{F_D(\tilde{\nu})A_A(\tilde{\nu})\,d\tilde{\nu}}{\tilde{\nu}^4} \tag{10.5.8}$$

其中 Φ_D 为给体的荧光量子产率,n 为介质的折射率,N_A 为阿伏加德罗常数,$F_D(\tilde{\nu})$ 为归一化的给体的荧光光谱,$A_A(\tilde{\nu})$ 为以吸光系数表达的受体的吸收光谱,$\tilde{\nu}$ 的单位为 cm^{-1},κ^2 为角度因子:

$$\kappa = 2\cos\theta_D\cos\theta_A - \sin\theta_D\sin\theta_A\cos(\varphi_D - \varphi_A) \tag{10.5.9}$$

其中角度的定义如图 10.5.4 中所示。当偶极矩是随机分布的时候,$\kappa^2 = 2/3$。

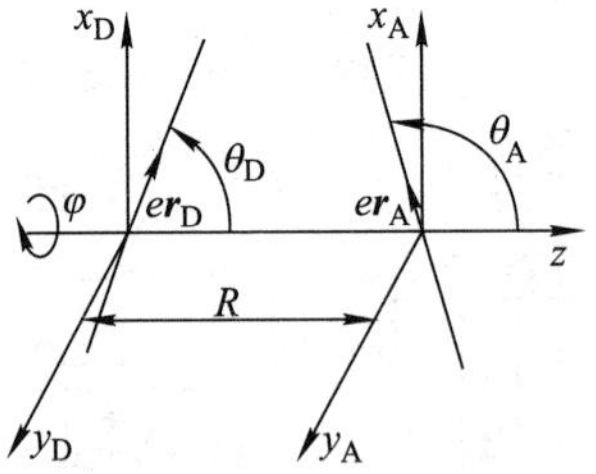

图 10.5.4 FRET 效率公式中的坐标和角度

D^* 以非 FRET 方式离开激发态的速率常数为 $w_0 = 1/\tau$,FRET 的速率常数见(10.5.7)。因此,FRET 传能的效率为

$$E_{FRET} = \frac{w_{FRET}}{w_{FRET} + w_0} = \frac{1}{1 + (R/R_0)^6} \tag{10.5.10}$$

可见,FRET 传能的效率按距离 6 次方的倒数而减弱,对距离很敏感,特征距离 R_0 是效率为 50%时的距离。通常 FRET 染料分子对的 R_0 多在 5 nm 左右,恰好在生物大分子大小的尺度上,使 FRET 技术成为探测生物分子间距离和相互作用的有用工具。

§10.6 核磁共振谱

如果原子核的自旋不为零，则有磁偶极矩，在外磁场作用下发生核自旋态的能级裂分。电磁波可造成裂分的核自旋态之间的跃迁，形成核磁共振（NMR）谱，常见的为自旋1/2核的NMR谱。核自旋能级间隔很小，核磁共振谱处于射频波段。§9.5节指出，一个自旋为 I 的原子核，在外磁场 $\boldsymbol{B}$ 的作用下能级裂分为

$$|IM\rangle,\quad E_M=E_0-\gamma MB\hbar;\qquad M=I,(I-1),\cdots,-I \tag{10.6.1}$$

分析单光子跃迁矩阵元 $\langle I'M'|\boldsymbol{\mu}|I''M''\rangle$ 很容易发现跃迁选择定则为 $\Delta M=\pm 1$。因此，核磁共振的跃迁频率为

$$\nu=\gamma B/2\pi \tag{10.6.2}$$

原子核周围有电子和其他的原子核。这些带电粒子的运动产生磁场，部分地抵消外磁场，使得不同环境的原子核感受不同的有效磁场。实际的核磁共振频率可写为

$$\nu=\gamma B(1-\sigma)/2\pi \tag{10.6.3}$$

其中 σ 为屏蔽常数，由此带来的相对变化称作化学位移。以 ^{1}H 谱为例，定义化学位移（ppm）为

$$\delta=\frac{B_{\text{ref}}-B}{B_{\text{ref}}}\times 10^6 \tag{10.6.4}$$

化学位移对原子核所处环境敏感，是鉴定原子基团的重要指标。最常用的是 ^{1}H 谱，此时，通常参照物选为四甲基硅[$Si(CH_3)_4$，TMS]。TMS中所有质子的环境相同，只有一个NMR峰，且TMS中的质子受环境的屏蔽效应较强，共振发生于较高的外加磁场。以它为参照物时，大多数物质或化学基团中 ^{1}H 的 δ 为正值。

最早的NMR装置是在选定跃迁频率的情况下，通过扫描磁场强度得到NMR谱。例如，可以将60 M核磁共振谱仪理解为选定了质子的共振频率在60 MHz左右。显然共振频率越高，造成相应能级裂分所需磁场越强，分辨能力越强，但设备的技术难度也就越大。图10.6.1是低分辨率的通过磁场扫描获得分子 CH_3CH_2OH 的 ^{1}H NMR谱的示意图，其中峰面积与相同氢的个数成正比。事实上，原子核自旋之间会发生相互作用，进一步造成能级的裂分和位移。虽然核自旋耦合裂分遵循角动量耦合的一般规律，具体的分析与核所处的环境密切相关，在此不作详细讨论，而是留给更专业的课程或读者自己阅读专著。更高的分辨能力将展示更多的裂分，核自旋耦合分辨的NMR谱不仅是解析小分子结构必不可少的工具，也是用NMR解析生物大分子结构的基本依据。

现在的NMR装置都采用脉冲操作结合傅里叶变换技术的方式。其基本原理如下：首先，在 z 方向施加一个强大的恒定磁场 $\boldsymbol{B}_0$，以造成核自旋态的裂分以及核自旋在 z 方向上的极化。在自旋态分布达到平衡后，在垂直于 z 的一个方向（记作 x）引入一个磁场强度为 $\boldsymbol{B}_1$ 的射频脉冲，其脉冲长度根据需要调整。例如，一般脉冲长度控制在恰好使与中心波长发生共振跃迁的自旋态从 z 偏振方向偏转到 y 方向，称作90°脉冲，如图10.6.2所示。脉冲撤销后，由于核自旋极化方向与 $\boldsymbol{B}_0$ 不重合，核自旋在 $\boldsymbol{B}_0$ 的作用下产生围绕 z 轴的进动。

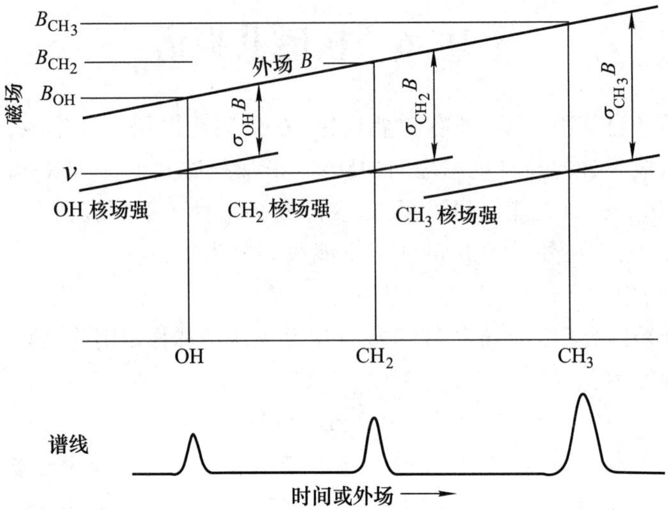

图 10.6.1 CH_3CH_2OH 的^1H 化学位移及 NMR 谱

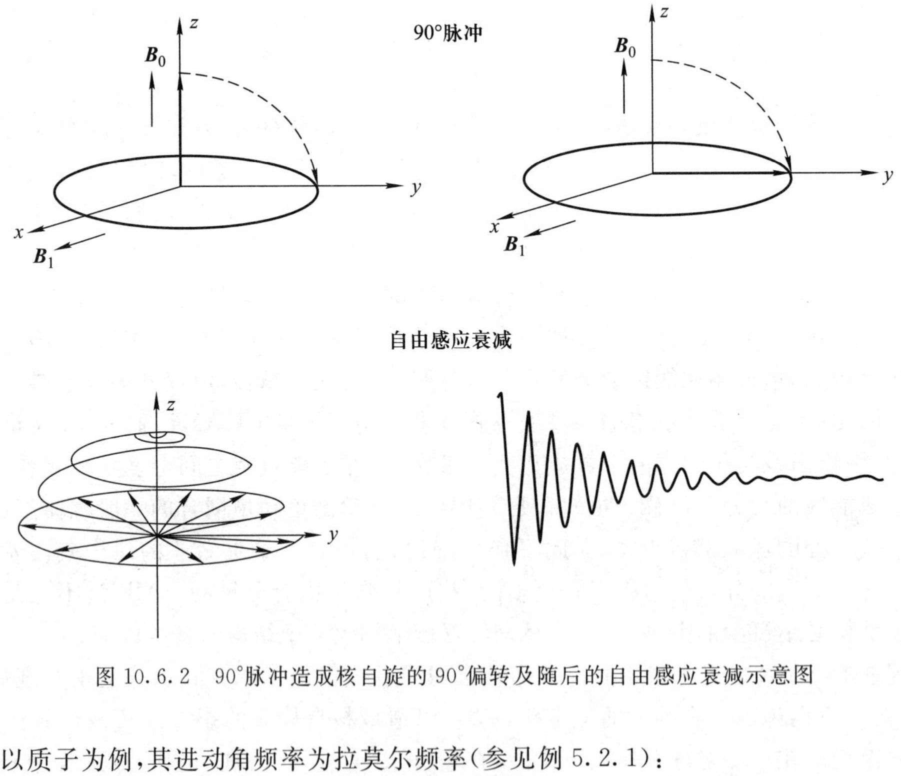

图 10.6.2 90°脉冲造成核自旋的 90°偏转及随后的自由感应衰减示意图

以质子为例,其进动角频率为拉莫尔频率(参见例 5.2.1):

$$\omega_0 = \gamma_H B_0 \tag{10.6.5}$$

其中 γ_H 为质子的旋磁比。不同核自旋的旋磁比非常不同,同一核自旋在不同环境下的旋磁比不尽相同。让核自旋经过自由感应衰减(free induction decay,FID)过程重新弛豫到外磁场 $\boldsymbol{B}_0$ 存在下的平衡态,同时在 xy 平面内的一个固定方向(通常为 y 方向)接收与自旋进动及其衰减对应的射频辐射。衰减达到平衡后,开始第二轮脉冲自旋偏转和随后记录自由感应衰减曲线,……反复积累,直到得到信噪比足够好的 FID 曲线。对随时间(因后面的原因记为)t_2 变化的 FID 曲线进行傅里叶-拉普拉斯变换(即:在傅里叶变换时,时间从 0 到$+\infty$积分),频谱的实部便是通常的 NMR 谱。

人们发展出了众多的 NMR 技术,其中最为基础的是二维 NMR。一种最简单的二维 NMR 操作方式为:在上面介绍的脉冲一维 NMR 的基础上,在前面增加一个脉冲。该脉冲制备 y 方向的偏振后,让体系演化一段时间 t_1;随后施加下一个脉冲进行自旋态混合,此脉冲结束后收集 FID 随 t_2 的变化。对所得信号 $I(t_1,t_2)$ 进行二维傅里叶变换,便得到二维 NMR 谱。二维 NMR 谱分辨能力更强,更能细致反映不同核自旋之间的相互作用以及环境对核自旋的影响,成为物质鉴定、结构、性质以及动力学研究的重要手段。

下面探讨一下核自旋弛豫的性质。前面说到,核自旋态裂分的分子吸收光子发生激发跃迁,造成瞬态极化,即核自旋能级分布偏离玻尔兹曼平衡分布。在激发结束后,被极化的体系随时间弛豫回到平衡态。核自旋弛豫有两个基本时间常数。第一个弛豫时间常数为 T_1,它描述核自旋极化矢量 $\boldsymbol{M}$ 平行于磁场 $\boldsymbol{B}_0$ 方向的分量的弛豫(纵向弛豫)。由于核自旋态之间的自发辐射速率很低,仅靠自发辐射弛豫需要很长时间才可使粒子数布居恢复到平衡态,决定 T_1 的因素主要来源于核自旋与环境的能量交换,称之为自旋-晶格弛豫。第二个弛豫时间常数为 T_2,描述 $\boldsymbol{M}$ 垂直于磁场 $\boldsymbol{B}_0$ 方向的分量的弛豫(横向弛豫)。在激发之前,$\boldsymbol{M}$ 在 xy 平面内随机分布,是各向同性的。光子吸收引起能级跃迁的同时在 xy 平面内也极化了 $\boldsymbol{M}$,形成一种相干的状态,体系将随时间回到非相干状态。去相干的因素主要来源于周围的核自旋取向的随机运动与核自旋的相互作用,因此又称为自旋-自旋弛豫。应用自旋回波技术可以直接测量 T_2。

对于电子自旋共振可以应用类似的原理和技术,不再赘述。

习　题

10.1　具体计算出线性分子转动光谱中的 $|\langle L'M'|\boldsymbol{\mu}_0|L''M''\rangle|^2$。

10.2　分析乙炔(HCCH)的振动模式中哪些是红外活性的,哪些是没有红外活性的。

10.3　1) 假设 HCl 为线性刚体,应用(10.3.9)拟合出图 10.3.2 中 HCl 的振转光谱,用光谱跃迁符号标出每一个峰,得到拟合公式中的各个光谱参数,计算出 HCl 的键长,讨论同位素效应的影响。将拟合峰位对实验峰位作图,说明二者存在系统偏差。

2) 请用包含了尽可能少的高阶展开项的能级公式改进(10.3.9),重新计算 HCl 的各光谱参数和键长。将拟合峰位对实验峰位作图,说明二者在实验误差范围内吻合。

10.4　实验测得某分子某电子激发态 S_1 的寿命为 2.3 ns,荧光发射、内转换到 S_0、系间窜越到 T_1 的量子产率分别为 0.36,0.64,0.0001。已知分子在此能量下的能级密度,S_0 电振态为 $10000/\text{cm}^{-1}$,T_1 电振态为 $100/\text{cm}^{-1}$(未含电子自旋简并)。请计算 S_1 态的自然寿命及 $|\langle S_0|\hat{H}'|S_1\rangle|$,$|\langle S_1|\hat{H}'|S_1\rangle|$。

10.5　某脉冲核磁共振 FID 为 $I(t)=I_0\cos(\omega_0 t)\mathrm{e}^{-t/\tau}$,请用傅里叶-拉普拉斯变换得到相应的 NMR 谱,并讨论各种参数的物理意义。

第十一章　非线性光谱

非线性光谱被定义为涉及瞬间两个及以上光子吸收和发射的光谱，超快光谱也归于此处介绍。

§11.1　非线性光谱一般讨论

在经典的线性光学模型中，物质有电荷分布，其在外电场 $\boldsymbol{E}$ 的作用下会被极化，产生净的宏观电偶极矩和相应的电场分布。物质的宏观极化强度（单位体积的电偶极矩）$\boldsymbol{P}$ 正比于 $\boldsymbol{E}$

$$\boldsymbol{P}=\varepsilon_0\chi\boldsymbol{E} \tag{11.1.1}$$

其中 ε_0 为真空介电常数；χ 为一标量，称作极化率。常数 χ 表征的是由分子组成的介质被外电场极化的能力。在遵守(11.1.1)的介质中，$\boldsymbol{P}$ 与 $\boldsymbol{E}$ 方向一致。但是，人们发现随着 $\boldsymbol{E}$ 的增强，没有永久电偶极矩的分子也会被电场诱导出电偶极矩。此时取 χ 为常数的(11.1.1)不再能描述真实情况，必须加以修正。改进的方式是引入非线性极化的概念，将 $\boldsymbol{P}$ 对 $\boldsymbol{E}$ 作级数展开：

$$\boldsymbol{P}=\varepsilon_0[\chi^{(1)}\boldsymbol{E}+\chi^{(2)}\boldsymbol{EE}+\cdots]=\varepsilon_0\chi^{(1)}\boldsymbol{E}+\boldsymbol{P}^{\mathrm{NL}} \tag{11.1.2}$$

其中二阶张量 $\chi^{(1)}$ 等价于(11.1.1)中的 χ，为线性极化率，但考虑到了介质的极化可以是各向异性的事实；其他 $\chi^{(i)}$ 称作 i 阶非线性极化率，它是 $i+1$ 阶张量。$\underbrace{\boldsymbol{E}\cdots\boldsymbol{E}}_{i}$ 为 i 阶并矢张量。经典电磁场在介质中的运动方程被扩展为

$$\nabla^2\boldsymbol{E}-\frac{n^2}{c^2}\frac{\partial^2}{\partial t^2}\boldsymbol{E}=\frac{1}{\varepsilon_0 c^2}\frac{\partial^2}{\partial t^2}\boldsymbol{P}^{\mathrm{NL}} \tag{11.1.3}$$

其中 n 为介质的折射率，c 为光速。在经典力学或量子力学框架下求解(11.1.3)，可得各种非线性光学现象的描述。

本章采用表面上与上述描述稍有不同的表述方式。我们将从非线性光谱而不是非线性光学（即光与分子相互作用，而不是光与宏观介质相互作用）的角度讨论问题。我们定义线性光谱为单光子吸收或发射过程，它的获得建立在分子的电偶极近似和一级微扰的费米黄金规则之上。我们将定性地考察高级微扰的贡献，以此为基础理解和解释非线性光谱的特征和选择定则。

先回顾一下在电偶极近似

$$\hat{H}'=-\boldsymbol{E}(\mathrm{e}^{-\mathrm{i}\omega t}+\mathrm{e}^{\mathrm{i}\omega t})\cdot\boldsymbol{\mu} \tag{11.1.4}$$

下的微扰理论。(11.1.4)中 $\boldsymbol{E}$，ω 分别为电磁波的电场强度和角频率，$\boldsymbol{\mu}$ 为电偶极矩算符。由 $|i\rangle$ 到 $|f\rangle$ 跃迁的含时一级微扰的概率振幅为(6.2.18a)

$$c_{fi}^{(1)}(\tau)=\frac{\mathrm{i}}{\hbar}\int_0^{\tau}\mathrm{d}t\boldsymbol{\mu}_{fi}\cdot\boldsymbol{E}(\mathrm{e}^{-\mathrm{i}\omega t}+\mathrm{e}^{\mathrm{i}\omega t})\mathrm{e}^{\mathrm{i}\omega_{fi}t} \tag{11.1.5}$$

其中 $\boldsymbol{\mu}_{fi}$ 为跃迁偶极矩矩阵元。将(11.1.5)中两项分别积分，得两个因子

$$c_{fi}^{(1)}(t)=\frac{\boldsymbol{E}\cdot\boldsymbol{\mu}_{fi}}{\hbar}\left[\frac{\mathrm{e}^{\mathrm{i}(\omega_{fi}\pm\omega)t}-1}{\omega_{fi}\pm\omega}\right] \tag{11.1.6}$$

当计算跃迁速率常数(6.2.18b)时，(11.1.6)中括号内的表达式转变成标志能量守恒的条件$\delta(E_f-E_i\pm\hbar\omega)$，其中 $\omega_{fi}+\omega$ 对应着单光子发射，$\omega_{fi}-\omega$ 对应着单光子吸收。

可以定性地分别以$\dfrac{\boldsymbol{E}\cdot\boldsymbol{\mu}_{fi}}{\omega_{fi}+\omega}$和$\dfrac{\boldsymbol{E}\cdot\boldsymbol{\mu}_{fi}}{\omega_{fi}-\omega}$表示这些过程对跃迁概率振幅的贡献。当计算跃迁概率时，分母显示能级差与外场光子能量接近程度对跃迁概率的影响；如果有能量守恒限制，它对应于 δ 函数。考虑到激发态的寿命(参见 §7.6 节)，这些因子更好的表达式应为$\dfrac{\boldsymbol{E}\cdot\boldsymbol{\mu}_{fi}}{\omega_{fi}\pm\omega-\mathrm{i}\Gamma_{fi}}$，但在这里我们忽略分母中虚数的存在。

现在关注(6.2.9)中的 $c_{li}^{(2)}$ 项，它可以改写为

$$\frac{\mathrm{d}}{\mathrm{d}t}c_{li}^{(2)}(t)=\frac{\mathrm{i}}{\hbar}\sum_n E\cdot\boldsymbol{\mu}_{ln}(\mathrm{e}^{\mathrm{i}\omega t}+\mathrm{e}^{-\mathrm{i}\omega t})\mathrm{e}^{\mathrm{i}\omega_{ln}t}c_{ni}^{(1)}(t) \tag{11.1.7}$$

将(11.1.6)代入，积分得

$$c_{li}^{(2)}(\tau)=\frac{\mathrm{i}}{\hbar}\int_0^\tau \mathrm{d}t\sum_n(\boldsymbol{E}\cdot\boldsymbol{\mu}_{ln})(\mathrm{e}^{\mathrm{i}\omega t}+\mathrm{e}^{-\mathrm{i}\omega t})\mathrm{e}^{\mathrm{i}\omega_{ln}t}\,\frac{(\boldsymbol{E}\cdot\boldsymbol{\mu}_{ni})}{\mathrm{i}\hbar}\left[\frac{\mathrm{e}^{\mathrm{i}(\omega_{ni}\pm\omega)t}-1}{\omega_{ni}\pm\omega}\right] \tag{11.1.8}$$

(11.1.8)可以求解出来，但我们不再精确求解，而是利用它与(11.1.5)的相似性，推广一级微扰的定性表达式到二级微扰。结果是

$$c_{li}^{(2)}\propto\sum_n\frac{(\boldsymbol{E}\cdot\boldsymbol{\mu}_{ln})}{\omega_{ln}\pm\omega}\,\frac{(\boldsymbol{E}\cdot\boldsymbol{\mu}_{ni})}{\omega_{ni}\pm\omega} \tag{11.1.9}$$

(11.1.9)中每一分母的每一支项都对应一个单光子过程。例如，$\dfrac{(\boldsymbol{E}\cdot\boldsymbol{\mu}_{ln})}{\omega_{ln}+\omega_2}\dfrac{(\boldsymbol{E}\cdot\boldsymbol{\mu}_{ni})}{\omega_{ni}-\omega_1}$可以被理解为从$|i\rangle$吸收一个光子 $\hbar\omega_1$ 跃迁到$|n\rangle$态，再放出另一个光子 $\hbar\omega_2$ 跃迁到$|l\rangle$态。此过程可以直观地用图 11.1.1 表示。在这里，初态$|i\rangle$和终态$|l\rangle$是实实在在观察到的状态，所以整个跃迁发生前后，能量必须守恒

$$(E_l-E_i)-\hbar\omega_1+\hbar\omega_2=0 \tag{11.1.10}$$

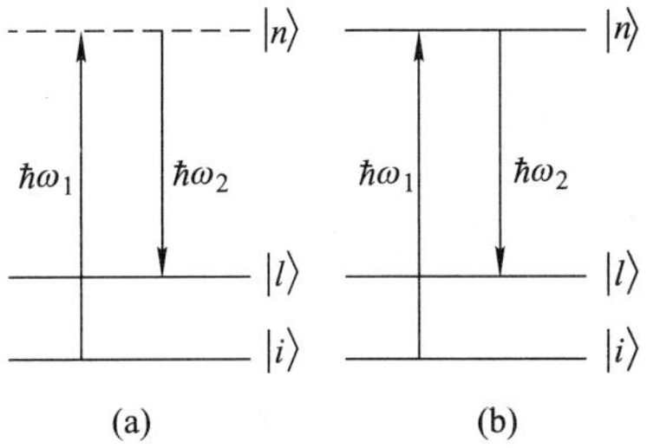

图 11.1.1　先吸收后发射双光子过程的能级图

(a) 中间态非共振；(b) 中间态共振

而中间状态$|n\rangle$的出现来源于微扰计算中使用了基组展开，所以涉及中间状态的跃迁不需要强制能量守恒。即，不需要

$$(E_n - E_i) - \hbar\omega_1 = 0, \qquad (E_l - E_n) + \hbar\omega_2 = 0 \tag{11.1.11}$$

基于这个原因,称$|n\rangle$为虚拟态,用虚线表示,见图 11.1.1(a)。显然,有些时候恰好某若干个中间能级使(11.1.11)中的等式被满足或接近满足,则相应因子的分母接近于 0(此时分母中的虚数项$-\mathrm{i}\Gamma_{jm}$不能被忽略);当相应的$\boldsymbol{E}\cdot\boldsymbol{\mu}_{jm}$不为 0 时,该中间跃迁对整个跃迁的贡献变得非常大,称作中间态共振的跃迁,此时处于共振的那些中间态用实线表示,见图 11.1.1(b)。

如果取$\dfrac{(\boldsymbol{E}\cdot\boldsymbol{\mu}_{ln})}{\omega_{ln}-\omega}\dfrac{(\boldsymbol{E}\cdot\boldsymbol{\mu}_{ni})}{\omega_{ni}-\omega}$,则表示从$|i\rangle$吸收一个光子$\hbar\omega$跃迁到$|n\rangle$态,再吸收另一个光子$\hbar\omega$跃迁到$|l\rangle$态,整个过程的能级图如图 11.1.2 所示。此过程是单色双光子吸收过程。

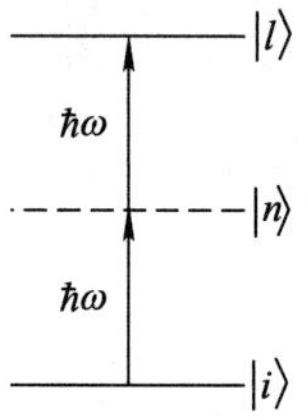

图 11.1.2　双光子吸收过程的能级图

微扰概率振幅的定性表达式及相应的能级图可以很容易地在二级微扰的其他组合形式以及更高级的微扰形式中推广,用以对跃迁概率振幅有贡献的各种因素进行定性的分析。

我们以平面波的光与粒子相互作用的基本方程(7.4.7)

$$\mathrm{i}\hbar\frac{\partial}{\partial t}|\Psi\rangle = \left(\frac{1}{2m}\hat{\boldsymbol{p}}^2 - \frac{q}{mc}\boldsymbol{A}\cdot\hat{\boldsymbol{p}} + \frac{q^2}{2mc^2}\boldsymbol{A}^2 + q\phi\right)|\Psi\rangle \tag{11.1.12}$$

为基础讨论非线性光谱问题。式中的标矢$q\phi$为粒子(电子或原子核)在分子中的势能,所以可以将总的哈密顿算符分离成

$$\hat{H} = \hat{H}_0 + \hat{H}' \tag{11.1.13}$$

其中

$$\hat{H}_0 = \sum_{i=1}^{N}\frac{\hat{\boldsymbol{p}}_i^2}{2m_i} + U(\boldsymbol{r},\boldsymbol{R}) \tag{11.1.14}$$

为扩展到孤立分子后的自由分子的哈密顿算符,其中i对所有电子和原子核加和,$\boldsymbol{r}$,$\boldsymbol{R}$分别为电子和原子核坐标,而

$$\hat{H}' = \sum_{\lambda}\left(-\frac{q_\lambda}{m_\lambda c}\boldsymbol{A}\cdot\hat{\boldsymbol{p}}_\lambda + \frac{q_\lambda^2}{2m_\lambda c^2}\boldsymbol{A}^2\right) \tag{11.1.15}$$

可以看作是分子中的若干个原子核和电子受电磁波影响的微扰。在非线性光谱中,分子可以同时与几种不同频率的平面波相互作用:

$$\boldsymbol{A}(\boldsymbol{r},t) = \sum_j \boldsymbol{A}_{j,0}\left[\mathrm{e}^{\mathrm{i}\left(\frac{\omega_j}{c}\hat{\boldsymbol{n}}_j\cdot\boldsymbol{r}-\omega_j t\right)} + \mathrm{e}^{-\mathrm{i}\left(\frac{\omega_j}{c}\hat{\boldsymbol{n}}_j\cdot\boldsymbol{r}-\omega_j t\right)}\right] \tag{11.1.16}$$

将(11.1.14)、(11.1.15)、(11.1.16)代入跃迁概率振幅的表达式(6.2.9),将得到比前面

电偶极近似下与单色光相互作用复杂得多的各级微扰的表达式。但二者在形式上显然有相似之处。例如，如果在(11.1.15)中忽略 $\boldsymbol{A}^2$ 项，$\langle f|\boldsymbol{A}\cdot\hat{\boldsymbol{p}}|i\rangle$项与$\langle f|\boldsymbol{E}\cdot\boldsymbol{\mu}|i\rangle$项对应，并且前者在电偶极近似下成为后者。为了给出简单的物理图像，下一节我们将继续用建立在电偶极子近似和单色光基础上的(11.1.9)以及向高级微扰推广的形式进行讨论。我们将以拉曼光谱为例介绍非线性光谱的主要特征和理论处理的思路，其他非线性光谱的讨论是类似的。

§11.2　拉曼光谱

光照射到分子上会发生散射，其中最强的散射光频率不变，称作弹性散射，又称瑞利散射；有部分很弱的散射光发生频率的移动，为非弹性散射，分别为布里渊散射和拉曼散射。其中，拉曼散射直接与分子的振动-转动能级结构相关，是我们关心的对象。拉曼散射的谱线因发射光子的频率低于或高于入射光频率而分为斯托克斯线或反斯托克斯线。

对拉曼光谱的唯象解释基于分子被极化的图像。在电场作用下，分子内电荷分布发生变化，产生出诱导电偶极矩

$$\boldsymbol{\mu}_{\text{ind}}=\alpha\boldsymbol{E} \tag{11.2.1}$$

其中 α 为分子的极化率，它是二阶张量，反映诱导电偶极矩一般不与外电场方向相同的事实。拉曼光谱的相互作用哈密顿算符为

$$\hat{H}'=-\boldsymbol{E}\cdot(\alpha\boldsymbol{E}) \tag{11.2.2}$$

将(11.2.2)代入(6.2.19)，便可计算出拉曼跃迁的速率常数。类似于线性光谱，矩阵元

$$H'_{fi}=-\langle\Psi'_{\text{r,v}}|\langle\Psi'_{\text{v}}|\boldsymbol{E}\cdot(\alpha\boldsymbol{E})|\Psi''_{\text{v}}\rangle|\Psi''_{\text{r,v}}\rangle \tag{11.2.3}$$

决定着拉曼光谱的选择定则。

首先看转动拉曼光谱。为了得到转动拉曼光谱，在分子转动时，以实验室坐标表达的极化率张量的某些分量必须有变化。绝大多数点群对称性的分子在旋转时外场方向上的极化率都会发生变化，因此有转动拉曼跃迁；但原子或刚体球陀螺分子由于球对称性，在旋转时极化率不变，因此不会有转动光谱。取固定于实验室的坐标系为(X,Y,Z)，固定于分子的坐标系为(x,y,z)。对于刚体线性分子，取原子核连线的方向为 z 轴。此时，分子坐标中只有分量 α_{zz} 不为 0。将它代入(11.2.3)进行具体计算，得到$\langle J'M'|\alpha_{zz}|J''M''\rangle$不为 0 的必要条件是 $\Delta J=0,\pm2$(事实上，$\Delta J=0$ 对应的是瑞利散射)。以$^{12}C^{16}O_2$为例，由于它没有永久偶极矩，并且奇数 J 的转动态不存在，所以无论是从偶极矩还是从 $\Delta J=\pm1$ 的选择定则看都没有转动红外光谱，而它却是拉曼活性的。图11.2.1展示出$^{12}C^{16}O_2$ 的转动拉曼光谱，它只有偶数 J 的谱线，由它可以得到$^{12}C^{16}O_2$ 分子的键长等重要信息。对称性造成的刚体对称陀螺拉曼光谱的转动选择定则为 $K=0$ 时，$\Delta J=0,\pm2$，$\Delta K=0$；$K\neq0$ 时，$\Delta J=0,\pm1,\pm2$，$\Delta K=0$。其他对称陀螺拉曼光谱的转动选择定则为 $\Delta J=0,\pm1,\pm2$；$\Delta K=0,\pm1,\pm2$。非对称陀螺的转动拉曼光谱非常复杂，但也遵守 $\Delta J=0,\pm1,\pm2$ 的选择定则。

现在考虑振动拉曼光谱。类似于红外光谱，关于选择定则的一般考虑依然是分析矩阵元$\langle\Psi'_{\text{vr}}|\alpha|\Psi''_{\text{vr}}\rangle$各成分的对称性匹配。为了获得最重要的光谱特征，对分子振动取谐

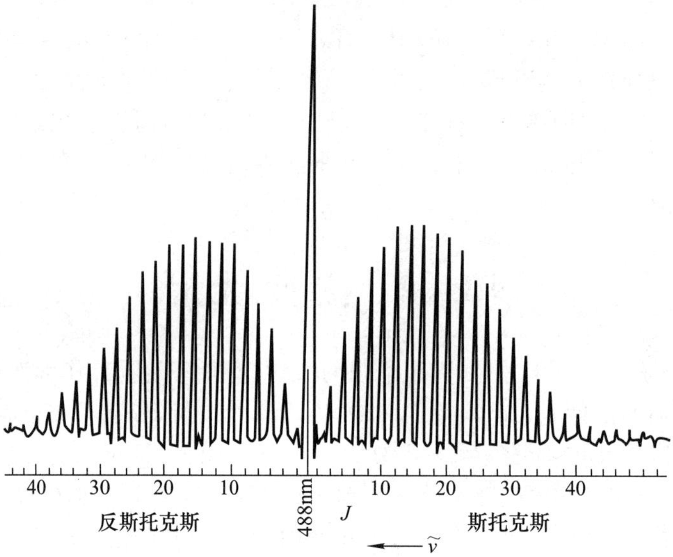

图 11.2.1 $^{12}C^{16}O_2$ 的转动拉曼光谱

振子模型,将极化率随简正坐标的变化按简正坐标作级数展开

$$\alpha_{ij}(q)=\alpha_{ij,0}+\sum_{\lambda}\frac{\partial\alpha_{ij}}{\partial q_{\lambda}}\bigg|_0 q_{\lambda}+\cdots \tag{11.2.4}$$

其中,$\partial\alpha_{ij}/\partial q_{\lambda}|_0$ 不为 0 表示该振动可导致该极化率张量的分量发生变化,是该振动有拉曼活性的必要条件。将(11.2.4)截断在一阶项,代入跃迁矩阵元(11.2.3)后发现,(11.2.4)等式右边第一项给出纯转动拉曼光谱,第二项给出带有转动结构的振动拉曼光谱。与红外光谱选择定则一样,谐振子近似下的拉曼选择定则为 $\Delta n_{\lambda}=\pm1$。对于线性和对称陀螺分子,如果一个振动跃迁具有 α_{zz} 活性,伴随它的转动选择定则与纯拉曼转动光谱一样;如果在 α_{zz} 以外有非 0 分量,不论是线性分子还是对称陀螺分子,伴随着的转动选择定则变为 $\Delta J=0,\pm1,\pm2$;$\Delta K=0,\pm1,\pm2$。在单光子线性光谱中对 $\Delta J,\Delta K=1,0,-1$ 的各分支标记为 R,Q,P 的基础上,现在增加将 $\Delta J,\Delta K=2$ 那些分支记作 S,将 $\Delta J,\Delta K=-2$ 那些分支记作 O。例如,一个拉曼振动跃迁中的 $J'=9,K'=4\leftrightarrow J''=7,K''=6$ 转动谱线标记成 $^{O}S_6(7)$。

振动态的拉曼光谱活性与红外光谱活性的必要条件不一样。红外光谱所涉及的电偶极矩是矢量,拉曼光谱所涉及的极化率是二阶张量。查看分子点群的特征标表发现,它们的各分量常属于不同的不可约表示,因此可以分别导致不同对称性的振动模式的跃迁,使它们成为探测振动能级的互补工具。例如,同核双原子分子振动不改变偶极矩,没有红外活性;但改变极化率,有拉曼活性。又例如,CCl_4 属于 T_d 点群,它的简谐振动模式见图11.2.2。基频激发模式中红外活性的较少,而拉曼活性的较多。

查特征标表 11.2.1 得知,有红外活性的振动模式的对称性为 F_2,有拉曼活性的对称性为 A_1,E 和 F_2。实验发现:所有振动模式均可由拉曼光谱观测到,其中 ν_1、ν_2 和 ν_4 很强,ν_3 较弱;红外光谱中 ν_3 很强,ν_4 较弱。由拉曼光谱确定的频率为:$\nu_1(A_1)=461.5$

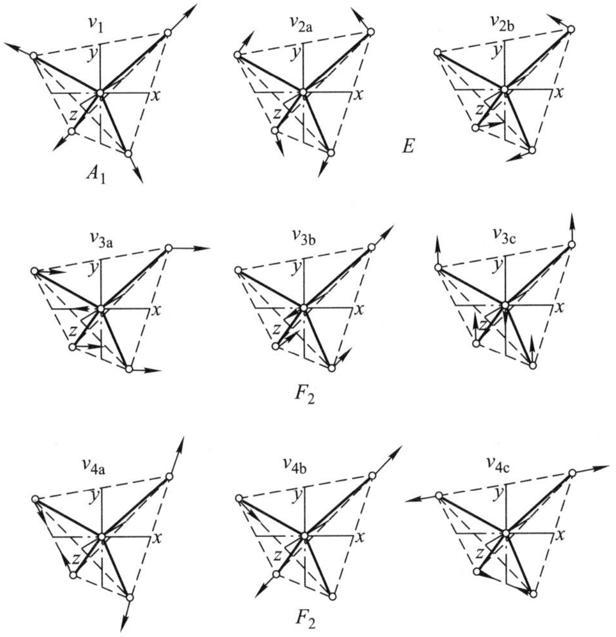

图 11.2.2　CCl_4 的所有简谐振动模式

$cm^{-1}$$\{C^{35}Cl_4\}$，$\nu_2(E) = 217.9\ cm^{-1}$，$\nu_3(F_2) = 762.0, 790.5\ cm^{-1}$$\{\nu_3$ 与 $\nu_1 + \nu_4$ 发生费米共振$\}$，$\nu_4(F_2) = 314.0\ cm^{-1}$。

表 11.2.1　T_d 点群特征标表

T_d	I	$8C_3$	$3C_2$	$6S_4$	$6\sigma_d$	
A_1	1	1	1	1	1	$x^2+y^2+z^2$
A_2	1	1	1	−1	−1	
E	2	−1	2	0	0	$(2z^2-x^2-y^2, x^2-y^2)$
F_1	3	0	−1	1	−1	(R_x, R_y, R_z)
F_2	3	0	−1	−1	1	$(x, y, z), (xy, xz, yz)$

严格地用量子理论计算光散射（例如拉曼散射）的强度需要考虑(11.1.15)中所有对相应光散射的产生有贡献的每一项（包括 $\mathbf{A}^2$ 项）的贡献。这里，我们只是定性地用电偶极近似下二级微扰导致的双光子过程的眼光来理解光散射现象。此时，瑞利散射以及拉曼散射中的斯托克斯线和反斯托克斯线可以分别用图 11.2.3 中的(a)，(b)和(c)表示。热平衡时，振动基态分子的布居远大于振动激发态。图 11.2.3 能够容易地解释振动拉曼光谱中反斯托克斯线弱于斯托克斯线的实验现象。

拉曼光谱发展出许多变种，成为当前被广泛采用的技术之一。这些变种均可以在非线性光谱的框架下给予清楚的诠释。例如，如果在图 11.2.3 中，中间状态 $|n\rangle$ 与初态 $|i\rangle$

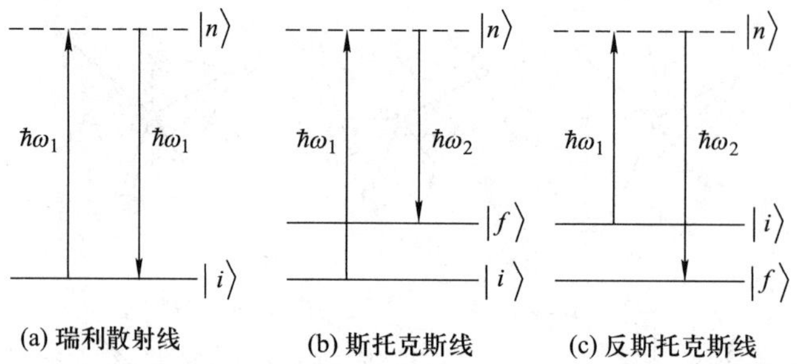

图 11.2.3 瑞利散射和拉曼散射的能级图

的能量差与光子能量匹配,则发生中间态共振的现象,称作共振拉曼。如果除了第一束光 $\hbar\omega_1$ 外,还引入能量为 $\hbar\omega_2$ 的第二束光,便发生受激辐射,称为受激拉曼。有一些技术利用了更高阶的非线性光学性质。例如,为了增加反斯托克斯线的强度,人们发展了相干反斯托克斯拉曼光谱(coherent anti-Stokes Raman spectroscopy,CARS)技术,其与受激拉曼技术一样用到两束不同波长的光,而能级关系却不相同。CARS 的能级关系如图 11.2.4 所示。该过程实际上是三阶非线性光学过程,其跃迁概率振幅的定性表达式为

$$c_{\mathrm{CARS}} \propto \sum_{n,n'} \frac{(\boldsymbol{E}\cdot\boldsymbol{\mu}_{in'})}{\omega_{in'}+\omega_{\mathrm{CARS}}} \frac{(\boldsymbol{E}\cdot\boldsymbol{\mu}_{n'f})}{\omega_{n'f}-\omega_1} \frac{(\boldsymbol{E}\cdot\boldsymbol{\mu}_{fn})}{\omega_{fn}+\omega_2} \frac{(\boldsymbol{E}\cdot\boldsymbol{\mu}_{ni})}{\omega_{ni}-\omega_1} \tag{11.2.5}$$

此时第一束光($\hbar\omega_1$)为泵浦光,第二束光($\hbar\omega_2$)为探测光。拉曼散射光的频率(ω_{CARS})高于 ω_1,两者之能量差为探测到的分子激发态 $|f\rangle$ 与 $|i\rangle$ 的能量之差。实验时,固定 ω_1 而扫描 ω_2,记录 ω_{CARS} 的强度。

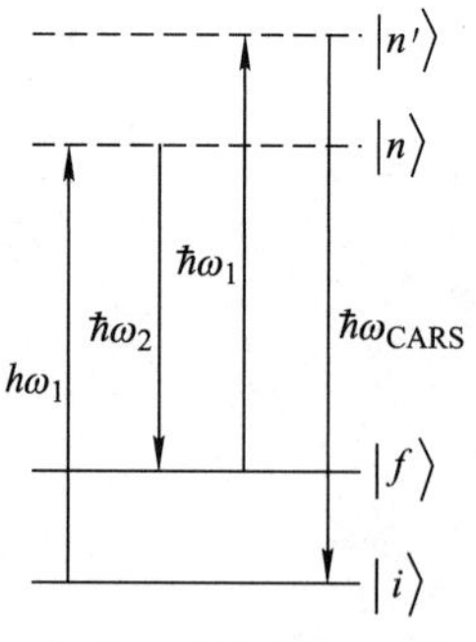

图 11.2.4 CARS 的能级关系

非线性光学光谱花样繁多。常见的还有:同样可以用二级微扰描述的双光子吸收;属于二阶非线性光学过程的合频、差频、二次谐波产生,三光子吸收;属于三阶非线性光学过程的三次谐波产生和四波混频;等等。它们均可以按照以上的思路予以炮制,在此不一一赘述,读者尽可举一反三,需要时自己补充完善。不同组合方式导致不同的选择定则和光谱特性,从各种侧面反映或探测分子的不同性质。上述过程又可以偶联内转换、系间窜越、荧光、FRET 等光学技术,甚至质谱、色谱等非光学技术。由此,或提供特殊的服务,或展现特殊的本领。例如,基于非线性光学的光学显微成像技术近年来风生

水起，提供了传统光学成像技术所不能达到的时空和物性分辨能力，为生命科学技术提供了宽广的发展空间。

§11.3　超快光谱

现在人们可以得到的激光脉冲的宽度短到纳秒（ns，10^{-9} s）、皮秒（ps，10^{-12} s）、飞秒（fs，10^{-15} s），甚至阿秒（as，10^{-18} s）。原则上，如果采用脉冲激光研究分子，可以直接观察体系的时间演化行为，包括观察原子核乃至电子的实时运动。例如，分子中 X—H 键（X=C，N，O，…）振动的基频频率大概为 3000 cm^{-1}，对应于振动周期为 10 ps。如果激光脉冲短于 10 ps，就可以观察到 X—H 键中原子核的实时运动。由于超快激光的瞬间功率非常大，超快激光探测和超快光谱常常伴随有非线性光学行为。基于这一事实，我们将超快光谱放到非线性光谱这一章给予简单介绍。

在超快光谱探测中，第六章和上两节的微扰理论已经力不从心。原因主要在于：第一，激光脉冲本身不可以被认作是在时间轴上无限延续的单色波；相反，相对于分子的运动，它是有限的波包，激光脉冲的光子能量有一个宽广的分布。例如，如果激光是一个时间上半高全宽 10 fs 的高斯脉冲，用大致的关系 $\Delta t \cdot \Delta E \approx \hbar$ 估算，其光子能量的分布大致是一个半高全宽 530 cm^{-1} 的高斯分布。用这样一种能量分布的光照射分子，得到的不可能是一个纯的状态，而是一组不同能量状态的叠加。换句话说，脉冲激光不可能制备分子的本征态，它造成物质的波包运动。第二，由于脉冲激光的瞬间功率极大，当光与分子作用时，必然伴随有多种多光子过程，而且所有的光子吸收、发射以及粒子的运动都因激光场而关联在一起。体系处于相干态，存在弱光场中看不到的非常复杂的干涉行为。第三，超快光谱研究常常涉及泵浦、探测激光脉冲的使用。基于超快激光探测的超快光谱本质上是动力学，研究激发态的时间演化是超快光谱必不可少的一部分工作。

超快过程可以人为地分为两个阶段：(1)（泵浦）脉冲激光激发和(2) 激发后分子的运动。为了观察分子的运动，常常需要引入不同时间延迟的第二束、第三束、……（探测）脉冲激光。先看激发过程。假设我们关心的是分子激发后原子核的运动而不是电子的运动，选取激光脉冲宽度在 fs 量级。忽略自旋，考虑分子与激光场的相互作用。在这种情况下，必须更严格地求解体系演化的薛定谔方程(11.1.12)。作为完整的描述，还应该考虑 $\boldsymbol{A}(\boldsymbol{r},t)$ 所遵循的运动方程，但在这里假设电磁场的行为是已知的。设分子在激光脉冲到达前的 $t=0$ 时刻处于基态 $|0\rangle$，$t=\tau$ 时刻光与分子相互作用结束。此时分子的状态为(5.1.1)，即

$$|\Psi(\tau)\rangle = \hat{U}(\tau)|0\rangle \tag{11.3.1}$$

其中 $\hat{U}(t)$ 为对应于(11.1.13)哈密顿算符的时间演化算符(5.2.7)

$$\hat{U}(t) = \hat{\Theta} e^{-\frac{i}{\hbar}\int_0^t \hat{H}(t')dt'} \tag{11.3.2}$$

超快脉冲激发过程本身非常复杂，可以用数值计算的方式求解(11.3.1)。原则上讲，如果人们可以任意地设计光场，就可以任意地控制分子的状态和运动，此类设想称作分子状态和运动的相干控制。在这里，我们不关心这一点，仅仅考察激光脉冲激发分子结束

后分子的行为。

作为示意,我们在电子-振动耦合可以忽略的极限下讨论光激发过程。忽略转动光谱,只考虑电子激发所导致的电子运动和原子核的振动。在弱场和单色光的极限下,电子一般被激发到某一特定的电子态$|f_e\rangle$。在超快脉冲激光作用下,电子从基态$|0_e\rangle$被激发到分子的激发态$|*\rangle$,由于激光的宽光子能量分布及多光子过程的存在,$|*\rangle$是许多分子本征态的线性叠加

$$\psi^*(\boldsymbol{r},\boldsymbol{R},\tau)=\sum_i \alpha_i\psi_i(\boldsymbol{r},\boldsymbol{R},\tau) \tag{11.3.3}$$

其中,$\boldsymbol{r}$,$\boldsymbol{R}$分别表示电子和原子核的坐标,$\psi^*(\boldsymbol{r},\boldsymbol{R},\tau)=\langle\boldsymbol{r},\boldsymbol{R}|^*,\tau\rangle$为激发后的波函数,$\psi_i(\boldsymbol{r},\boldsymbol{R},\tau)=\langle\boldsymbol{r},\boldsymbol{R}|i,\tau\rangle$为分子的第$i$个本征态波函数。与弱的单色光分别用不同的频率激发各自的电子态有本质的不同,(11.3.3)表明在$\psi^*(\boldsymbol{r},\boldsymbol{R},\tau)$中所有有关的电子-振动态同时相干地存在。

设振动与电子波函数可以分离。电子跃迁时原子核基本不动。在弱场和单色光的极限下,以电子激发态$|i_e\rangle$上的振动态$|j_v^{i_e}\rangle$为基组表示$|0_v\rangle$,弗兰克-康登原理给出电子激发态中振动态的分布:

$$|0_v\rangle=\sum_j |j_v^{i_e}\rangle\langle j_v^{i_e}|0_v\rangle \tag{11.3.4}$$

它预言,如果没有光子发射和其他弛豫过程,激发完成后分子按一定的比例分别而非同时布居到电子激发态的各个振动本征态上。

在脉冲激光的频谱为白光的极限下,在超快激光激发后,原子核的空间分布仍用弗兰克-康登原理预言

$$|0_v\rangle=\sum_{i,j} |j_v^{i_e}\rangle\langle j_v^{i_e}|0_v\rangle \tag{11.3.5}$$

但是它与弱的单色光激发的振动分布(11.3.4)不同,而与(11.3.3)的含义相同。(11.3.5)表示,在能量允许的范围内所有有关的振动态被同一个激光脉冲相干地激发起来。所以,应用弗兰克-康登原理最简单的近似方法不是用(11.3.5)式展开$|0_v\rangle$,而是直接将

$$\psi_v^0(\boldsymbol{R})=\langle\boldsymbol{R}|0_v\rangle \tag{11.3.6}$$

放到$|*_e\rangle$所提供的多个势能面相互作用的体系中。换句话说,在激光与分子相互作用完成后的τ时刻,分子的状态为

$$\psi_{ev}(\boldsymbol{r},\boldsymbol{R},\tau)=\psi_v^0(\boldsymbol{R},\tau)\psi_e^*(\boldsymbol{r},\boldsymbol{R},\tau) \tag{11.3.7}$$

此后,分子以(11.3.7)为初始状态,在分子自身(不包含激光场)的哈密顿算符$\hat{H}_0$作用下演化

$$\psi_{ev}(\boldsymbol{r},\boldsymbol{R},t)=\hat{U}_0(t-\tau)\psi_{ev}(\boldsymbol{r},\boldsymbol{R},\tau) \tag{11.3.8}$$

其中

$$\hat{U}_0(t-\tau)=e^{-\frac{i}{\hbar}\hat{H}_0(t-\tau)} \tag{11.3.9}$$

为对应于哈密顿算符(11.1.14)的时间演化算符。

下面关注激光脉冲结束后$\psi_{ev}(\boldsymbol{r},\boldsymbol{R},t)$的行为。我们定性地讨论两个在超快光谱中普遍存在的概念和现象。

1. 波包运动

首先考虑一种简单的情况,激光只将分子激发到一个电子激发态上。激发结束后,分子在电子激发态上形成与原来分子基态振动态有相同原子核构型分布的波包。如果分子的能量高于解离极限,则某些原子核间的距离随时间越来越大,最后分解[图 11.3.1(a)];如果能量不足以使分子解离,则原子核遇到外侧势能壁垒后会反弹回来,如此往复[图 11.3.1(b)]。对于以上两种情形,运动中的分子均会发射波长随时间变化的光子。同时,分子和环境的各种扰动使波包逐渐失去相干性,越来越弥散,并因各种传能过程失去能量,最后重新回到平衡态分布。由此可见,尽可能长时间地保持相干性,对于能量的保存和定向传输是有益的,这在生物体系中也许具有现实意义。

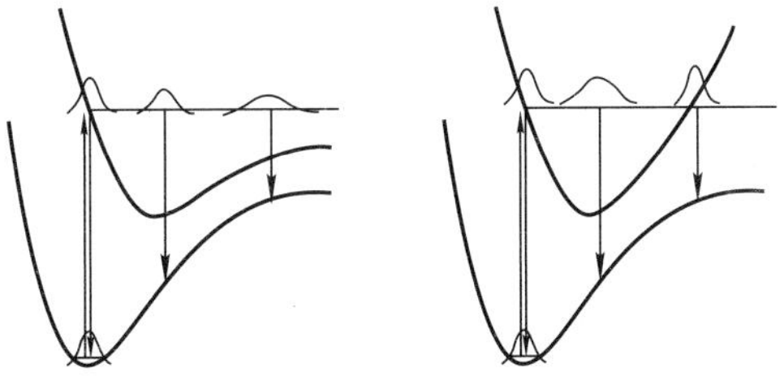

(a)　(b)

图 11.3.1　波包在势能面上的运动和荧光发射

波包在运动过程中伴随有光子发射,可以通过时间分辨的荧光光谱观察波包的运动。按照弗兰克-康登原理,不同时刻原子核位置不同,荧光发射的波长会不同,通过对荧光的分析可以得到波包运动和势能面的信息。直接探测高时间分辨的荧光光谱是困难的,通常需借助于探测激光来加强探测的灵敏度和时间分辨能力。例如,可以用第二束激光脉冲诱发受激辐射,造成正常荧光信号的减弱,荧光强度作为探测光的波长和相对于泵浦光的延迟时间的函数称作荧光亏蚀谱。荧光亏蚀谱也可采用探测激光向上激发到不发光或者发光频率与荧光频率不同的更高电子态的方式。还可以应用光参量放大技术放大信号,不直接检测荧光,而是利用各种非线性光学相干技术(如荧光上转换)来检测探测光与分子相互作用后体系的信息。事实上,非线性光学需要超快激光的巨大瞬间功率才能有效发生,而超短激光脉冲的产生、信号检测等需借助于非线性光学材料才得以实现。超快激光与非线性光学是两个相辅相成的现代光学技术。

2. 量子干涉

当相干的波包被分开后再次相遇,因各自行程不同产生不同相位而发生干涉。这在超快激光激发的分子中很容易观察到,人们甚至用阿秒激光观察到原子中电子运动的干涉行为。仍以原子核运动为例,在图 11.3.1(b)中,波包反复运动,不同时间的波相遇后就会发生干涉。更为明显的例子出现在不同电子态之间有交叉区域的情况。如果存在电子-振动或电子-自旋耦合等作用,在势能面交叉处发生强的相互耦合,造成能级的混合。当波包运动到这个地方时,会按一定的概率在两个势能面上分叉,分别在不同势能面上运动,如图11.3.2(a)中实箭头所示。当它们如虚箭头所示反射回来时,就会在任何相遇的位置发生干涉。

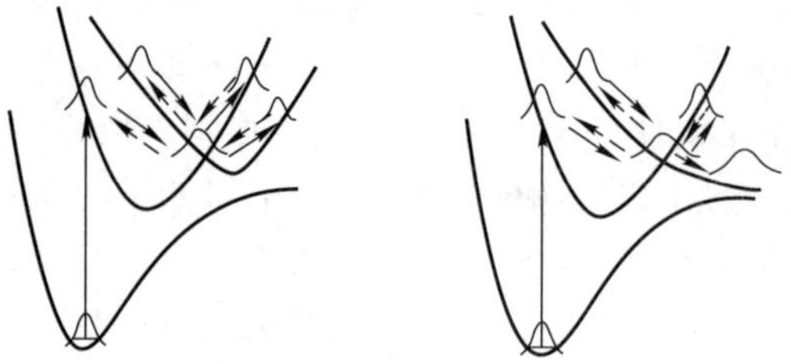

(a) (b)

图11.3.2 波包在有交叉的势能面上运动的示意图

对于束缚态,波包的往返交叉和相遇运动可以反复进行下去。而当其中一个态是解离态的时候,每一次交叉就会让一部分波包渗漏出去,这是预解离反应的物理图像,如图11.3.2(b)所示。同样,可以引入第二个脉冲探测激光深入研究这些过程。图11.3.3是超快光谱研究NaI解离动力学实验中直接观察波包运动的实例。图11.3.3(a)为原理图。飞秒激光将NaI激发到电子激发态。波包在激发态势能面上运动,遇到势能面交叉处分为两路:一路在束缚态上,遇到外边的势垒返回;另一路分解为Na+I,不再回来。图11.3.3(b)为实验结果。用310 nm脉冲激光激发后,分别用第二个脉冲激光检测NaI某一束缚状态构型(下面的曲线)和产物I自由基(上面的曲线)的信号随延迟时间的变化。实验结果与模型预期吻合,NaI在束缚态上的振荡周期为1.25 ps。

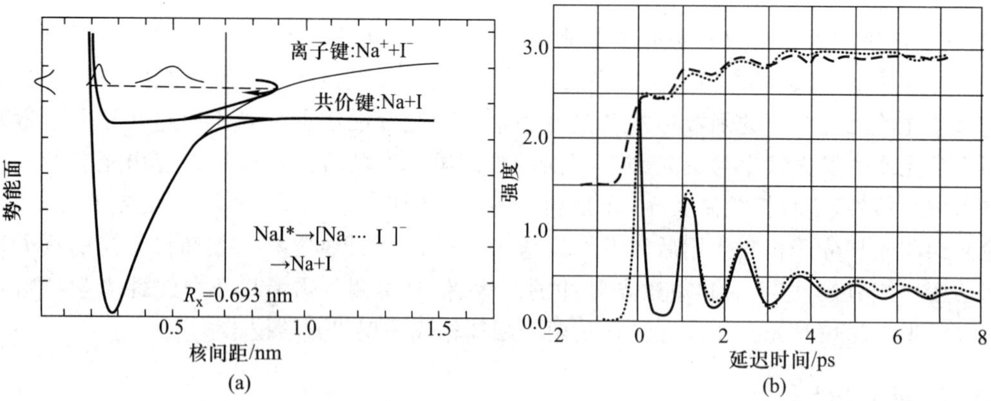

图11.3.3 超快光谱研究NaI解离动力学

人们先后发展了基于振动激发和电子激发的二维红外光谱及二维紫外-可见光谱,用于研究分子的结构、性质和动力学。它们是二维NMR谱的原理在超快光学频域的扩展,在此不作进一步的介绍。

习　题

11.1 分析乙炔(HCCH)的振动模式中哪些是拉曼活性的，哪些是没有拉曼活性的。并与习题 10.2 作比较。

11.2 如果在 CO_2 分子中做双光子吸收实验，从电子基态到哪些对称性的电子激发态的跃迁是允许的？相应的可能的转动结构会是什么样子？

11.3 分析单光子荧光显微镜与双光子荧光显微镜的同异和各自的优缺点。

11.4 查找一篇超快光谱研究的文献，对其科学问题、实验方案、关键发现等进行 1500 字左右的分析。

第十二章　玻尔兹曼分布

物质是由大量微观粒子组成的，这些粒子的性质和统计行为决定着物质的宏观性质。我们的目标是寻找联系微观与宏观的桥梁。

§12.1　微观状态与宏观状态

少数微观粒子的状态和运动可以用量子力学描述。人们可能会认为，大量有相互作用的微观粒子所组成的宏观体系仍然可以用量子力学描述。理论上应该如此，但在实际上这是几乎不可能的事情。先指出一个技术性的问题：宏观体系的粒子数在 6×10^{23} 数量级，一个有如此大量自由度的体系的运动方程以目前的计算能力是无法处理的。而更为严重的问题是：为了以微观粒子运动为基础描述宏观体系，首先需要知道体系的哈密顿算符，然后必须知道体系的初始条件及边界条件。而在现实中，这样的信息极为欠缺。宏观体系通过边界与环境发生着与时间相关的、在细节上根本无法准确描述和预见的相互作用。因此，精确地得到宏观体系中每个微观粒子的运动状态是不可能的。

另一方面，从微观粒子的精确描述获得宏观上大量粒子的平均行为也是不必要的。热力学理论告诉人们，在宏观可控制的层面上，一个宏观体系的自由度非常有限。例如，对于一个单组分、单相体系，粒子数 N，体积 V，温度 T 一定时，体系便处于一定的热力学平衡状态。它是一个宏观状态，其热力学性质由 N,V,T 唯一确定。可以想象到，和一个宏观状态对应着的是满足该宏观约束条件的无数个微观状态。这些微观状态的统计平均行为表现成宏观上确定的热力学平衡性质。显然，统计平均抹去了绝大多数微观粒子的个体性质或行为，使得边界及初始条件中无法确定和无法预测的因素对个体粒子造成的干扰不对宏观上稳定的平均性质产生实质性的影响。这种由微观到宏观的信息缺失或丢弃提示人们，存在着独立于量子力学（或经典力学）的新的物理学规律，它可以在信息不足的情况下从微观状态出发描述宏观状态，从微观的个体行为过渡到宏观的集体行为。这样的新的物理学体系就是统计物理学，它是一个强大而重要的自然科学体系。但是，本书主要局限在一个简单的模型上，这就是经典独立子体系的统计热力学。希望它能像海边的贝壳一样折射出海洋的迷人光彩，激励着大家去作更多的探索。

§12.2　经典独立子

1. 全同粒子的交换对称性

根据量子力学原理，全同的微观粒子是不可分辨的。我们用 $\hat{P}_{ij}$ 表示交换 i,j 两个粒子的算符，将其作用于描述由 N 个全同粒子构成的体系状态的波函数上有（为简化起见，我们用数字表示每个粒子）

$$\hat{P}_{ij}\Psi(1,2,\cdots,i,\cdots,j,\cdots)=\Psi(1,2,\cdots,j,\cdots,i,\cdots)=\pm\Psi(1,2,\cdots,i,\cdots,j,\cdots) \tag{12.2.1}$$

即,全同粒子的交换或者是对称的,或者是反对称的。满足前者性质的微观粒子称作玻色子,后者称作费米子。粒子关于全同粒子交换操作的对称性不同,它们的宏观性质会有非常大的区别。在量子统计物理学中它们分别遵守玻色-爱因斯坦统计和费米-狄拉克统计。在经典极限下,这些区别变得不重要,都过渡到经典粒子的麦克斯韦-玻尔兹曼统计。本书将主要讨论麦克斯韦-玻尔兹曼统计的情况。

2. 相依子体系和独立子体系

一般而言,微观粒子之间存在着相互作用。即体系的哈密顿算符可以写为如下形式

$$\hat{H}=\sum_{i=1}^{N}\hat{h}(i)+\hat{H}'(1,2,\cdots,N) \tag{12.2.2}$$

这里我们用 $\hat{h}$ 表示非相互作用部分,$\hat{H}'$包含与至少两个粒子有关的相互作用项。如果一个体系中粒子间的相互作用可以忽略,则

$$\hat{H}=\sum_{i=1}^{N}\hat{h}(i) \tag{12.2.3}$$

此时,体系的能量就是各个粒子各自能量之和:

$$E=\sum_{i=1}^{N}\varepsilon_i \tag{12.2.4}$$

这样的体系称为独立子体系。反之,称为相依子体系。严格而论,独立子体系是不存在的,因为粒子之间一定存在不同程度的相互作用。在稀薄气体的情况下,分子间的平均距离远大于分子相互作用势能的有效距离,(12.2.3)是一个足够好的近似。独立子体系是常温常压气体的比较合适的模型。理想气体则是理想的独立子体系。在固体金属中,金属原子的外层电子是离域的,但受到强的势能相互作用。在平均场近似下,每个电子所受到的相互作用与其他电子的坐标无关,因此也满足(12.2.3)。此种近似下固体金属中的外层电子也可以近似成独立子。但是电子是强量子体系,不能用经典统计,必须用费米-狄拉克统计,所以不在我们的讨论范围内。独立子的概念还可以应用到准粒子的场合。在这样一类体系中,虽然粒子之间有很强的相互作用,但是经过适当的坐标变换,可以在新的坐标下将体系的哈密顿算符写成(12.2.3)的形式,其中的标记 i 对应着不同的广义坐标。每一个自由度被称为一个准粒子。最典型的例子就是晶体的振动。晶格上的原子之间固然有很强的相互作用,但是经过适当的坐标变换,就会近似成一系列振动频率不同的简谐振子,其总能量是各个简谐振子能量之和。因此,晶体点阵的振动也可以看成是独立子体系,它由被称为"声子"的准粒子——简谐振子组成。如果没有特殊说明,以后讨论的体系都是独立子体系。

3. 定域子体系和离域子体系

微观粒子按照是否可以共同占据相同的几何空间而分为定域子和离域子两种情况。原则上说,微观的全同粒子是不可分辨的,因此对微观粒子进行虚拟的标记(例如赋予标

号)并不能起到区分粒子的作用。但是,如果客观的限制条件使得在感兴趣的时间尺度内,微观粒子被局限在各自的运动空间内,则从一定意义上说这样的粒子是可以分辨的,称为定域子。晶格上的原子或者与之对应的声子是定域子的例子。反之,如果微观粒子共同占据相同的空间,它们是离域子。对于离域子,企图通过追踪来分辨粒子是徒劳的,必须考虑全同粒子不可分辨性带来的影响。容器中的理想气体是离域子的典型例子。定域子和离域子的宏观性质有所差别,它们的统计处理也相应地有所差别。

§12.3 麦克斯韦-玻尔兹曼统计

在一定的宏观约束下,体系有许多可以存在的微观状态,这些可以存在的微观状态的数目称为该宏观约束条件下的可及微观状态数。现在讨论单组分 N,E,V 一定的体系。

1. 能级非简并的定域子体系

先考虑能级没有简并的定域子体系。设首先解出了单个粒子在宏观约束下的薛定谔方程,其第 i 个能级的能量为 ε_i。在独立子体系中,每个粒子的能级结构都是一样的。如果 N 个粒子在这些能级上的一个分布是 $X=\{n_i\}$:

能级 $\varepsilon_1,\varepsilon_2,\cdots,\varepsilon_i,\cdots$

粒子数 $n_1,n_2,\cdots,n_i,\cdots$

这样的分布一共有多少个可及的微观状态呢?对定域子作标记可以达到区分的目的。现在将粒子按1到 N 作出标记,逐一地取出粒子让它们按分布 $\{n_i\}$ 占据各能级。例如,标号为1到 n_1 的粒子占据 ε_1 能级,标号为 n_1+1 到 n_1+n_2 的粒子占据 ε_2 能级,标号为 n_1+n_2+1 到 $n_1+n_2+n_3$ 的粒子占据 ε_3 能级,……,就会得到一个可及微观状态。在此基础上,如果对粒子间作任意一种能级位置的交换,并不改变粒子数的分布 $\{n_i\}$,但是可能产生出一个新的微观状态。例如,将标号为1的粒子和标号为 n_1+1 的粒子的能级位置交换,使得第一个粒子占据 ε_2 能级,第 n_1+1 个粒子占据 ε_1 能级,这个状态不同于交换前的状态,但是属于同一种分布。任意地交换 N 个粒子可以产生 $N!$ 种可能的状态。不过,也不是每种交换后的状态都真的是新的状态,在同一个能级上的粒子之间交换能级位置并不能产生出新的微观状态,必须从 $N!$ 中剔除,而这类无效的交换一共有 $\prod_i n_i!$ 个。因此分布 X 拥有的可及微观状态数为

$$t_X=\frac{N!}{\prod_i n_i!} \tag{12.3.1}$$

2. 能级简并的定域子体系

如果体系的第 i 个能级的简并度为 ω_i,一个分布 $X=\{n_i\}$ 的可及微观状态数要发生变化。

能级　$\varepsilon_1, \varepsilon_2, \cdots, \varepsilon_i, \cdots$

简并度　$\omega_1, \omega_2, \cdots, \omega_i, \cdots$

粒子数　$n_1, n_2, \cdots, n_i, \cdots$

首先,如果每个粒子都固定地处于各个占据能级的第一个简并态上,则可及微观状态数应该仍为(12.3.1)。但是,任一个粒子,如占据 ε_i 的一个粒子,可以是在它所占据的那个能级的任何一个简并态上而不改变分布$\{n_i\}$,因此对于(12.3.1)中表示的每一个粒子都增加 ω_i 个不同的微观状态的贡献。在 ε_i 上有 n_i 个粒子,一共增加 $\omega_i^{n_i}$ 个微观状态,然后考虑所有的能级,就得到

$$t_X = N! \prod_i \frac{\omega_i^{n_i}}{n_i!} \tag{12.3.2}$$

事实上,在宏观约束下,可以有许多套不同的分布。例如在能量和粒子数

$$E = \sum_i n_i \varepsilon_i, \qquad N = \sum_i n_i \tag{12.3.3}$$

守恒的前提下,可以改变$\{n_i\}$。每一套$\{n_i\}$的可及微观状态数都由(12.3.2)计算。于是,体系的总的可及微观状态数就是

$$\Omega = \sum_X t_X = N! \sum_X \left(\prod_i \frac{\omega_i^{n_i}}{n_i!} \right)_X \tag{12.3.4}$$

3. 离域子体系

以上由定域子推导出的体系可及微观状态数的计算公式是建立在粒子是可以分辨的基础上的。对于离域子,微观全同粒子是不可分辨的。因此,上面讨论中的一些交换由于对称性的限制,不产生出新的状态,严格的统计需要按微观粒子是费米子(费米-狄拉克统计)还是玻色子(玻色-爱因斯坦统计)分别进行。在 $n_i \ll \omega_i$ 的极限下,每一个量子态上平均的粒子数目远小于1,全同粒子交换对称性造成的对微观粒子占据能级(量子态)方式的限制不再重要,两种量子统计都过渡到经典的麦克斯韦-玻尔兹曼统计,我们称之为统计热力学的经典极限。此时,可以按如下近似在(12.3.4)的基础上进行修正,得到经典的麦克斯韦-玻尔兹曼统计。对于离域子体系,(12.3.4)过多地计算了可能的微观状态数。事实上,由于微观全同粒子不可分辨,对任意一个粒子进行交换,都不产生新的状态。在经典极限下,这样的无效的状态数目近似地多了 $N!$ 倍,因此每一种分布 $X = \{n_i\}$的可及微观状态数是

$$t_X = \prod_i \frac{\omega_i^{n_i}}{n_i!} \tag{12.3.5}$$

相应地,体系的总的可及微观状态数是

$$\Omega = \sum_X t_X = \sum_X \left(\prod_i \frac{\omega_i^{n_i}}{n_i!} \right)_X \tag{12.3.6}$$

作为(12.3.5)的对照,对离域费米子按费米-狄拉克统计计算的结果为

$$t_{\mathrm{FD}} = \prod_i \frac{\omega_i!}{n_i!\,(\omega_i - n_i)!} \tag{12.3.7}$$

对离域玻色子按玻色-爱因斯坦统计计算的结果为

$$t_{BE}=\prod_i\frac{(n_i+\omega_i-1)!}{n_i!\ (\omega_i-1)!} \tag{12.3.8}$$

实际上,习题 12.1 就是请读者练习(12.3.7)和(12.3.8)这两个公式的推导过程。(12.3.7)和(12.3.8)在 $n_i \ll \omega_i$ 的极限下都趋近于(12.3.5)。

【练习】计算具有单个三度简并能级,$N=2$ 的离域子体系按照麦克斯韦-玻尔兹曼、费米-狄拉克和玻色-爱因斯坦统计得到的可及微观状态数,并讨论结果的含义。

§12.4 统计热力学基本假设

在上一节中,分别求出了定域子和离域子的可及微观状态数。现在的问题是:在一个真实的体系中,某一个微观状态是否出现?以什么样的规律出现?按照量子力学,在确定的宏观约束条件下,体系的本征能级为$\{|\varepsilon_i,\lambda\rangle\}$,其中 λ 为造成能级简并度为 ω_i 的其他量子参数。如果体系与外界没有相互作用,当体系开始的状态为

$$|\psi(0)\rangle=\sum_{i,\lambda}a_{i\lambda}|\varepsilon_i,\lambda\rangle \tag{12.4.1}$$

时,则以后某一时刻 t 的状态为

$$|\psi(t)\rangle=\sum_{i,\lambda}a_{i\lambda}\mathrm{e}^{-\frac{\mathrm{i}}{\hbar}\varepsilon_i t}|\varepsilon_i,\lambda\rangle \tag{12.4.2}$$

因此出现某一个状态的概率保持不变,与开始时刻相同。例如,如果开始时,体系没有包含某一个状态,则以后这个状态也不会出现。这样的量子状态称为纯态。但是,宏观的热力学体系在保持着宏观约束(如 N,E,V)不变的前提下,仍然与外界有相互作用,或者体系的真实能量由于与边界的相互作用在变化,只是相对 E 而言变化非常小,以致可以忽略。这些相互作用,事实上会造成不同状态之间的跃迁,使得体系的演化并不遵守(12.4.2)的规律。例如,开始没有的状态也能够出现。当相互作用中包含随机性因素时,如果将宏观体系不同时刻的微观状态分别按能量本征态基组展开时,即便彼此的展开系数绝对值没有变化,它们之间也无法保持确定的相位关系。体系这样的状态称为混合态。由于相互作用细节的不可描述性和随机性,人们无法按照量子力学运动方程(如薛定谔方程)严格预言状态的变化,到目前为止也没有任何其他微观的理论可以作出这样的预言。既然随机因素使得不论体系最初的状态如何,凡是满足宏观约束条件的状态在达到热平衡后都可能出现,我们就不妨作出如下的假设,让实验检验它是否正确。

等概率原理:隔离(孤立)体系的任一个可及微观状态在热平衡时出现的概率都相同。

等概率原理是统计热力学最基本的假设,它无法从其他原理出发证明,只能通过其预言的结果与实验符合来检验。按照这一原理,某一个可及微观状态 r 出现的概率就是

$$P_r=\frac{1}{\Omega(N,E,V)} \tag{12.4.3}$$

式中的分母是上一节求出的体系总的可及微观状态数。

体系的宏观性质是如何与微观性质联系着的呢?例如,每一个分子有电偶极矩 $\boldsymbol{\mu}$,

人们测得物质宏观的电偶极矩为 $\boldsymbol{D}$，它们之间是怎样的关系？同样没有现成的理论告诉我们。因此，我们需要在经验和直觉的引导下提出一个新的假设来解决这个问题：

统计平均等效性原理：宏观物理观测量 A 是相应微观物理性质 A_r 在约束条件下关于所有可及微观状态 r 按出现概率权重的统计平均值，即

$$A=\langle A\rangle=\sum_r A_r P_r \tag{12.4.4}$$

统计平均等效性原理是统计热力学的另一个基本假设，它同样无法从其他原理出发证明，只能通过其预言的结果与实验符合来检验。

有了以上两个原理，联系微观性质与宏观热力学性质的桥梁原则上就建立起来了。这两个原理在直觉上非常简单、自然。让人惊异的是，在如此平凡的论断之上，居然可以建立起巍峨壮观、威力无比、成果丰硕的统计热力学大厦。我们不得不在人类智慧面前再次拍案叫绝。

不过，上一节获得的体系总的可及微观状态数的计算公式一般而言无法应用于真正的实际问题，因此需要引入进一步的近似或者假设。

§12.5　玻尔兹曼分布——最概然分布

1. 最概然分布与撷取最大项原理

根据等概率原理，§12.3 节中体系的一种分布 $X=\{n_i\}$ 出现的概率为

$$P_X=\frac{t_X}{\Omega} \tag{12.5.1}$$

P_X 是怎样一种随 X 变化的函数呢？让我们看一个定域子在简并度为 2 的能级上分布的例子。分别用 1，2 表示这两个微观状态。如果 N 个粒子中有 m 个处于状态 1，则有 $N-m$ 个处于状态 2。这样一种分布的可及微观状态数为

$$t_m=\frac{N!}{(N-m)!\ m!} \tag{12.5.2}$$

体系的总的可及微观状态数为

$$\Omega=\sum_{m=0}^{N}t_m=\sum_{m=0}^{N}\frac{N!}{(N-m)!\ m!} \tag{12.5.3}$$

注意到(12.5.2)恰好是数学中二项式展开定理的展开系数：

$$(x+y)^N=\sum_{m=0}^{N}t_m x^m y^{N-m} \tag{12.5.4}$$

于是，可以令 $x=y=1$，方便地得到 $\Omega=2^N$。大家从二项式展开的性质知道，当 N 很大时，t_m 在 $m=\dfrac{N}{2}$ 处尖锐地取极大值。利用斯特林近似，当 N 足够大时

$$N!\approx\sqrt{2\pi N}\left(\frac{N}{\mathrm{e}}\right)^N$$

由此得到

$$t_{\frac{N}{2}}=2^N\sqrt{\frac{2}{\pi N}} \tag{12.5.5}$$

将出现概率最大的分布称为最概然分布,记为 X^*,其包含的微观状态数记成 t_{X^*},在这里就是 $t_{\frac{N}{2}}$。任何一个热力学体系都有一个最概然分布。体系能级及简并度越高,t_X 围绕 t_{X^*} 极大值的函数形式就越尖锐。

事实上,t_{X^*} 占 Ω 的比例非常小,例如在二项式分布中

$$\frac{t_{\frac{N}{2}}}{\Omega}=\sqrt{\frac{2}{\pi N}}\xrightarrow{N\to\infty}0 \tag{12.5.6}$$

但是,当比较对数形式时发现

$$\frac{\ln t_{\frac{N}{2}}}{\ln\Omega}=\frac{N\ln 2+\ln\sqrt{\frac{2}{\pi N}}}{N\ln 2}\xrightarrow{N\to\infty}1 \tag{12.5.7}$$

因此,当我们关心的性质是用 $\ln\Omega$ 表示的时候,在 $N\to\infty$ 的情况下,用 $\ln t_{X^*}$ 取代 $\ln\Omega$ 不会产生任何可以观测到的误差。值得庆幸的是,所有宏观热力学量都是 $\ln\Omega$ 的函数,因此可以用 $\ln t_{X^*}$ 代表。我们将这一近似称作撷取最大项原理。

2. 最概然分布的求解

对于一般的情形,最概然分布可以通过求解一定限制性条件下的极大值问题来得到。数学上,求函数 $\ln t_X$ 关于 n_i 的极值,可以通过要求函数 $\ln t_X$ 对 n_i 的变分为零来获得,即

$$\delta\ln t_X=\sum_i\frac{\partial\ln t_X}{\partial n_i}\delta n_i=0 \tag{12.5.8}$$

但是这个方法不能直接应用到现在的问题上,因为在(12.5.8)中所有 δn_i 都必须彼此无关,而我们的 $X=\{n_i\}$ 中的 n_i 之间存在如下的守恒限制条件:

$$N=\sum_i n_i \tag{12.5.9}$$

$$E=\sum_i n_i\varepsilon_i \tag{12.5.10}$$

对于一定限制条件下的极值问题,标准的方法是拉格朗日未定乘子法。

拉格朗日未定乘子法指出,将

$$\delta N=\sum_i\delta n_i=0 \tag{12.5.11a}$$

$$\delta E=\sum_i\varepsilon_i\delta n_i=0 \tag{12.5.11b}$$

分别乘以待定系数后并入(12.5.8),可以得到最概然分布所应满足的关系式

$$\delta\ln t_X-\alpha\delta N-\beta\delta E=0\Rightarrow\sum_i\left(\frac{\partial\ln t_X}{\partial n_i}-\alpha-\beta\varepsilon_i\right)\delta n_i=0$$

$$\Rightarrow\frac{\partial\ln t_{X^*}}{\partial n_i}-\alpha-\beta\varepsilon_i=0 \tag{12.5.12}$$

其中 α,β 为两个待定系数,将由限制性条件(12.5.9)和(12.5.10)确定。虽然定域子和

经典离域子的 t_X 相差 $N!$，但它们在计算(12.5.1)时的结果是一样的。我们以经典离域子为例来求得 t_{X^*} 。由(12.3.5)

$$\ln t_X = \sum_i (n_i \ln\omega_i - \ln n_i!) = \sum_i (n_i \ln\omega_i - n_i \ln n_i + n_i) \qquad (12.5.13)$$

其中，使用了对数形式的斯特林近似，即：当 N 足够大时，$\ln N! = N\ln N - N$。将(12.5.13)代入(12.5.12)得到

$$\begin{aligned} 0 &= \delta \sum_i (-n_i \ln\omega_i + n_i \ln n_i - n_i + \alpha n_i + \beta\varepsilon_i n_i) \\ &= \sum_i \frac{\partial(-n_i \ln\omega_i + n_i \ln n_i - n_i + \alpha n_i + \beta\varepsilon_i n_i)}{\partial n_i}\delta n_i \\ &= \sum_i \left(\ln\frac{n_i}{\omega_i} + \alpha + \beta\varepsilon_i\right)\delta n_i \end{aligned} \qquad (12.5.14)$$

此式成立的充分必要条件是

$$\ln\frac{n_i}{\omega_i} + \alpha + \beta\varepsilon_i = 0, \qquad i = 1,2,\cdots \qquad (12.5.15)$$

由此得到在最概然分布时

$$n_i = \omega_i e^{-\alpha-\beta\varepsilon_i} \qquad (12.5.16)$$

考察二阶导数性质，可以验证如此确定的分布的确是最概然分布(即对应于极大值)。由限制性条件(12.5.9)

$$N = \sum_i n_i = e^{-\alpha}\sum_i \omega_i e^{-\beta\varepsilon_i}$$

得

$$e^{-\alpha} = \frac{N}{\sum_i \omega_i e^{-\beta\varepsilon_i}} \qquad (12.5.17)$$

再代入(12.5.10)，就可以先后求出两个待定系数。但是这样直接求 β 是困难的，下一节我们会验证，β 和体系温度直接相关

$$\beta = \frac{1}{k_B T} \qquad (12.5.18)$$

其中 $k_B = \dfrac{R}{N_A}$，称为玻尔兹曼常数。为了简化表示起见，在下面的公式中仍然保留 β 的表示(用 $\beta = 1/k_B T$ 来表示温度也是文献中常用的做法)。于是

$$n_i^{(MB)} = N\frac{\omega_i e^{-\beta\varepsilon_i}}{\sum_i \omega_i e^{-\beta\varepsilon_i}} \qquad (12.5.19)$$

(12.5.19)是定域子和经典离域子共同遵守的最概然分布下粒子的分布规律。称之为(麦克斯韦-)玻尔兹曼分布律，$e^{-\beta\varepsilon_i} \equiv e^{-\frac{\varepsilon_i}{k_B T}}$ 称为玻尔兹曼因子。虽然玻尔兹曼分布律给出的是最概然分布下第 i 个能级上粒子的分布数，但是根据前面的讨论并经过实践的检验，可以用它来代表考虑了所有分布的贡献之后第 i 个能级上粒子的平均分布数，即

$$\langle n_i \rangle = \sum_X n_{i,X}\frac{t_X}{\Omega} \xrightarrow{N\to\infty} n_i^{(MB)}$$

显然，$\frac{n_i}{N}$就是粒子在 i 能级上分布的概率：

$$P_i = \frac{n_i}{N} = \frac{\omega_i e^{-\beta\varepsilon_i}}{\sum_i \omega_i e^{-\beta\varepsilon_i}} \tag{12.5.20}$$

如果以量子态 r 作为基础，则对应有

$$P_r = \frac{n_r}{N} = \frac{e^{-\beta\varepsilon_r}}{\sum_r e^{-\beta\varepsilon_r}} \tag{12.5.21}$$

以后会看到，所有热力学函数都可以表示成(12.5.20)或(12.5.21)的分母中的那一加和项

$$q = \sum_i \omega_i e^{-\beta\varepsilon_i} = \sum_r e^{-\beta\varepsilon_r} \tag{12.5.22}$$

的函数。q 在统计热力学中具有特别重要的意义，称之为单粒子配分函数。从(12.5.20)或(12.5.21)的物理意义可知，$\omega_i e^{-\beta\varepsilon_i}$ 或 $e^{-\beta\varepsilon_r}$ 反映了每个能级或量子态被粒子占据的可能性，因此称之为能级 i 或量子态 r 的有效量子态数。于是，可以将单粒子配分函数理解为体系有效量子态数的总和。请注意，单粒子配分函数的取值与能量零点的选取有关。当然，这一任意性并不影响物理的实质：(12.5.19)～(12.5.21)不随能量零点的改变而改变。

用与以上相同的方法，从(12.3.7)出发，可以得到对应于(12.5.16)的费米子的费米-狄拉克统计分布律为

$$n_i^{(FD)} = \frac{\omega_i}{e^{\alpha+\beta\varepsilon_i} + 1} \tag{12.5.23}$$

从(12.3.8)出发，可以得到对应于(12.5.16)的玻色子的玻色-爱因斯坦统计分布律为

$$n_i^{(BE)} = \frac{\omega_i}{e^{\alpha+\beta\varepsilon_i} - 1} \tag{12.5.24}$$

在推导(12.5.24)时利用了 $n_i \gg 1$ 的假设，将(12.3.8)中的 $n_i+\omega_i-1$ 近似为 $n_i+\omega_i$。

α 与热力学函数化学势 μ 有确定的关系：$\alpha=-\beta\mu$。它们的数值由粒子数限制性条件确定。相应地，费米-狄拉克和玻色-爱因斯坦统计分布律可分别表达为

$$n_i^{(FD)} = \frac{\omega_i}{e^{\beta(\varepsilon_i-\mu)} + 1} \tag{12.5.25}$$

和

$$n_i^{(BE)} = \frac{\omega_i}{e^{\beta(\varepsilon_i-\mu)} - 1} \tag{12.5.26}$$

参数 β 同样与温度相关联。

§ 12.6　求物理量的统计平均值

得到了玻尔兹曼分布律，解决了如何计算(12.4.3)的问题，现在可以按照(12.4.4)的假设计算体系任意一个物理量 A 的统计平均值，以便从粒子的微观性质 A_r 得到物质

在宏观上表现出来的平均行为$\langle \Lambda \rangle = \sum_r \Lambda_r P_r$。例如粒子的平均能量为

$$\langle \varepsilon \rangle = \sum_i \varepsilon_i P_i = \sum_i \frac{\varepsilon_i \omega_i \mathrm{e}^{-\beta\varepsilon_i}}{q} = -\left(\frac{\partial \ln q}{\partial \beta}\right)_V \tag{12.6.1}$$

而体系的总能量则为

$$E = N\langle \varepsilon \rangle \tag{12.6.2}$$

为了确定β的物理意义，我们需要把统计力学得到的结果与已知的热力学理论建立联系。我们选择一个简单的体系，通过对能量的计算以及与已知结果的对比，求出β。选择长为a的一维无限深方势阱的体系，其能级是非简并的，能量为

$$\varepsilon_n = \frac{\pi^2 \hbar^2 n^2}{2ma^2} = cn^2 \tag{12.6.3}$$

它对应的是一维的理想气体。平均能量为

$$\langle \varepsilon \rangle = \sum_n \frac{cn^2 \mathrm{e}^{-\beta cn^2}}{q} \tag{12.6.4}$$

为了计算(12.6.4)，先假设其中的加和可以用积分近似，得到结果后再验证它的合理性：

$$\langle \varepsilon \rangle = \sum_n \frac{cn^2 \mathrm{e}^{-\beta cn^2}}{q} \approx \int_0^\infty \frac{cn^2 \mathrm{e}^{-\beta cn^2}}{q} \mathrm{d}n = \frac{c}{q} \frac{q}{2c\beta} = \frac{1}{2\beta} \tag{12.6.5}$$

而由热力学知道，一维单原子分子理想气体的平均能量为

$$\langle \varepsilon \rangle = \frac{\frac{1}{2}RT}{N_\mathrm{A}} = \frac{1}{2}k_\mathrm{B}T \tag{12.6.6}$$

比较(12.6.5)和(12.6.6)，得到

$$\beta = \frac{1}{k_\mathrm{B}T} \tag{12.6.7}$$

一旦将统计理论与热力学理论的联系自洽地建立起来，可以从多个途径证明，β是一个与体系的微观特性无关的常数，因此(12.6.7)对所有的体系都是成立的。将(12.6.7)代回到(12.6.4)，不难验证在常温常压下，(12.6.5)所采取的近似是合理的。这样，将(12.6.2)改写得到体系的能量表达式为

$$E = Nk_\mathrm{B}T^2\left(\frac{\partial \ln q}{\partial T}\right)_V \tag{12.6.8}$$

这是第一个用单粒子配分函数表达体系的热力学性质的例子。在下一章里，我们将用单粒子配分函数表达体系的所有热力学性质。

习　题

12.1　有一座 10 层楼宿舍，每层有 10000 个房间，宿舍内有 100 人，每层住 10 人。

1）如果不考虑这 100 人的姓名，每个房间所住人数不限，有多少种住法？

2）如果不考虑这 100 人的姓名，每个房间最多只能住 1 人，有多少种住法？

3）如果考虑这 100 人的姓名给出标识，上述两种情况应如何修正？

12.2　设有一个圆柱形铁皮箱的体积为 1000 cm^3，用拉格朗日未定乘子法求解：铁皮面积为最小时，圆柱的半径和高之间的关系如何？铁皮最小面积为多大？

12.3 某分子有 5 个能级,其能量分别为 $\varepsilon_0=0$,$\varepsilon_1=1.106\times10^{-20}$ J,$\varepsilon_2=2.212\times10^{-20}$ J,$\varepsilon_3=3.318\times10^{-20}$ J,$\varepsilon_4=4.424\times10^{-20}$ J,求:

1) $T=300$ K 时的 $\sum_i e^{-\varepsilon_i/k_B T}$;

2) 在每一个能级上分子的分数;

3) 1 mol 分子的总能量。

12.4 N_2 在电弧中加热,从光谱观察中得到第一振动激发态与振动基态之比为 0.26。已知 N_2 的振动频率为 $7.075\times10^{13}\ s^{-1}$,求气体所处的温度。

12.5 以 300 K 和 1 标准大气压下 1 mol 氦气为例,计算平均平动能量,以及在平均能量下大致的相邻能级的间隔,并论证(12.6.5)的积分是足够准确的。

第十三章　热力学量的统计表示

这一章的目的是运用统计原理解释热力学定律，并且针对独立子体系给出各种热力学函数的统计力学表达式。这里最关键的量就是我们上一章引入的配分函数。配分函数是连接微观与宏观的最基本的函数。

§13.1　熵的统计力学表示

1. 热力学第一定律的微观意义

对于一个单组分独立子体系，在 N,V,E 一定的情况下，体系的能量 E 就是体系的内能 U：

$$U=\sum_i n_i\varepsilon_i \tag{13.1.1a}$$

根据(12.6.2)和(12.6.8)，有

$$U=N\langle\varepsilon\rangle=Nk_{\mathrm{B}}T^2\left(\frac{\partial\ln q}{\partial T}\right)_V \tag{13.1.1b}$$

它表明，只要知道配分函数，就可以计算体系的内能。热力学第一定律指出，一个封闭体系经过一个微变过程后内能的改变为

$$\mathrm{d}U=\delta W+\delta Q \tag{13.1.2}$$

其中 $\delta W,\delta Q$ 分别为环境对体系做的功和体系从环境吸的热。如果该微变是一个可逆过程，并且只有体积功，则

$$\mathrm{d}U=(\delta W)_{\mathrm{R}}+(\delta Q)_{\mathrm{R}}=-p\mathrm{d}V+T\mathrm{d}S \tag{13.1.3}$$

另一方面，对(13.1.1a)微分的结果是

$$\mathrm{d}U=\mathrm{d}\left(\sum_i n_i\varepsilon_i\right)=\sum_i n_i\mathrm{d}\varepsilon_i+\sum_i\varepsilon_i\mathrm{d}n_i \tag{13.1.4}$$

第一项表示由于粒子能级的变化导致的内能改变，而第二项表示的是由于能级占据数分布的变化导致的内能改变。由量子力学知道，独立子体系中粒子能级的能量与边界条件之间存在函数关系，而与粒子的分布情况无关；反之，边界条件确定后，粒子能级便确定了，但体系可以有不同的粒子分布。因此(13.1.3)和(13.1.4)中的两项存在一一对应关系：

$$(\delta W)_{\mathrm{R}}=-p\mathrm{d}V=\sum_i n_i\mathrm{d}\varepsilon_i \tag{13.1.5}$$

$$(\delta Q)_{\mathrm{R}}=T\mathrm{d}S=\sum_i\varepsilon_i\mathrm{d}n_i \tag{13.1.6}$$

由(13.1.5)，并考虑对应于经典离域子的麦克斯韦-玻尔兹曼分布表达式，可以得到

$$p=-\sum_i n_i\frac{\partial\varepsilon_i}{\partial V}=-\sum_i\left(\frac{N}{q}\omega_i\mathrm{e}^{-\frac{\varepsilon_i}{k_{\mathrm{B}}T}}\right)\frac{\partial\varepsilon_i}{\partial V}$$

$$= -\frac{N}{q}\sum_i \omega_i(-k_B T)\frac{\partial}{\partial V}e^{-\frac{\varepsilon_i}{k_B T}} = \frac{N k_B T}{q}\frac{\partial}{\partial V}\left(\sum_i \omega_i e^{-\frac{\varepsilon_i}{k_B T}}\right)$$

$$= N k_B T\left(\frac{\partial \ln q}{\partial V}\right)_T \quad (13.1.7)$$

因此,我们可以由配分函数计算体系的压力。

2. 熵的统计力学含义

为了由(13.1.6)推导出熵的统计力学表达式,我们利用上一章引入的撷取最大项原理,$\ln\Omega \approx \ln t_{X^*}$,其中 Ω 是体系总的可及微观状态数。考虑经典离域子,并利用 $n_i \gg 1$ 的条件可以得到

$$\ln\Omega \cong \ln\left(\prod_i \frac{\omega_i^{n_i}}{n_i!}\right) = \sum_i (n_i \ln\omega_i - n_i \ln n_i + n_i) \quad (13.1.8)$$

从而有

$$d\ln\Omega = \sum_i \left(\ln\frac{\omega_i}{n_i}\right) dn_i \quad (13.1.9)$$

利用(12.5.19)给出的最概然分布 $n_i = \frac{N}{q} N\omega_i e^{-\beta\varepsilon_i}$,可得

$$\ln\frac{\omega_i}{n_i} = \ln\frac{q}{N} + \beta\varepsilon_i \quad (13.1.10)$$

并利用 $\sum_i dn_i = dN = 0$,因此有

$$\sum_i \varepsilon_i dn_i = k_B T d\ln\Omega \quad (13.1.11)$$

对照(13.1.6)可得

$$dS = k_B d\ln\Omega \Rightarrow S = k_B \ln\Omega + C \quad (C\ 为常数)$$

利用热力学第三定律,$\lim_{T\to 0} S = 0$,因此 $C=0$,从而得到著名的玻尔兹曼关系:

$$S = k_B \ln\Omega \quad (13.1.12)$$

(13.1.12)给热力学中熵的概念赋予了明确的微观物理意义,是最漂亮、最能体现人类智慧的公式之一,它被刻在玻尔兹曼的墓碑上。

熵的统计力学表达式也可以按如下思路得到:如果承认熵是体系无序程度的描述,则熵应该是体系总的可及微观状态数的函数,$S = S(\Omega)$。设一个体系总的可及微观状态数和熵分别为 Ω 和 S。现在将体系分割为两个子体系,它们总的可及微观状态数和熵分别为 Ω_1、S_1 和 Ω_2、S_2。我们知道

$$S = S_1 + S_2, \qquad \Omega = \Omega_1\Omega_2 \quad (13.1.13)$$

能够让(13.1.13)成立的数学形式是

$$S = c\ln\Omega \quad (13.1.14)$$

其中 c 为一个待定系数。它可以通过一个简单体系的比较得到。将 1 mol 理想气体的体积从 V 等温增加到 $2V$(理想气体的内能只是温度的函数,温度不变,内能也不变),由热力学得知熵由 S 改变为 $S + R\ln 2$,而总的可及微观状态数应该从 Ω 变为 $2^{N_A}\Omega$,按照(13.1.14)

$$\Delta S = R\ln 2 = c\ln 2^{N_A}$$

因此

$$c = \frac{R}{N_A} = k_B$$

这样就得到(13.1.12)。

(13.1.12)是熵的统计表达式，它同时对热力学第二定律作出了统计解释。自发过程是一个体系总的可及微观状态数急剧增加的过程。就上面的例子而言，温度不变的情况下，1 mol 理想气体体积加倍导致总的可及微观状态数是原来的 2^{N_A} 倍，这几乎是个无穷大。而体系由 $2V$ 退回到 V 的概率便是$\frac{1}{2^{N_A}}$，这几乎就是零，因此在现实当中是不会发生的。

【练习】熵的另外一个常用表达式是

$$S = -k_B \sum_r p_r \ln p_r$$

证明对于(N,V,E)确定的热力学平衡体系，这个表达式与(13.1.12)是等价的。由此定义的熵也称为信息熵。

§13.2　用配分函数表示所有热力学函数

现在推导用配分函数表达所有热力学函数的公式。首先，推导用单粒子配分函数表示总的可及微观状态数。由§8.5节的撷取最大项原理，$\ln\Omega$ 可以用 $\ln t_{X^*}$ 代表：

$$\ln\Omega \approx \ln t_{X^*} \tag{13.2.1}$$

以经典离域子为例：

$$\ln\Omega = \ln \prod_i \frac{\omega_i^{n_i}}{n_i!} \tag{13.2.2}$$

假设 $n_i \gg 1$，利用斯特林近似，(13.2.2)成为

$$\ln\Omega = \sum_i n_i \ln\frac{\omega_i}{n_i} + N \tag{13.2.3}$$

其中 n_i 服从玻尔兹曼分布，$n_i = \frac{N}{q}\omega_i e^{-\frac{\varepsilon_i}{k_B T}}$，因此 $\ln\frac{\omega_i}{n_i} = \ln\frac{q}{N} + \frac{\varepsilon_i}{k_B T}$，从而有

$$\ln\Omega = \sum_i n_i \left(\ln\frac{q}{N} + \frac{\varepsilon_i}{k_B T}\right) + N = N\ln\frac{eq}{N} + \frac{U}{k_B T} = \ln\frac{q^N}{N!} + \frac{U}{k_B T} \tag{13.2.4}$$

对于定域子则是

$$\ln\Omega = \ln q^N + \frac{U}{k_B T} \tag{13.2.5}$$

这样，利用(13.1.8)得到熵用配分函数表达的公式：

$$S=k_B\ln\Omega=\begin{cases}Nk_B\ln\left(\dfrac{q\mathrm{e}}{N}\right)+\dfrac{U}{T}, & \text{经典离域子}\\ Nk_B\ln q+\dfrac{U}{T}, & \text{定域子}\end{cases} \tag{13.2.6}$$

请注意定域子和经典离域子有因子 $N!$ 的差别,它是微观粒子不可分辨性的体现。其结果是,在相同的情况下,经典离域子比定域子的可及微观状态数少,或者说熵小。同时请注意斯特林近似在不同场合的表达:在(13.2.4)中写成 $-\ln N!$,以更直接地体现物理意义;而在(13.2.6)中写成 $-N\ln\dfrac{N}{\mathrm{e}}$,以更方便进行数值计算。

至此,我们得到了以单粒子配分函数表示内能、压力和熵的公式。内能是以熵和体积为自变量的特性函数,因此所有其他的热力学函数都可以借助于已知的热力学关系式最终用配分函数表示。表 13.2.1 列出部分结果,请读者务必自己验证。

表 13.2.1　热力学函数的统计表达式

热力学量	定域子体系	经典离域子体系
U	$Nk_BT^2\left(\dfrac{\partial\ln q}{\partial T}\right)_V$	同左
p	$Nk_BT\left(\dfrac{\partial\ln q}{\partial V}\right)_T$	同左
S	$Nk_B\ln q+\dfrac{U}{T}$	$Nk_B\ln\left(\dfrac{q\mathrm{e}}{N}\right)+\dfrac{U}{T}$
H	$Nk_BT\left[\left(\dfrac{\partial\ln q}{\partial\ln T}\right)_V+\left(\dfrac{\partial\ln q}{\partial\ln V}\right)_T\right]$	同左
F	$-Nk_BT\ln q$	$-Nk_BT\ln\dfrac{q\mathrm{e}}{N}$
G	$-Nk_BT\left[\ln q-\left(\dfrac{\partial\ln q}{\partial\ln V}\right)_T\right]$	$-Nk_BT\left[\ln\dfrac{q\mathrm{e}}{N}-\left(\dfrac{\partial\ln q}{\partial\ln V}\right)_T\right]$
C_V	$2Nk_BT\left(\dfrac{\partial\ln q}{\partial T}\right)_V+Nk_BT^2\left(\dfrac{\partial^2\ln q}{\partial T^2}\right)_V$	同左
C_p-C_V	$-Nk_B\dfrac{\left\{\dfrac{\partial}{\partial T}\left[T\left(\dfrac{\partial\ln q}{\partial V}\right)_T\right]\right\}_V^2}{\left(\dfrac{\partial^2\ln q}{\partial V^2}\right)_T}$	同左

为了方便记忆,我们指出如下的事实:赫尔姆霍茨自由能是以温度和体积为自变量的特性函数,是更方便的统计热力学函数。将在第十五章介绍的统计系综理论指出:可以定义体系的配分函数 Q。在经典独立子的情形下,体系的配分函数与单粒子配分函数的关系为

$$Q=\begin{cases}\dfrac{q^N}{N!}, & \text{经典离域子}\\ q^N, & \text{定域子}\end{cases} \tag{13.2.7}$$

而体系的赫尔姆霍茨自由能为

$$F = -k_B T \ln Q \tag{13.2.8}$$

再由

$$dF = -S dT - p dV \tag{13.2.9}$$

可以方便地推导出所有其他的热力学函数的统计表达式。

§13.3　单分子配分函数的分解

以上的讨论说明,配分函数在统计热力学计算中起着关键的作用。因此,具体计算配分函数是应用统计热力学理论解决实际问题的基本任务,也是学习掌握统计热力学理论的最基本的训练和要求。就化学家的兴趣而言,理想气体体系中分子的运动可以被分解为平动(t)、转动(r)、振动(v)、电子运动(e)和核自旋运动(n)。根据最基本的模型,当分子由不相同的原子组成时,上述运动在一定条件下可近似看作是彼此独立的,分子的能量是各种运动形态所具有的能量的加和:

$$\varepsilon_i = \varepsilon_t + \varepsilon_r + \varepsilon_v + \varepsilon_e + \varepsilon_n \tag{13.3.1}$$

而能级简并度是各种运动形态的简并度的乘积:

$$\omega_i = \omega_t \omega_r \omega_v \omega_e \omega_n \tag{13.3.2}$$

于是,分子的配分函数恰好可以被分解为各种运动形态的配分函数的乘积:

$$\begin{aligned} q &= \sum_i \omega_i e^{-\frac{\varepsilon_i}{k_B T}} \\ &= \left(\sum_t \omega_t e^{-\frac{\varepsilon_t}{k_B T}}\right)\left(\sum_r \omega_r e^{-\frac{\varepsilon_r}{k_B T}}\right)\left(\sum_v \omega_v e^{-\frac{\varepsilon_v}{k_B T}}\right)\left(\sum_e \omega_e e^{-\frac{\varepsilon_e}{k_B T}}\right)\left(\sum_n \omega_n e^{-\frac{\varepsilon_n}{k_B T}}\right) \\ &= q_t \cdot q_r \cdot q_v \cdot q_e \cdot q_n \end{aligned} \tag{13.3.3}$$

其中 q_t, q_r, q_v, q_e, q_n 分别为平动、转动、振动、电子运动和核自旋运动的配分函数。这样一来,体系的热力学函数也恰好可以写成各种运动形态的贡献之和。例如,体系的熵为

$$S = S_t + S_r + S_v + S_e + S_n \tag{13.3.4}$$

其中

$$\begin{cases} S_t = N k_B \ln\left(\dfrac{q_t e}{N}\right) + N k_B T \left(\dfrac{\partial \ln q_t}{\partial T}\right)_V \\ S_r = N k_B \ln q_r + N k_B T \dfrac{d\ln q_r}{dT} \\ S_v = N k_B \ln q_v + N k_B T \dfrac{d\ln q_v}{dT} \\ S_e = N k_B \ln q_e + N k_B T \dfrac{d\ln q_e}{dT} \\ S_n = N k_B \ln q_n + N k_B T \dfrac{d\ln q_n}{dT} \end{cases} \tag{13.3.5}$$

在应用以上公式时需要注意如下几个问题:

1) 以上按运动类型进行分解的处理是一种近似,并不严格成立。一般而言,不同运

动之间总是存在一定的耦合,也只有这样,不同运动形式之间才能进行能量的交换,从而实现所有自由度之间的平衡。

2) 只有平动熵与体积有关,其表现为平动熵中有偏微商项,而其他运动出现的是对温度的微商。

3) 平动熵中包含与粒子全同性有关的贡献 $Nk_B\ln\left(\frac{e}{N}\right)$,这从物理意义上看是合适的,因为微观粒子的不可分辨性是与平动相联系的。其他的热力学函数具有类似的性质,请读者自己检验并掌握。

4) 当分子含有两个或更多的相同原子时,由于原子核的交换也需要满足全同粒子交换对称性的限制,一些运动形态(例如转动和核自旋)便不能分开考虑了。这一点后面会有更详细的讨论。

配分函数因子化的思想也可以应用于新的运动形态,以及某种运动形态下彼此独立的不同自由度的情形。只要需要考虑的运动方式的能量可以写成一些成分的能量的加和,简并度可以写成相应成分的简并度的乘积,则该运动方式的配分函数就可以表达成这些成分的配分函数的乘积。下面我们用大家熟悉的最简单的模型描述分子的运动,分别获得分子各个运动形态的配分函数。需要进行更精确的计算时应该采用前几章介绍的分子运动的模型。

§13.4 平动配分函数

1. 平动配分函数的计算

理想气体的平动可以用三维箱中粒子(即无限深方势阱)模型来描述。考虑质量为 m 的分子被束缚在长、宽、高分别为 a、b、c 的三维方势阱中,其能级的能量为

$$\varepsilon(n_x,n_y,n_z)=\frac{h^2}{8m}\left(\frac{n_x^2}{a^2}+\frac{n_y^2}{b^2}+\frac{n_z^2}{c^2}\right),\qquad n_x,n_y,n_z=1,2,\cdots$$

$$=\varepsilon_x(n_x)+\varepsilon_y(n_y)+\varepsilon_z(n_z) \tag{13.4.1}$$

其中 $h=2\pi\hbar$ 是普朗克常数。在统计热力学这一部分,我们更多地使用普朗克常数,而不是约化普朗克常数。由(13.4.1)可见,平动配分函数可以分解为 x,y,z 三个自由度运动的配分函数的乘积。现在以 x 方向为例求解。

$$q_x=\sum_{n_x}e^{-\alpha n_x^2},\qquad 其中\quad \alpha=\frac{h^2}{8ma^2k_BT} \tag{13.4.2}$$

采用与§12.6节中使用的相同的技巧,(13.4.2)的加和用积分近似,得

$$q_x=\int_0^{\infty}e^{-\alpha n_x^2}dn_x=\frac{1}{2}\sqrt{\frac{\pi}{\alpha}}=\left(\frac{2\pi mk_BT}{h^2}\right)^{\frac{1}{2}}a \tag{13.4.3}$$

y,z 自由度将得到类似的结果。于是

$$q_t=q_xq_yq_z=\left(\frac{2\pi mk_BT}{h^2}\right)^{\frac{3}{2}}abc=\left(\frac{2\pi mk_BT}{h^2}\right)^{\frac{3}{2}}V \tag{13.4.4}$$

这就是三维平动子的配分函数，它与体系的体积成正比，与温度的 3/2 次方成正比。

2. 理想气体热力学函数的计算

得到了平动配分函数，我们来计算平动对热力学函数的贡献：

$$U=Nk_{\mathrm{B}}T^{2}\left(\frac{\partial \ln q_{\mathrm{t}}}{\partial T}\right)_{V}=\frac{3}{2}Nk_{\mathrm{B}}T \tag{13.4.5}$$

$$p=Nk_{\mathrm{B}}T\left(\frac{\partial \ln q_{\mathrm{t}}}{\partial V}\right)_{T}=\frac{Nk_{\mathrm{B}}T}{V} \tag{13.4.6}$$

(13.4.6)就是理想气体状态方程。请注意到压力是完全由平动决定的。

$$S=Nk_{\mathrm{B}}\ln\left(\frac{q_{\mathrm{t}}\mathrm{e}}{N}\right)+\frac{U}{T}=Nk_{\mathrm{B}}\ln\left[\left(\frac{2\pi mk_{\mathrm{B}}T}{h^{2}}\right)^{\frac{3}{2}}\frac{V}{N}\right]+\frac{5}{2}Nk_{\mathrm{B}} \tag{13.4.7}$$

其他的热力学函数可以由 U,p,S 表示出，如

$$H=U+pV=\frac{5}{2}Nk_{\mathrm{B}}T \tag{13.4.8}$$

$$F=U-TS=-Nk_{\mathrm{B}}T\ln\left[\left(\frac{2\pi mk_{\mathrm{B}}T}{h^{2}}\right)^{\frac{3}{2}}\frac{V\mathrm{e}}{N}\right] \tag{13.4.9}$$

$$G=H-TS=-Nk_{\mathrm{B}}T\ln\left[\left(\frac{2\pi mk_{\mathrm{B}}T}{h^{2}}\right)^{\frac{3}{2}}\frac{V}{N}\right] \tag{13.4.10}$$

$$C_{V}=\left(\frac{\partial U}{\partial T}\right)_{V}=\frac{3}{2}Nk_{\mathrm{B}} \tag{13.4.11}$$

$$C_{p}=\left(\frac{\partial H}{\partial T}\right)_{p}=\frac{5}{2}Nk_{\mathrm{B}} \tag{13.4.12}$$

(13.4.11)和(13.4.12)是早就为人们所熟知的热力学结果。

3. 麦克斯韦-玻尔兹曼速度分布律

下面我们从平动能级的玻尔兹曼分布律来探讨一下理想气体中的速度分布规律。根据玻尔兹曼分布律，分子在平动中的分布，或者说分子处在具有量子数(n_x,n_y,n_z)的三维平动本征态的概率为

$$P(n_x,n_y,n_z)=\frac{1}{q_{\mathrm{t}}}\mathrm{e}^{-\frac{\varepsilon(n_x,n_y,n_z)}{k_{\mathrm{B}}T}} \tag{13.4.13}$$

如果将 n_x,n_y,n_z 当成连续变量，则概率应改写为概率分布函数

$$f(n_x,n_y,n_z)\mathrm{d}n_x\mathrm{d}n_y\mathrm{d}n_z=P(n_x,n_y,n_z)\mathrm{d}n_x\mathrm{d}n_y\mathrm{d}n_z=\frac{1}{q_{\mathrm{t}}}\mathrm{e}^{-\frac{\varepsilon(n_x,n_y,n_z)}{k_{\mathrm{B}}T}}\mathrm{d}n_x\mathrm{d}n_y\mathrm{d}n_z \tag{13.4.14}$$

注意到能量与速率之间的关系

$$\varepsilon(n_x)=\frac{h^2n_x^2}{8ma^2}=\frac{1}{2}mu_x^2$$

得到

$$\mathrm{d}n_x=\pm\frac{2ma}{h}\mathrm{d}u_x \tag{13.4.15}$$

即:$n_x \geqslant 0$ 分别对应着 $-\infty < u_x \leqslant 0$ 或 $0 \leqslant u_x < \infty$。对于 y, z 方向有类似的结果。因此当将自变量由 $n_x, n_y, n_z \geqslant 0$ 转换为 $-\infty < u_x, u_y, u_z < \infty$ 时,(13.4.14)相应地变为

$$f(u_x, u_y, u_z)\mathrm{d}u_x\mathrm{d}u_y\mathrm{d}u_z = \left(\frac{1}{2}\right)^3 \frac{1}{q_t} \mathrm{e}^{-\frac{m(u_x^2+u_y^2+u_z^2)}{2k_BT}} \left(\frac{2m}{h}\right)^3 V\mathrm{d}u_x\mathrm{d}u_y\mathrm{d}u_z$$

将平动配分函数(13.4.4)代入,即得

$$f(u_x, u_y, u_z)\mathrm{d}u_x\mathrm{d}u_y\mathrm{d}u_z = \left(\frac{m}{2\pi k_BT}\right)^{\frac{3}{2}} \mathrm{e}^{-\frac{m(u_x^2+u_y^2+u_z^2)}{2k_BT}} \mathrm{d}u_x\mathrm{d}u_y\mathrm{d}u_z \tag{13.4.16}$$

麦克斯韦独立于玻尔兹曼分布导出(13.4.16),因此称之为麦克斯韦-玻尔兹曼(M-B)速度分布律。值得注意的是,M-B速度分布律中不包含普朗克常数,表明这是一个经典的结果,尽管在推导过程中,我们用了箱中粒子模型的量子力学结果。

【思考】为什么M-B分布中不包含量子力学效应?

下面我们简述一下麦克斯韦的推导思路。它和玻尔兹曼得到熵的统计表示所采取的思路极其相似,对我们体会科学方法和思维依然具有启示作用。

分子在互相正交的 x, y, z 三个方向上的速度分布一定是彼此独立的,而且由于空间的旋转对称性它们一定具有相同的形式,即

$$f(u_x, u_y, u_z)\mathrm{d}u_x\mathrm{d}u_y\mathrm{d}u_z = p(u_x)\mathrm{d}u_x p(u_y)\mathrm{d}u_y p(u_z)\mathrm{d}u_z \tag{13.4.17}$$

而另一方面同样由于空间的旋转对称性,速度分布函数只能是 $u^2 = u_x^2 + u_y^2 + u_z^2$ 的函数

$$f(u_x, u_y, u_z)\mathrm{d}u_x\mathrm{d}u_y\mathrm{d}u_z = f(u^2)\mathrm{d}u_x\mathrm{d}u_y\mathrm{d}u_z \tag{13.4.18}$$

能够同时满足(13.4.17)和(13.4.18)的函数形式是

$$f(u_x, u_y, u_z)\mathrm{d}u_x\mathrm{d}u_y\mathrm{d}u_z = A\mathrm{e}^{-\alpha u^2}\mathrm{d}u_x\mathrm{d}u_y\mathrm{d}u_z \tag{13.4.19}$$

利用归一化条件

$$\iiint f(u_x, u_y, u_z)\mathrm{d}u_x\mathrm{d}u_y\mathrm{d}u_z = 1$$

和已知的热力学结果,例如,1 mol理想气体的平动能量为 $\frac{3}{2}RT$,便可以决定(13.4.19)中的两个待定系数 A 和 α,其结果就是(13.4.16)。

许多时候,人们感兴趣的是关于速率 $0 \leqslant u < \infty$ 的分布。此时利用直角坐标与球坐标之间的变换关系

$$\mathrm{d}u_x\mathrm{d}u_y\mathrm{d}u_z = u^2\mathrm{d}u(\sin\theta\mathrm{d}\theta\mathrm{d}\varphi)$$

注意到M-B速度分布函数只依赖于速率的平方,因此可以把角度部分积分,便有

$$f(u)\mathrm{d}u = 4\pi\left(\frac{m}{2\pi k_BT}\right)^{\frac{3}{2}} u^2\mathrm{e}^{-\frac{mu^2}{2k_BT}}\mathrm{d}u \tag{13.4.20}$$

$f(u)$ 在 $u=0$ 和 ∞ 时的取值为零,而在

$$u^* = \left(\frac{2k_BT}{m}\right)^{\frac{1}{2}} \tag{13.4.21}$$

处取极大值,u^* 称作最概然速率。得到速率分布函数后可以计算各种速率的平均值,

例如

$$\text{平均速率} \qquad \langle u \rangle = \left(\frac{8k_B T}{\pi m}\right)^{\frac{1}{2}} \tag{13.4.22}$$

$$\text{方均根速率} \qquad \sqrt{\langle u^2 \rangle} = \left(\frac{3k_B T}{m}\right)^{\frac{1}{2}} \tag{13.4.23}$$

这些结果请读者自己验算。

可以类似地讨论二维平面上的平动，这在研究化学反应动力学和分子碰撞时会得到应用，因为在质心坐标中分子之间的碰撞是一个二维运动。此时

$$\frac{\mathrm{d}N}{N} = \left(\frac{m}{k_B T}\right) e^{-\frac{mu^2}{2k_B T}} u \,\mathrm{d}u \tag{13.4.24}$$

在化学动力学的简单碰撞理论中需要知道速率值在 u_0 以上的分子数占总分子数的比例，它就是

$$\frac{\mathrm{d}N(u_0 < u)}{N} = \left(\frac{m}{k_B T}\right) \int_{u_0}^{\infty} e^{-\frac{mu^2}{2k_B T}} u \,\mathrm{d}u = e^{-\frac{mu_0^2}{2k_B T}} \tag{13.4.25}$$

请读者在二维平动中推导最概然速率、平均速率和方均根速率的表达式。

§13.5　线性分子转动配分函数

线性分子转动的最简单的模型是刚性的线性转子。它的能量本征态就是角动量的本征态，其能级的公式为

$$\varepsilon_r(J) = \frac{h^2}{8\pi^2 I} J(J+1), \qquad J = 0, 1, \cdots \tag{13.5.1}$$

其中 J 为转动角动量量子数，I 为分子的转动惯量。对于双原子分子

$$I = \mu r^2, \qquad \mu = \frac{m_1 m_2}{m_1 + m_2} \tag{13.5.2}$$

(13.5.2)中 μ 为折合质量，r 为原子核之间的距离。非对称的线性分子，其能级简并度就是通常的角动量本征态的简并度，$\omega_J = 2J + 1$。因此，其转动配分函数为

$$\begin{aligned} q_r &= \sum_{J=0}^{\infty} (2J+1) e^{-\frac{h^2}{8\pi^2 I k_B T} J(J+1)} \\ &= \sum_{J=0}^{\infty} (2J+1) e^{-\frac{\theta_r}{T} J(J+1)} \end{aligned} \tag{13.5.3}$$

其中定义了一个线性分子的转动特征温度 θ_r

$$\theta_r = \frac{h^2}{8\pi^2 I k_B} \tag{13.5.4}$$

表 13.5.1 列出了一些双原子分子的转动特征温度。由表可见，这些转动特征温度都明显地小于室温，因此如果用积分代替(13.5.3)中的加和，在绝大多数情况下会是不错的近似。

表 13.5.1 一些双原子分子的转动特征温度

非对称分子	θ_r/K	对称分子	θ_r/K
HD	60.4	H_2	85.4
HF	30.3	D_2	42.7
HCl	15.2	N_2	2.86
HBr	12.1	O_2	2.07
HI	9.0	Cl_2	0.36
CO	2.77	Br_2	0.116
NO	2.42	I_2	0.054

此时

$$q_r = \int_0^\infty (2J+1)e^{-\frac{\theta_r}{T}J(J+1)}\mathrm{d}J = \frac{T}{\theta_r} = \frac{8\pi^2 Ik_B T}{h^2} \tag{13.5.5}$$

线性分子的转动配分函数正比于温度。

对于对称的线性分子,依对称性的不同要求,微观粒子(费米子或玻色子)的转动能级的简并度不再按照(13.5.3)计算,准确的计算方法必须借助于量子力学和对称性原理。在常温下,则可以按如下的考虑得到比较好的近似。沿垂直于线性分子轴线的通过分子质心的一个轴旋转180°后,非对称分子会是一个新的状态,而对称分子仍然是同一个状态。因此,对称分子的总的转动能级数目应该是非对称分子的一半。引入对称数σ这样一个因子

$$\sigma = \begin{cases} 1, & \text{非对称分子} \\ 2, & \text{对称分子} \end{cases} \tag{13.5.6}$$

对称和非对称线性分子的转动配分函数可以统一地写成

$$q_r = \frac{T}{\sigma\theta_r} \tag{13.5.7}$$

这样,线性分子的转动对热力学函数的贡献为

$$p = 0 \tag{13.5.8}$$

$$U = H = Nk_B T \tag{13.5.9}$$

$$F = G = -Nk_B T\ln\frac{T}{\sigma\theta_r} \tag{13.5.10}$$

$$S = Nk_B\ln\frac{T}{\sigma\theta_r} + Nk_B \tag{13.5.11}$$

$$C_V = C_p = Nk_B \tag{13.5.12}$$

非线性分子的转动配分函数的计算复杂一些,不在这里涉及。

§ 13.6 分子振动配分函数

1. 谐振子配分函数

一个由 N 个原子组成的分子有 $3N$ 个原子核运动自由度,其中 3 个属于平动,线性分子 2 个、非线性分子 3 个属于转动,其余 $3N-5$ 或 $3N-6$ 个属于振动。分子振动的最简单的模型是一个个互相独立的谐振子。对于每一个振动自由度而言,振动能级是非简并的,其能量为

$$\varepsilon_n=\left(n+\frac{1}{2}\right)h\nu,\qquad n=0,1,2,\cdots \tag{13.6.1}$$

其中 ν 为基频的振动频率,它与谐振子的力常数 f 的关系为

$$\nu=\frac{1}{2\pi}\sqrt{\frac{f}{\mu}} \tag{13.6.2}$$

其中 μ 为折合质量。因此,该振动自由度的配分函数为

$$q_{\mathrm{v}}=\sum_{n=0}\mathrm{e}^{-\frac{\left(n+\frac{1}{2}\right)h\nu}{k_{\mathrm{B}}T}}=\frac{\mathrm{e}^{-\theta_{\mathrm{v}}/2T}}{1-\mathrm{e}^{-\theta_{\mathrm{v}}/T}} \tag{13.6.3}$$

式中定义了一个振动特征温度 θ_{v}

$$\theta_{\mathrm{v}}=\frac{h\nu}{k_{\mathrm{B}}} \tag{13.6.4}$$

一些分子的振动特征温度列于表 13.6.1。

表 13.6.1 一些双原子分子的振动特征温度

分子	θ_{v}/K	分子	θ_{v}/K
H_2	6210	HCl	4140
N_2	3340	NO	2690
O_2	2230	Cl_2	810
CO	3070	I_2	310

我们注意到几乎所有的振动特征温度都大于室温,因此(13.6.3)中的加和不能像平动和转动那样用积分近似。但是恰好此时有简单的公式进行精确的计算,自然中每一种巧合都让我们感到惊喜。

2. 能量零点选择对配分函数的影响

前面提到过,由于能量是相对的,在配分函数中会有一项与能量零点的选取有关的因子,但是它不实质性地影响热力学函数的计算。这个问题尤其值得在振动的情况下谈一谈。(13.6.3)是以谐振子的势能最小处的能量为零得到的结果。分子上的这个因子

是繁琐的。如果选取振动基态作为能量零点,就会化简成

$$q_{\mathrm{v}}=\frac{1}{1-\mathrm{e}^{-\theta_{\mathrm{v}}/T}} \tag{13.6.5}$$

分子的振动配分函数是所有振动自由度配分函数的乘积。例如,CO_2 是一个线性分子,它有一个对称伸缩(ν_s)、一个反对称伸缩(ν_a)、一对简并的弯曲(ν_b)振动,于是它的振动配分函数是

$$q_{\mathrm{v,CO_2}}=\frac{1}{1-\mathrm{e}^{-\theta_{\mathrm{v,s}}/T}}\frac{1}{1-\mathrm{e}^{-\theta_{\mathrm{v,a}}/T}}\left(\frac{1}{1-\mathrm{e}^{-\theta_{\mathrm{v,b}}/T}}\right)^2 \tag{13.6.6}$$

3. 谐振子模型的有效性

现在值得讨论一个重要的问题。我们知道,真实分子的运动状态与使用的模型在整体上其实有明显的差别。例如,更能反映分子振动整体特性的模型是莫尔斯势,它与谐振子势能的形式差别非常大。如果采用莫尔斯势可能更加符合实际情况,但是具体的数学处理就会很繁杂。而以上的谐振子模型很简单,也得到满意的结果。为什么会这样呢?这主要应分析配分函数加和中级数收敛的速度。对于特征温度远远小于实际温度的运动,如平动,加和收敛得非常缓慢,这就要求许多能级的能量和简并度都准确,因此模型和实际情况的整体符合需要很好。幸运的是,平动的模型是极为准确的。此时,常常可以用积分取代加和,从而绕过复杂的数学问题。对于特征温度大于实际温度的体系,如振动,实际上对加和有贡献的只是开始有限的几项。只要这几项的能量和简并度是准确的,其结果就会是令人满意的,而更高能级是否被准确描述了或是否被考虑了并不重要。此时可以采用有限项的加和来代替一般情况下的无穷序列的加和。利用玻尔兹曼分布律容易验证,室温下绝大多数的分子都是处于振动基态,处于振动激发态的分子的比例随能级的升高迅速减少,所以只有少数几个低激发态的能级是重要的。对于这些能级,谐振子是足够好的模型。当考虑那些高振动激发态有明显贡献的问题时,便可能需要采用更精确的模型。分子的转动处于两种情况之间,因此具体使用时可能需要检验公式(13.5.7)的适用范围。

4. 振动对热力学函数的贡献

有了振动配分函数,可以得到振动对热力学函数的贡献,以(13.6.5)为基础得到每一谐振子对热力学函数的贡献为

$$p=0 \tag{13.6.7}$$

$$U=H=\frac{Nk_{\mathrm{B}}\theta_{\mathrm{v}}}{\mathrm{e}^{\theta_{\mathrm{v}}/T}-1} \tag{13.6.8}$$

$$F=G=Nk_{\mathrm{B}}T\ln(1-\mathrm{e}^{-\theta_{\mathrm{v}}/T}) \tag{13.6.9}$$

$$S=Nk_{\mathrm{B}}\left[\frac{\theta_{\mathrm{v}}}{T(\mathrm{e}^{\theta_{\mathrm{v}}/T}-1)}-\ln(1-\mathrm{e}^{-\theta_{\mathrm{v}}/T})\right] \tag{13.6.10}$$

$$C_V=C_p=Nk_{\mathrm{B}}\left(\frac{\theta_{\mathrm{v}}}{T}\right)^2\frac{\mathrm{e}^{\theta_{\mathrm{v}}/T}}{(\mathrm{e}^{\theta_{\mathrm{v}}/T}-1)^2} \tag{13.6.11}$$

5. 爱因斯坦晶体热容理论

作为例子,我们介绍爱因斯坦利用谐振子模型解释晶体热容的工作,它充分展示了爱因斯坦的科学天赋:利用最简单的物理模型解决具有现实和历史意义的重大问题。在这些背后隐藏的是他对物理世界的深邃的洞察力。

一个由原子组成的晶体(如金刚石)可以看成是 $3N$ 个自由度的谐振子体系。根据经典统计力学,每个谐振子对热容的贡献是 k_B,因此 1 mol 原子的晶体的热容就是 $3R$,它与温度无关。在高温下理论与实验符合得很好。但是实验发现,在温度趋于零的时候热容趋于零。这是经典力学的一个致命伤,困惑着那个时代的所有人。爱因斯坦敏锐地意识到这是原子的运动服从量子力学规律的又一个表现。他采用谐振子量子态表达的配分函数,解释了在温度趋于零的时候热容趋于零的事实。如果将晶体看成是 $3N$ 个完全相同的谐振子,利用(13.6.5),体系的能量是

$$U_v = 3Nk_B T^2 \frac{\mathrm{d}\ln q_v}{\mathrm{d}T} = \frac{3Nh\nu}{e^{\theta_v/T} - 1} \tag{13.6.12}$$

因而晶体的热容为

$$C_{V,m} = \left(\frac{\partial U_v}{\partial T}\right)_V = \frac{3R\left(\frac{\theta_v}{T}\right)^2 e^{\frac{\theta_v}{T}}}{\left(e^{\frac{\theta_v}{T}} - 1\right)^2} \tag{13.6.13}$$

在高温极限下,它是 $3R$,在低温极限下,它趋近于零。这个例子在历史上为量子力学的确立作出了重要贡献。修正是需要的,因为它与实验观察到的 $T\to 0$ 时 $C_{V,m}\propto T^3$ 不符合。但是最关键的一步已经迈出,改进是后人的事,后来德拜完成了这个任务。

§13.7 分子电子与核自旋运动配分函数

分子的电子运动的能级间隔对应的特征温度一般会远远大于室温,因此求电子运动对配分函数的贡献常常只需要考虑电子基态,必要时加上若干个低的电子激发态。如果取电子基态为能量零点,且只考虑基态,则

$$q_e = \omega_0 + \omega_1 e^{-\frac{\varepsilon_1}{k_B T}} + \cdots \approx \omega_0 \tag{13.7.1}$$

此时,电子运动对一些热力学函数没有贡献,但是它对熵的贡献是不能忽略的:

$$S_e = Nk_B \ln q_e = Nk_B \ln\omega_0 \tag{13.7.2}$$

核自旋运动对配分函数的贡献复杂得多。核内部运动的激发态的能量更高,不在化学能量的考虑范围之内。因此,只需要考虑核自旋运动的基态。事实上,在讨论对称线性分子的转动配分函数时已经提及,由于全同原子的核交换对称性,核自旋运动必须与转动放在一起考虑,将一定的核自旋态与一定的转动态组合成一定的全角动量态,使其满足关于两个玻色子的交换是对称的和关于两个费米子的交换是反对称的要求。这样的结果是,计算一个转动态(实际是耦合成的全角动量状态)的简并度时必须考虑核自旋统计的贡献。这个问题留给更深入的课程去探讨,这里只举一个 H_2 的例子。

H 是自旋为 1/2 的费米子。如 §9.5 节所述,用 I 表示核自旋量子数,在 H_2 中两个 H 的核自旋耦合产生 $I=0$ 的核自旋单重态和 $I=1$ 的核自旋三重态。在两个 H 交换的操作下,$I=0$ 的核自旋态是反对称的,$I=1$ 的核自旋态是对称的。H_2 的转动态在两个 H 交换的操作下的对称性由转动量子数 J 决定,J 为偶数的转动态是对称的,J 为奇数的转动态是反对称的。现在,H_2 的转动和自旋组合在一起的态在两个 H 交换的操作下必须是反对称的:必须将 $I=1$ 的核自旋态与 J 为奇数的转动态组合,将 $I=0$ 的核自旋态与 J 为偶数的转动态组合。因此,考虑核自旋统计后,J 为偶数的转动态的简并度为 $(2J+1)$,而 J 为奇数的转动态的简并度为 $3\times(2J+1)$。所以,考虑了核自旋以后的 H_2 的准确的核自旋与转动一起的配分函数为

$$q_{\mathrm{nr}}=\sum_{J=0,2,4,\cdots}(2J+1)\mathrm{e}^{-J(J+1)\frac{\theta_{\mathrm{r}}}{T}}+3\times\sum_{J=1,3,5,\cdots}(2J+1)\mathrm{e}^{-J(J+1)\frac{\theta_{\mathrm{r}}}{T}} \qquad (13.7.3)$$

考虑到核自旋有四个态(近似地看作核自旋基态为四重简并),则转动部分的配分函数为

$$q_{\mathrm{r}}=\frac{1}{4}\left[\sum_{J=0,2,4,\cdots}(2J+1)\mathrm{e}^{-J(J+1)\frac{\theta_{\mathrm{r}}}{T}}+3\times\sum_{J=1,3,5,\cdots}(2J+1)\mathrm{e}^{-J(J+1)\frac{\theta_{\mathrm{r}}}{T}}\right] \qquad (13.7.4)$$

它在高温极限下就是(13.5.7)。§13.5 节中对称线性分子的对称数修正,就是这类核自旋统计的影响在高温下近似的结果。

§13.8 残 余 熵

如果一个体系在低温下由完美晶体构成,其能量基态是一个非简并的状态,并且不存在运动“冻结”的问题,则在绝对零度下体系的熵就是零,与热力学第三定律的推论一致。统计熵的计算也是基于绝对零度时体系处于基态的假设。但是可以由于各种各样的原因,在冷却的过程中,体系被冻结在一定的激发状态,此时实验上可以测量得到的量热熵的变化就会小于统计熵,两者之间的差别称为残余熵。大量实验与理论的对比表明,对于简单的分子体系,统计热力学的计算与实验的符合在各自的误差范围内是非常好的,说明统计热力学是一个成功的理论。表 13.8.1 给出几种物质的熵。

表 13.8.1 298.15 K 下一些分子的计算统计熵与实验量热熵的比较

	$S_{\mathrm{m}}^{\ominus}$(计算) /$(\mathrm{J\cdot K^{-1}\cdot mol^{-1}})$	$S_{\mathrm{m}}^{\ominus}$(实验) /$(\mathrm{J\cdot K^{-1}\cdot mol^{-1}})$	$\Delta S_{\mathrm{m}}^{\ominus}$ /$(\mathrm{J\cdot K^{-1}\cdot mol^{-1}})$
H_2	130.6	124.0	6.6
CO	198.0	193.3	4.7
N_2	191.6	192.1	—
O_2	205.2	205.5	—
Cl_2	223.1	223.0	—
HCl	186.8	186.2	—

在实验和理论计算误差之外的残余熵的存在,常常暗示体系具有一些特殊的性质。

例如，由于§9.5节中讨论过的原因，H_2 中有 3/4 的分子在 $T\to 0$ 时被"冻结"在 $J=1$，$\omega=3$ 的状态，其冻结的熵为 $k_B\ln(3^{\frac{3}{4}N_A})=6.86\ \mathrm{J\cdot K^{-1}\cdot mol^{-1}}$，实验上就会少测到这么多的熵变。每个 CO 分子在晶格上可以有两种取向，完美晶体在绝对零度时所有的取向应该一致。但是两种取向的能量差别很小，以至于绝对零度时 CO 可以几乎是完全随机地采取某一种取向，相当于每个分子有一个二重简并的基态。所以"冻结"的熵为 $k_B\ln(2^{N_A})=5.76\ \mathrm{J\cdot K^{-1}\cdot mol^{-1}}$，这是 CO 残余熵的来源。

习 题

13.1 推导出二维空间的麦克斯韦速率分布公式

$$\mathrm{d}N/N=\frac{m}{k_BT}\mathrm{e}^{-\frac{mu^2}{2k_BT}}u\,\mathrm{d}u$$

并计算最概然速率、平均速率和方均根速率。

13.2 计算 1 mol Ar 在 298.15 K 和 1 标准大气压下的 U、H、S、F、G。

13.3 请计算 270 K 时 CO 最概然分布的转动能级的转动量子数。该态上的粒子数占总粒子数的概率是多少？

13.4 已知氧气的振动和转动特征温度分别为 2230 K 和 2.07 K，氧气的电子基态三重简并，电子激发态可忽略，氧气的相对分子质量为 32.00。请计算理想气体氧气在 298.15 K 下的标准摩尔熵。

13.5 已知 NO 的转动特征温度为 2.42 K，振动特征温度为 2690 K，求忽略电子运动时 298 K 下 NO 的标准摩尔统计熵。NO 晶体在低温下会形成二聚体的单元，从而表现出残余熵。请分析产生残余熵的原因，并估计其大小。

第十四章　化学平衡与过渡态理论

这一章的任务是运用统计热力学方法计算化学反应平衡常数，并作为重要的延伸，介绍化学反应的过渡态理论。

§14.1　理想气体化学势的统计表达式

上一章得到了用配分函数表达所有热力学量的公式，并逐一讨论了分子的各种运动方式配分函数的计算。相应地，理想气体（经典离域子）的化学势若以分子为单位就是

$$\mu=\frac{G}{N}=-k_{\mathrm{B}}T\left[\ln\frac{q\mathrm{e}}{N}-\left(\frac{\partial\ln q}{\partial\ln V}\right)_T\right] \tag{14.1.1a}$$

对于经典离域子体系，单粒子配分函数正比于体积，$q=q'V$，从而有$(\partial\ln q/\partial\ln V)_T=1$。因此有

$$\mu=\frac{G}{N}=-k_{\mathrm{B}}T\ln\frac{q}{N} \tag{14.1.1b}$$

热力学平衡的条件之一是体系不同部分之间物质的化学势相等。我们前面已经提到，单粒子配分函数可以看作是总有效单粒子量子态数，因此 q/N 可以看作是平均每个粒子所占据的有效量子态数。(14.1.1b)表明，平均有效量子态数越多，相应的化学势越低。由玻尔兹曼分布律得到

$$\frac{q}{N}=\frac{\omega_1\mathrm{e}^{-\frac{\varepsilon_1}{k_{\mathrm{B}}T}}}{n_1}=\frac{\omega_2\mathrm{e}^{-\frac{\varepsilon_2}{k_{\mathrm{B}}T}}}{n_2}=\cdots \tag{14.1.2}$$

它表明，平衡时不仅体系不同部分分子的平均有效量子态数相等，而且对所有微观状态而言亦是如此。这可以看成是粒子在能级间达到平衡的条件。在(14.1.2)中，$\frac{q}{N}$是在一个宏观相中平均每个分子所占有的有效量子态数，其他的是每一个能级上平均每个分子所占有的有效量子态数。从微观意义上讲，物质平衡的条件就是不同能级上的分子占有相同的有效量子态，不妨将这些微观状态称为微观相。由此可见，化学势是粒子占有有效量子态数的量度。在趋向平衡的过程中，物质从有效量子态数少的（宏观和微观）相向有效量子态数多的相传输。

根据配分函数分解的定理和平动配分函数正比于体积的事实，可以写出

$$q=q'_{\mathrm{t}}Vq_{\mathrm{in}}=q'V \tag{14.1.3}$$

其中 q'_{t}和 q'分别表示单位体积的平动配分函数以及按单位体积计算的总的配分函数，q_{in}为分子内自由度的配分函数。因此

$$\mu=-k_{\mathrm{B}}T\ln\frac{q'_{\mathrm{t}}Vq_{\mathrm{in}}}{N}=-k_{\mathrm{B}}T\ln\frac{q'_{\mathrm{t}}q_{\mathrm{in}}}{n}=-k_{\mathrm{B}}T\ln\frac{q'}{n} \tag{14.1.4}$$

其中 n 为分子的密度，即单位体积中分子的数目。同样地，一个化学反应

$$aA + bB \!=\!=\!= gG + hH \tag{14.1.5}$$

处于平衡的条件是

$$a\mu_A + b\mu_B = g\mu_G + h\mu_H \tag{14.1.6}$$

利用化学势的统计表述就是

$$a\ln\frac{q'_A}{n_A} + b\ln\frac{q'_B}{n_B} = g\ln\frac{q'_G}{n_G} + h\ln\frac{q'_H}{n_H} \tag{14.1.7}$$

由此可得

$$\left(\frac{q'_A}{n_A}\right)^a\left(\frac{q'_B}{n_B}\right)^b = \left(\frac{q'_G}{n_G}\right)^g\left(\frac{q'_H}{n_H}\right)^h$$

$$\Rightarrow K_n \equiv \frac{n_G{}^g n_H{}^h}{n_A{}^a n_B{}^b} = \frac{q'_G{}^g q'_H{}^h}{q'_A{}^a q'_B{}^b} \tag{14.1.8}$$

从上式可以看出，气体反应的平衡常数可以用反应分子的单粒子配分函数表示出来。

由(14.1.1)可见化学势是相对的，为了能够利用化学势进行化学平衡的计算，必须选取共同的参考状态。显然，同一物质的不同状态必须采纳共同的能量零点，才可以写出(14.1.2)。同样地，(14.1.7)成立的条件是所有物质配分函数的计算采纳了共同的能量零点。

§14.2　配分函数中的共同能量零点

在热力学中，物质的稳定单质的状态是化学反应热力学函数(包括化学势)的参考状态。在理论的考虑中，也可以采用更为简单、更为直接的状态作为标准，这就是化学反应中所有相关分子都分解成基态原子的状态。一个分子 M 由基态解离成为基态原子所需要的能量称为解离能，用 $D_{0,M}$表示。选定基态原子的状态作为能量零点，分子基态的能量就是

$$\varepsilon_{0,M} = -D_{0,M} \tag{14.2.1}$$

用 f 表示以分子的基态为能量零点的单位体积的配分函数，用 q'表示以原子基态为共同能量零点的分子的单位体积的配分函数，二者之间的关系是

$$q'_M = \frac{1}{V}\sum_i \omega_i e^{-\varepsilon_i/k_BT} = \frac{1}{V}\sum_i \omega_i e^{-(\varepsilon_i-\varepsilon_{0,M})/k_BT} e^{-\varepsilon_{0,M}/k_BT} = f_M e^{-\varepsilon_{0,M}/k_BT} \tag{14.2.2}$$

一个化学反应

$$aA + bB \!=\!=\!= gG + hH \tag{14.2.3}$$

从基态的反应物到基态的产物(0 K 时的反应)按分子计量的能量改变为

$$\begin{aligned}\Delta\varepsilon_0 &= (g\varepsilon_{0,G} + h\varepsilon_{0,H}) - (a\varepsilon_{0,A} + b\varepsilon_{0,B})\\ &= (aD_{0,A} + bD_{0,B}) - (gD_{0,G} + gG_{0,H})\end{aligned} \tag{14.2.4}$$

以双原子分子反应

$$H_2(g) + D_2(g) \!=\!=\!= 2HD(g) \tag{14.2.5}$$

为例。各分子基态相对于共同能量零点的能量如图 14.2.1 所示。

在 0 K 时，上述反应按分子计量的能量改变为

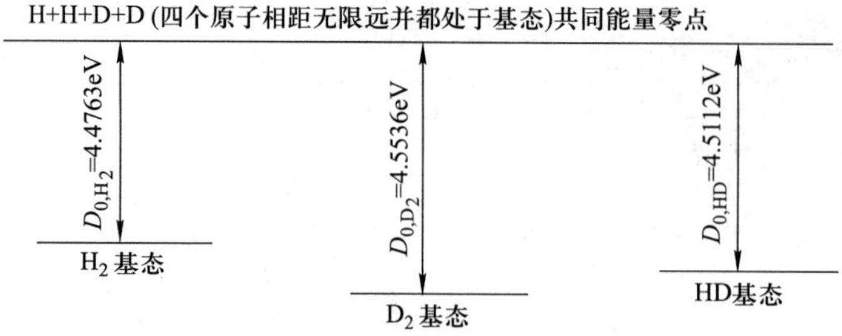

图 14.2.1 各分子基态相对于共同能量零点的能量

$$\Delta\varepsilon_0 = 2\varepsilon_{0,\mathrm{HD}} - (\varepsilon_{0,\mathrm{H_2}} + \varepsilon_{0,\mathrm{D_2}}) = (D_{0,\mathrm{H_2}} + D_{0,\mathrm{D_2}}) - 2D_{0,\mathrm{HD}}$$
$$= 0.0075\ \mathrm{eV} = 12.0 \times 10^{-22}\,\mathrm{J} \tag{14.2.6}$$

而摩尔反应能量为

$$\Delta H_{\mathrm{m}}(0\ \mathrm{K}) = \Delta U_{\mathrm{m}}(0\ \mathrm{K}) = \Delta\varepsilon_0 N_{\mathrm{A}} = 12.0 \times 10^{-22}\,\mathrm{J} \times 6.022 \times 10^{23}\,\mathrm{mol^{-1}}$$
$$= 723\ \mathrm{J \cdot mol^{-1}} \tag{14.2.7}$$

有了以上的准备,现在可以讨论用统计理论表达化学平衡的问题了。

§14.3 平衡常数的统计表达式

使用以分子基态作为能量零点得到的配分函数,用分子数密度表达的化学反应平衡常数(14.1.8)可以写为

$$K_n = \frac{n_{\mathrm{G}}^g n_{\mathrm{H}}^h}{n_{\mathrm{A}}^a n_{\mathrm{B}}^b} = \frac{f_{\mathrm{G}}^g f_{\mathrm{H}}^h}{f_{\mathrm{A}}^a f_{\mathrm{B}}^b} \mathrm{e}^{-\frac{\Delta\varepsilon_0}{k_{\mathrm{B}}T}} \tag{14.3.1}$$

再次强调一下,公式中的配分函数是以分子的基态作为各自的能量零点的单位体积的配分函数。其他形式的平衡常数可以从(14.3.1)推演出来。例如,利用理想气体定理,$p = nk_{\mathrm{B}}T$,反应物和产物都是气体时的标准平衡常数为

$$K_p^{\ominus} = \frac{\left(\frac{p_{\mathrm{G}}}{p^{\ominus}}\right)^g \left(\frac{p_{\mathrm{H}}}{p^{\ominus}}\right)^h}{\left(\frac{p_{\mathrm{A}}}{p^{\ominus}}\right)^a \left(\frac{p_{\mathrm{B}}}{p^{\ominus}}\right)^b} = \frac{\left(n_{\mathrm{G}}\frac{k_{\mathrm{B}}T}{p^{\ominus}}\right)^g \left(n_{\mathrm{H}}\frac{k_{\mathrm{B}}T}{p^{\ominus}}\right)^h}{\left(n_{\mathrm{A}}\frac{k_{\mathrm{B}}T}{p^{\ominus}}\right)^a \left(n_{\mathrm{B}}\frac{k_{\mathrm{B}}T}{p^{\ominus}}\right)^b}$$
$$= \frac{f_{\mathrm{G}}^g f_{\mathrm{H}}^h}{f_{\mathrm{A}}^a f_{\mathrm{B}}^b} \mathrm{e}^{-\frac{\Delta\varepsilon_0}{k_{\mathrm{B}}T}} \left(\frac{k_{\mathrm{B}}T}{p^{\ominus}}\right)^{\Delta\nu} = K_n \left(\frac{k_{\mathrm{B}}T}{p^{\ominus}}\right)^{\Delta\nu} \tag{14.3.2}$$

其中 $\Delta\nu$ 为反应分子计量数的改变。我们看到,平衡常数完全可以用分子的性质来预言。这些分子的微观性质绝大多数可以从光谱测量准确得到,因此通过统计热力学计算可以获得相当准确的平衡常数的数据。平衡常数还有其他的形式,如浓度平衡常数 K_c,摩尔分数平衡常数 K_x,等等。请读者自己推导这些平衡常数用统计热力学方法表示的公式。若理想气体反应前后分子数没有变化,则有

$$K_n = K_p^{\ominus} = K_c = K_x \tag{14.3.3}$$

【例 14.3.1】计算反应 $H_2(g) + D_2(g) \!=\!=\!= 2HD(g)$ 在 195 K,298 K,670 K 时的平

衡常数。

解　由于这是一个等分子反应，各种形式的平衡常数是一样的。将对应于线性分子，并以分子基态为能量零点的配分函数写为

$$f=\left(\frac{2\pi mk_BT}{h^2}\right)^{3/2}\left(\frac{T}{\sigma\theta_r}\right)\prod_i\left[\frac{1}{1-e^{-\frac{\theta_{v,i}}{T}}}\right]$$

代入(14.3.1)式，得

$$K=\frac{f_{HD}^2}{f_{H_2}f_{D_2}}e^{-\frac{\Delta\varepsilon_0}{k_BT}}=\left(\frac{m_{HD}^2}{m_{H_2}m_{D_2}}\right)^{\frac{3}{2}}\left(\frac{\sigma_{H_2}\sigma_{D_2}}{\sigma_{HD}^2}\right)\left(\frac{I_{HD}^2}{I_{H_2}I_{D_2}}\right)\frac{[1-e^{-\theta_v(H_2)/T}][1-e^{-\theta_v(D_2)/T}]}{[1-e^{-\theta_v(HD)/T}]^2}e^{-\frac{\Delta\varepsilon_0}{k_BT}}$$

已知 $\sigma_{H_2}=2$，$\sigma_{D_2}=2$，$\sigma_{HD}=1$，查找到所有需要的分子性质数据，

	$M/(g\cdot mol^{-1})$	$I/(10^{-48}kg\cdot m^2)$	θ_v/K	D_0/eV
H_2	2.0156	4.599	6338	4.4763
D_2	4.0282	9.199	4488	4.5536
HD	3.0219	6.129	5492	4.5112

得到

$K=4.24\times e^{-87.1\ K/T}$		
T/K	平衡常数(计算值)	平衡常数(实验值)
195	2.71	2.95
298	3.16	3.28
670	3.72	3.78

理论计算与实验的符合是相当好的，而且温度越高，符合越好。

§14.4　标准热力学函数

我们已经看到，统计热力学函数的数值与能量零点的选取相关。将基态能量记作 ε_0，分子的配分函数为

$$q=e^{-\frac{\varepsilon_0}{k_BT}}q_0 \tag{14.4.1}$$

此处，q_0 表示以分子基态为能量零点的(包含了体积的)配分函数。实验上可以测得的热力学函数与配分函数 q_0 对应，ε_0 项的贡献实际上是无法获得的。例如

$$U_m^{\ominus}(T)=RT^2\left(\frac{\partial\ln q}{\partial T}\right)_V=RT^2\left(\frac{\partial\ln q_0}{\partial T}\right)_V+N_A\varepsilon_0 \tag{14.4.2}$$

其中 $N_A\varepsilon_0$ 就是 0 K 和一个标准大气压下 1 mol 假想理想气体物质的内能，$U_m^{\ominus}(0\ K)$。将除去 $U_m^{\ominus}(0\ K)$贡献的内能称为标准内能函数。

$$U_{\mathrm{m}}^{\ominus}(T)-U_{\mathrm{m}}^{\ominus}(0\ \mathrm{K})=RT^{2}\left(\frac{\partial \ln q_{0}}{\partial T}\right)_{V} \tag{14.4.3}$$

同样地,定义标准焓函数为

$$H_{\mathrm{m}}^{\ominus}(T)-H_{\mathrm{m}}^{\ominus}(0\ \mathrm{K})=RT\left[\left(\frac{\partial \ln q_{0}}{\partial \ln T}\right)_{V}+\left(\frac{\partial \ln q_{0}}{\partial \ln V}\right)_{T}\right] \tag{14.4.4}$$

为了消除 $N_{\mathrm{A}}\varepsilon_{0}$ 的不确定性对其他热力学量的影响,定义标准赫尔姆霍兹自由能函数为

$$\frac{F_{\mathrm{m}}^{\ominus}(T)-U_{\mathrm{m}}^{\ominus}(0\ \mathrm{K})}{T}=-R\ln\left(\frac{q_{0}\mathrm{e}}{N_{\mathrm{A}}}\right) \tag{14.4.5}$$

标准吉布斯自由能函数为

$$\frac{G_{\mathrm{m}}^{\ominus}(T)-H_{\mathrm{m}}^{\ominus}(0\ \mathrm{K})}{T}=-R\ln\left(\frac{q_{0}}{N_{\mathrm{A}}}\right) \tag{14.4.6}$$

标准熵函数为

$$S_{\mathrm{m}}^{\ominus}(T)=R\ln\left(\frac{q_{0}\mathrm{e}}{N_{\mathrm{A}}}\right)+RT\left(\frac{\partial \ln q_{0}}{\partial T}\right)_{V} \tag{14.4.7}$$

标准热力学函数可以由统计热力学计算得到,并列表,以供化学平衡计算时查阅数据。

【练习】证明熵的值与能量零点选取无关。

§14.5 双分子反应的过渡态理论

作为统计热力学和化学平衡计算的一个特别的应用,下面介绍在化学动力学理论中有重要地位的过渡态理论。第八章详细讨论了势能面,势能面对化学反应动力学来说是重要而基本的概念。简单地说,势能面是玻恩-奥本海默近似下包含了电子的贡献后原子核(因此也就是原子)之间的相互作用势能。在势能面上存在着连接反应物最稳定构型与产物最稳定构型的能量最低路径,描述这一路径的坐标为内禀反应坐标(intrinsic reaction coordinate,IRC)。定性地说,沿内禀反应坐标的势能曲线的典型形状有四种(图14.5.1)。其中,以第三种(c)最具有代表性,它上面存在着特殊的一个点,是反应坐标中的能量最高点,但在该点垂直于反应坐标的势能面的截面内,它又是邻域上的能量最低点,即在势能面上它是一个鞍点。这一点的邻域对于化学反应而言是最关键的,人们称之为过渡态。

20世纪30年代由艾林等人创立的过渡态理论(transition state theory)深刻地影响了化学动力学理论的发展。它的基础就是统计热力学的平衡理论。考虑典型的双分子基元反应

$$\mathrm{A}+\mathrm{B}\longrightarrow \mathrm{C}+\mathrm{D}$$

其他分子数的基元反应的处理原则是一样的,只是公式的具体形式会相应地有变化。过渡态理论最基本的假设是:反应体系在鞍点处形成过渡态复合物 X,并且过渡态与反应物之间满足平衡假设

$$\mathrm{A}+\mathrm{B}\rightleftharpoons \mathrm{X}\longrightarrow \mathrm{C}+\mathrm{D} \tag{14.5.1}$$

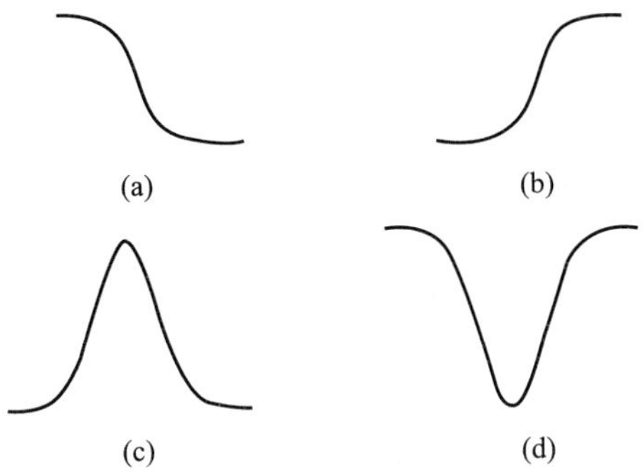

图 14.5.1　在内禀反应坐标上的四种典型的势能曲线

如果知道 X 的分子数密度 n_X 和穿过鞍点形成产物的频率 ν，便可以计算反应的速率：

$$r=\frac{\mathrm{d}n_\xi}{\mathrm{d}t}=k_r n_A n_B=\nu\cdot n_X \tag{14.5.2}$$

其中 n_ξ 为以分子数密度表示的反应进度；n_A，n_B 为以分子数密度表示的反应物的浓度。根据平衡假设，过渡态 X 与反应物 A，B 处于平衡，由统计热力学得到

$$\frac{n_X}{n_A n_B}=\frac{f_X}{f_A f_B}\mathrm{e}^{-\frac{\Delta\varepsilon_0}{k_B T}} \tag{14.5.3}$$

与 § 14.3 节中的规定一样，公式中的 f 是以分子的基态作为各自的能量零点的单位体积的配分函数，$\Delta\varepsilon_0$ 为过渡态基态能量减去反应物基态能量所得到的能量差。

反应物 A 和 B 的配分函数按照标准的计算方法容易得到。这里需要特别讨论过渡态配分函数的计算。过渡态复合物是两个反应分子复合而成的，因此其平动和转动自由度都应作为一个分子对待。振动自由度中，过渡态处于势能面的鞍点，具有特殊的性质：它沿内禀反应坐标不是束缚状态；而沿其他坐标则和稳定分子类似，处于束缚状态。对于束缚状态的那些振动自由度，可以用标准的方法得到配分函数，而内禀反应坐标这一自由度必须作特殊处理。人们曾采用各种近似得到内禀反应坐标上的配分函数，我们这里采用的近似是将过渡态在内禀反应坐标上的运动作为一维平动处理，因此其配分函数为

$$f_{\mathrm{IRC}}=\frac{(2\pi m^{\neq} k_B T)^{\frac{1}{2}}\delta}{h} \tag{14.5.4}$$

其中 $m^{\neq}$ 表示过渡态内禀反应坐标上的有效质量，δ 为内禀反应坐标上一维方势阱模型的势阱长度，它们的值都未知，但幸运的是它们在最后的结果中并不出现。现在将除了过渡态在内禀反应坐标上的配分函数之外的其他的过渡态自由度的配分函数记为 $f^{\neq}$，就得到

$$n_X=n_A n_B\,\frac{(2\pi m^{\neq} k_B T)^{\frac{1}{2}}\delta}{h}\,\frac{f^{\neq}}{f_A f_B}\mathrm{e}^{-\frac{\Delta\varepsilon_0}{k_B T}} \tag{14.5.5}$$

根据同样的模型，内禀反应坐标上粒子向一个方向(产物方向)运动的平均平动速率为

$$\langle\dot{x}\rangle=\left(\frac{k_B T}{2\pi m^{\neq}}\right)^{\frac{1}{2}} \tag{14.5.6}$$

这样分子穿过鞍点区形成产物的频率就是

$$\nu = \frac{\langle \dot{x} \rangle}{\delta} = \left(\frac{k_B T}{2\pi m^{\neq}}\right)^{\frac{1}{2}} \frac{1}{\delta} \tag{14.5.7}$$

将 n_X 和 ν 的表达式代入(14.5.2),便得到经典的过渡态理论计算化学反应速率的公式

$$r = \frac{k_B T}{h} \frac{f^{\neq}}{f_A f_B} e^{-\frac{\Delta\varepsilon_0}{k_B T}} n_A n_B \tag{14.5.8}$$

即,过渡态理论预言的化学反应的速率常数为

$$k_r = \frac{k_B T}{h} \frac{f^{\neq}}{f_A f_B} e^{-\frac{\Delta\varepsilon_0}{k_B T}} \tag{14.5.9}$$

近年来,人们通过对经典过渡态理论的重新审视,对这一理论的物理内涵有了更清楚、更全面的认识,在此基础上发展起来变分过渡态理论。变分过渡态理论不仅使计算结果更准确,而且可以处理更一般的势能面的体系,包括在内禀反应坐标上不存在鞍点的情形。进一步的讨论可以阅读赵新生编著的《化学反应理论导论》。

在(14.5.9)中反应物的浓度单位是分子数密度,如果使用其他的浓度单位,需要对它进行改写。例如,当物质的量的单位是 mol 时,有

$$k_r = N_A \frac{k_B T}{h} \frac{f^{\neq}}{f_A f_B} e^{-\frac{\Delta\varepsilon_0}{k_B T}} \tag{14.5.10}$$

使用不同浓度单位时,各物理量的单位会有相应的调整。读者在使用时应对单位的换算给予足够的重视。

【练习】 推导(14.5.6)式。

§14.6 过渡态理论的热力学形式

在前面推导过渡态理论的速率常数公式时,我们假定所涉及的反应是理想气体近似下的气相反应。基于实验观察,我们可以将过渡态理论推广到更复杂的体系,特别是凝聚相溶液反应。当将过渡态理论应用于凝聚相体系时,过渡态理论的热力学形式更为方便。我们注意到,速率公式(14.5.10)由一个频率因子

$$k_0 = \frac{k_B T}{h} \tag{14.6.1}$$

和一个具有平衡常数性质的因子

$$\frac{K_c^{\neq}}{c^{\ominus}} = N_A \frac{f^{\neq}}{f_A f_B} e^{-\frac{\Delta E_0}{RT}} \tag{14.6.2}$$

构成,其中 $c^{\ominus}$ 为单位浓度,反应物和过渡态的配分函数及它们之间的能量差(ΔE_0)则应包含溶剂的贡献。利用热力学关系可以定义与(14.6.2)对应的活化自由能,以及活化焓和活化熵:

$$RT\ln K_c^{\neq} = -\Delta^{\neq} G_m^{\ominus}, \qquad \Delta^{\neq} G_m^{\ominus} = \Delta^{\neq} H_m^{\ominus} - T\Delta^{\neq} S_m^{\ominus} \tag{14.6.3}$$

因此

$$K_c^{\neq}=e^{-\frac{\Delta^{\neq}G_m^{\ominus}}{RT}}=e^{\frac{\Delta^{\neq}S_m^{\ominus}}{R}}e^{-\frac{\Delta^{\neq}H_m^{\ominus}}{RT}}$$

于是，过渡态理论可以写成

$$k_r=k_0\frac{K_c^{\neq}}{c^{\ominus}}=\frac{k_0}{c^{\ominus}}e^{\frac{\Delta^{\neq}S_m^{\ominus}}{R}}e^{-\frac{\Delta^{\neq}H_m^{\ominus}}{RT}} \tag{14.6.4}$$

过渡态理论的这一热力学形式非常有用，因为我们可以利用焓、熵和自由能这些热力学概念所包含的物理意义来理解各种因素对反应的影响，分析和认识复杂化学反应的性质和规律。同样需要提醒的是，活化焓、活化熵和活化自由能的取值与浓度单位有关。

为了找到化学反应速率常数的阿仑尼乌斯形式

$$k_r=Ae^{-\frac{E_a}{RT}} \tag{14.6.5}$$

与过渡态理论的关系，利用反应活化能的微分定义式

$$E_a=RT^2\frac{d\ln k_r}{dT} \tag{14.6.6}$$

将(14.6.4)代入上式，并假设活化熵与活化焓均不随温度改变，得到

$$E_a=RT+\Delta^{\neq}H_m^{\ominus} \tag{14.6.7}$$

因而，指前因子被指定为

$$A=\frac{k_BT}{h}\frac{e}{c^{\ominus}}e^{\frac{\Delta^{\neq}S_m^{\ominus}}{R}} \tag{14.6.8}$$

于是，可以通过实验获得过渡态理论热力学形式的各种热力学量。上面的式子表明，活化能主要由活化焓决定，而指前因子主要由活化熵决定。当然，这种对应只是大致的，因为在经验的阿仑尼乌斯公式中，A 和 E_a 都与温度无关；而(14.6.7)和(14.6.8)所定义的这两个物理量都随温度变化而改变。

习　题

14.1　已知 CO_2 的转动惯量为 $7.18\times10^{-46}\ \mathrm{kg\cdot m^2}$，四个简谐振动的特征温度分别为 1890 K，3360 K，954 K，954 K。请计算 500 K 的 $\frac{H_m^{\ominus}(T)-H_m^{\ominus}(0\ \mathrm{K})}{T}$，$\frac{G_m^{\ominus}(T)-H_m^{\ominus}(0\ \mathrm{K})}{T}$ 及 $S_m^{\ominus}(T)$。

14.2　求 298.15 K 时反应 $Cl(g)+H_2(g) = HCl(g)+H(g)$ 和 $Cl(g)+D_2(g) = DCl(g)+D(g)$ 的标准平衡常数。已知：

	$m/(\mathrm{g\cdot mol^{-1}})$	θ_r/K	θ_v/K	D_0/eV
H_2	2.016	87.53	6338	4.476
HCl	36.461	15.24	4302	4.425

Cl 的电子基态为四重简并；第一激发态比基态能量高 881 $\mathrm{cm^{-1}}$，为二重简并；更高的电子激发态可忽略。H 的电子基态为二重简并。$m_{D_2}=4.028\ \mathrm{g\cdot mol^{-1}}$。

14.3 实验测得 500 K 时 Cl+H_2 反应的速率常数为 $8.0\times10^{10}\ dm^3\cdot mol^{-1}\cdot s^{-1}$。请用过渡态理论计算 Cl+$D_2$ 反应的速率常数。假设两个体系的势能面性质一样(因此稳定分子和过渡态的构型不变)。并且知道过渡态 ClHH 为线性结构,其键长为 $r^{\neq}_{ClH}=0.145$ nm,$r^{\neq}_{HH}=0.092$ nm。为了节省计算时间,假设两个体系的过渡态的振动频率一样。反应物中,$\nu_{H_2}=4395\ cm^{-1}$。

第十五章　统计系综与经典相空间

统计物理学的统计系综方法原则上可以处理任何热平衡体系，包括粒子之间的相互作用不可忽略，即相依子体系。当粒子的量子力学效应很弱，其运动可以用经典力学来描述时，用经典相空间的语言可以大大简化理论处理。本章对这些思想和方法给予简单的介绍。

§15.1　统计系综

1. 系综的概念

到目前为止，我们的对象都是独立子体系。这是限制性很强的体系，现实当中只有稀薄气体和少数的凝聚态体系才可以用独立子的模型来描述。当体系中粒子间的相互作用必须被考虑时，称之为相依子体系。由吉布斯发展的系综理论是处理一般的统计热力学问题（包括独立子体系和相依子体系）的强大理论工具。我们要研究一瓶水，称之为样本。在一定的宏观约束下，例如体积 V，温度 T，粒子数 N 确定时，分子就会处于相应的微观状态的集合中。如何从这些状态预测在 V,T,N 确定的宏观约束下这瓶水的热力学性质（例如压力）呢？假设能够得到无数个和样本在宏观上一模一样的拷贝，并且有无数个人在某一个时刻同时非常精确地测量每一个拷贝的压力。然后，将所有的测量取平均，可以预期这个平均值就是样本的最概然压力，也就是我们做测量时最可能得到的压力。显然，这样的无数个拷贝在现实中是不可能得到的，这样的实验在现实中也是不可能实现的。但是，它们却很容易在假想的精神的世界中实现。我们称在精神世界中假想出来的真实样本的大量拷贝为统计系综，在统计系综中有 η 个拷贝，$\eta\to\infty$。

2. 系综的分类

按照宏观约束条件的不同，常见的统计系综被划分为：

1）微正则系综：样本是能量 E，体积 V，粒子数 N 确定的体系；

2）正则系综：样本是温度 T，体积 V，粒子数 N 确定的体系；

3）巨正则系综：样本是温度 T，体积 V，化学势 μ 确定的体系。

事实上，以前讨论的独立子体系就是一个微正则系综。现在，假设通过求解薛定谔方程，得到了宏观约束下样本的所有能级的能量以及每一个能级的简并度 $\{E_i,\Omega_i\}$。请注意，这里的能级和简并度与独立子体系的含义不同，这里是考虑到了所有相互作用之后整个体系的能级和简并度，而在独立子体系中讨论的是单独一个微观粒子的微观能级和简并度。由于宏观体系所包含的粒子数目庞大，对实际测量有明显贡献的那些能级的 E_i 都是与体系宏观测量到的平均能量可比拟的，而相应的 Ω_i 则是比体系所包含的粒子数目更为庞大的数目。

3. 基于系综概念的统计热力学基本假设

第七章中统计热力学的两个基本假设,在统计系综的情形被扩展为:

等概率原理:在微正则系综中,宏观约束下的任一个可及量子状态在热平衡时出现的概率都相同,并以同样的概率在系综的拷贝中分布。这一基本假设又被称为各态历经假设。

统计平均等效性原理:对样本的宏观物理量的实际测量结果等于对系综中所有拷贝的测量结果按出现概率权重的统计平均值。

4. 正则系综的玻尔兹曼分布率

现在我们以正则系综为例,介绍如何用系综方法获得体系的统计热力学性质。

取现实样本的 η 个拷贝组成正则系综,它们具有和实际样本相同的 T,V 和 N。设想将这 η 个拷贝并列堆积到一起,让它们之间存在热交换,但是不允许它们与环境有热交换。因而作为整体,正则系综自身构成一个隔离体系。考虑这个隔离体系关于状态的某种分布 X:

$$\begin{array}{ll} \text{能级} & E_1, E_2, \cdots, E_i, \cdots \\ \text{简并度} & \Omega_1, \Omega_2, \cdots, \Omega_i, \cdots \\ \text{拷贝数} & \eta_1, \eta_2, \cdots, \eta_i, \cdots \end{array} \tag{15.1.1}$$

体系的任何分布必须满足如下的隔离体系的总能量 E_T 不变

$$E_T = \sum_i \eta_i E_i \tag{15.1.2}$$

和体系中拷贝的总数目不变

$$\eta = \sum_i \eta_i \tag{15.1.3}$$

的约束条件。请注意,体系中的拷贝是宏观的,因此是可以识别的。我们的问题是,正则系综这个隔离体系可以有多少种(15.1.1)这样的分布呢?稍加考虑就会发现,这个问题的数学处理与第十二章的定域独立子体系完全相同。正则系综整体可以看成是一个粒子数($=\eta$)、能量($=E_T$)、体积($=\eta V$)确定的定域子体系。因此,可以直接引用第十二章的一系列结果。例如,隔离体系关于(15.1.1)那种分布的状态数目为

$$t_X = \eta! \prod_i \frac{\Omega_i^{\eta_i}}{\eta_i!} \tag{15.1.4}$$

隔离体系的总的可及状态数为

$$\Sigma = \sum_X t_X = \sum_X \left(\eta! \prod_i \frac{\Omega_i^{\eta_i}}{\eta_i!} \right)_X \tag{15.1.5}$$

现在,以正则系综整体这一隔离体系为一个样本,构造一个更大的系综。有意思的是,因为这个样本的粒子数($=\eta$)、能量($=E_T$)、体积($=\eta V$)确定,所以这样一个更大的系综却是一个微正则系综。为了讨论起来更直观,不妨取这个微正则系综的总拷贝数为隔离体系的总的可及状态数 Σ(或其一定倍数)。根据等概率原理,微正则系综中任一个可及量子状态在热平衡时出现的概率都相同,并以同样的概率在微正则系综的拷贝中分

布。因而满足分布 X 的状态数目就是 t_X(或其相应一定倍数),也就是说,状态分布 X 在微正则系综的拷贝中出现的概率为

$$P_X=\frac{t_X}{\Sigma} \tag{15.1.6}$$

而这一概率也就是相应的状态分布在现实那个样本中出现的概率。

然后,与第十二章一样,采用撷取最大项原理,以**最概然分布**所获得的分布概率来代表所有分布。经过与推导玻尔兹曼分布律相同的数学处理,得到能量为 E_i 的能级在正则系综中出现的概率的计算公式为

$$P_i=\frac{\eta_i^*}{\eta}=\frac{\Omega_i\mathrm{e}^{-\beta E_i}}{\sum_i\Omega_i\mathrm{e}^{-\beta E_i}} \tag{15.1.7}$$

其中 η_i^* 为最概然分布时能量为 E_i 的拷贝数。(15.1.7)被称为系综的玻尔兹曼分布律。虽然在形式上它与独立子体系的玻尔兹曼分布律相同,却有不同的含义。这里是具有宏观能量为 E_i 的状态在样本(即体系)中出现的概率,而那里是微观粒子占据具有能量 ε_i 的微观能级的概率。定义体系的配分函数为

$$Q=\sum_i\Omega_i\mathrm{e}^{-\beta E_i} \tag{15.1.8}$$

利用与第十二、十三章相同的步骤,便可得到所有热力学函数用体系配分函数表达的公式。同样地,经过与热力学建立联系后会发现

$$\beta=\frac{1}{k_\mathrm{B}T} \tag{15.1.9}$$

主要的热力学函数用体系的配分函数表示的统计表达式如下:

$$U=k_\mathrm{B}T^2\left(\frac{\partial\ln Q}{\partial T}\right)_V \tag{15.1.10}$$

$$p=k_\mathrm{B}T\left(\frac{\partial\ln Q}{\partial V}\right)_T \tag{15.1.11}$$

$$S=k_\mathrm{B}\ln Q+\frac{U}{T} \tag{15.1.12}$$

$$H=k_\mathrm{B}T\left[\left(\frac{\partial\ln Q}{\partial\ln T}\right)_V+\left(\frac{\partial\ln Q}{\partial\ln V}\right)_T\right] \tag{15.1.13}$$

$$F=-k_\mathrm{B}T\ln Q \tag{15.1.14}$$

$$G=-k_\mathrm{B}T\left[\ln Q-\left(\frac{\partial\ln Q}{\partial\ln V}\right)_T\right] \tag{15.1.15}$$

再次强调,这里的结果普遍适用于任何体系。

在独立子体系的情况下,

$$E_i=\sum_{j=1}^N\varepsilon_{ij}$$

$$\Omega_i=\prod_{j=1}^N\omega_{ij} \tag{15.1.16}$$

其中,ε_{ij},ω_{ij} 分别表示体系处于能级 i 时第 j 个粒子具有的能量和简并度。将(15.1.16)代入(15.1.8),按粒子分别归类,经过整理在经典极限下就会得到

$$Q=\begin{cases}\dfrac{q^N}{N!}, & \text{经典离域子}\\ q^N, & \text{定域子}\end{cases} \tag{15.1.17}$$

其中 q 为单粒子配分函数,从而可以获得第十二、十三章的结果,请读者自己验证。

§15.2 统计涨落

统计系综理论不仅可以处理普遍性的问题,而且还提供了另一个强大的工具,就是对测量结果的涨落进行分析。热力学体系的一个热力学量 A 一般都会存在涨落,令 $\langle A\rangle$ 为系综平均值,一次测量的偏差为

$$\Delta A=A-\langle A\rangle \tag{15.2.1}$$

其系综平均为

$$\langle \Delta A\rangle=0 \tag{15.2.2}$$

所以 $\langle \Delta A\rangle$ 不是表征系综涨落的合适的参量。A 的标准方差定义为

$$\sigma_A^2=\langle (A-\langle A\rangle)^2\rangle \tag{15.2.3}$$

推导得到

$$\begin{aligned}\sigma_A^2&=\langle (A-\langle A\rangle)^2\rangle=\langle A^2\rangle-2\langle A\langle A\rangle\rangle+\langle A\rangle^2=\langle A^2\rangle-2\langle A\rangle\langle A\rangle+\langle A\rangle^2\\&=\langle A^2\rangle-\langle A\rangle^2\end{aligned} \tag{15.2.4}$$

标准偏差和相对标准偏差分别定义为

$$\sigma_A=\sqrt{\sigma_A^2},\qquad r_{\sigma,A}=\frac{\sigma_A}{\langle A\rangle} \tag{15.2.5}$$

当我们说体系的涨落时,通常指它的标准偏差或相对标准偏差。它们表征了体系的物理性质分布的分散(或集中)程度。可以用它来表征体系的内禀统计特性对测量误差的贡献。作为例子,我们讨论正则系综中能量(内能)的相对涨落。体系能量的系综平均值为

$$\langle E\rangle=\frac{1}{\eta}\sum_i\eta_iE_i=k_BT^2\left(\frac{\partial\ln Q}{\partial T}\right)_V=\frac{1}{Q}\sum_iE_i\Omega_i\mathrm{e}^{-\frac{E_i}{k_BT}} \tag{15.2.6}$$

或者

$$\langle E\rangle Q=\sum_iE_i\Omega_i\mathrm{e}^{-\frac{E_i}{k_BT}} \tag{15.2.7}$$

上式对 T 求偏微商,得

$$\left(\frac{\partial\langle E\rangle}{\partial T}\right)_VQ+\langle E\rangle\left(\frac{\partial Q}{\partial T}\right)_V=\frac{1}{k_BT^2}\sum_iE_i^2\Omega_i\mathrm{e}^{-\frac{E_i}{k_BT}} \tag{15.2.8}$$

同乘 k_BT^2,同除 Q,得

$$k_BT^2\left(\frac{\partial\langle E\rangle}{\partial T}\right)_V+\langle E\rangle\left[k_BT^2\,\frac{1}{Q}\left(\frac{\partial Q}{\partial T}\right)_V\right]=\frac{1}{Q}\sum_iE_i^2\Omega_i\mathrm{e}^{-\frac{E_i}{k_BT}} \tag{15.2.9}$$

也就是

$$k_BT^2C_V+\langle E\rangle^2=\langle E^2\rangle \tag{15.2.10}$$

因此

$$\langle E^2\rangle-\langle E\rangle^2=k_BT^2C_V \tag{15.2.11}$$

于是

$$r_{\sigma,E}=\sqrt{\frac{k_{\mathrm{B}}T^{2}C_{V}}{\langle E\rangle^{2}}} \tag{15.2.12}$$

例如，单原子理想气体

$$C_{V}=\frac{3}{2}Nk_{\mathrm{B}},\qquad \langle E\rangle=\frac{3}{2}Nk_{\mathrm{B}}T \tag{15.2.13}$$

因而

$$r_{\sigma,E}=\sqrt{\frac{2}{3N}} \tag{15.2.14}$$

单原子理想气体的能量相对涨落反比于粒子数目的平方根，复杂的分子和复杂的体系也应大致符合这样的关系。当粒子数是 10^{24} 量级时，能量的波动相对总能量而言完全可以忽略。

§15.3　经典相空间

在处理实际的相依子体系，如高压气体和溶液时，以能级作为基本语言的系综理论遇到巨大的麻烦：体系能级的能量和简并度常常是得不到的。早在量子力学产生之前，经典的统计物理学已经在相空间的概念之上发展出经典统计系综理论。统计热力学的经典相空间语言所适用的是那些可以采用经典力学近似的运动形态，如室温下质量较大的原子的运动，以及与其相关的分子的平动、转动和低频振动。这一理论形式在今天不仅没有被取代，反而随着人们对凝聚态（特别是液体）统计热力学问题的关心程度的增加而越来越得到重视和应用。

对于 N 个原子组成的体系（这里我们没有将分子作为基本单元），存在着动能函数 T 和势能函数 U。由它们可以定义一个拉格朗日函数

$$L=T-U \tag{15.3.1}$$

体系中原子运动的自由度是 $3N$。用 $q_1,q_2,\cdots,q_{3N}$ 表示独立坐标变量（广义坐标），则一般地

$$L=L(q_1,q_2,\cdots,q_{3N},\dot{q}_1,\dot{q}_2,\cdots,\dot{q}_{3N}) \tag{15.3.2}$$

由此，可以定义与广义坐标共轭的广义动量

$$p_i=\frac{\partial L}{\partial \dot{q}_i} \tag{15.3.3}$$

相应地，能量函数（哈密顿函数）将可以写成

$$H(q,p)=T(p)+U(q);\qquad q=(q_1,\cdots,q_{3N}),\quad p=(p_1,\cdots,p_{3N}) \tag{15.3.4}$$

它是运动的守恒量。而体系的运动可以由哈密顿运动方程描述：

$$\frac{\mathrm{d}p_i}{\mathrm{d}t}=-\frac{\partial H}{\partial q_i},\qquad \frac{\mathrm{d}q_i}{\mathrm{d}t}=\frac{\partial H}{\partial p_i} \tag{15.3.5}$$

引入以 p,q 为独立变量的相空间后，体系中所有粒子的运动就表现为一个相点在相空间的运动轨迹。现在，在经典热力学体系中引入统计系综。类似于量子力学中体系占

据量子态的概率问题,我们要探讨的是经典热力学体系的每一种状态作为相点在相空间中分布的概率。由于相空间是连续的,并且由于经典力学是量子力学的极限,正则系综的相点在相空间中的概率分布应有如下形式:

$$f(p,q)\mathrm{d}p\mathrm{d}q \propto \mathrm{e}^{-\frac{H(p,q)}{k_\mathrm{B}T}}\mathrm{d}p\mathrm{d}q \tag{15.3.6}$$

其中的 $f(p,q)$ 称作概率密度函数(或分布函数)。与量子体系类比,我们称

$$Q_{经典}=\int \mathrm{e}^{-\frac{H(p,q)}{k_\mathrm{B}T}}\mathrm{d}p\mathrm{d}q \tag{15.3.7}$$

为经典统计正则系综的配分函数。

对于非平衡态体系,存在着系综的随时间变化的概率密度函数 $f(p(t),q(t))$。我们不加证明地给出如下两个重要事实:

1) 由于相点的运动遵从哈密顿运动方程,可以推导出相空间的体积微元是运动的守恒量:

$$\mathrm{d}p(t)\mathrm{d}q(t)=\mathrm{d}p(0)\mathrm{d}q(0) \tag{15.3.8}$$

2) 概率密度函数的运动方程为

$$\frac{\partial f}{\partial t}=-\sum_{j=1}^{3N}\left(\frac{\partial f}{\partial q_j}\frac{\partial H}{\partial p_j}-\frac{\partial f}{\partial p_j}\frac{\partial H}{\partial q_j}\right)\equiv-[f,H]_{经典} \tag{15.3.9}$$

这个方程是非平衡态经典统计物理学的基本方程,称为刘维尔方程。

回到平衡态体系。为了找到用相空间表达的配分函数与用量子态表达的配分函数之间的关系,不妨将理想气体平动、转动和振动三种常见运动形式中经典极限下量子态的配分函数和经典相空间的配分函数加以比较。这里,我们直接给出结果,运算过程请读者验证。对于 N 个单原子分子的理想气体

$$Q_{经典}=[(2\pi mk_\mathrm{B}T)^{\frac{3}{2}}V]^N,\qquad Q_{量子}=\frac{1}{N!}\left[\left(\frac{2\pi mk_\mathrm{B}T}{h^2}\right)^{\frac{3}{2}}V\right]^N \tag{15.3.10}$$

对于一个线性转子

$$q_{经典}=8\pi^2Ik_\mathrm{B}T,\qquad q_{量子}=\frac{8\pi^2Ik_\mathrm{B}T}{h^2} \tag{15.3.11}$$

对于一个低频振动

$$q_{经典}=\frac{k_\mathrm{B}T}{\nu},\qquad q_{量子}=\frac{k_\mathrm{B}T}{h\nu} \tag{15.3.12}$$

由此我们得到如下的结论:

1) 体系相空间中的每一个广义坐标 q_i 对应的相体积元 $\mathrm{d}p_i\mathrm{d}q_i$ 与同一自由度上的量子态的数目 Δn_i 之间有如下的对应关系:

$$\Delta n_i=\frac{1}{h}\mathrm{d}p_i\mathrm{d}q_i \tag{15.3.13}$$

2) 离域子系综的经典配分函数与经典极限下的量子配分函数之间有如下对应关系:

$$Q_{量子}=\frac{Q_{经典}}{h^{3N}N!} \tag{15.3.14}$$

相应地,遵循分布函数归一化的要求,玻尔兹曼分布的经典统计形式就是

$$f(p,q)\mathrm{d}p\mathrm{d}q=\frac{1}{Q_{经典}}\mathrm{e}^{-\frac{H(p,q)}{k_{\mathrm{B}}T}}\mathrm{d}p\mathrm{d}q \tag{15.3.15}$$

根据以上这些对应关系，可以得到所有热力学函数用经典配分函数表达的公式。我们注意到，量子力学效应（普朗克常数和 $N!$）在有些情形会出现，而有些情形下不会出现。

§15.4　只存在两体相互作用的非理想气体

作为展示经典统计理论方便之处的例子，我们讨论分子间相互作用不可忽略的单组分单原子分子组成的气体。体系的哈密顿函数具有如下形式：

$$H(p,q)=\frac{1}{2m}\sum_{i=1}^{N}(p_{ix}^2+p_{iy}^2+p_{iz}^2)+U(\boldsymbol{r}_1,\cdots,\boldsymbol{r}_N) \tag{15.4.1}$$

由于动量与坐标在哈密顿函数中是互相分离的。在配分函数的计算中可以分别积分。

$$\begin{aligned}Q_{经典}&=\int\mathrm{e}^{-\frac{H(p,q)}{k_{\mathrm{B}}T}}\mathrm{d}p\mathrm{d}q\\&=\int\mathrm{e}^{-\frac{1}{2mk_{\mathrm{B}}T}\sum\limits_{i=1}^{N}(p_{ix}^2+p_{iy}^2+p_{iz}^2)}\mathrm{d}p\int\mathrm{e}^{-\frac{1}{k_{\mathrm{B}}T}U(\boldsymbol{r}_1,\cdots,\boldsymbol{r}_N)}\mathrm{d}q\\&=(2\pi mk_{\mathrm{B}}T)^{\frac{3N}{2}}Z_N\end{aligned} \tag{15.4.2}$$

其中

$$Z_N=\int\mathrm{e}^{-\frac{1}{k_{\mathrm{B}}T}U_N}\mathrm{d}q \tag{15.4.3}$$

称为构型积分，$U_N=U(\boldsymbol{r}_1,\cdots,\boldsymbol{r}_N)$。如果假设分子之间的相互作用只包含两体相互作用，即体系的势能函数具有形式

$$U_N=\sum_{i<j}u(r_{ij}) \tag{15.4.4}$$

则构型积分可以被分解为一系列的不同数目的原子对势能函数组合的簇积分而逐级近似地求出。对此，迈耶与合作者做了系统的工作。例如，他们证明，在气体状态方程的维里展开形式

$$\frac{p}{k_{\mathrm{B}}T}=\rho+B_2(T)\rho^2+B_3(T)\rho^3+\cdots \tag{15.4.5}$$

中（ρ 为气体的分子数密度），所有的展开系数皆可用因子

$$f_{ij}(r_{ij})=\mathrm{e}^{-\frac{u(r_{ij})}{k_{\mathrm{B}}T}}-1 \tag{15.4.6}$$

的一定积分形式表达，如

$$\begin{cases}B_2=-2\pi\int_0^{\infty}f(r)r^2\mathrm{d}r\\B_3=-\dfrac{1}{3V}\iiint f_{12}f_{13}f_{23}\mathrm{d}\boldsymbol{r}_1\mathrm{d}\boldsymbol{r}_2\mathrm{d}\boldsymbol{r}_3\\\cdots\cdots\end{cases} \tag{15.4.7}$$

从热力学原理知道：得到了体系的状态方程，就可以求出所有的热力学性质。因此，原则

上,如果两体相互作用的气体的状态方程可以用(15.4.5)的级数展开方式表达,则它在经典统计框架下的统计热力学问题可以足够精确地求解。

§15.5　径向分布函数

对于液体,将状态方程作级数展开的方法已经不能适用,需要寻找其他方法。径向分布函数是最常见的途径之一。我们以单原子分子体系为例进行讨论。对于哈密顿函数具有(15.4.1)形式的体系,发现第一个分子在 $\boldsymbol{r}_1$ 处的 $\mathrm{d}\boldsymbol{r}_1$ 内,第二个分子在 $\boldsymbol{r}_2$ 处的 $\mathrm{d}\boldsymbol{r}_2$ 内,……,第 N 个分子在 $\boldsymbol{r}_N$ 处的 $\mathrm{d}\boldsymbol{r}_N$ 内的概率为

$$P^{(N)}(\boldsymbol{r}_1,\cdots,\boldsymbol{r}_N)\mathrm{d}\boldsymbol{r}_1\cdots\mathrm{d}\boldsymbol{r}_N=\frac{\mathrm{e}^{-\frac{U_N}{k_\mathrm{B}T}}\mathrm{d}\boldsymbol{r}_1\cdots\mathrm{d}\boldsymbol{r}_N}{Z_N}\tag{15.5.1}$$

发现第一个分子在 $\boldsymbol{r}_1$ 处的 $\mathrm{d}\boldsymbol{r}_1$ 内,第二个分子在 $\boldsymbol{r}_2$ 处的 $\mathrm{d}\boldsymbol{r}_2$ 内,……,第 n 个分子在 $\boldsymbol{r}_n$ 处的 $\mathrm{d}\boldsymbol{r}_n$ 内,而不管其余 $N-n$ 个分子在哪里的概率为(15.5.1)关于第 $n+1$ 到 N 个分子的积分:

$$P^{(n)}(\boldsymbol{r}_1,\cdots,\boldsymbol{r}_n)\mathrm{d}\boldsymbol{r}_1\cdots\mathrm{d}\boldsymbol{r}_n=\frac{\left(\int\cdots\int\mathrm{e}^{-\frac{U_N}{k_\mathrm{B}T}}\mathrm{d}\boldsymbol{r}_{n+1}\cdots\mathrm{d}\boldsymbol{r}_N\right)\mathrm{d}\boldsymbol{r}_1\cdots\mathrm{d}\boldsymbol{r}_n}{Z_N}\tag{15.5.2}$$

于是,发现任意一个分子在 $\boldsymbol{r}_1$ 处的 $\mathrm{d}\boldsymbol{r}_1$ 内,任意一个分子在 $\boldsymbol{r}_2$ 处的 $\mathrm{d}\boldsymbol{r}_2$ 内,……,任意一个分子在 $\boldsymbol{r}_n$ 处的 $\mathrm{d}\boldsymbol{r}_n$ 内,而不管其余 $N-n$ 个分子在哪里的累积概率为

$$\rho^{(n)}(\boldsymbol{r}_1,\cdots,\boldsymbol{r}_n)\mathrm{d}\boldsymbol{r}_1\cdots\mathrm{d}\boldsymbol{r}_n=\frac{N!}{(N-n)!}P^{(n)}(\boldsymbol{r}_1,\cdots,\boldsymbol{r}_n)\mathrm{d}\boldsymbol{r}_1\cdots\mathrm{d}\boldsymbol{r}_n\tag{15.5.3}$$

这里使用累积概率这个词,以表明它不是归一化的。其中,最简单的分布函数是 $\rho^{(1)}(\boldsymbol{r}_1)$。对于液体,$P^{(1)}(\boldsymbol{r}_1)$在体积 V 内的任何位置上都是一样的,因此 $\rho^{(1)}(\boldsymbol{r}_1)$在体积 V 内的任何位置上都是一样的,并且有

$$\int\rho^{(1)}(\boldsymbol{r}_1)\mathrm{d}\boldsymbol{r}_1=N\int P^{(1)}(\boldsymbol{r}_1)\mathrm{d}\boldsymbol{r}_1=N=\rho V\tag{15.5.4}$$

其中 ρ 为液体的分子数密度。所以

$$\rho^{(1)}(\boldsymbol{r}_1)=\rho\tag{15.5.5}$$

现在通过

$$\rho^{(n)}(\boldsymbol{r}_1,\cdots,\boldsymbol{r}_n)=\rho^n g^{(n)}(\boldsymbol{r}_1,\cdots,\boldsymbol{r}_n)\tag{15.5.6}$$

定义相关函数 $g^{(n)}(\boldsymbol{r}_1,\cdots,\boldsymbol{r}_n)$。例如,将有关表达式代入(15.5.6),得

$$g^{(1)}(\boldsymbol{r}_1)=\frac{\rho^{(1)}(\boldsymbol{r}_1)}{\rho}=1\tag{15.5.7}$$

在 $n\ll N$ 的情况下,有

$$\begin{aligned}g^{(n)}(\boldsymbol{r}_1,\cdots,\boldsymbol{r}_n)&=\frac{V^nN!}{N^n(N-n)!}P^{(n)}(\boldsymbol{r}_1,\cdots,\boldsymbol{r}_n)\\&=V^n[1+O(N^{-1})]\frac{\int\cdots\int\mathrm{e}^{-\frac{U_N}{k_\mathrm{B}T}}\mathrm{d}\boldsymbol{r}_{n+1}\cdots\mathrm{d}\boldsymbol{r}_N}{Z_N}\end{aligned}\tag{15.5.8}$$

当分子之间没有任何关联时,$U_N=0$,从而 $g^{(n)}(\boldsymbol{r}_1,\cdots,\boldsymbol{r}_n)=1$。因此相关函数标志着分

子之间的相关程度。在相关函数中，$g^{(2)}(\boldsymbol{r}_1,\boldsymbol{r}_2)$是最重要的。如果分子间真实的或平均场近似下的相互作用只与两个分子之间的距离有关，则 $g^{(2)}$ 只与两个分子之间的距离有关，此时可简单地写成

$$\rho^{(2)}(\boldsymbol{r}_1,\boldsymbol{r}_2)=\rho^2 g(r) \tag{15.5.9}$$

其中 $r=|\boldsymbol{r}_2-\boldsymbol{r}_1|$。将(15.5.9)对 $\boldsymbol{r}_1,\boldsymbol{r}_2$ 积分发现

$$\text{左边}=\iint\rho^{(2)}(\boldsymbol{r}_1,\boldsymbol{r}_2)\mathrm{d}\boldsymbol{r}_1\mathrm{d}\boldsymbol{r}_2=N(N-1)=\text{右边}=\iint\rho^2 g(r)\mathrm{d}\boldsymbol{r}_1\mathrm{d}\boldsymbol{r}_2=N\int_0^{\infty}\rho g(r)4\pi r^2\mathrm{d}r$$

因此

$$\int_0^{\infty}\rho g(r)4\pi r^2\mathrm{d}r=N-1\approx N \tag{15.5.10}$$

它表明，$\rho g(r)4\pi r^2\mathrm{d}r$ 实际上是相对于中心分子在 r 到 $r+\mathrm{d}r$ 之间能够看到的分子的数目，正比于在 r 处厚度为 $\mathrm{d}r$ 的球壳内观察到任意第二个分子的概率，但它不是归一化的，或者说 $\rho g(r)$是相对于一个中心分子的其他分子的径向密度分布。当 $r\to0$ 时，$g(r)\to0$；当 $r\to\infty$时，$g(r)\to1$。称 $g(r)$为径向分布函数。径向分布函数在液体的统计理论中具有中心地位，如果体系的势能函数可以导致(15.5.9)的形式，则所有热力学函数均可以用径向分布函数表达，而径向分布函数可以从实验上获得，例如用 X 射线衍射的方法。图 15.5.1 是具有伦纳德-琼斯 6-12 势能体系的径向分布函数的示意图。

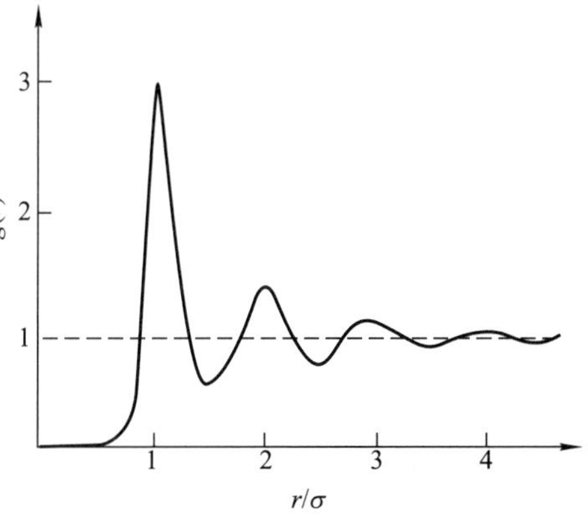

图 15.5.1　伦纳德-琼斯势能体系的径向分布函数示意图

习　题

15.1　证明(15.1.17)式成立。

15.2　由正则系综的能量涨落公式证明 $C_V>0$。

15.3　微正则系综在相空间中的概率密度应是什么形式？

附录 A　矩阵和行列式

矩阵与行列式是线性代数的重要组成部分，虽然本书只用到非常基本的线性代数运算，但对于基本的矩阵运算技巧还是应该掌握的。

1. 矩阵的定义及其运算规则

矩阵是按矩形排列的一组数，一个 m 行 n 列（记为 $m\times n$）的矩阵表示为

$$\boldsymbol{A}\equiv[A_{ij}]_{m\times n}=\begin{bmatrix}A_{11} & A_{12} & \cdots & A_{1n}\\ A_{21} & A_{22} & \cdots & A_{2n}\\ \vdots & \vdots & \ddots & \vdots\\ A_{m1} & A_{m2} & \cdots & A_{mn}\end{bmatrix}\tag{A.1}$$

其中 $m=1$ 的矩阵称为**行矩阵**，也称**行矢**；$n=1$ 的矩阵称为**列矩阵**，也称**列矢**；二者统称**矢量**。$m=n$ 的矩阵称为**方阵**。对于矩阵可以定义如下运算规则。

1）两个矩阵相等：两个相同形状的矩阵 $\boldsymbol{A}$ 和 $\boldsymbol{B}$，如对任意 i 和 j，$A_{ij}=B_{ij}$，则称这两个矩阵相等。

2）矩阵与数的乘积：

$$\alpha\boldsymbol{A}=\boldsymbol{A}\alpha\equiv[\alpha A_{ij}]_{m\times n}=\begin{bmatrix}\alpha A_{11} & \alpha A_{12} & \cdots & \alpha A_{1n}\\ \alpha A_{21} & \alpha A_{22} & \cdots & \alpha A_{2n}\\ \vdots & \vdots & \ddots & \vdots\\ \alpha A_{m1} & \alpha A_{m2} & \cdots & \alpha A_{mn}\end{bmatrix}\tag{A.2}$$

即，矩阵和数的乘积具有可交换性。

3）矩阵的加和：两个相同形状的矩阵可以定义加和，

$$\boldsymbol{A}+\boldsymbol{B}=\boldsymbol{B}+\boldsymbol{A}\equiv[A_{ij}+B_{ij}]_{m\times n}\tag{A.3}$$

即，矩阵相加是可交换的。

4）矩阵的乘积：$m\times p$ 的矩阵 $\boldsymbol{A}$ 与 $p\times n$ 的矩阵 $\boldsymbol{B}$ 之间的乘积得到新的 $m\times n$ 矩阵 $\boldsymbol{C}$

$$C_{ij}=\sum_{k=1}^{p}A_{ik}B_{kj}\tag{A.4}$$

容易看出，矩阵乘积操作一般而言是不可交换的，对于 m，n 和 p 不相等的情形，$\boldsymbol{A}$ 与 $\boldsymbol{B}$ 乘积可以定义，而 $\boldsymbol{B}$ 和 $\boldsymbol{A}$ 乘积就没有定义。当 $\boldsymbol{A}$ 和 $\boldsymbol{B}$ 是相同形状的方阵时，$\boldsymbol{AB}$ 与 $\boldsymbol{BA}$ 都可以定义，但两者一般不相等，如果 $\boldsymbol{AB}=\boldsymbol{BA}$，则称这两个矩阵**对易**（commute）。两个矩阵的对易子（commutator）定义为

$$[\boldsymbol{A},\boldsymbol{B}]\equiv\boldsymbol{AB}-\boldsymbol{BA}\tag{A.5}$$

当一个 n 维的行矩阵或行矢（$\boldsymbol{a}$）和一个 n 维的列矩阵或列矢（$\boldsymbol{b}$）按照矩阵乘积的方式相乘，便得到一个 1×1 的矩阵，也即是一个数（也称标量）。这和矢量内积的定义是一致的。反之，一个 n 维列矩阵（列矢）和一个 n 维的行矩阵（行矢）按矩阵乘积的规则相乘，得到一个 $n\times n$ 的矩阵。这样的操作对应于矢量的外积。

在实际应用中最重要的矩阵形式是方阵，因此在很多语境下，“矩阵”即是指“方阵”，本书也将采用这个约定。对于方阵，我们可以进一步定义如下特殊矩阵：

对角矩阵(diagonal matrix)：即非对角矩阵元($A_{ij}, i \neq j$)均为零的方阵。

单位矩阵(unit matrix)：对角矩阵元均为 1 的对角矩阵，单位矩阵一般记为 $\boldsymbol{I}$。容易证明，对于任意与单位矩阵 $\boldsymbol{I}$ 有相同维度的方阵 $\boldsymbol{A}$，都有 $\boldsymbol{AI}=\boldsymbol{IA}=\boldsymbol{A}$。

块对角矩阵(block-diagonal matrix)：具有如下形式的方阵被称为块对角矩阵，

$$\begin{pmatrix} \begin{matrix} A_{11} & \cdots & A_{1m} \\ \vdots & \ddots & \vdots \\ A_{m1} & \cdots & A_{mm} \end{matrix} & 0 & 0 & 0 \\ 0 & \begin{matrix} B_{11} & \cdots & B_{1n} \\ \vdots & \ddots & \vdots \\ B_{n1} & \cdots & B_{nn} \end{matrix} & 0 & 0 \\ 0 & 0 & \begin{matrix} C_{11} & \cdots & C_{1p} \\ \vdots & \ddots & \vdots \\ C_{p1} & \cdots & C_{pp} \end{matrix} & 0 \\ 0 & 0 & 0 & \ddots \end{pmatrix} \equiv \boldsymbol{A} \oplus \boldsymbol{B} \oplus \boldsymbol{C} \oplus \cdots \tag{A.6}$$

上式也给出了**矩阵直和**的定义。

对于方阵，我们还可进一步定义矩阵之间的一些关系。

矩阵的逆：对于矩阵 $\boldsymbol{A}$，如果存在另外一个矩阵 $\boldsymbol{B}$，使得 $\boldsymbol{AB}=\boldsymbol{BA}=\boldsymbol{I}$，就称矩阵 $\boldsymbol{B}$ 是 $\boldsymbol{A}$ 的逆，一般标记为 $\boldsymbol{A}^{-1}$。需要指出的是，不是所有矩阵都存在相应的逆矩阵。如果一个矩阵的逆矩阵不存在，称其为奇异(singular)矩阵，反之就是规则(regular)矩阵。容易证明，如果 $\boldsymbol{A}$ 和 $\boldsymbol{B}$ 都是规则矩阵，则有

$$(\boldsymbol{AB})^{-1}=\boldsymbol{B}^{-1}\boldsymbol{A}^{-1} \tag{A.7}$$

矩阵的转置(transpose)：将矩阵 $\boldsymbol{A}$ 的行列互换得到的新矩阵称为 $\boldsymbol{A}$ 的转置矩阵，一般标记为 $\boldsymbol{A}^{\mathrm{T}}$。

$$\boldsymbol{A}^{\mathrm{T}} \equiv \begin{bmatrix} A_{11} & A_{21} & \cdots & A_{n1} \\ A_{12} & A_{22} & \cdots & A_{n2} \\ \vdots & \vdots & \ddots & \vdots \\ A_{1m} & A_{2m} & \cdots & A_{nm} \end{bmatrix} \tag{A.8}$$

矩阵的厄米共轭：将矩阵 $\boldsymbol{A}$ 的行列互换，并对每个矩阵元取复共轭，所得的新矩阵称为 $\boldsymbol{A}$ 的**厄米共轭矩阵**或**伴随(adjoint)矩阵**，一般记作 $\boldsymbol{A}^{\dagger}$(英文读作 $\boldsymbol{A}$ dagger)。

$$\boldsymbol{A}^{\dagger} \equiv \begin{bmatrix} A_{11}^{*} & A_{21}^{*} & \cdots & A_{n1}^{*} \\ A_{12}^{*} & A_{22}^{*} & \cdots & A_{n2}^{*} \\ \vdots & \vdots & \ddots & \vdots \\ A_{1m}^{*} & A_{2m}^{*} & \cdots & A_{nm}^{*} \end{bmatrix} \tag{A.9}$$

容易证明：

$$(\boldsymbol{AB})^{\dagger}=\boldsymbol{B}^{\dagger}\boldsymbol{A}^{\dagger} \tag{A.10}$$

基于以上矩阵之间的关系，可以定义**幺正矩阵**(unitary matrix)和**厄米矩阵**

(Hermitian matrix):

幺正矩阵:如果矩阵 $\boldsymbol{A}$ 的厄米共轭矩阵等于 $\boldsymbol{A}$ 的逆矩阵,即 $\boldsymbol{A}^{\dagger}\boldsymbol{A}=\boldsymbol{A}\boldsymbol{A}^{\dagger}=\boldsymbol{I}$,就称该矩阵为幺正矩阵。

厄米矩阵:如果矩阵 $\boldsymbol{A}$ 的厄米共轭矩阵等于自己本身,即 $\boldsymbol{A}^{\dagger}=\boldsymbol{A}$,就称该矩阵为厄米矩阵,也称自伴矩阵。

矩阵的迹:关于方阵的一个非常重要的概念是迹(trace),定义为矩阵对角元的加和,记作

$$\mathrm{Tr}(\boldsymbol{A}) \equiv \sum_{i=1}^{n} A_{ii} \tag{A.11}$$

容易证明矩阵的迹满足如下性质:

$$\mathrm{Tr}(\boldsymbol{AB}) = \mathrm{Tr}(\boldsymbol{BA}) \tag{A.12}$$

【练习 1】

1) 证明式(A.12)。

2) 证明:如果对于矩阵 $\boldsymbol{A}$ 和 $\boldsymbol{B}$,存在一个规则矩阵 $\boldsymbol{T}$,使得 $\boldsymbol{T}^{-1}\boldsymbol{BT}=\boldsymbol{A}$(称为 $\boldsymbol{A}$ 是 $\boldsymbol{B}$ 关于矩阵 $\boldsymbol{T}$ 的相似变换),则有 $\mathrm{Tr}(\boldsymbol{B})=\mathrm{Tr}(\boldsymbol{A})$。

3) 证明:如果两个厄米矩阵 $\boldsymbol{A}$ 和 $\boldsymbol{B}$ 的乘积 $\boldsymbol{C}=\boldsymbol{AB}$ 也是厄米矩阵,那么 $\boldsymbol{A}$ 和 $\boldsymbol{B}$ 一定对易。

2. 行列式(determinant)

行列式可以看作是方阵的一个性质,记作 $\det(\boldsymbol{A})=|\boldsymbol{A}|$。对于简单的 2×2 矩阵,其行列式定义为

$$\det(\boldsymbol{A})=|\boldsymbol{A}| \equiv \begin{vmatrix} A_{11} & A_{12} \\ A_{21} & A_{22} \end{vmatrix} \equiv A_{11}A_{22}-A_{12}A_{21} \tag{A.13}$$

而 3×3 矩阵的行列式定义为

$$\begin{aligned}\det(\boldsymbol{A})=|\boldsymbol{A}| &\equiv \begin{vmatrix} A_{11} & A_{12} & A_{13} \\ A_{21} & A_{22} & A_{23} \\ A_{31} & A_{32} & A_{33} \end{vmatrix} \\ &\equiv A_{11}A_{22}A_{33}+A_{21}A_{32}A_{13}+A_{31}A_{12}A_{23}-A_{31}A_{22}A_{13} \\ &\quad -A_{21}A_{12}A_{33}-A_{11}A_{32}A_{23}\end{aligned} \tag{A.14}$$

为了将以上定义推广到任意的 $n\times n$ 维方阵,有必要引入排列(permutation)的概念。自然数 $1,2,3,\cdots,n$ 的一个排列是指这组数的一种重新排序。将这组数从自然顺序 $1,2,3,\cdots,n$ 到给定某种排列(记为 I)的变换操作,用排列算符 $\hat{P}_I$ 来表示

$$\hat{P}_I(1,2,\cdots,n)=(I_1,I_2,\cdots,I_n) \tag{A.15}$$

另外,对这组数中的任意两个数交换位置的操作,用互换(transposition)算符表示,

$$\hat{P}_{ij}(\cdots,i,\cdots,j,\cdots)=(\cdots,j,\cdots,i,\cdots) \tag{A.16}$$

很容易看出，任意一个排列算符$\hat{P}_I$都可以分解为一系列互换算符的乘积，互换操作的次数记作P_I。比如(1,2,3)的一个排列(3,1,2)，可表示为$\hat{P}_{(3,1,2)}=\hat{P}_{12}\hat{P}_{13}$，相应的$P_{(3,1,2)}=2$；对于排列(1,3,2)，则有$\hat{P}_{(1,3,2)}=\hat{P}_{23}$，$P_{(1,3,2)}=1$。

基于排列算符，任意$n\times n$维方阵的行列式定义为

$$\det(\boldsymbol{A})=|\boldsymbol{A}|=\begin{vmatrix} A_{11} & A_{12} & \cdots & A_{1n} \\ A_{21} & A_{22} & \cdots & A_{2n} \\ \vdots & \vdots & \ddots & \vdots \\ A_{n1} & A_{n2} & \cdots & A_{nn} \end{vmatrix}\equiv\sum_I(-1)^{P_I}A_{1I_1}A_{2I_2}\cdots A_{nI_n} \tag{A.17}$$

其中$I_1,I_2,\cdots,I_n$为每一操作I(A.15)所导致的数字序列。容易验证，前面的2×2和3×3矩阵的行列式是上式的特例。

$n\times n$维矩阵$\boldsymbol{A}$的行列式也可以根据如下递推方式进行计算：

$$|\boldsymbol{A}|=\sum_i^n(-1)^{i+j}A_{ij}\bar{a}_{ij},\qquad \forall j=1,2,\cdots,n \tag{A.18a}$$

或者

$$|\boldsymbol{A}|=\sum_j^n(-1)^{i+j}A_{ij}\bar{a}_{ij},\qquad \forall i=1,2,\cdots,n \tag{A.18b}$$

其中$\bar{a}_{ij}$为对应于矩阵元A_{ij}的余子式(minor)，定义为将矩阵$\boldsymbol{A}$中所有与A_{ij}同一行和同一列的元素都去掉之后得到的$(n-1)\times(n-1)$维矩阵的行列式。

基于以上定义，可以证明行列式具有如下性质：

1) 如果一个矩阵的某一行或某一列矩阵元都为零，则其行列式为零。

2) 对角矩阵、上三角矩阵或下三角矩阵的行列式为对角元的乘积。

3) 交换任何两行或两列所得的新矩阵的行列式与原矩阵的行列式相差一个负号。

4) 如果一个矩阵存在两行或两列的矩阵元一一对应相等，则其对应的行列式为零。

5) 一个矩阵的转置矩阵的行列式与原矩阵的行列式相等：$|\boldsymbol{A}^{\mathrm{T}}|=|\boldsymbol{A}|$。

6) 一个矩阵的厄米共轭矩阵的行列式等于原矩阵行列式的复共轭：$|\boldsymbol{A}^{\dagger}|=|\boldsymbol{A}|^*$。

7) $|\boldsymbol{AB}|=|\boldsymbol{A}|\cdot|\boldsymbol{B}|$。

8) 对于任意一组数c_k，$k=1,2,\cdots,m$，矩阵具有如下线性性质：

$$\begin{vmatrix} A_{11} & A_{12} & \cdots & \sum_{k=1}^m c_kB_{1k} & \cdots & A_{1n} \\ A_{21} & A_{22} & \cdots & \sum_{k=1}^m c_kB_{2k} & \cdots & A_{2n} \\ \vdots & \vdots & & \vdots & & \vdots \\ A_{n1} & A_{n2} & \cdots & \sum_{k=1}^m c_kB_{nk} & \cdots & A_{nn} \end{vmatrix}=\sum_{k=1}^m c_k\begin{vmatrix} A_{11} & A_{12} & \cdots & B_{1k} & \cdots & A_{1n} \\ A_{21} & A_{22} & \cdots & B_{2k} & \cdots & A_{2n} \\ \vdots & \vdots & & \vdots & \vdots & \\ A_{n1} & A_{n2} & \cdots & B_{nk} & \cdots & A_{nn} \end{vmatrix} \tag{A.19}$$

行列式的性质3)和4)对于多电子体系的量子力学描述有着至关重要的作用。

【练习 2】

1) 从行列式定义出发证明上面行列式的性质。

2) 证明:将矩阵的任一行(列)加上另外一行(列)乘以一个常数,所得的新矩阵的行列式与原矩阵行列式相等。以 3×3 矩阵为例:

$$\begin{vmatrix} A_{11}+aA_{12} & A_{12} & A_{13} \\ A_{21}+aA_{22} & A_{22} & A_{23} \\ A_{31}+aA_{32} & A_{32} & A_{33} \end{vmatrix} = \begin{vmatrix} A_{11} & A_{12} & A_{13} \\ A_{21} & A_{22} & A_{23} \\ A_{31} & A_{32} & A_{33} \end{vmatrix}$$

附录B　常用基本物理常数

普朗克常数	$h=6.626\times10^{-34}$ J·s
玻尔兹曼常数	$k_B=1.381\times10^{-23}$ J·K^{-1}
阿伏加德罗常数	$N_A=6.022\times10^{23}$ mol^{-1}
摩尔气体常数	$R=8.314$ J·K^{-1}·mol^{-1}
真空中光速	$c=2.998\times10^{8}$ m·s^{-1}
元电荷电量	$e=1.602\times10^{-19}$ C
电子质量	$m_e=9.109\times10^{-31}$ kg
质子质量	$m_p=1.673\times10^{-27}$ kg